D1726821

Elemente der Mathematik

Mathematik für berufliche Gymnasien

Einführungsphase 11 Technik

Schroedel

Elemente der Mathematik

Mathematik für berufliche Gymnasien
Einführungsphase 11 Technik

Herausgegeben von
Prof. Dr. Heinz Griesel, Dr. Andreas Gundlach, Prof. Helmut Postel, Heinz Klaus Strick, Friedrich Suhr

Für das berufliche Gymnasium bearbeitet von
Heinz Klaus Strick, Stefan Burgk, Gabriele Klinkhammer

Die vorliegende Ausgabe *Elemente der Mathematik* für das berufliche Gymnasium basiert auf dem Unterrichtswerk *Elemente der Mathematik* für allgemeinbildende Gymnasien.

Zum Schülerband erscheint: Lösungen Best.-Nr. 978-3-507-87434-3

© 2011 Bildungshaus Schulbuchverlage
Westermann Schroedel Diesterweg Schöningh Winklers GmbH, Braunschweig
www.schroedel.de

Das Werk und seine Teile sind urheberrechtlich geschützt. Jede Nutzung in anderen als den gesetzlich zugelassenen Fällen bedarf der vorherigen schriftlichen Einwilligung des Verlages.
Hinweis zu § 52a UrhG: Weder das Werk noch seine Teile dürfen ohne eine solche Einwilligung gescannt und in ein Netzwerk eingestellt werden. Dies gilt auch für das Intranet von Schulen und sonstigen Bildungseinrichtungen.
Auf verschiedenen Seiten dieses Buches befinden sich Verweise (Links) auf Internet-Adressen.
Haftungshinweis: Trotz sorgfältiger inhaltlicher Kontrolle wird die Haftung für die Inhalte der externen Seiten ausgeschlossen. Für den Inhalt dieser externen Seiten sind ausschließlich deren Betreiber verantwortlich. Sollten sie bei dem angegebenen Inhalt des Anbieters dieser Seite auf kostenpflichtige, illegale oder anstößige Inhalte treffen, so bedauern wir dies ausdrücklich und bitten Sie, uns umgehend per E-Mail davon in Kenntnis zu setzen, damit beim Nachdruck der Verweis gelöscht wird.

Druck A[1] / Jahr 2011
Alle Drucke der Serie A sind im Unterricht parallel verwendbar.

Redaktion: Dr. Ute Lindemann
Herstellung: Udo Sauter
Umschlaggestaltung: sensdesign, Roland Sens, Hannover
Illustrationen: Dietmar Griese, Laatzen
Zeichnungen: Michael Wojczak, Butjadingen; Langner und Partner, Hemmingen
Satz: Konrad Triltsch Print und Digitale Medien GmbH, Ochsenfurt
Druck und Bindung: westermann druck GmbH, Braunschweig

ISBN 978-3-507-**87033**-8

Vorwort

Zur allgemeinen Zielsetzung des Buches

Elemente der Mathematik wurde auf der Basis des Kerncurriculums für das Berufliche Gymnasium entwickelt. Der Aufbau und die didaktische Konzeption des vorliegenden Buches zielen darauf hin, vielfältige Lernsituationen zum Erwerb fachlicher und überfachlicher Kompetenzen bereitzustellen. So werden die Lernenden optimal auf das Abitur vorbereitet und den Lehrenden werden Anregungen und Hilfen für einen zeitgemäßen Mathematikunterricht gegeben.

Zum Entwicklungsstand des vorliegenden Buches

Neben den Erfahrungen aus dem Unterricht in den beruflichen Gymnasien sind aktuelle fachdidaktische Erkenntnisse bei der Entwicklung des vorliegenden Buches eingeflossen.

Die Entwicklung der überfachlichen Kompetenzen erfolgt über Aktivitäten der Lernenden, Voraussetzung für Aktivität überhaupt ist Grundwissen, womit wiederum inhaltliche Kompetenzen verbunden sind. Die Kompetenzentwicklung insgesamt kann bei Lernenden über vier Aktivitätsbereiche sowohl analysiert, als auch konstruiert werden. So fördert das vorliegende Buch die Entwicklung von Kompetenzen aus den Bereichen Lernen, Begründen, Problemlösen und Kommunizieren in besonderer Weise dadurch, dass die Zugänge und Aufgaben – auch verstärkt durch den Einsatz neuer Technologien – gezielt darstellend-interpretative Aktivitäten, heuristisch-experimentelle Aktivitäten, kritisch-argumentative Aktivitäten, aber auch formal-operative Aktivitäten einfordern. Die reichhaltige Aufgabenkultur ermöglicht es den Schülerinnen und Schülern, durch Anknüpfung an Alltagserfahrungen und an Vorerfahrungen im Mathematik-Unterricht mathematische Zusammenhänge eigenständig zu entdecken und zu entwickeln. Dabei werden sie sich der Lösungsstrategien bewusst und erkennen Fehler und Umwege als Bestandteile von Lernprozessen. (Aufgaben zur Fehlersuche sind am Symbol ⌨ zu erkennen.) Insbesondere wird bei den Aufgaben Wert gelegt auf das Ermöglichen unterschiedlicher Unterrichtsformen, zu erkennen an den Symbolen ⚎ für Partnerarbeit und ⚏ für Gruppenarbeit.

Zum Aufbau des Buches

1. Das Buch ist in 3 Kapitel gegliedert. Jedes Kapitel beginnt mit einem **Lernfeld**. Hier haben die Lernenden anhand verschiedener Problemsituationen die Gelegenheit, neue Inhalte über eigene Wege zu erarbeiten. Die Problemstellungen eines Lernfeldes müssen nicht im Block nacheinander bearbeitet werden, vielmehr ist es dem Lehrenden überlassen, an welchen Stellen im Unterricht das jeweilige Problem als Zugang zu neuen Erkenntnissen genutzt wird.

2. Die Erarbeitung des Stoffes erfolgt in einzelnen **Lerneinheiten**, die alle durchnummeriert und im Inhaltsverzeichnis aufgeführt sind. Eine Lerneinheit beginnt im Allgemeinen mit einer problemorientierten **Einstiegsaufgabe** mit vollständiger Lösung, die zum Kern der Einheit führt. Ist das Problem allerdings so gelagert, dass die Lernenden kaum eine Chance haben, selbstständig eine Lösung zu finden, so wird statt der Einstiegsaufgabe eine aktivitätsbezogene **Einführung** in das Problem gegeben. Sowohl die Einstiegsaufgaben mit Lösung, als auch die Einführungen geben den Lernenden die wertvolle Gelegenheit, die Lerneinheiten in Ruhe zu Hause nachzuarbeiten. Lehrerinnen und Lehrer können sich an diesen Stellen schnell einen Überblick über den vorgeschlagenen didaktisch methodischen Weg der Autoren verschaffen und ihn deshalb leichter für ihr eigenes Curriculum nutzen, abändern oder einen anderen Zugang wählen.

Um den Theorieteil einer Lerneinheit im Buch übersichtlicher beieinander zu haben, folgen nach der Einstiegsaufgabe bzw. der Einführung **weiterführende Aufgaben**, die im Unterricht in aller Regel erst nach einer ersten Festigung der neuen Inhalte behandelt werden. Deshalb ist in den weiterführenden Aufgaben auch immer an einer Überschrift zu erkennen, welcher weiterführende Aspekt angesprochen wird, sodass die Lehrenden entscheiden können, ob und wann sie diesen Aspekt behandeln möchten. Falls der Aspekt behandelt werden soll, empfehlen die Autoren die Behandlung der weiterführenden Aufgaben im Unterricht. Das schließt nicht aus, dass Schülerinnen und Schüler diese Aufgaben eigenständig bearbeiten und ihr Ergebnis präsentieren. Die Lösungen jedoch sollten zur Ergebnissicherung im Unterricht besprochen werden.

Die Ergebnisse aus den Einstiegsaufgaben bzw. Einführungen und mitunter auch aus weiterführenden Aufgaben werden in übersichtlichen **Informationen** mit Definitionen, Sätzen und Beispielen zusammengefasst.

Die **Übungsaufgaben** beginnen in aller Regel mit einer **alternativen Einstiegsaufgabe** , deren Lösung nicht im Buch ausgeführt wird. Damit wird oft auch ein anderer, in der Lösung offener Zugang zum Kern der Lerneinheit angeboten.

3. Neben den oben erwähnten Lerneinheiten werden im Buch auch Lerneinheiten zum **selbst lernen** angeboten, in der das Thema so aufbereitet ist, dass es von den Lernenden selbstständig bearbeitet werden kann.

4. Unter der Überschrift **Blickpunkt** werden innermathematische, aber insbesondere auch fachübergreifende, komplexere Themen, die von besonderem Interesse sind und in engem Zusammenhang mit dem Lerninhalt des Kapitels stehen, als Ganzes behandelt. Diese Abschnitte eignen sich auch zur Differenzierung und Förderung von eigenständigen Schüleraktivitäten über einen etwas größeren Zeitraum.

6. Den Abschluss eines Kapitels bildet ein **Kompetenz-Check**. Die Aufgaben dienen der Organisation des selbstständigen Lernprozesses. Zur Kontrolle sind alle Lösungen im Anhang des Buches abgedruckt.

Im Buch verwendete Symbole

 Alternativer Einstieg

 Partnerarbeit

 Gruppenarbeit

 thematisiert häufige Schülerfehler

 Einsatz eines Computer-Algebra-Systems sinnvoll

 Einsatz eines Tabellenkalkulationsprogramms sinnvoll

 kennzeichnet Abschnitte zum Selbst lernen

Inhaltsverzeichnis

3   Fortführung der Differenzialrechnung

Anhang

1 Funktionen

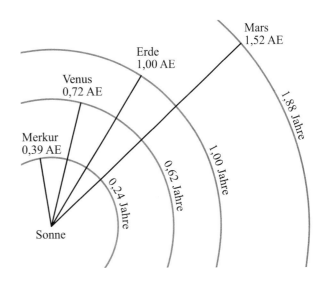

Der Planet Mars umläuft die Sonne in 1,88 Jahren. Sein mittlerer Abstand zur Sonne ist dabei 1,52-mal so groß wie der mittlere Abstand der Erde zur Sonne.

Der deutsche Astronom JOHANNES KEPLER (1571–1630) vermutete schon zu Beginn des 17. Jahrhunderts, dass es zwischen den Umlaufzeiten und den Bahnradien der Planeten einen gesetzmäßigen Zusammenhang gibt.

Stellt man die Abhängigkeit der Umlaufzeit t_u vom Bahnradius a in einem Koordinatensystem dar, so hat man den Eindruck, dass die Punkte auf einer „Kurve" liegen.

Johannes Kepler erkannte diesen funktionalen Zusammenhang im Jahr 1618.

Kepler'sches Gesetz:

„Die Quadrate der Umlaufzeiten der Planeten sind den dritten Potenzen der mittleren Entfernungen von der Sonne proportional."

Dieses Beispiel zeigt, dass man den Zusammenhang zwischen den Umlaufzeiten und den Bahnradien mithilfe einer **Funktion** beschreiben kann:

$$t_u(a) = a^{\frac{3}{2}} = \sqrt{a^3}$$

Er beschrieb ihn unabhängig von den Einheiten für Bahnradius und Umlaufzeit.

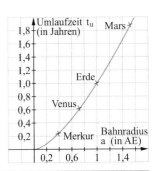

In diesem Kapitel

- wiederholen Sie die Definition der Funktion und bekannte Funktionstypen
- lernen Sie ganzrationale und gebrochenrationale Funktionen und deren Eigenschaften kennen
- wenden Sie die verschiedenen Funktionstypen in Sachzusammenhängen an

Funktionale Zusammenhänge

1 Vergleichen lohnt sich

Anbieter	Grundgebühr pro Monat	Kosten pro KWh	Sonderregelung
FlexiStrom	7,99 €	0,1750 €	250,00 € einmalige Bonuszahlung bei Wechsel
PowerStrom	7,77 €	0,1906 €	keine
PowerÖkoStrom	7,77 €	0,1856 €	50,00 € Zuschlag bei Vertragsbeginn
Primo	11,50 €	0,1679 €	100,00 € einmalige Bonuszahlung bei Wechsel
Stroma	15,20 €	0,1679 €	150,00 € einmalige Bonuszahlung bei Wechsel
3-2-1	9,30 €	0,1775 €	75,00 € einmalige Bonuszahlung bei Wechsel

Für die Auswahl des richtigen Tarifes gibt eine Verbraucherinformation folgende Empfehlungen:

Tarife vergleichen: Die Stromtarife setzen sich aus einem Grundpreis und dem Arbeitspreis zusammen. Der Grundpreis ist pro Monat, der Arbeitspreis pro Kilowattstunde zu bezahlen. Die meisten Anbieter haben verschiedene Tarife. Prüfen Sie, welcher Tarif am besten zu Ihnen passt.

Faustregel: Je mehr Strom Sie verbrauchen, desto kleiner sollte der Arbeitspreis pro Kilowattstunde sein.

Bonus abziehen: Eine Wechselprämie oder ein Bonus, den einige Unternehmen anbieten, gilt nur für das erste Jahr. Daher sollten Sie die Angebote auch ohne Bonus rechnen, also prüfen, ob der angebotene Tarif auch im zweiten Jahr noch günstig ist. Diese Option berücksichtigen die Stromtarifrechner z.B. unter „Einmaligen Bonus berücksichtigen".

Vergleichen Sie die obigen Angebote. Für welche Verbraucher lohnt sich welcher Tarif?

2 Steigen und fallen, wachsen und abnehmen

Beschreiben Sie in Form eines Zeitungsartikels die Entwicklungen der auf den Grafiken dargestellten Sachverhalte.

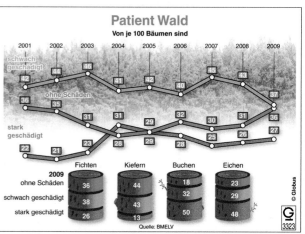

3 Welcher Graph passt am besten – Modellieren mit verschiedenen Graphen

Die Grafik zeigt den Rückgang der Autodiebstähle in Deutschland seit 1994, die bedingt ist durch Verbesserung der Sicherheitstechnik. Falls die Entwicklung so weitergeht: Mit wie vielen Autodiebstählen kann man in den darauffolgenden Jahren rechnen?

Probieren Sie mit verschiedenen Funktionstypen aus, welche Graphen zu den gegebenen Daten passen könnten.

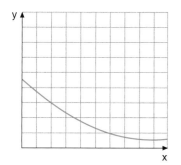
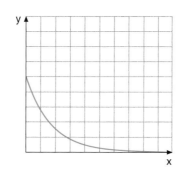
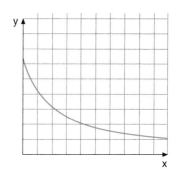

4 Den Funktionenplotter nutzen – optimale Fenster wählen

Die folgenden Grafikfenster zeigen den Graphen einer Funktion f mit $f(x) = x^4 - x^3 - 11x^2 + 9x + 18$ – dargestellt mithilfe des Funktionenplotters Graphix. Vergleichen Sie die beiden Grafikfenster miteinander und geben Sie die jeweiligen Abschnitte auf den Koordinatenachsen in Intervallschreibweise an. Überlegen Sie, welche Intervalle günstiger wären.

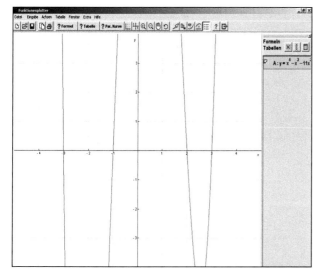
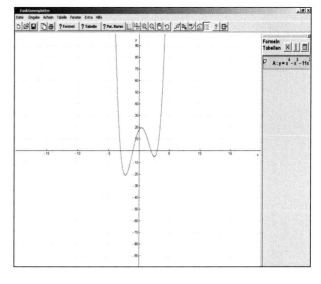

1.1 Funktionsbegriff – Modellieren von Sachverhalten

Aufgabe

1 Auf einer Teststrecke gilt die Höchstgeschwindigkeit von 130 $\frac{km}{h}$.

Für einen Personenkraftwagen wurde für unterschiedliche Geschwindigkeiten gemessen, wie lang der zugehörige Bremsweg ist.

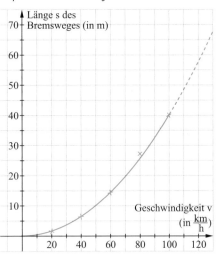

Geschwindigkeit v $\left(\text{in } \frac{km}{h}\right)$	20	40	60	80	100
Bremsweg (in m)	1,5	6,4	14,4	27,2	40,0

a) Veranschaulichen Sie diese Messreihe im Koordinatensystem. Beschreiben Sie bei diesem Fahrzeug den funktionalen Zusammenhang zwischen der Geschwindigkeit v $\left(\text{in } \frac{km}{h}\right)$ und der Länge s des Bremsweges (in m) durch eine passende Gleichung.

b) Berechnen Sie zu selbst gewählten Ausgangsgeschwindigkeiten v $\left(\text{in } \frac{km}{h}\right)$ die Länge s des Bremsweges (in m). Wie lang kann der Bremsweg auf der Teststrecke bei diesem Pkw höchstens sein?

Lösung

a) Der Graph ist nicht geradlinig. Der funktionale Zusammenhang zwischen der Geschwindigkeit v und der Länge s des Bremsweges ist sicherlich nicht linear, d. h. er wird nicht durch eine Gleichung der Form s = m · v + b beschrieben.

Daher untersuchen wir jetzt, ob es einen quadratischen Zusammenhang zwischen v und s gibt.

Die Lage der Messpunkte lässt vermuten, dass der Graph Teil einer Parabel mit der Gleichung s = a · v² ist.

Um zu prüfen, ob dieser Ansatz gerechtfertigt ist, bilden wir zu den Wertepaaren der gegebenen Tabelle die Quotienten s : v².

Die Quotienten sind nahezu konstant.

Daher wählen wir als geeigneten Wert für den Faktor a den (gerundeten) Mittelwert aus allen Quotienten: 0,004.

Ergebnis: Der funktionale Zusammenhang zwischen der Geschwindigkeit v $\left(\text{in } \frac{km}{h}\right)$ und der Länge s des Bremsweges (in m) wird dargestellt durch die Gleichung

s = 0,004 · v².

Graph im Koordinatensystem:

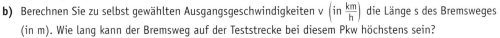

v $\left(\text{in } \frac{km}{h}\right)$	s (in m)	s : v² $\left(\text{in } \frac{m}{km^2/h^2}\right)$
20	1,5	0,00375
40	6,4	0,00400
60	14,4	0,00400
80	27,2	0,00425
100	40,0	0,00400

b) Wir nehmen an, dass der gefundene funktionale Zusammenhang immer gilt. Dann liefert die Rechnung:

Für z. B. 10 $\frac{km}{h}$: $s = 0{,}004 \cdot 10^2 = 0{,}004 \cdot 100 = 0{,}4$

Für z. B. 80 $\frac{km}{h}$: $s = 0{,}004 \cdot 80^2 = 0{,}004 \cdot 6400 = 25{,}6$

Ebenso erhält man die Länge s des Bremsweges für andere Geschwindigkeiten v.

Wir notieren die Ergebnisse der Rechnung in einer *Wertetabelle:*

Geschwindigkeit $v \left(in \frac{km}{h} \right)$	10	20	30	40	50	60	70	80	90	100	110	120	130
Länge des Bremsweges (in m)	0,4	1,6	3,6	6,4	10	14,4	19,6	25,6	32,4	40	48,4	57,6	67,6

Ergebnis: Man darf auf der Teststrecke nicht schneller als 130 $\frac{km}{h}$ fahren. Daher kann der Bremsweg bei diesem Pkw höchstens 67,6 m lang sein. Dabei handelt es sich um einen Schätzwert.

Information

(1) Angabe einer Funktion; Definitions- und Wertebereich

Die Gleichung $s = 0{,}004 \cdot v^2$ in Aufgabe 1 liefert zu jeder zulässigen Geschwindigkeit v einen ganz bestimmten Bremsweg s. Die *Zuordnung* $v \mapsto s$ ist also eindeutig und daher eine *Funktion*.

Anstelle der Variablen s und v in der Funktionsgleichung $s = 0{,}004 \cdot v^2$ kann man auch z. B. die Variablen y und x verwenden. Man erhält dann die Gleichung $y = 0{,}004 \cdot x^2$.

Man kann diese Funktion auch durch einen *Funktionsterm* wie $0{,}004 \cdot x^2$ oder durch eine *Zuordnungsvorschrift* wie $x \mapsto 0{,}004 \cdot x^2$ (gelesen: x zugeordnet $0{,}004 \cdot x^2$) angeben.

Für x sind nur nichtnegative Zahlen bis 130 zugelassen. Das bedeutet:

gelesen: Menge aller reellen Zahlen x, für die gilt: $0 \le x \le 130$

$\{x \in \mathbb{R} \mid 0 \le x \le 130\}$ ist der *Definitionsbereich* (die Definitionsmenge) der Funktion.

Alle zugehörigen Werte für y bilden den *Wertebereich* (die Wertemenge) der Funktion:

$\{y \in \mathbb{R} \mid 0 \le y \le 67{,}6\}$.

Definition: Funktion

Eine Zuordnung, die jeder Zahl x aus einer Menge D genau eine reelle Zahl y zuordnet, heißt **Funktion**.

Die einer Zahl x aus D eindeutig zugeordnete Zahl y heißt *Funktionswert* von x (an der *Stelle* x).

Die Menge D nennt man den **Definitionsbereich** der Funktion.

Die Menge W aller Funktionswerte heißt **Wertebereich** (Wertemenge) der Funktion.

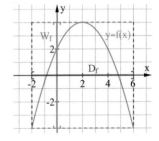

Eine Funktion f kann man angeben durch ihren Definitionsbereich D_f wie z. B. durch $\{x \in \mathbb{R} \mid -2 \le x \le 6\}$ und mithilfe

(1) einer *Funktionsgleichung* $y = f(x)$, z. B. $y = -0{,}5(x-2)^2 + 4$

(2) eines *Funktionsterms* $f(x)$, z. B. $-0{,}5(x-2)^2 + 4$

(3) einer *Zuordnungsvorschrift* $x \mapsto f(x)$, z. B. $x \mapsto -0{,}5(x-2)^2 + 4$

Als Kurzbezeichnung für eine Funktion verwendet man häufig Buchstaben wie f, g, h. Den Funktionsterm einer Funktion bezeichnet man dann mit $f(x)$, $g(x)$ und $h(x)$, Definitionsbereich und Wertebereich entsprechend mit D_f, D_g, D_h bzw. W_f, W_g, W_h.

(2) Begriff des Intervalls

Definitions- und Wertebereich einer Funktion lassen sich oft in Form von Intervallen angeben.

Definition: Intervall

Ein **Intervall** ist eine spezielle Untermenge (Teilmenge) von $\mathbb{R}$.

(a) *abgeschlossenes* Intervall von a bis b

$[a; b] = \{x \in \mathbb{R} \mid a \leq x \leq b\}$

(d) *linksoffenes* Intervall von a bis b

$]a; b] = \{x \in \mathbb{R} \mid a < x \leq b\}$

(b) *offenes* Intervall von a bis b

$]a; b[= \{x \in \mathbb{R} \mid a < x < b\}$

(e) *offenes* Intervall von $-\infty$ bis a

$]-\infty; a[= \{x \in \mathbb{R} \mid x < a\}$

(c) *rechtsoffenes* Intervall von a bis b

$[a; b[= \{x \in \mathbb{R} \mid a \leq x < b\}$

(f) *linksabgeschlossenes* Intervall a bis ∞

$[a; +\infty[= \{x \in \mathbb{R} \mid a \leq x\}$

---

(3) Maximaler Definitionsbereich

Die Funktion $f(x) = 0{,}004 \cdot x^2$ kann man auf alle (auch negative) reelle Zahlen anwenden. Der *maximale Definitionsbereich* ist also die Menge $\mathbb{R}$ aller reellen Zahlen.

Der Wertebereich W ist dann die Menge $\mathbb{R}_0^+$ aller positiven reellen Zahlen zuzüglich null.

In Aufgabe 1 auf Seite 72 war der Definitionsbereich gegenüber dem maximalen eingeschränkt. Das lag daran, dass die Geschwindigkeiten (die nicht negativ waren) die Höchstgeschwindigkeit $130 \frac{km}{h}$ nicht überschritten. Andere Teststrecken können zu anderen Definitionsbereichen führen.

Wir vereinbaren:

Wenn über den Definitionsbereich nichts anderes vorgeschrieben ist, soll dieser aus allen reellen Zahlen bestehen, auf die man die Zuordnungsvorschrift anwenden kann (für die also ein Funktionswert definiert ist). Der Definitionsbereich ist dann *maximal*.

(4) Graph im Koordinatensystem

Die Funktion $f(x) = x^2$ ordnet jeder reellen Zahl x (auch negativen) eindeutig ihre Quadratzahlzahl x^2 zu. Der maximale Definitionsbereich ist also die Menge $\mathbb{R}$ aller reellen Zahlen.

Die Quadratfunktion lässt sich durch ihren *Graphen im Koordinatensystem veranschaulichen*.

Graph:

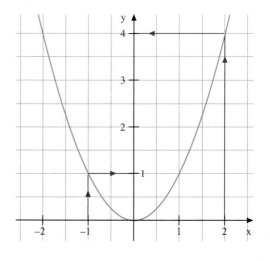

Wertetabelle:

Stelle x	Funktionswert x^2
– 2	4
– 1	1
0	0
1	1
2	4

(5) Funktionale Zusammenhänge – Modellieren

In Aufgabe 1 sind wir von Messungen an einem Pkw auf einer Teststrecke mit der Höchstgeschwindigkeit 130 $\frac{km}{h}$ ausgegangen. Die Zusammenstellung der Ergebnisse in einer Tabelle legte einen Zusammenhang zwischen einer erlaubten Geschwindigkeit und der Länge des Bremsweges nahe.

Um diesen Zusammenhang besser zu beschreiben, haben wir die Ergebnisse mit mathematischen Mitteln bearbeitet (Graph, Quotientenbildung usw.). Dann wurde eine Gleichung aufgestellt, die den Sachverhalt beschreibt.

Wir haben zu dem Sachverhalt ein **mathematisches Modell** gebildet. Wesentlicher Bestandteil dieses Modells ist eine Funktion. Man sagt auch, wir haben den Sachverhalt mithilfe einer Funktion **modelliert**. Mithilfe der gefundenen Gleichung wurden anschließend Längen von Bremswegen (z. B. der größtmögliche) berechnet.

Wir haben unser mathematisches Modell angewandt. Diese berechneten Werte kann man abschließend mit denen vergleichen, die man bei einer weiteren Testserie durch Messen gewinnen kann. Auf diese Weise lässt sich das mathematische Modell überprüfen.

Wir werden später noch weitere Aspekte des Modellierens kennen lernen.

Weiterführende Aufgaben

2 Punktprobe

Die Quadratwurzelfunktion hat die Funktionsgleichung $y = \sqrt{x}$. Aus einer negativen Zahl lässt sich keine Wurzel ziehen, wohl aber aus allen anderen reellen Zahlen. Daher ist $\mathbb{R}_0^+$ der maximale Definitionsbereich.

Prüfen Sie, ob die Punkte zum Graphen der Wurzelfunktion gehören:
$P_1(0,25\,|\,0,5)$, $P_2(0\,|\,0)$, $P_3(2\,|\,1,5)$, $P_4(5\,|\,\sqrt{5})$, $P_5(1\,|\,-1)$, $P_6(-9\,|\,3)$.

$A(2,25\,|\,1,5)$ gehört zum Graphen, denn
$1,5 = \sqrt{2,25}$ ist wahr.
$B(1\,|\,0,5)$ gehört nicht zum Graphen, denn
$0,5 = \sqrt{1}$ ist falsch.

3 Abschnittsweise definierte Funktionen

a) Die Firma Heizöl-Rennert macht das nebenstehende Sommer-Angebot. Zeichnen Sie den Graphen der Funktion

b) Die Funktion f, die jeder reellen Zahl x ihren Betrag $|x|$ zuordnet, heißt **Betragsfunktion**. So gilt:
$f(-3) = |-3| = 3$, $f(1,8) = |1,8| = 1,8$.

(1) Zeichnen Sie den Graphen der Betragsfunktion.

(2) f kann man auch abschnittsweise definieren. Erläutern Sie.

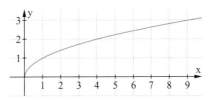

HEIZÖL-RENNERT
Bis zu 3000 Liter
40 € je 100 l
bei höherer Abnahme **5 % Rabatt**

Betrag von x: $|x| = \begin{cases} x & \text{für } x \geq 0 \\ -x & \text{für } x < 0 \end{cases}$

4 Nicht jede Gleichung mit zwei Variablen ist eine Funktionsgleichung

Gegeben sind die Gleichungen: (1) $-y + 1 = x^2$;   (2) $y^2 = x$;   (3) $2 \cdot x + 0 \cdot y = 6$.

a) Prüfen Sie, ob durch die Gleichung eine Funktion gegeben ist.

b) Zeichnen Sie den Graphen zu jeder Gleichung.

Wie kann man am Graphen erkennen, ob die Zuordnung $x \mapsto y$ eindeutig ist?

5 Kreis um den Ursprung des Koordinatensystems

Gegeben ist die Gleichung $x^2 + y^2 = 25$.

a) Zeigen Sie, dass die Koordinaten der Punkte $P_1(4|3)$ und $P_2(-5|0)$ diese Gleichung erfüllen. Suchen Sie weitere Punkte, deren Koordinaten die Gleichung erfüllen.

b) Zeigen Sie, dass alle diese Punkte auf einem Kreis liegen. Welchen Mittelpunkt und welchen Radius hat dieser Kreis?

c) Erläutern Sie, dass der Kreis mit der Gleichung $x^2 + y^2 = 25$ nicht der Graph einer Funktion ist.

d) Begründen Sie entsprechend den folgenden Satz.

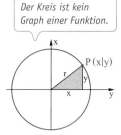

Der Kreis ist kein Graph einer Funktion.

Satz: Kreis um den Ursprung mit dem Radius r

Zu der Gleichung $x^2 + y^2 = r^2$ gehört ein Kreis um den Koordinatenursprung mit dem Radius r. Die Kreisgleichung ist *keine* Funktionsgleichung.

Übungsaufgaben

6 In das Schwimmbecken wird gleichmäßig Wasser eingelassen. Der Wasserstand lässt sich an der Skala ablesen.

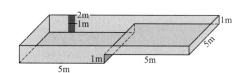

a) Welcher der Graphen (1) bis (4) passt?

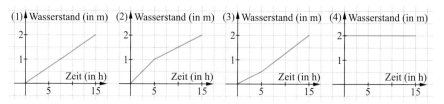

b) Stündlich werden 5 m³ Wasser eingeleitet. Welcher Term (1) bis (3) ist der richtige?

$$(1)\ h(x) = \begin{cases} \frac{1}{10}\,t & \text{für } 0 \le t \le 5 \\ \frac{1}{2} + \frac{3}{20}\,(t-5) & \text{für } 5 \le t \le 15 \end{cases} \qquad (2)\ h(x) = \begin{cases} \frac{1}{5}\,t & \text{für } 0 \le t \le 5 \\ \frac{t}{10} + \frac{1}{2} & \text{für } 5 \le t \le 15 \end{cases}$$

$$(3)\ h(x) = \frac{2}{15}\,t \quad \text{für } 0 \le t \le 15$$

7 Die Funktion f hat den Term:

a) $f(x) = 3x$ **b)** $f(x) = \sqrt{x+4}$ **c)** $f(x) = \frac{6}{x^2}$

Berechnen Sie:

$f(1)$, $f(3)$, $f(6)$, $f(-4)$, $f(0{,}41)$, $f\left(-\frac{3}{2}\right)$, $f(a)$, $f(3+h)$, $f(3-h)$.

> $f(x) = \sqrt{x \cdot (6-x)}$
> Funktionswert an der Stelle 4,8
> $f(4{,}8) = \sqrt{4{,}8 \cdot (6-4{,}8)} = \sqrt{5{,}76} = 2{,}4$

Zeichnen Sie den Graphen und bestimmen Sie den maximalen Definitionsbereich sowie den Wertebereich der Funktion.

8 Lesen Sie bei den folgenden Graphen den Wertebereich ab.

a)

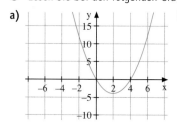

b)

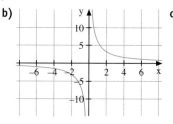

c)

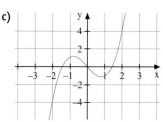

9 Welche der Punkte $P_1(0|0)$, $P_2(0|1)$, $P_3(1|0)$, $P_4(1|1)$, $P_5(8|2)$, $P_6(-0,5|3)$, $P_7(27|-3)$, $P_8(-1|9)$, $P_9(-1|2)$ liegen auf dem Graphen der Funktion mit der Gleichung

(1) $y = x^3$;   (2) $y = \sqrt[3]{x}$;   (3) $y = \dfrac{1-x}{1+x}$;   (4) $y = 1$?

10 Das Bild veranschaulicht die Bedeutung der Geschwindigkeit eines Fahrzeugs für die Schwere eines Unfalls.

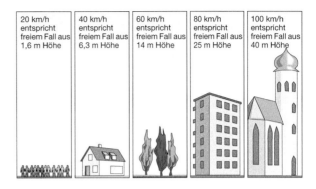

a) Übertragen Sie die Werte aus den Abbildungen in die Tabelle unten und ergänzen Sie sinnvoll.

$v\left(\text{in }\frac{km}{h}\right)$	10	20	30	40	50	60	70	80	90	100	110
s (in m)											

b) Bestimmen Sie eine passende Funktionsgleichung.

11 Die Tabelle enthält Daten zum Ausbildungsmarkt in Deutschland

Jahr	2001	2002	2003	2004	2005	2006	2007	2008	2009
Angebot	639	590	572	586	563	592	644	636	583
Nachfrage	635	596	593	618	591	626	655	631	576
abgeschlossene Ausbildungsverträge	614	572	558	573	550	576	626	616	566

a) Beschreiben Sie, wie sich der Ausbildungsmarkt in Deutschland entwickelt hat (Angaben zu den Ausbildungsstellen in 1 000).

b) Recherchieren Sie aktuelle Daten und ergänzen Sie hierdurch Ihre Beschreibung aus a).

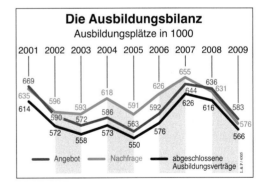

12 Geben Sie für die dargestellten Graphen die Funktionsgleichungen an.

a)

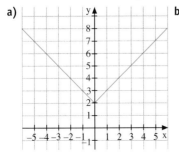

b)

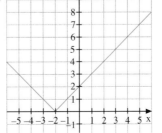

c)

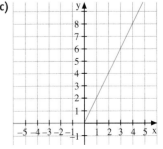

13 An dem Graphen kann man die Gebühren für den Paketversand durch einen Paketdienst ablesen.

a) Füllen Sie die Tabelle aus.

Paketgewicht	Paketgebühr
bis 2 kg	☐ €
über 2 bis 4 kg	☐ €
über 4 bis 6 kg	☐ €
über 6 bis 8 kg	☐ €

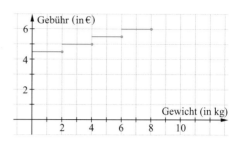

b) Zeichnen Sie den Graphen ins Heft und ergänzen Sie ihn mithilfe der Tabelle rechts.

c) Ist die Zuordnung *Paketgewicht → Gebühr*
[*Gebühr → Paketgewicht*]
eine Funktion?
Begründen Sie.

Paketgebühren	
über 8 bis 10 kg	6,25 €
über 10 bis 12 kg	6,50 €
über 12 bis 14 kg	7,00 €
über 14 bis 16 kg	7,50 €
über 16 bis 18 kg	9,00 €
über 18 bis 20 kg	9,25 €

14 Die Grafik zeigt die Grand-Prix-Rennstrecke von Silverstone / Großbritannien.

Tragen Sie in ein Koordinatensystem die angegebenen Daten über die erreichten Geschwindigkeit in Abhängigkeit von der Streckenlänge ein; entnehmen Sie dazu der Grafik auch die ungefähren Werte für die Streckenlänge.

15 Kann der Graph zu einer Funktion gehören? Begründen Sie.

a) 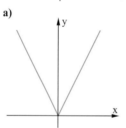   **b)** 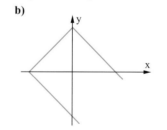   **c)**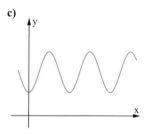

16 Prüfen Sie, ob durch die Gleichung eine Funktion gegeben ist. Setzen Sie dazu für x reelle Zahlen ein und ermitteln Sie, ob sich der Wert für y eindeutig finden lässt.

Falls die Funktion f(x) = y eindeutig ist, geben Sie die Funktionsgleichung an.

a) $-y = x^2$ **c)** $y^2 = x - 1$ **e)** $0 \cdot x + 3y = -12$ **g)** $x \cdot y = 1$

b) $3x - 0 \cdot y = -9$ **d)** $(x + y)^2 = 36$ **f)** $(x - 2) \cdot y = 0$ **h)** $x \cdot y = x + y$

17 Welcher der Punkte A (4|−3), B (1|1), C (3|−1), D (5|2) und E (−1|5) liegt auf dem Kreis, welcher innerhalb und welcher außerhalb des Kreises mit der Gleichung

a) $x^2 + y^2 = 25;$ **b)** $x^2 + y^2 = 10$?

1.2 Lineare Funktionen

1.2.1 Begriff der linearen Funktion

Aufgabe

1 Lineare Funktionen

Ein zylindrisches Gefäß der Höhe 82 cm wird gleichmäßig mit Wasser gefüllt. Jede halbe Minute steigt der Wasserstand um 45 cm. Zum Zeitpunkt $t = 2$ s stand das Wasser 8,5 cm hoch.

a) Bis zu welcher Höhe war das Gefäß bereits zum Zeitpunkt $t = 0$ mit Wasser gefüllt?

b) Wie hoch steht das Wasser nach 15 s?

c) Bestimmen Sie den Zeitpunkt, zu dem das Gefäß voll ist.

Lösung

a) Wir legen eine Wertetabelle der Funktion *Zeitpunkt t (in s) → Füllhöhe h (in cm)* an.

Alle 30 s steigt der Wasserstand um 45 cm. Das bedeutet, dass die Füllhöhe um 1,5 cm je Sekunde zunimmt. Zwei Sekunden früher war die Füllhöhe also um 3 cm niedriger. Zum Zeitpunkt 0 s stand das Wasser 5,5 cm hoch.

Zeit (in s)	Füllhöhe (in cm)
0	5,5
1	7
2	8,5
3	10
4	11,5
⋮	⋮

Der Funktionsterm der Funktion *Zeitpunkt (in s) → Füllhöhe (in cm)* lautet also:

$h(t) = 1,5 \cdot t + 5,5$

Für $t = 0$ erhält man:

$h(0) = 5,5$

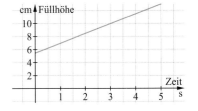

b) Wir bestimmen $h(15) = 1,5 \cdot 15 + 5,5 = 28$.

Die Füllhöhe beträgt 28 cm nach 15 s.

c) Der Zeitpunkt, an dem die Höhe 82 cm erreicht wird, lässt sich mithilfe der Funktionsgleichung berechnen:

Aus $82 = 1,5 \cdot t + 5,5$ folgt $t = 51$.

Zum Zeitpunkt 51 s ist die Füllhöhe 82 cm erreicht.

Information

(1) Begriff der linearen Funktion

Definition: Lineare Funktion

Eine Funktion f mit $f(x) = m \cdot x + b$ heißt **lineare Funktion**.

Der Graph einer linearen Funktion ist eine Gerade; sie hat die Steigung m und sie verläuft durch den Punkt $(0 \,|\, b)$ auf der y-Achse; b wird deshalb als Y-Achsenabschnitt bezeichnet.

Man kann ein Steigungsdreieck mit den Katheten der Länge 1 (horizontal) und m (vertikal) an die Gerade zeichnen.

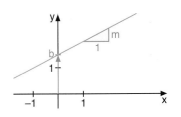

(2) Punkt-Steigungs-Form der Geradengleichung

Sind zwei Punkte $P_1(x_1|y_1)$ und $P_2(x_2|y_2)$ gegeben, dann lässt sich eindeutig eine Gerade durch diese beiden Punkte zeichnen. Falls $x_1 \neq x_2$, ist dies der Graph einer linearen Funktion. Die **Steigung** dieser Geraden ist dann $m = \dfrac{y_2 - y_1}{x_2 - x_1}$

Die Gleichung der Geraden kann in der **Punkt-Steigungsform** angegeben werden:

$y = m\,(x - x_1) + y_1$

Wenn $m = 0$ ist, wird die lineare Funktion als konstante Funktion bezeichnet.

Weiterführende Aufgaben

2 Besondere Lage von Geraden im Koordinatensystem

Der Graph einer jeden linearen Funktion ist eine Gerade. Ist auch jede Gerade im Koordinatensystem Graph einer linearen Funktion?

Vereinfachen Sie die gegebene Gleichung. Welche besondere Lage hat die Gerade g?

Ist die Gerade g Graph einer Funktion? Geben Sie, falls möglich, die Steigung von g an.

a) $0 \cdot x + 2 \cdot y = 6$ **b)** $0 \cdot x - 4 \cdot y = 0$ **c)** $-2 \cdot x + 0 \cdot y = 4$ **d)** $-4 \cdot x + 0 \cdot y = 0$

3 Schar von Funktionen

a) Der Term $f_b(x) = -0{,}5 \cdot x + b$ enthält zusätzlich zur Variablen x noch den Parameter b. Gibt man b einen Wert, z. B. 2, entsteht der Funktionsterm $f_2(x) = -0{,}5 \cdot x + 2$.

Durch $f_b(x) = -0{,}5 \cdot x + b$ ist eine Menge von Funktionen, eine **Funktionenschar**, gegeben.

Setzen Sie in $f_b(x) = -0{,}5 \cdot x + b$ für b Werte ein und zeichnen Sie in ein Koordinatensystem einzelne Graphen der Schar. Vergleichen Sie die Graphen.

b) Auch die Menge aller Funktionen mit $g_m(x) = mx + 1$ stellt eine Funktionenschar dar.

Erläutern Sie den Unterschied zu Teilaufgabe a).

Übungsaufgaben **4** Bestimmen Sie zu den Geraden Gleichungen der Form $y = m \cdot x + b$

a) 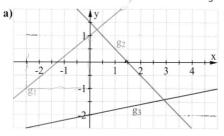 **b)**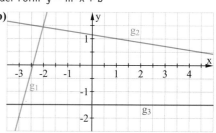

5 Der Punkt P liegt auf dem Graphen der linearen Funktion mit der Steigung m. Bestimmen Sie den Funktionsterm.

a) $P(0|1)$; $m = 0{,}2$ **b)** $P(1|3)$; $m = 5$ **c)** $P(-3|0{,}5)$; $m = -0{,}1$

6 Erläutern Sie die folgende „graphische" Herleitung der Punkt-Steigungs-Form einer Geraden.

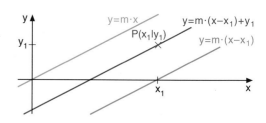

7 Die Punkte P_1 und P_2 liegen auf dem Graphen der linearen Funktion mit $y = m \cdot x + b$.
Bestimmen Sie die Funktionsgleichung. Geben Sie zwei weitere Punkte des Graphen an.

a) $P_1(3 \mid 1)$, $P_2(5 \mid 5)$

b) $P_1(2 \mid 7)$, $P_2(5 \mid 1)$

c) $P_1(-6,6 \mid -4,3)$, $P_2(2 \mid 0)$

d) $P_1(3 \mid 3)$, $P_2\left(-\frac{1}{3} \mid -\frac{1}{3}\right)$

e) $P_1(0 \mid 3)$, $P_2(5 \mid 0)$

f) $P_1\left(-\frac{26}{5} \mid -\frac{3}{5}\right)$, $P_2\left(-\frac{6}{5} \mid \frac{2}{5}\right)$

8 Gegeben ist eine Schar von Geraden durch $f_m(x) = m \cdot (x - 4) + 3$ mit $m \in \mathbb{R}$.

a) Setzen Sie für den Scharparameter m die Werte -2, -1, 0, 1, 2 ein und zeichnen Sie die Geraden in *ein* Koordinatensystem. Was fällt auf?

b) Welche Gerade der Schar geht durch den Punkt

(1) $(9 \mid 5,5)$ (3) $(-6 \mid -0,5)$ (5) $(0 \mid -1)$ (7) $(0 \mid 0)$

(2) $(2 \mid 6)$ (4) $(7 \mid 3)$ (6) $(0 \mid 3)$ (8) $(0 \mid 4)$?

9 Gegeben sind die Funktionsgleichungen

(1) $y = x - 3$,   (3) $y = \frac{x}{4} + 5$,   (5) $y = 2 - 3x$

(2) $y = 2,4x + 2,6$,   (4) $y = -\frac{x}{2} - 1$,   (6) $y = -x$

a) Welche der Punkte $P_1(-8 \mid 3)$, $P_2(2 \mid -2)$, $P_3(-1 \mid -4)$, $P_4(-4 \mid -7)$, $P_5(-4 \mid 4)$, $P_6(1 \mid 5)$, $P_7(0,8 \mid -2,2)$ gehören zum Graphen der linearen Funktion?

b) $Q_1(2 \mid \square)$, $Q_2(\square \mid 2,5)$, $Q_3(\square \mid 0)$ und $Q_4(0 \mid \square)$ liegen auf dem Graphen der Funktion. Bestimmen Sie die fehlenden Koordinaten.

10 Welchen Wert muss man für den Parameter k setzen, damit die Gerade durch den Punkt $P(2 \mid 1)$ geht?

a) $y = k \cdot x + 2$ b) $y = 1,2 \cdot x + k$

11 Bestimmen Sie die Gleichung einer Geraden, die durch die Punkte $P_1(a \mid 0)$ und $P_2(0 \mid b)$ verläuft.

Zeigen Sie, dass für die Punkte der Geraden gilt

$\frac{x}{a} + \frac{y}{b} = 1$.

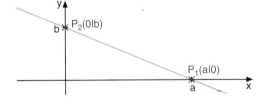

12 Ein Energieversorgungs-Unternehmen macht seinen Kunden folgende Tarifangebote zum Bezug von Erdgas:

	Classic	Comfort	Constant
Arbeitspreis (in Ct/kWh)	4,00	3,85	3,9
Grundpreis (in €/Monat)	12,00	13,50	13,50

Bei den Tarifen „Classic" und „Comfort" werden die Preise bei Bedarf den aktuellen Energiepreisentwicklungen angepasst. Für den Tarif „Constant" garantiert der Anbieter Preissicherheit für ein ganzes Jahr. Ein Vertrag mit dem Tarif „Classic" kann der Kunde mit einer Kündigungsfrist von einem Monat kündigen, bei den beiden anderen Tarifen beträgt die Kündigungsfrist ein Jahr. Vergleichen Sie die Tarife miteinander. Erkundigen Sie sich über die Sachverhalte, die für die Beurteilung der Tarife wichtig sind.

1.2.2 Gegenseitige Lage von Geraden

Aufgabe

1 **Schnitt von Geraden, Nullstellen von Geraden**

Gegeben sind die Geraden $g_1: y = \frac{1}{2}x - \frac{1}{2}$ und $g_2: y = -\frac{2}{3}x + 3$.

a) Begründen Sie, warum sich die zugehörigen Geraden schneiden müssen, und bestimmen Sie den Schnittpunkt.

b) Begründen Sie, warum die beiden Geraden die x-Achse schneiden müssen, und bestimmen Sie die beiden Nullstellen.

Lösung

a) Da die Steigungen der beiden Geraden $m_1 = \frac{1}{2}$ und $m_2 = -\frac{2}{3}$ voneinander verschieden sind, sind die beiden Geraden nicht zueinander parallel, müssen sich also schneiden.

Für den gemeinsamen Punkt der beiden Geraden, den Schnittpunkt $S(x_s \,|\, y_s)$ gilt, dass die Koordinaten beide Geradengleichungen erfüllen müssen:

$$\left| \begin{array}{l} y_s = \frac{1}{2}x_s - \frac{1}{2} \\ y_s = -\frac{2}{3}x_s + 3 \end{array} \right.$$

Ein lineares Gleichungssystem dieser Form lösen wir am einfachsten nach dem Gleichsetzungsverfahren:

$$\left| \begin{array}{l} -\frac{2}{3}x_s + 3 = \frac{1}{2}x_s - \frac{1}{2} \\ y_s = -\frac{2}{3}x_s + 3 \end{array} \right. \Leftrightarrow \left| \begin{array}{l} -\frac{7}{6}x_s = -\frac{7}{2}x_s \\ y_s = -\frac{2}{3}x_s + 3 \end{array} \right. \Leftrightarrow \left| \begin{array}{l} x_s = 3 \\ y_s = 1 \end{array} \right.$$

Die Koordinaten des Punktes $S(3\,|\,1)$ erfüllen beide Geradengleichungen.

b) Da beide Geraden eine Steigung haben, die von null verschieden ist, verlaufen sie nicht parallel zur x-Achse, haben also einen Punkt mit ihr gemeinsam.

y-Achse:
$y = 0 \cdot x + 0$

Die Lösungen der linearen Gleichungen sind:

$0 = \frac{1}{2}x - \frac{1}{2} \Leftrightarrow x = 1$ bzw. $0 = -\frac{2}{3}x + 3 \Leftrightarrow x = \frac{9}{2}$

d.h. die Gerade g_1 hat den Nullpunkt $N_1(1\,|\,0)$, g_2 den Nullpunkt $N_2\left(\frac{9}{2}\,|\,0\right)$.

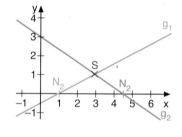

Aufgabe

2 **Parallelität und Orthogonalität von Geraden**

Gegeben ist die Gerade g mit $y = 2x - 16$. Stellen Sie eine Gleichung auf für

a) die Parallele p zur Geraden g durch den Punkt $C(1\,|\,6)$;

b) die Orthogonale k zur Geraden g durch den Punkt $A(9\,|\,2)$.

Lösung

a) Wenn die Geraden p und g zueinander parallel sind, dann haben sie dieselbe Steigung $m = 2$.

Nach der Punkt-Steigungs-Form hat dann p die Gleichung

$y = 2 \cdot (x - 1) + 6 = 2x + 4$

b) Die Koordinaten von $A(9\,|\,2)$ erfüllen die Geradengleichung von g: $2 = 2 \cdot 9 - 16$; daher liegt der Punkt A auf der Geraden g. Wir legen ein geeignetes Steigungsdreieck für die Gerade g an. Wenn wir dieses Steigungsdreieck um 90° rechtsherum drehen mit A als Drehpunkt, erhalten wir ein Dreieck, an dem wir die Steigung für die Gerade k ablesen können: $m = \frac{-1}{2} = -\frac{1}{2}$

Die zu g orthogonale Gerade hat daher die Gleichung:

$y = -\frac{1}{2} \cdot (x - 9) + 2 = -\frac{1}{2}x + 6{,}5$

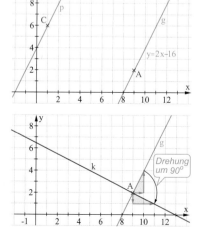

Information

(1) Nullstellen von linearen Funktionen

Eine lineare Funktion f mit der Funktionsgleichung $f(x) = mx + b$ besitzt genau dann eine Nullstelle, wenn der zugehörige Graph nicht parallel zur x-Achse verläuft, d.h. wenn $m \neq 0$.

Zur Bestimmung der Nullstelle löst man die lineare Gleichung $f(x) = 0$, d.h. $mx + b = 0$.

(2) Parallelität und Orthogonalität von Geraden

Wir wissen schon:

Zwei Geraden mit den Steigungen m_1 und m_2 sind genau dann **parallel** zueinander, wenn $m_1 = m_2$ gilt.

Die Lösung von Teilaufgabe b) in der Aufabe 2 lässt folgenden Satz vermuten:

Wenn zwei Geraden mit den Steigungen m_1 und m_2 orthogonal zueinander sind, dann gilt für die Steigungen die Beziehung $m_2 = -\frac{1}{m_1}$ bzw. $m_1 \cdot m_2 = -1$.

Beweis:

Aus dem Steigungsdreieck für die Gerade s lesen wir ihre Steigung m_2 ab: $m_2 = \frac{-1}{m_1} = -\frac{1}{m_1}$

Dann gilt auch $m_1 \cdot m_2 = -1$.

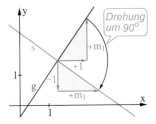

Bisher haben wir gezeigt: Wenn zwei Geraden mit den Steigungen m_1 und m_2 orthogonal zueinander sind, dann gilt die Beziehung $m_1 \cdot m_2 = -1$.

Es gilt sogar die *Umkehrung des Satzes*, wie man beweisen kann:

Wenn für die Steigungen m_1 und m_2 zweier Geraden die Beziehung $m_2 = -\frac{1}{m_1}$ bzw. $m_1 \cdot m_2 = -1$ gilt, dann sind die Geraden orthogonal zueinander.

Wir können zusammenfassen:

Satz: Orthogonalitätsbedingung

Zwei Geraden mit den Steigungen m_1 und m_2 sind genau dann **orthogonal** zueinander, wenn $m_1 \cdot m_2 = -1$.

Weiterführende Aufgabe

3 Steigungswinkel

a) Zeichnen Sie die Gerade zu $y = -\frac{2}{3}x - 6$ in ein Koordinatensystem mit gleicher Skalierung auf beiden Achsen. Bestimmen Sie den Schnittpunkt mit der x-Achse. Denken Sie sich die x-Achse um diesen Schnittpunkt gegen den Uhrzeigersinn gedreht, bis sie mit der Geraden zusammenfällt. Der dabei überstrichene Winkel ist der Steigungswinkel der Geraden. Berechnen Sie den Steigungswinkel.

b) Begründen Sie allgemein:

Für den **Steigungswinkel** α einer Geraden mit der Gleichung $y = mx + b$ gilt bei gleicher Skalierung der Achsen:

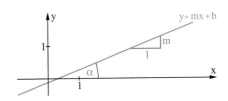

$\tan \alpha = m$

Übungsaufgaben **4** Untersuchen Sie die gegenseitige Lage der folgenden Geraden, die gegeben sind durch

g_1: $y = \frac{1}{2}x - 3$; g_2: $y = 2x + 1$; g_3: $y = -2x - 5$; g_4: $y = 4 - 2x$; g_5: $y = \frac{1}{2}x$

5 Gegeben sind zwei Geraden g_1 und g_2. In welchen Punkten schneiden die Geraden die Koordinatenachsen? Bestimmen Sie auch den Schnittpunkt beider Geraden.

Erklären Sie Ihr Vorgehen; zeichnen Sie auch.

a) g_1: $y = -x + 3$; g_2: $y = 3x - 7$ **c)** g_1: $y = -7x$; g_2: $y = -x + 3$

b) g_1: $y = 3x + 8$; g_2: $y = 2x - 4$ **d)** g_1: $y = \frac{1}{2}x - 4$; g_2: $y = \frac{3}{5}x + 6$

6 Welche der Geraden sind zueinander parallel, welche zueinander orthogonal?

g_1: $y = \frac{4}{3}x - 5$; g_2: $y = -0,75x - 5$; g_3: $y = \frac{8x + 1}{6}$; g_4: $y = 5 - x$

7 Bestimmen Sie eine Gleichung für diejenige Gerade, die durch den Punkt P geht und zu der Geraden mit der angegebenen Gleichung parallel [orthogonal] ist.

a) $P(-2\,|\,1)$; $y = 2x$ **b)** $P(2\,|\,-4)$; $y = -\frac{x}{3} - 2$ **c)** $P(-1,5\,|\,0,4)$; $y = 1,2x + 0,8$

8 Welche der Geraden sind zueinander parallel, welche zueinander orthogonal?

a) g_1: $y = \frac{4}{3}x - 5$; g_2: $y = -0,75x - 5$ g_3: $y = \frac{8x + 1}{6}$; g_4: $y = 5 - x$

b) g_1: $y = 8x - 1$; g_2: $y = \frac{x}{3} + 7$ g_3: $y = -3x + 1$; g_4: $y = -0,125x + 7$

9 Die Gerade g hat die Steigung m_1. Bestimmen Sie die Steigung m_2 einer Orthogonalen zu g.

a) $m_1 = \frac{3}{5}$ **b)** $m_1 = \frac{1}{4}$ **c)** $m_1 = 2$ **d)** $m_1 = -3$ **e)** $m_1 = -0,75$ **f)** $m_1 = -0,1$

10 Bestimmen Sie die Gleichung in der Normalform für diejenige Gerade, die durch den Punkt P geht und zu der Geraden mit der angegebenen Gleichung parallel [orthogonal] ist.

a) $P(-2\,|\,1)$; $y = 2x$ **d)** $P(2\,|\,-4)$; $y = -\frac{x}{3} - 2$

b) $P(0\,|\,6)$; $y = 4x + 2$ **e)** $P(-1,5\,|\,0,4)$; $y = 1,2x + 0,8$

c) $P(0\,|\,5)$; $y = -5x + 1$ **f)** $P(-3\,|\,0)$; $y = -x$

11 Bestimmen Sie eine Gleichung für diejenige Gerade, die durch den Punkt P geht und zu der Geraden mit der angegebenen Gleichung parallel [orthogonal] ist.

a) $P(-4\,|\,2)$; $y = -\frac{1}{3}x - 5$ **c)** $P(\sqrt{2}\,|\,3)$; $y = 4$ **e)** $P(0\,|\,0)$; $y = -1$

b) $P(0\,|\,0)$; $y = -x - 2$ **d)** $P(-2\,|\,5)$; $x = 3$ **f)** $P(-1\,|\,-2)$; $y = -1,5$

12 Ein Mieter kann beim Einzug in eine neue Wohnung zwischen drei Stromtarifen wählen:

PROCON	**Aktuelle Tarife**
	Tarif A — Grundgebühr 10 €, pro Kilowattstunde (kWh) 10 Cent
	Tarif B — Grundgebühr 15 €, pro Kilowattstunde (kWh) 8 Cent
	Tarif C — keine Grundgebühr, pro Kilowattstunde (kWh) 18 Cent

Welcher Tarif ist abhängig vom Stromverbrauch der jeweils günstigste? Lösen Sie rechnerisch und verdeutlichen Sie mittels einer Zeichnung Ihre Ergebnisse!

13

Studieren im Ausland

So viele deutsche Studierende waren an ausländischen Hochschulen eingeschrieben (in 1 000)

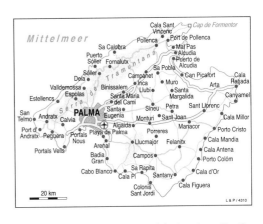

(1) Übertragen Sie die Informationen 2004 bis 2007 über die Anzahl der deutschen Studierenden im Ausland in ein Koordinatensystem und zeichnen Sie eine Trendgerade nach Augenmaß.

(2) Bestimmen Sie die Gleichung der Geraden und geben Sie eine Prognose für die nachfolgenden Jahre ab.

(3) Bestimmen Sie mithilfe einer Tabellenkalkulation eine Regressionsgerade zu diesen Daten und erstellen Sie auch hiermit eine Prognose. Vergleichen Sie.

14 Drei Taxiunternehmen geben folgende Fahrpreise an:

Unternehmen A: Grundgebühr 4,00 €, pro gefahrenen Kilometer 80 Cent;

Unternehmen B: Grundgebühr 2,00 €, pro gefahrenen Kilometer 90 Cent;

Unternehmen C: keine Grundgebühr, pro gefahrenen Kilometer 1,10 €.

a) Bei welcher Fahrtstrecke würden Sie A den Vorzug geben, wann wären B bzw. C günstiger (zeichnerische und rechnerische Lösung)?

b) Sie wollen sich mit einem Taxi nach Hause bringen lassen. Sie haben genau € 33,00 dabei. Wie weit kommen Sie mit dem Geld bei den drei Taxiunternehmen?

c) Bis zu Ihrem Zuhause sind es genau 35 km. Wie viel müssen Sie bei den drei Unternehmen bezahlen – welche Wegstrecke müssen Sie zu Fuß gehen?

15 Zwei Autovermietungen auf Mallorca bieten unterschiedliche Konditionen für ein bestimmtes Automodell an:

Vermietung Spain-Car berechnet pro gefahrenen Kilometer 0,65 €;

Vermieter Uno 0,35 € pro gefahrenen und eine Bearbeitungsgebühr von 15 €.

Ralf und Lena wollen einen Tagesausflug von Palma de Mallorca nach S'Arenal machen (siehe Kartenausschnitt). In der nächsten Woche wollen sie von Palma aus den Norden der Insel erkunden.

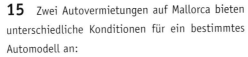

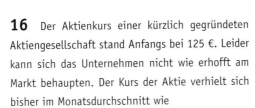

a) Welchen Vermieter sollten die beiden wählen?

b) Ab welcher Strecke lohnt sich Vermieter Uno?

16 Der Aktienkurs einer kürzlich gegründeten Aktiengesellschaft stand Anfangs bei 125 €. Leider kann sich das Unternehmen nicht wie erhofft am Markt behaupten. Der Kurs der Aktie verhielt sich bisher im Monatsdurchschnitt wie

$$A(x) = -\frac{25}{6}x + 125$$

wobei Zeit in Monaten, $A(x)$ = Aktienkurs in Euro. Wann sind die Aktien wertlos, wenn sich der Trend fortsetzt?

1.2.3 Funktionen aus Daten – lineare Regression

Oft lassen sich Daten aus Erhebungen, beispielsweise Messwerte als Zahlenpaare in ein Koordinatensystem eintragen. Die so entstehenden **Punktwolken** können unterschiedliche Gestalt haben, wie die Abbildungen zeigen.

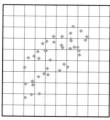 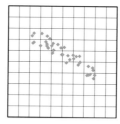 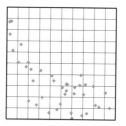 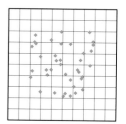

Die Achsen eines Koordinatensystems stehen für die beiden betrachteten Merkmale der Erhebung; die Koordinaten der Punkte ergeben sich aus den Ausprägungen der Merkmale. In der **Regressionsrechnung** beschäftigt man sich nun damit, einen möglichen funktionalen Zusammenhang zwischen den Merkmalsausprägungen herauszufinden. Dazu bestimmt man zu gegebenen Punktwolken geeignete Funktionsgleichungen, d. h. wir bestimmen die Koeffizienten von linearen oder anderen Funktionen, die zu den Messdaten am besten „passen" (was „passen" bedeutet, muss noch definiert werden).

In diesem Abschnitt betrachten wir zunächst die Möglichkeit die Punkte einer gegebenen Punktwolke durch eine geeignete lineare Funktion zu modellieren. In den Abschnitten 1.3.3 werden wir die Modellierung durch quadratische Funktionen behandeln, in Abschnitt 1.4.2 die Modellierung durch ganzrationale Funktionen und in Abschnitt 1.6.4 die Modellierung durch Exponentialfunktionen.

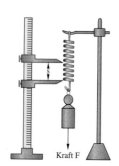

In vielen Experimenten im Physikunterricht geht es darum, aufgrund von Messreihen *Gesetzmäßigkeiten* zwischen den betrachteten physikalischen Größen zu *entdecken*.

Beispiel:

In einem Versuch wird eine Schraubenfeder mit Gewichtsstücken belastet. An einer Messlatte wird abgelesen, um welche Länge s sich die Schraubenfeder ausgedehnt hat.

Aufgrund der Messreihe will man gegebenenfalls ein physikalisches Gesetz formulieren, das einen Zusammenhang zwischen der durch die Gewichtsstücke bewirkten Kraft F und der Auslenkung der Feder s beschreibt.

Trägt man die gemessenen Wertepaare in ein s-F-Koordinatensystem ein, dann erkennt man, dass die Punkte der Messreihe ziemlich genau auf einer Geraden durch den Ursprung liegen: $F = 0{,}3 \, s$.

N ist die Einheit Newton.

Gewichtskraft F (in N)	Auslenkung s (in cm)
0	0
0,5	1,7
1	3,2
1,5	4,9
2	6,7
2,5	8,3

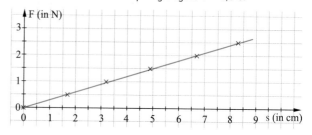

ROBERT HOOKE
(1635 – 1703)

In der Physik formuliert man dann das zugrunde liegende Gesetz – hier das bekannte HOOKEsche Gesetz, das vom englischen Naturforscher ROBERT HOOKE 1678 entdeckt wurde:

Beim Spannen einer Feder wächst die Rückstellkraft der Feder proportional zur Federdehnung (solange die Feder nicht überdehnt wird).

Aufgrund des Gesetzes F = 0,3 s (d. h. mithilfe des linearen Funktionsterms F (s) = 0,3 s) kann man Berechnungen vornehmen, z. B. vorhersagen, dass bei einer Auslenkung von 6 cm ein Gewicht von 1,8 N aufgehängt worden ist oder dass bei Belastung der Feder mit einem Gewicht von 1,3 N eine Auslenkung um 4,3 cm erfolgen wird.

Trotz der Kenntnis des physikalischen Gesetzes weiß man aber nicht, wie groß die Auslenkung s bei der Belastung mit 5 N ist, denn es könnte sein, dass die Feder bei einem solch hohen Gewicht überdehnt wird.

Aufgabe

1 Näherungsweise Bestimmung eines linearen Zusammenhangs

Die Körpergröße x und das Körpergewicht y von 10 Schülern wurden bestimmt und die Messwerte (Wertepaare) in ein Koordinatensystem eingetragen.

Körpergröße x (in cm)	Gewicht y (in kg)
155	47
157	47
159	50
163	55
164	52
167	54
168	58
170	53
172	61
176	65

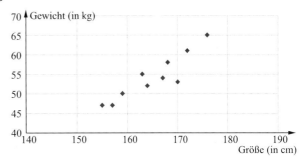

Wir nehmen an, dass – zumindest näherungsweise – ein linearer Zusammenhang zwischen Körpergröße x und Gewicht y besteht.

a) Durch welche Funktionsgleichung wird – unter dieser Annahme – der Zusammenhang zwischen Körpergröße und Gewicht am besten beschrieben? Um dieses herauszufinden, kann man wie folgt vorgehen:

(1) Ein „Durchschnittsmensch" aus der Stichprobe hätte eine Körpergröße $\bar{x}$ und ein Körpergewicht $\bar{y}$. Es scheint vernünftig, dass diese Daten auch die gesuchte lineare Gleichung erfüllen.
Bestimmen Sie deshalb den **Schwerpunkt der Punktwolke** M $(\bar{x} \,|\, \bar{y})$, wobei $\bar{x}$ das arithmetische Mittel aller gemessenen Körpergrößen und $\bar{y}$ das arithmetische Mittel aller gemessenen Körpergewichte ist.

(2) Zeichnen Sie eine Gerade nach Augenmaß durch den Schwerpunkt M und durch die Punktwolke $P_1 (x_1 \,|\, y_1)$, $P_2 (x_2 \,|\, y_2)$, ..., $P_{10} (x_{10} \,|\, y_{10})$.

(3) Bestimmen Sie die Gleichung der in (2) gezeichneten Geraden.

b) Begründen Sie: Alle Geraden für die Messwerte aus Teilaufgabe a) erfüllen die Funktionsgleichung y = g (x), wobei g (x) = m · (x − 165,1) + 54,2.

c) Vergleichen Sie die Qualität der Anpassung der folgenden Funktionen g_1, g_2 und g_3 miteinander.
Bestimmen Sie dazu jeweils die quadratischen Abweichungen der Funktionswerte von den Messwerten $[g_1 (x_i) − y_i]^2$, $[g_2 (x_i) − y_i]^2$ und $[g_3 (x_i) − y_i]^2$.
Ermitteln Sie jeweils die Summe dieser quadratischen Abweichungen.

$g_1 (x) = 0{,}79 · (x − 165{,}1) + 54{,}2$; $g_2 (x) = 0{,}8 · (x − 165{,}1) + 54{,}2$; $g_3 (x) = 0{,}81 · (x − 165{,}1) + 54{,}2$

Lösung

a) (1) M hat die Koordinaten $\overline{x} = 165{,}1$ und $\overline{y} = 54{,}2$.

(2)

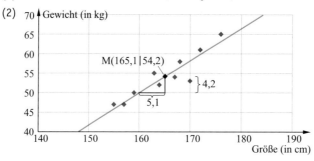

(3) Unsere Gerade nach Augenmaß verläuft außer durch den Schwerpunkt M auch durch den Punkt (160|50). Aus den Koordinaten dieser beiden Punkte bestimmen wir Steigung und Achsenabschnitt auf der y-Achse der Geraden:

Steigung: $m = \dfrac{54{,}2 - 50}{165{,}1 - 160} \approx 0{,}8$

Achsenabschnitt auf der y-Achse: $50 \approx 160 \cdot 0{,}8 + b$, also $b \approx -78$

Zwischen Körpergröße x und Gewicht y gilt also ungefähr die Beziehung:

$y = 0{,}8\,x - 78$ *(nach Augenmaß)*

b) Eine Gerade g mit der Steigung m, die durch den Punkt (165,1|54,2) – den Schwerpunkt der Punktwolke – verläuft, erfüllt die Gleichung $y = m\,(x - 165{,}1) + 54{,}2$.

c) Wir berechnen jeweils $g(x_1), \ldots, g(x_{10})$ und vergleichen:

Messwerte		$m_1 = 0{,}79$		$m_2 = 0{,}80$		$m_3 = 0{,}81$	
x_i	y_1	$g_1(x_i)$	$[g_1(x_i) - y_i]^2$	$g_2(x_i)$	$[g_2(x_i) - y_i]^2$	$g_3(x_i)$	$[g_3(x_i) - y_i]^2$
155	47	46,22	0,6068	46,12	0,7744	46,02	0,9624
157	47	47,80	0,6416	47,72	0,5184	47,64	0,4083
159	50	49,38	0,3832	49,32	0,4624	49,26	0,5491
163	55	52,54	6,0467	52,52	6,1504	52,50	6,2550
164	52	53,33	1,7716	53,32	1,7424	53,31	1,7135
167	54	55,70	2,8934	55,72	2,9584	55,74	3,0241
168	58	56,49	2,2771	56,52	2,1904	56,55	2,1054
170	53	58,07	25,7150	58,12	26,2144	58,17	26,7186
172	61	59,65	1,8198	59,72	1,6384	59,79	1,4665
176	65	62,81	4,7917	62,92	4,3264	63,03	3,8848
$\overline{x} = 165{,}1$	$\overline{y} = 54{,}2$		$\Delta_1 = 46{,}9469$		$\Delta_2 = 46{,}9760$		$\Delta_3 = 47{,}0877$

Die Anpassung der Funktion mit $g_1(x) = 0{,}79 \cdot (x - 165{,}1) + 54{,}2$ an die Messdaten ist – im Vergleich zu den beiden anderen Funktionen – am besten, da hier die Summe der quadratischen Abweichungen geringer ist als bei den beiden anderen Funktionen.

Information

(1) Anpassung linearer Modelle an die Messwerte vergleichen

In Aufgabe 1 haben wir eine Gerade nach Augenmaß durch die Punktwolke gezeichnet.

Die hierzu bestimmte lineare Funktion g mit der Gleichung $y = 0{,}8\,x - 78$ stellt ein **lineares Modell** für die Punktwolke dar.

Es ist üblich, die **Qualität der Anpassung des Modells an die Messwerte der Stichprobe** durch folgende Summe von quadratischen Abweichungen zu messen:

Sind $(x_1|y_1)$, $(x_2|y_2)$, ..., $(x_n|y_n)$ die Messwerte einer Stichprobe und
$y = g(x)$ mit $g(x) = m \cdot (x - \overline{x}) + \overline{y}$
eine Gerade für die Messwerte durch den **Schwerpunkt** $M(\overline{x}|\overline{y})$ dieser Messwerte, dann ist
$\Delta = [g(x_1) - y_1]^2 + [g(x_2) - y_2]^2 + \ldots + [g(x_n) - y_n]^2$
ein Maß für die Anpassung der Geraden an die Messwerte.

In Teilaufgabe b) haben wir mit diesem Maß drei lineare Modelle miteinander verglichen.

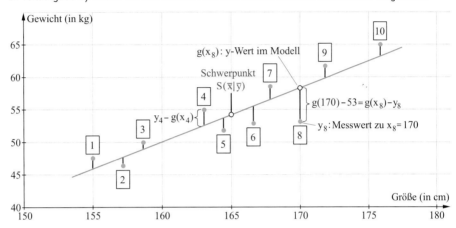

Hat man zwei verschiedene Modelle $g_1(x) = m_1 x + b_1$ und $g_2(x) = m_2 x + b_2$, und es gilt $\Delta_1 < \Delta_2$, dann „passt" das durch die lineare Funktion g_1 beschriebene lineare Modell besser zu den Messwerten als das durch g_2 gegebene Modell.

(2) Regressionsgerade

Gegeben ist eine Messreihe von quantitativen Daten $(x_1|y_1)$, $(x_2|y_2)$, ..., $(x_n|y_n)$, die sich in einem Koordinatensystem als Punktwolke eintragen lassen. Diejenige Gerade g mit dem Term $g(x) = m x + b$, welche

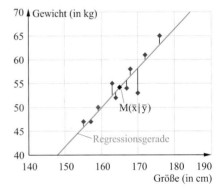

- durch den Punkt $M(\overline{x}|\overline{y})$, den **Schwerpunkt** der Punktwolke verläuft und für welche
- die Summe $[g(x_1) - y_1]^2 + [g(x_2) - y_2]^2 + \ldots + [g(x_n) - y_n]^2$ der quadratischen Abweichungen $[g(x_i) - y_i]^2$ minimal ist,

heißt **Ausgleichsgerade** oder **Regressionsgerade zur Punktwolke**.

Da sich die Summe $[g(x_1) - y_1]^2 + [g(x_2) - y_2]^2 + \ldots + [g(x_n) - y_n]^2$ als Funktionsterm einer quadratischen Funktion auffassen lässt, kann man dieses Minimum berechnen. Man kann zeigen:

Die **Gleichung der Regressionsgerade g** zur Punktwolke mit den n Punkten $(x_1|y_1)$, $(x_2|y_2)$, ..., $(x_n|y_n)$ ist gegeben durch $y = m \cdot (x - \overline{x}) + \overline{y}$

wobei $(\overline{x}|\overline{y})$ der Schwerpunkt der Punktwolke mit $\overline{x} = \frac{1}{n}(x_1 + x_2 + \ldots + x_n)$, $\overline{y} = \frac{1}{n}(y_1 + y_2 + \ldots + y_n)$

und $m = \frac{S_{xy}}{S_{xx}}$ mit

$S_{xx} = (x_1 + \overline{x})^2 + \ldots + (x_n - \overline{x})^2 = \sum_{i=1}^{n}(x_i - \overline{x})^2$

$S_{xy} = (x_1 - \overline{x})(y_1 - \overline{y}) + \ldots + (x_n - \overline{x})(y_n - \overline{y}) = \sum_{i=1}^{n}(x_i - \overline{x})(y_i - \overline{y})$

Beispiel – Rechnung

Für die Berechnung von $\bar{x}$, $\bar{y}$, S_{xy} und S_{xx} benötigen wir in einer Tabelle (z. B. für ein Tabellenkalkulationsprogramm) folgende Spalten:

x_i, y_i Messwerte. Aus ihren Summen berechnen wir die arithmetischen Mittelwerte $\bar{x}$ und $\bar{y}$.

$(x_i - \bar{x})^2$, $(x_i - \bar{x})(y_i - \bar{y})$ Differenz der Messwerte x_i, y_i zu den arithmetischen Mittelwerten.

	A	B	C	D
1	x_i (in cm)	y_i (in kg)	$(x_i - \bar{x})^2$	$(x_i - \bar{x})(y_i - \bar{y})$
2	155	47	102,01	72,72
3	157	47	65,61	58,32
4	159	50	37,21	25,62
5	163	55	4,41	−1,68
6	164	52	1,21	2,42
7	167	54	3,61	−0,38
8	168	58	8,41	11,02
9	170	53	24,01	−5,88
10	172	61	47,61	46,92
11	176	65	118,81	117,72
12	165,1	54,2	412,9	326,8

Zelle A12
Inhalt:
= Mittelwert (A2:A11)

Zelle B12
Inhalt:
= Mittelwert (B2:B11)

Zelle C12
Inhalt:
= Summe (C2:C11)

Zelle D12
Inhalt:
= Summe (D2:D11)

Die Steigung der Regressionsgeraden ist der Quotient aus den Zeilen D12 und C12:

$$m = \frac{326,8}{412,9} = 0,7915$$

Die Gleichung ist daher

$$y = 0,7915\,(x - 165,1) + 52,2, \text{ also}$$

$$y = 0,7915\,x - 76,473$$

(3) Regressionsgeraden mithilfe Tabellenkalkulation bestimmen

Tabellenkalkulationsprogramme haben Optionen, durch welche die Gleichung der Regressionsgeraden automatisch berechnet werden und die Geraden durch die Punktwolke gezeichnet werden können.

In Tabellenkalkulationsprogrammen wird die Regressionsgerade als **Trendlinie** bezeichnet. Nach Anklicken der Punkte der Punktwolke muss die Option **Trendlinie hinzufügen** gewählt werden. Man kann sich zusätzlich die Gleichung der Geraden angeben lassen und die Gerade über die Punktwolke hinaus verlängern (so genannter *Trend*).

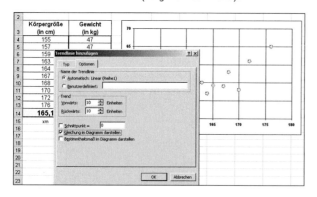
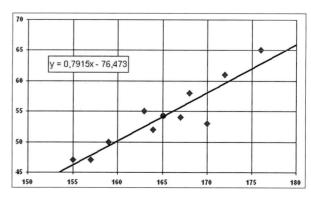

(4) Visualisierung der Abstandsquadrate

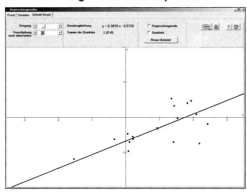 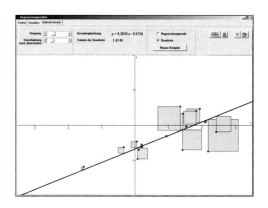

Die Summe der quadratischen Differenzen lässt sich visualisieren: Die Software VUStatistik, die dem Buch beigefügt ist, enthält die Option, an die vertikalen Strecken (zum Abstand Modell – Messwert) jeweils ein Quadrat zu zeichnen. Wenn man die Gerade bewegt, verändern sich entsprechend die Quadrate.
Gesucht ist die Gerade, bei der die Gesamtfläche der gezeigten Quadrate minimal ist.

regredior, regressus (lat.): zurückgehen

Der Begriff *Regression* wurden von FRANCIS GALTON im Jahr 1885 geprägt: Er hatte entdeckt, dass große Väter eher kleinere Söhne und kleine Väter eher größere Söhne haben; er nannte diesen Effekt *Regression zum Mittelwert*.

Weiterführende Aufgabe

2 Bestimmen Sie zu den Daten aus Aufgabe 1 mithilfe der Regressionsgeraden das Körpergewicht y einer Person mit Körpergröße x = 160 cm [165 cm; 180 cm; 120 cm; 200 cm].
Welche Interpretationen lässt die Regressionsgerade zu?

Übungsaufgaben **3** Die Messung der Körper- und Schuhgröße, Spannweite der gespreizten Hand und Ellenbogenlänge (Abstand Fingerspitze–Ellenbogen) von 21 Schülerinnen und Schülern einer Klasse ergab die folgenden Werte.
Tragen Sie die Daten in Koordinatensysteme ein – jeweils die Kombination von zwei Merkmalsausprägungen.
Gibt es unter den Darstellungen auch Punktwolken, aus denen man einen Zusammenhang der Merkmale ablesen kann?
Geben Sie diesen Zusammenhang näherungsweise in Form einer Gleichung an.

Körpergröße	Schuhgröße	Spannweite Hand	Ellenbogen-länge
156	36	19	40
157	37	18	39
158	37	19	40
161	37	21	40
165	38	21	43
165	39	22	44
167	38	19	43
169	39	20	44
170	39	21	47
170	39	20	47
170	40	20	44
172	41	22	48
175	41	20	48
176	40	20	43
176	40	20	45
177	43	24	47
179	41	22	48
180	39	20	46
183	43	22	49
187	46	25	52
194	46	23	51

4 Die Grafik stellt dar, wie die kommerzielle Anbaufläche für gentechnisch veränderte Pflanzen in den letzten Jahren zugenommen hat.

Welche Prognose für 2010, 2012, ... könnte man aufgrund der bisherigen Entwicklung abgeben? Welche möglichen Einwände gibt es gegen diese Modellierung?

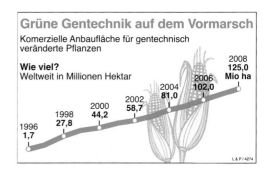

5 In der international angesehenen Zeitschrift *Nature* erschien ein Artikel mit einer Prognose der 100-Meter-Zeiten bei den Olympischen Spielen im Jahr 2156. Nehmen Sie Stellung.

> ## Frauen schneller als Männer
>
> **Prognose für die Olympischen Spiele 2156**
>
> Danach sollen die Frauen über die 100-Meter-Distanz zum ersten Mal schneller sein als die Männer: Die schnellste Frau wird die 100-Meter in 8.079 Sekunden zurücklegen, heißt es, und der schnellste Mann in 8,098 Sekunden. Als Grundlage für seine Prognose hatte der Autor, der Zoologe Andrew Tatem aus Oxford, die Ergebnisse aller Olympischen Spiele der Neuzeit zusammengetragen und „hochgerechnet"...

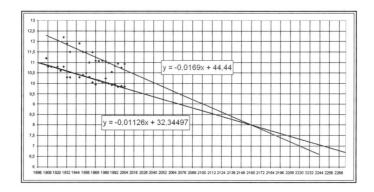

6 Untersuchen Sie den Zusammenhang zwischen verschiedenen Klimadaten für Hannover-Langenhagen.

	Jan.	Feb.	März	April	Mai	Juni	Juli	Aug.	Sep.	Okt.	Nov.	Dez.
Niederschlagsmenge [in mm]	52,2	37,2	48,3	49,8	62,4	72,8	62,3	63,5	53,3	42,0	52,3	59,7
mittlere Temperatur [in °C]	0,6	1,1	4,0	7,8	12,6	15,8	17,2	16,9	13,7	9,7	5,0	1,9
Sonnenscheindauer [in h]	41,6	66,7	105,7	150,2	206,3	208,0	198,4	197,1	138,6	104,0	51,5	33,5

7 Die abgebildete Grafik enthält Daten über die Anzahl der Tankstellen in Deutschland.

Welche Prognosen ergeben sich hieraus für die Zukunft?

Können Sie eine Prognose für das Jahr 2020 abgeben?

Nehmen Sie kritisch zu Ihrer Modellierung Stellung.

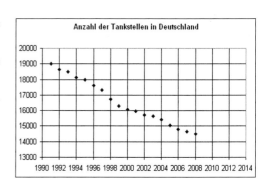

8 Ist es möglich, mithilfe der folgenden Daten eine Prognose für die Welt-Jahresbestleistung im Jahr 2020 für das Kugelstoßen der Frauen vorzunehmen? Begründen Sie Ihre Aussage.

Jahr	Welt-Jahresbestleistung		Jahr	Welt-Jahresbestleistung	
1970	19,69	Nadeschda Tschichowa	1989	20,78	Heike Hartwig
1971	20,43	Nadeschda Tschichowa	1990	21,66	Sui Xinmei
1972	21,03	Nadeschda Tschichowa	1991	21,12	Natalja Lisowskaja
1973	21,45	Nadeschda Tschichowa	1992	21,06	Svetlana Kriweljowa
1974	21,57	Helena Fibingerova	1993	20,84	Svetlana Kriweljowa
1975	21,60	Marianne Adam	1994	20,74	Sui Xinmei
1976	21,99	Helena Fibingerova	1995	21,22	Astrid Kumbernuss
1977	22,32	Helena Fibingerova	1996	20,97	Astrid Kumbernuss
1978	22,06	Ilona Slupianek	1997	21,22	Astrid Kumbernuss
1979	22,04	Ilona Slupianek	1998	21,69	Viktoria Pawlitsch
1980	22,45	Ilona Slupianek	1999	20,26	Svetlana Kriweljowa
1981	21,61	Ilona Slupianek	2000	21,46	Larissa Peleschenko
1982	21,80	Ilona Slupianek	2001	20,79	Larissa Peleschenko
1983	22,40	Ilona Slupianek	2002	20,64	Irina Korschanenko
1984	22,53	Natalja Lisowskaja	2003	20,77	Svetlana Kriweljowa
1985	21,73	Natalja Lisowskaja	2004	20,79	Irina Korschanenko
1986	21,70	Natalja Lisowskaja	2005	21,09	Nadeshda Ostapschuk
1987	22,63	Natalja Lisowskaja	2006	20,56	Nadeshda Ostapschuk
1988	22,55	Natalja Lisowskaja	2007	20,54	Valerie Vili
			2008	20,98	Nadeshda Ostapschuk

9 Untersuchen Sie die Daten der Abschlusstabelle der Fußball-Bundesliga 2008/09: Gibt es einen Zusammenhang zwischen

a) den erreichten Punkten und erzielten Toren,

b) den erreichten Punkten und den Gegentoren,

c) den Platz und den erreichten Punkten.

Platz	Mannschaft	Siege	Unentsch.	Niederl.	Tore	Punkte
1	VfL Wolfsburg	21	6	7	80:41	69
2	Bayern München	20	7	7	71:42	67
3	VfB Stuttgart	19	7	8	63:43	64
4	Hertha BSC	19	6	9	48:41	63
5	Hamburger SV	19	4	11	49:47	61
6	Borussia Dortmund	15	14	5	60:37	59
7	1899 Hoffenheim	15	10	9	63:49	55
8	FC Schalke 04	14	8	12	47:35	50
9	Bayer Leverkusen	14	7	13	59:46	49
10	Werder Bremen	12	9	13	64:50	45
11	Hannover 96	10	10	14	49:69	40
12	1. FC Köln	11	6	17	35:50	39
13	Eintracht Frankfurt	8	9	17	39:60	33
14	VfL Bochum 1848	7	11	16	39:55	32
15	Borussia Mönchengladbach	8	7	19	39:62	31
16	Energie Cottbus	8	6	20	30:57	30
17	Karlsruher SC	8	5	21	30:54	29
18	Arminia Bielefeld	4	16	14	29:56	28

1.3   Quadratische Funktionen

1.3.1   Definition – Nullstellen – Linearfaktordarstellung

Aufgabe   **1** **Bestimmen einer Parabelgleichung**

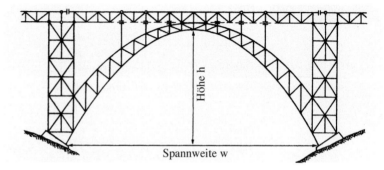

Höhe h

Spannweite w

Die Müngstener Brücke über die Wupper ist eine der beeindruckendsten Eisenbahn-
brücken. Zum 100-jährigen Jubiläum erschien sogar eine Briefmarke. Der untere
Brückenbogen hat eine Spannweite von w = 160 m und eine Höhe von h = 69 m.
Den unteren Brückenbogen kann man näherungsweise als Graphen einer quadra-
tischen Funktion f ansehen.
Bestimmen Sie deren Gleichung in einem selbst gewählten Koordinatensystem.
Betrachten Sie verschiedene Möglichkeiten.

Lösung

1. Möglichkeit:

Man legt den Ursprung des Koordinatensystems in den Scheitelpunkt
der Parabel. Dann lässt sich der Funktionsterm in der Form $f(x) = a \cdot x^2$
darstellen. Da die Bodenverankerung des Parabelbogens rechts die
Koordinaten (80|–69) hat, ergibt sich

$f(80) = -69 = a \cdot 80^2$, also $a = -\frac{69}{80^2} \approx -0{,}01078$

d. h. die gesuchte quadratische Funktion f ist

$f(x) = -0{,}01078\,x^2$

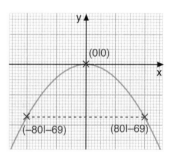

2. Möglichkeit:

Man legt den Ursprung des Koordinatensystems in die Mitte zwischen
die beiden Bodenverankerungen. Dann lässt sich der Funktionsterm
in der Form $f(x) = a \cdot (x - 80)(x + 80)$ darstellen, denn wenn man
x = 80 oder x = –80 in diesen Funktionsterm einsetzt, erhält man
den Funktionswert null. Da der Scheitelpunkt des Parabelbogens die
Koordinaten (0|69) hat, ergibt sich

$f(0) = 69 = a \cdot (0 - 80)(0 + 80) = -80^2 \cdot a$

also $a = -\frac{69}{80^2} \approx -0{,}01078$

d. h. die gesuchte quadratische Funktion f ist

$f(x) = -0{,}01078 \cdot (x - 80)(x + 80)$

was man auch in der Form

$f(x) = -0{,}01078\,x^2 + 69$ notieren kann.

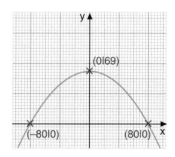

3. Möglichkeit:

Man legt den Ursprung des Koordinatensystems in den Punkt der linken Bodenverankerung. Dann lässt sich der Funktionsterm in der Form $f(x) = a \cdot x \cdot (x - 160)$ darstellen.

Da der Scheitelpunkt des Parabelbogens die Koordinaten $(80\,|\,69)$ hat, ergibt sich

$f(80) = 69 = a \cdot 80 \cdot (80 - 160) = -80^2 \cdot a$,

also $a = -\frac{69}{80^2} \approx -0,01078$

d. h. die gesuchte quadratische Funktion f ist

$f(x) = -0,01078\,x \cdot (x - 160) = -0,01078\,x^2 + 1,725\,x$

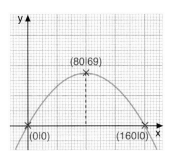

Aufgabe

2 Bestimmen von Funktionsstellen

Gegeben ist die quadratische Funktion f mit $f(x) = x^2 - 2x - 1$.

Bestimmen Sie die Stellen, an denen die Funktion den Funktionswert

(1) $f(x) = 1$ (2) $f(x) = 0$

annimmt

a) ohne Hilfsmittel,

b) mithilfe der Software Graphix, die diesem Buch beigefügt ist,

c) mithilfe eines CAS.

Lösung

a) *Algebraisch exakte Bestimmung von Funktionsstellen mit quadratischer Ergänzung*

(1) Für welche Stellen x gilt $f(x) = 1$?

$$x^2 - 2x - 1 = 1$$
$$x^2 - 2x = 2$$
$$x^2 - 2x + 1 = 2 + 1$$
$$(x - 1)^2 = 3$$
$$x - 1 = -\sqrt{3} \text{ oder } x - 1 = \sqrt{3}$$
$$x_1 = 1 - \sqrt{3},\ x_2 = 1 + \sqrt{3}$$

Quadratische Ergänzung

(2) Für welche Stellen x gilt $f(x) = 0$?

$$x^2 - 2x - 1 = 0$$
$$x^2 - 2x = 1$$
$$x^2 - 2x + 1 = 1 + 1$$
$$(x - 1)^2 = 2$$
$$x - 1 = -\sqrt{2} \text{ oder } x - 1 = \sqrt{2}$$
$$x_1 = 1 - \sqrt{2},\ x_2 = 1 + \sqrt{2}$$

Algebraisch exakte Bestimmung von Funktionsstellen mithilfe der Lösungsformel

Für eine Gleichung der Form $x^2 + p \cdot x + q = 0$ kennen wir Lösungsformeln:

$$x_1 = -\frac{p}{2} - \sqrt{\left(\frac{p}{2}\right)^2 - q} \quad \text{und} \quad x_2 = -\frac{p}{2} + \sqrt{\left(\frac{p}{2}\right)^2 - q}$$

Wir müssen nur die gegebenen Gleichungen auf die obige Form bringen:

(1) Für die gesuchte Stelle x gilt $f(x) = 1$, also:

$x^2 - 2x - 1 = 1 \quad |-1$

$x^2 - 2x - 2 = 0$; dies entspricht der obigen Form, mit $p = -2$ und $q = -2$.

Aus den Lösungsformeln erhalten wir damit

$$x_1 = -\frac{(-2)}{2} - \sqrt{\left(\frac{-2}{2}\right)^2 - (-2)} = 1 - \sqrt{1 + 2} = 1 - \sqrt{3} \quad \text{und}$$

$$x_2 = -\frac{(-2)}{2} + \sqrt{\left(\frac{-2}{2}\right)^2 - (-2)} = 1 + \sqrt{1 + 2} = 1 + \sqrt{3}.$$

(2) Für die gesuchte Stelle x gilt $f(x) = 0$, also $x^2 - 2x - 1 = 0$.

Dies entspricht der obigen Form, mit $p = -2$ und $q = -1$.

Mithilfe der Lösungsformeln erhalten wir $x_1 = 1 - \sqrt{2}$ und $x_2 = 1 + \sqrt{2}$.

b) *Näherungsweises Bestimmen von Funktionsstellen mithilfe des Funktionenplotters Graphix*

Graphische Methode: Man gibt die Funktionsterme $y_1 = x^2 - 2x - 1$ und $y_2 = 1$ als „Formel" ein und lässt die Graphen zeichnen. Dann verschiebt man die Grafik (*Symbol Hand*) so, dass einer der beiden Schnittpunkte ungefähr im Bildmittelpunkt liegt und vergrößert schrittweise den Bildausschnitt (*Symbol +*). Nach mehreren Vergrößerungsschritten kann man die Koordinaten des Schnittpunkts mit der gewünschten Genauigkeit ablesen: $x \approx -0,73205$; analog findet man den zweiten Schnittpunkt bei $x \approx 2,73205$ und die Stellen, an denen die Funktion f ungefähr den Funktionswert $f(x) = 0$ hat bei $x \approx -0,41421$ sowie $x \approx 2,41421$.

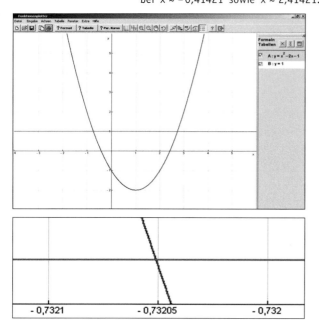

Numerische Methode: Die Software bietet auch die Option an, eine Wertetabelle anzuzeigen. Man sucht dann eine Stelle in der Wertetabelle, die in der Nähe des gesuchten Funktionswerts liegt und kann dann durch Mausklick links die Anzahl der Stellen erhöhen und so die gesuchte Stelle finden.

x	A y	x	A y	x	A y	x	A y
-5	34	-1,2	2,84	-0,76	1,0976	-0,73209	1,0001358
-4	23	-1,1	2,41	-0,75	1,0625	-0,73208	1,0001011
-3	14	-1	2,00	-0,74	1,0276	-0,73207	1,0000665
-2	7	-0,9	1,61	-0,73	0,9929	-0,73206	1,0000318
-1	2	-0,8	1,24	-0,72	0,9584	-0,73205	0,9999972
0	-1	-0,7	0,89	-0,71	0,9241	-0,73204	0,9999626
1	-2	-0,6	0,56	-0,7	0,8900	-0,73203	0,9999279
2	-1	-0,5	0,25	-0,69	0,8561	-0,73202	0,9998933
3	2	-0,4	-0,04	-0,68	0,8224	-0,73201	0,9998586
4	7	-0,3	-0,31	-0,67	0,7889	-0,732	0,9998240

c) *Algebraisch exakte oder näherungsweise Bestimmung von Funktionsstellen mithilfe eines CAS*

Mithilfe des Befehls **solve** kann ein CAS die gesuchten Funktionsstellen einer quadratischen Funktion exakt ermitteln. Mit dem Befehl **nSolve** steht auch die Möglichkeit zur Verfügung, die Funktionsstellen näherungsweise zu bestimmen. Hierbei muss ein Startwert angegeben werden.

```
F1    F2    F3    F4    F5    F6
    Algebra Calc Other PrgmIO Clean Up
■ solve(x² - 2·x - 1 = 1, x)
                    x = -(√3 - 1) or x = √3 + 1
■ solve(x² - 2·x - 1 = 0, x)
                    x = -(√2 - 1) or x = √2 + 1
■ nSolve(x² - 2·x - 1 = 0, x = -1)      -.414214
■ nSolve(x² - 2·x - 1 = 0, x = 2)        2.41421
nSolve(x^2-2x-1=0,x=2)
M           RAD AUTO          FUNC 4/30
```

Weiterführende Aufgabe

3 **Schnittstellen von quadratischen Funktionen**

Graphen von quadratischen Funktionen können gemeinsame Punkte besitzen.

Untersuchen Sie in den folgenden Beispielen, welcher Fall vorliegt.

Bestimmen Sie ggf. die Schnittpunkte der beiden Graphen.

$f_1(x) = 0.5x^2 - 2.5x - 2$ und

(1) $f_2(x) = -2x^2 + 5x + 8$ (2) $f_2(x) = -x^2 + 6.5x - 15.5$ (3) $f_2(x) = -x^2 - 2x - 3$

Information

(1) Begriff der quadratischen Funktion

Definition: Quadratische Funktion

Die Funktion f mit $f(x) = ax^2 + bx + c$ mit $a \neq 0$ heißt **quadratische Funktion**.

$y = ax^2 + bx + c$ ist die zugehörige Funktionsgleichung.

Im Funktionsterm nennt man ax^2 das quadratische Glied, bx das lineare Glied und c das absolute Glied.

Der maximale Definitionsbereich einer quadratischen Funktion ist die Menge $\mathbb{R}$ aller reellen Zahlen.

Den Graphen einer quadratischen Funktion mit dem Definitionsbereich $\mathbb{R}$ nennt man eine **Parabel**.

Der Punkt mit dem größten bzw. kleinsten Funktionswert der Funktion f heißt **Scheitelpunkt** der Parabel.

Beispiel: $f(x) = 2x^2 + 5x - 3$ ist eine quadratische Funktion mit $a = 2$, $b = 5$ und $c = -3$.

(2) Nullstellen von quadratischen Funktionen – Linearfaktorzerlegung des Funktionsterms

Die Graphen von quadratischen Funktionen können – je nach Lage des Scheitelpunkts und der Öffnung der Parabel nach oben oder unten – keine, eine oder zwei Nullstellen haben. Der Begriff der Nullstelle wird dabei wie bei linearen Funktionen definiert:

Definition: Nullstelle

Eine Stelle x_0, an der eine Funktion f den Wert 0 annimmt, heißt **Nullstelle** der Funktion.

Für eine Nullstelle x_0 der Funktion f gilt:

$f(x_0) = 0$

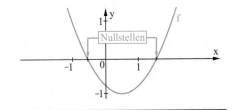

Am einfachsten lassen sich die Nullstellen einer (quadratischen) Funktion ablesen, wenn diese als *Linearfaktorzerlegung* gegeben ist.

Zwischen der Lage der Nullstellen und dem Funktionsterm der quadratischen Funktion besteht nämlich folgender Zusammenhang:

Satz über die Linearfaktorzerlegung von quadratischen Funktionen

Besitzt eine quadratische Funktion f mit $f(x) = ax^2 + bx + c$

(1) die beiden Nullstellen $x = r$ und $x = s$ dann lässt sich der Funktionsterm als Produkt der Linearfaktoren $(x - r)$ und $(x - s)$ notieren, d. h. als $f(x) = a \cdot (x - r)(x - s)$,

(2) nur eine Nullstelle $x = r$, dann lässt sich der Funktionsterm als Quadrat (d. h. als doppeltes Produkt) des Linearfaktors $(x - r)$ notieren, d. h. als $f(x) = a \cdot (x - r)^2$.

(3) Funktionsstellen von quadratischen Funktionen – Lösen von quadratischen Gleichungen

Nullstellen oder andere Funktionsstellen von quadratischen Funktionen sowie die Schnittstellen verschiedener quadratischer Funktionen lassen sich mithilfe eines algebraischen Verfahrens exakt bestimmen. Nach Umformung führt dies stets auf das Problem der Lösung einer quadratischen Gleichung.

Beispiele

(1) *An welcher Stelle hat die Funktion f mit $f(x) = 2x^2 + 3x – 7$ den Funktionswert $f(x) = 2$?*

Die Aufgabenstellung führt auf das Lösen der quadratischen Gleichung $2x^2 + 3x – 7 = 2$, also auf das Lösen von $2x^2 + 3x – 9 = 0$, d. h. auf die Normalform einer quadratischen Gleichung $x^2 + 1{,}5x + 4{,}5 = 0$.

(2) *Welche Punkte haben die Graphen der quadratischen Funktionen f_1 und f_2 mit $f_1(x) = 3x^2 – x + 3$ und $f_2(x) = x^2 + 3x + 9$ gemeinsam?*

Die Aufgabenstellung wird dadurch gelöst, dass man die Funktionsterme gleichsetzt und dann umformt: $f_1(x) = f_2(x)$, also nach Umordnung der Terme: $2x^2 – 4x – 6 = 0$ oder schließlich zur Normalform: $x^2 – 2x – 3 = 0$.

Bei der Lösung von *quadratischen Gleichungen* der Form $ax^2 + bx + c = 0$ mit $(a \neq 0, b \neq 0)$ gehen wir folgendermaßen vor:

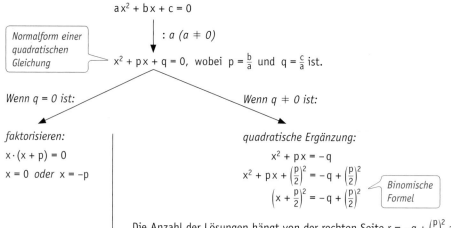

Die Anzahl der Lösungen hängt von der rechten Seite $r = -q + \left(\frac{p}{2}\right)^2$ ab:

- Wenn dieser Term größer als 0 ist, so gibt es zwei Lösungen.
- Wenn dieser Term gleich 0 ist, so gibt es genau eine Lösung.
- Wenn dieser Term kleiner als 0 ist, so gibt es keine Lösung.

Prinzipiell kann man das Lösungsverfahren mithilfe der quadratischen Ergänzung in allen Fällen durchführen. Für den Fall, dass die quadratische Gleichung die Form $ax^2 + bx = 0$ hat, ist es jedoch einfacher, wenn man faktorisiert.

> Jede quadratische Gleichung $ax^2 + bx + c = 0$ kann man auf eine Gleichung der Form $x \cdot (x + p) = 0$ oder aber auf eine Gleichung der Form $(x + d)^2 = r$ zurückführen.

Die Anzahl der Lösungen einer quadratischen Gleichung $x^2 + px + q = 0$ hängt vom Term $D = -q + \left(\frac{p}{2}\right)^2$ ab. Dieser Term heißt *Diskriminante* der Normalform.

Für den Fall $D > 0$ erhält man aus der quadratischen Gleichung

$\left(x + \frac{p}{2}\right)^2 = -q + \left(\frac{p}{2}\right)^2$:

$x + \frac{p}{2} = \sqrt{-q + \left(\frac{p}{2}\right)^2}$ oder $x + \frac{p}{2} = -\sqrt{-q + \left(\frac{p}{2}\right)^2}$

$x = -\frac{p}{2} + \sqrt{-q + \left(\frac{p}{2}\right)^2}$ oder $x = -\frac{p}{2} - \sqrt{-q + \left(\frac{p}{2}\right)^2}$

Lösungsformel für quadratische Gleichungen in der Normalform

Gegeben ist eine quadratische Gleichung in der Normalform $x^2 + px + q = 0$.

Den Term $\left(\frac{p}{2}\right)^2 - q$ bezeichnet man als **Diskriminante** D.

Für die Lösungsmenge der Gleichung gilt dann:

> *Die Diskriminante D entscheidet über die Anzahl der Lösungen.*

- Wenn die Diskriminante *positiv* ist, dann gibt es *genau zwei* Lösungen x_1 und x_2, nämlich

$$x_1 = -\frac{p}{2} + \sqrt{\left(\frac{p}{2}\right)^2 - q} \quad \text{und} \quad x_2 = -\frac{p}{2} - \sqrt{\left(\frac{p}{2}\right)^2 - q}.$$

- Wenn die Diskriminante D *null* ist, dann gibt es *genau eine* Lösung, nämlich $-\frac{p}{2}$.
- Wenn die Diskriminante D *negativ* ist, dann gibt es *keine* Lösung.

Übungsaufgaben **4** Berechnen Sie die Nullstellen der Funktion f und bestimmen Sie ihren Wertebereich.

a) $f(x) = x^2 + 2x - 3$ **c)** $f(x) = -x^2 + 4x - 4$ **e)** $f(x) = -0,2x^2 - 0,4x + 1,6$

b) $f(x) = -x^2 + 2x + 8$ **d)** $f(x) = -x^2 + 4x - 6$ **f)** $f(x) = 0,1x^2 + 0,2x - 4,8$

5 Gegeben ist eine Schar von quadratischen Funktionen durch $f_c(x) = x^2 + 5x + c$.

Untersuchen Sie, wie viele Nullstellen vorliegen.

Begründen Sie mithilfe einer Fallunterscheidung beim Parameter c.

6 Die quadratische Funktion f mit dem Term $f(x) = ax^2 + bx + c$ hat die Nullstellen -1 und 3. An der Stelle 0 hat f den Wert:

a) 3   **b)** -3 **c)** -6 **d)** 1,5

Bestimmen Sie die Parameter a, b und c. Skizzieren Sie den Graphen.

7 Von den vier gegebenen Punkten liegen zwei auf der Parabel. Geben Sie für die Gerade (Sekante) durch diese beiden Punkte die Gleichung in Normalform an.

a) $y = x^2 - 2x - 5$; $A(-2|3)$, $B(0,5|-6)$, $C(0|0)$, $D(3|-2)$

b) $y = 2x^2 + 4x - 8$; $A(-4|7)$, $B(-1|-10)$, $C(1|-2)$, $D(2|-8)$

c) $y = -0,5x^2 + x + 5$; $A(-4|7)$, $B(-1|3,5)$, $C(3|3,5)$, $D(4|1,2)$

8 Bestimmen Sie rechnerisch die gemeinsamen Punkte der beiden Parabeln.

a) $y = -0,5x^2 + 3x + 0,5$ **b)** $y = -0,5x^2 + 2$ **c)** $y = x^2 + 2x + 2$

     $y = 0,25x^2 - 1,5x + 4,25$ $y = 0,5x^2 - 2x + 2$ $y = -x^2 + 2x + 2$

9 (1) $x^2 - 6x + 8 = 0$ (3) $-x^2 + 6x - 7 = 0$ (5) $x^2 - 14x = -49$

     (2) $8x^2 + 4x = 4$ (4) $x^2 + 9x = 0$ (6) $2x^2 - 12x + 20 = 0$

a) Bestimmen Sie die Lösung der oben stehenden Gleichung jeweils nach folgenden beiden Methoden

   • mithilfe des Satzes:

   Ein Produkt ist gleich null, wenn wenigstens einer der Faktoren null ist, sonst nicht.

     • mithilfe der Methode der quadratischen Ergänzung.

b) Geben Sie mindestens drei Aufgabenstellungen wie im Beispiel rechts zu den quadratischen Gleichungen oben an.

$x^2 - 4x + 3 = 0$ ergibt sich, wenn man

- die Nullstellen der Funktion f mit $f(x) = x^2 - 4x + 3$ sucht,
- die Schnittstellen der Graphen von $g_1(x) = x^2 + 3$ und $g_2(x) = 4x$ sucht,
- die Stellen sucht, an denen die Funktion h mit $h(x) = x^2 - 4x + 5$ den Funktionswert 2 annimmt.

1.3.2 Scheitelpunktform einer quadratischen Funktion – Extremwertbestimmung

Aufgabe

1 **Verschieben von Normalparabeln**

a) Betrachten Sie den Graphen der Funktion f mit $f(x) = x^2$ (Normalparabel).

(1) Verschieben Sie die Normalparabel parallel zur y-Achse um 2 Einheiten nach oben. Die verschobene Parabel ist Graph einer neuen Funktion f_1.

Welchen Term hat die neue Funktion?

Überlegen Sie dazu, wie die neuen Funktionswerte aus den alten hervorgehen.

Wie wirkt sich die Verschiebung auf die Lage der Symmetrieachse des Graphen aus?

Welchen Scheitelpunkt hat der Graph von f_1?

(2) Verschieben Sie die Normalparabel parallel zur x-Achse um 3 Einheiten nach rechts. Die verschobene Parabel ist Graph einer neuen Funktion f_2.

Welche Eigenschaften hat diese neue Funktion?

(3) Verschieben Sie die Normalparabel um 3 Einheiten nach links und dann um 2 Einheiten nach oben.

Wie lautet der Term der neuen Funktion f_3?

Geben Sie den Term auch in der Form $x^2 + px + q$ an.

Notieren Sie die Gleichung der Symmetrieachse und geben Sie den Scheitelpunkt des neuen Graphen an.

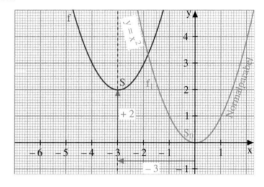

b) Eine Funktion f hat den Term $f(x) = x^2 - 4x + 3$. Kann man die Normalparabel so verschieben, dass die verschobene Parabel Graph der Funktion f ist?

Lösung

a) *(1) Wertetabelle*

x	x^2	$f_1(x)$
−2	4	6
−1	1	3
0	0	2
1	1	3
2	4	6

+2

Graph

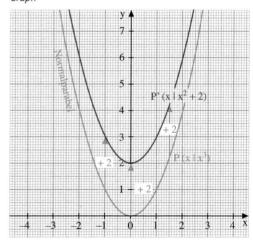

$f_1(x)$ ist an jeder Stelle x um 2 größer als x^2.

Das bedeutet:

$f_1(x) = x^2 + 2$.

Durch die Verschiebung ändert sich die Lage der Symmetrieachse nicht.

Die y-Achse bleibt Symmetrieachse.

Der Scheitelpunkt des Graphen von f_1 ist der Punkt S(0 | 2).

(2) Der Funktionswert der Quadratfunktion mit der Funktionsgleichung $y = x^2$ an einer beliebigen Stelle stimmt überein mit dem Funktionswert der neuen Funktion an einer Stelle, die um 3 Einheiten weiter rechts liegt.

Wir suchen nun den Funktionswert der Funktion f_2 an einer beliebigen Stelle x.

Um dabei die Quadratfunktion zu verwenden, müssen wir um 3 Einheiten nach links gehen.

Der Funktionswert der neuen Funktion f_2 an der Stelle x stimmt überein mit dem Funktionswert der Quadratfunktion an der Stelle x – 3:

$f_2(x) = (x - 3)^2$

Mithilfe der 2. binomischen Formel kann man diesen Funktionsterm umformen zu:

$f_2(x) = x^2 - 6x + 9$

Bei der Verschiebung um 3 Einheiten nach rechts werden auch die Symmetrieachse und der Scheitelpunkt verschoben.

Das bedeutet:

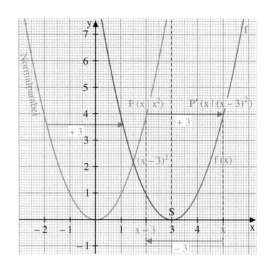

x	−1	0	1	2	3	4	5	6
x^2	1	0	1	4	9	16	25	36
$f_2(x)$	16	9	4	1	0	1	4	9

Der Graph von f_2 hat die Gerade mit der Gleichung x = 3 als Symmetrieachse und den Scheitelpunkt S(3|0). Links vom Scheitelpunkt S (für x < 3) fällt der Graph, rechts von S (für x > 3) steigt er an.

(3)

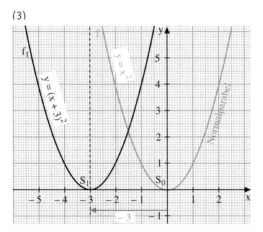

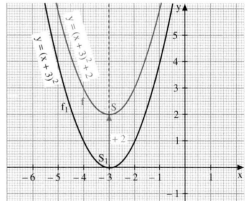

Durch die Verschiebung der Normalparabel um 3 Einheiten nach links erhält man zunächst einen Graphen, der zu der Funktion f_1 mit $f_1(x) = (x + 3)^2$ gehört.

Die anschließende Verschiebung des Graphen von f_1 um 2 Einheiten nach oben führt zu dem Graphen von f mit $f_3(x) = (x + 3)^2 + 2$.

Aus dem Funktionsterm von f_3 mit $f_3(x) = (x + 3)^2 + 2$ lassen sich die Koordinaten des Scheitelpunktes ablesen: S(−3|2).

Die Symmetrieachse hat die Gleichung x = −3.

Den Funktionsterm kann man umformen:

$f_3(x) = (x + 3)^2 + 2 = x^2 + 6x + 11$.

b) Wir formen den Funktionsterm so um, dass man wie in Teilaufgabe a) (2) eine binomische Formel anwenden kann.

$$f(x) = x^2 - 4x + 3$$
$$= x^2 - 4x + 2^2 - 2^2 + 3$$
$$= (x - 2)^2 - 1$$

Die *quadratische Ergänzung* 2^2 ermöglicht die Anwendung einer binomischen Formel.

Aus dieser Form des Funktionsterms kann man die

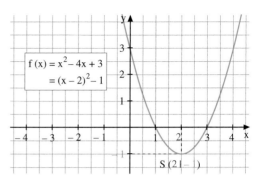

Art der Verschiebungen und daraus die Koordinaten des Scheitelpunktes ablesen:

Die Normalparabel wird um 2 Einheiten nach rechts und dann um 1 Einheit nach unten verschoben. $S(2|-1)$ ist der neue Scheitelpunkt.

Information

(1) Verschiebung parallel zur y-Achse

Den Graphen einer Funktion f mit $f(x) = x^2 + c$ erhält man durch Verschieben der Normalparabel parallel zur y-Achse, und zwar durch

- Verschieben nach oben, falls $c > 0$;
- Verschieben nach unten, falls $c < 0$.

Der Graph der Funktion f ist kongruent zur Normalparabel. Er hat die y-Achse als Symmetrieachse und den Scheitelpunkt $S(0|c)$.

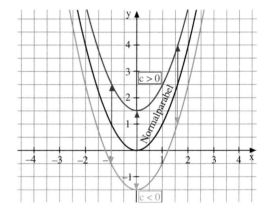

(2) Verschieben parallel zur x-Achse

Den Graph einer Funktion f mit $f(x) = (x - d)^2$ erhält man durch Verschieben der Normalparabel in Richtung der x-Achse.

Wenn $d > 0$, wird nach rechts verschoben; wenn $d < 0$, wird nach links verschoben.

Der Graph der Funktion f ist kongruent zur Normalparabel und hat $S(d|0)$ als Scheitelpunkt.

Die Parallele zur y-Achse mit der Gleichung $x = d$ ist Symmetrieachse des Graphen von f.

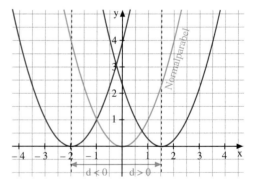

(3) Verschieben in beliebiger Richtung – Scheitelpunktform

Ein Term der Form $f(x) = x^2 + px + q$ lässt sich entsprechend wie im Beispiel der Aufgabe 1 umformen:

$$f(x) = x^2 + px + q = x^2 + px + \left(\frac{p}{2}\right)^2 - \left(\frac{p}{2}\right)^2 + q$$
$$= \left(x + \frac{p}{2}\right)^2 - \left(\frac{p}{2}\right)^2 + q$$
$$= \left[x - \left(-\frac{p}{2}\right)\right]^2 + q - \left(\frac{p}{2}\right)^2$$

Der Term hat dann die Form $f(x) = (x - d)^2 + e$, wobei $d = -\frac{p}{2}$ und $e = q - \left(\frac{p}{2}\right)^2$ ist. $S(d|e)$ ist der Scheitelpunkt des Graphen von f.

Man nennt $(x - d)^2 + e$ die *Scheitelpunktform* des Funktionsterms. Aus dieser Form des Funktionsterms kann man sofort alle Eigenschaften des Graphen der Funktion ablesen:

Satz

Der Term einer Funktion f mit $f(x) = x^2 + px + q$ kann umgeformt werden in die *Scheitelpunktform*
$f(x) = (x - d)^2 + e$,
wobei $d = -\frac{p}{2}$ und $e = q - \left(\frac{p}{2}\right)^2$ ist.

(1) Man erhält den Graphen von f durch Verschieben der Normalparabel um d Einheiten in Richtung der x-Achse und um e Einheiten in Richtung der y-Achse. Der Graph von f ist kongruent zur Normalparabel.

(2) Der Scheitelpunkt hat die Koordinaten $S(d|e)$. Die Symmetrieachse hat die Gleichung $x = d$.

(3) Der Graph von f fällt für $x < d$ und steigt für $x > d$.

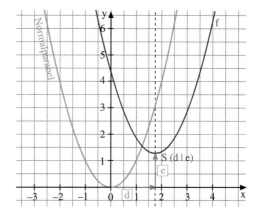

(4) Scheitelpunktform einer beliebigen quadratischen Funktion

Graphen von Funktionen können auch noch durch Strecken mit dem Faktor a parallel zur y-Achse in ihrer Form verändert werden, vgl. Übungsaufgabe 9. Somit können die Graphen von beliebigen Funktionen durch Verschiebung parallel zu den Achsen und Strecken parallel zur y-Achse erhalten werden. Durch Umformen des Funktionsterms kann man dann herausfinden, welche Lage der Scheitelpunkt der Parabel hat.

$$f(x) = 2x^2 - 12x - 19$$
$$= -2 \cdot [x^2 + 6x] - 19$$
$$= -2 \cdot \left[x^2 + 6x + \left(\frac{6}{2}\right)^2 - \left(\frac{6}{2}\right)^2\right] - 19$$
$$= -2 \cdot \left[x^2 + 6x + \left(\frac{6}{2}\right)^2\right] + 2 \cdot \left(\frac{6}{2}\right)^2 - 19$$
$$= -2 \cdot (x + 3)^2 - 1$$

Der Graph von f hat den Scheitelpunkt $S(-3)|-1)$.
Am Faktor (-2) lesen wir ab, dass die Parabel nach unten geöffnet und gestreckt ist.

Aufgabe

2 Extremwertbestimmung

Ein Stadion hat die rechts abgebildete Form. Die innere Laufbahn soll 400 m lang sein.
Für welche Abmessungen des Stadions hat das rechteckige Spielfeld in der Mitte eine maximale Größe?

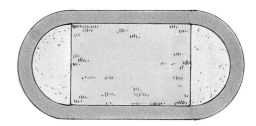

Lösung

Die Laufbahn schließt ein Rechteck der Länge l und der Breite $b = 2r$ sowie zwei Halbkreise mit Radius r ein. Für die Länge u der Laufbahn gilt daher:
$u = 2 \cdot l + 2\pi r = 400$, also $l + \pi r = 200$
Der Flächeninhalt des Rechteckes beträgt $A = l \cdot b = l \cdot 2r$, hängt also von l und r ab. Ersetzt man die Variable l durch $l = 200 - \pi r$ erhält man einen Term, der nur noch von r abhängt:
$A(r) = (200 - \pi r) \cdot 2r = -2\pi r^2 + 400r$

Dies ist der Term einer quadratischen Funktion mit der Variablen r.

Gesucht ist der Scheitelpunkt der zugehörigen Parabel.

Dazu formen wir den Funktionsterm in die Scheitelpunktform $f(x) = a(x - d)^2 + e$ um (in unserem Beispiel heißt die Variable r statt x):

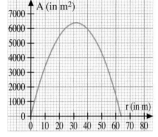

$$A(r) = -2\pi\left(r^2 - \frac{400}{2\pi}r\right) \quad \boxed{-2\pi \text{ ausklammern}}$$

$$= -2\pi \cdot \left[r^2 - \frac{200}{\pi}r + \left(\frac{100}{\pi}\right)^2\right] + 2\pi \cdot \left(\frac{100}{\pi}\right)^2$$

$$\boxed{\textit{quadratische Ergänzung}}$$

$$= -2\pi \cdot \left(r - \frac{100}{\pi}\right)^2 + 2\pi \cdot \frac{100^2}{\pi^2}$$

$$= -2\pi \cdot \left(r - \frac{100}{\pi}\right)^2 + \frac{20\,000}{\pi} \quad \boxed{\begin{array}{l}\textit{Am Faktor } (-2\pi) \textit{ lesen wir ab, dass}\\ \textit{die Parabel nach unten geöffnet ist.}\end{array}}$$

Der Scheitelpunkt der quadratischen Funktion ist $S\left(\frac{100}{\pi} \mid \frac{20\,000}{\pi}\right) \approx (31{,}83 \mid 6366)$ d.h. die Spielfeldfläche ist maximal für $r \approx 31{,}83$ m, also eine Breite von ca. 63,66 m. Der maximale Flächeninhalt ist dann $A(31{,}83) \approx 6366$ m².

Die Länge des Spielfelds beträgt ungefähr:

$l = 200 - \pi \cdot 31{,}83 \approx 100$ m

Information

Extremwertbestimmung bei quadratischen Funktionen

Je nachdem, ob der Graph einer quadratischen Funktion eine nach oben oder nach unten geöffnete Parabel ist, besitzt dieser Graph einen sogenannten Tiefpunkt oder einen Hochpunkt (vgl. dazu auch Seite 95). Werden Anwendungssituationen durch eine quadratische Funktion modelliert, dann kann man an der Lage des Scheitelpunkts der Parabel ablesen, für welche Einsetzungen die Funktion minimale bzw. maximale Funktionswerte annehmen kann.

Übungsaufgaben **3** Welcher der folgenden Funktionsterme gehört zu welchem Graphen? Geben Sie Argumente an. Überprüfen Sie Ihre Vermutungen mithilfe eines Funktionenplotters.

(1) $y = -(x + 1)^2$ (3) $y = -(x - 3)^2 + 2{,}5$ (5) $y = (x + 1)^2 + 1$ (7) $y = x^2 + \frac{1}{2}$

(2) $y = -(x - 1)^2 + 3$ (4) $y = x^2 + 1$ (6) $y = (x - 1)^2 - 1$ (8) $y = -(x + 1)^2 + 3$

a)
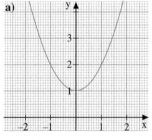

b)
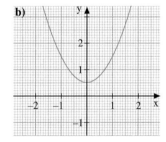

c)
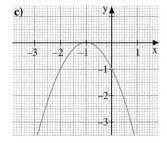

d)
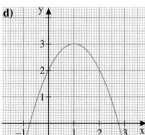

e)
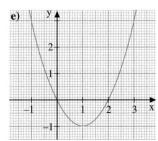

f)
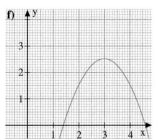

4 Die Normalparabel wurde so verschoben, dass

a) $S(3,2 \mid -1,4)$, **b)** $S(d \mid e)$

der neue Scheitelpunkt ist.

Bestimmen Sie den Term der neuen Funktion in der Form $x^2 + px + q$.

5 Verschieben Sie die Normalparabel wie angegeben. Notieren Sie den Funktionsterm auch in der Form $x^2 + px + q$.

a) Verschiebung um 4 Einheiten nach rechts und um 3 Einheiten nach oben

b) Verschiebung um 4 Einheiten nach links und um 3 Einheiten nach unten

c) Verschiebung um 2,5 Einheiten nach rechts und um 1 Einheit nach unten

d) Verschiebung um 1,5 Einheiten nach links und um 2 Einheiten nach oben

6 Zeichnen Sie den Graphen der Funktion mit der angegebenen Gleichung. Geben Sie auch den Scheitelpunkt der Parabel und die Gleichung der Symmetrieachse an.

a) $y = (x - 3)^2 + 4$ **c)** $y = (x + 2,5)^2 - 4$ **e)** $y = \left(x - \frac{1}{2}\right)^2 - 3$ **g)** $y = \left(x - \frac{3}{5}\right)^2 - 2,4$

b) $y = (x + 2)^2 - 1$ **d)** $y = (x + 1)^2 + 1$ **f)** $y = (x - 3,5)^2 + \frac{5}{2}$ **h)** $s = \left(t + \frac{11}{2}\right)^2 + \frac{1}{2}$

7 Geben Sie an, wie man den Graphen der Funktion schrittweise aus der Normalparabel erhalten kann. Notieren Sie die Koordinaten des Scheitelpunktes. In welchem Bereich für x fällt der Graph, in welchem Bereich steigt er?

a) $f(x) = x^2 - 4x - 5$ **c)** $f(x) = x^2 - 5x + 5$ **e)** $f(x) = x^2 - 2x$

b) $f(x) = x^2 + 6x + 5$ **d)** $f(x) = x^2 + 8x + 7$ **f)** $f(x) = x^2 + 3x + 4$

8 Geben Sie den Funktionsterm in der Form $f(x) = x^2 + px + q$ an.

a) 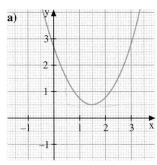   **b)** 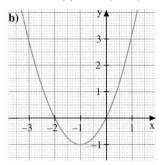   **c)**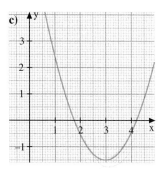

9 Formen Sie den Funktionsterm um in die Scheitelpunktform $a(x - d)^2 + e$. Notieren Sie dann die Koordinaten des Scheitelpunktes. Ist die Parabel nach oben oder nach unten geöffnet?

a) $f(x) = \frac{1}{2}x^2 - 5x + 8$ **d)** $f(x) = -3x^2 - 6x + 9$ **g)** $f(x) = x^2 - 4x + 3,5$

b) $f(x) = -2x^2 + 6x - 2,5$ **e)** $f(x) = -3x^2 + 6x + 5$ **h)** $f(x) = -x^2 + \frac{1}{3}x$

c) $f(x) = \frac{3}{2}x^2 - 8x + \frac{5}{2}$ **f)** $f(x) = \frac{1}{2}x^2 + 5x$ **i)** $f(z) = -1,5z^2 - 6z - 7,5$

10 An welcher Stelle hat die Funktion den kleinsten bzw. größten Funktionswert? Welches ist der Extremwert?

a) $y = 2x^2 - 14x + 27$ **c)** $y = 0,5x^2 - 4x + 5,5$ **e)** $y = -x^2 - x + 4,75$

b) $y = -0,5x^2 - x + 5,5$ **d)** $y = 4x^2 + 16x + 8$ **f)** $y = -x^2 - 12x - 36$

11 Welche Gleichung passt zu welcher Parabel? Begründen Sie.

(1) $y = (x + 1) \cdot (x - 3)$ (3) $y = x^2 - 6x + 9$ (5) $y = x^2 - 2x - 2$

(2) $y = -(x - 2)^2 - 1$ (4) $y = -\frac{1}{4}x^2 + x + 3$ (6) $y = -0,5x^2 + x + 1,5$

a)
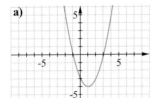

b)
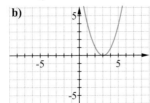

c)
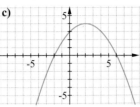

d)
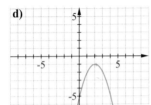

e)
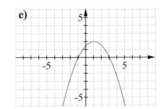

f)
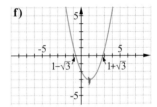

12 Berechnen Sie zunächst die Nullstellen der Funktion.

Beantworten Sie damit folgende Fragen:

(1) Welche Symmetrieachse besitzt der Graph?

(2) Welcher Punkt ist Scheitelpunkt des Graphen?

     Ist der Graph nach oben oder nach unten geöffnet? Ist der Scheitelpunkt höchster oder tiefster Punkt des Graphen?

(3) Welchen Punkt P_1 hat der Graph mit der y-Achse gemeinsam?

     Welcher Punkt P_2 des Graphen hat die gleiche x-Koordinate wie P_1?

a) $y = x^2 - 10x + 9$ **c)** $y = \frac{3}{4}x^2 + 6x + 9$ **e)** $y = x^2 - 2,4x - 0,81$

b) $y = x^2 + 6x + 9$ **d)** $y = -2x^2 + 6x - 2,5$ **f)** $s = \frac{1}{4}t^2 - t$

13 Eine Kugel wird mit $18,6\,\frac{m}{s}$ senkrecht nach oben geschleudert.

Für die Höhe h (in m), welche die Kugel zum Zeitpunkt t (in s) hat, gilt die Näherungsformel $h = 18,6\,t - 4,6\,t^2$.

Welche Höhe erreicht die Kugel maximal? Welche Zeit benötigt sie dazu?

14

Claim (englisch)

Behauptung, Anspruch; bezeichnet einen Anspruch auf Grundbesitz.

a) Der Goldgräber John will mit einem 100 m langem Seil seinen Claim an einem Fluss abstecken und zwar so, dass die Fläche möglichst groß wird.

Bestimmen Sie die Abmessungen und geben Sie die maximale Fläche an.

b) Der Goldgräber Jim hat Glück und kann seinen Claim an der Flussmündung abstecken. Idealisiert soll angenommen werden, dass Fluss und Mündung rechtwinklig zueinander stehen (s. Bild).

Bestimmen Sie die Abmessungen und geben Sie die maximale Fläche an.

c) Vergleichen Sie die in Teilaufgabe a) und b) berechneten Flächen miteinander.

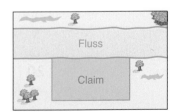

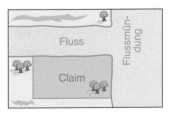

15 Ein 18 cm langer Draht soll zu einem Rechteck gebogen werden. Für welche Seitenlänge x ist der Flächeninhalt

a) genau 4,25 cm² groß;

b) mindestens 11,25 cm² groß;

c) am größten und wie groß dann?

16 Bestimmen Sie die Längen der Seiten eines Rechtecks, von dem bekannt ist:

a) Der Umfang des Rechtecks beträgt 23 cm, der Flächeninhalt beträgt 30 cm².

b) Der Flächeninhalt des Rechtecks beträgt 17,28 cm², die Längen benachbarter Seiten unterscheiden
sich um 1,2 cm.

17 Für ein Prisma mit quadratischer Grundfläche und der Höhe
5 cm gilt:

a) Die Grundfläche ist um 14 cm² [24 cm²] größer als eine Seiten-
fläche.

b) Die gesamte Oberfläche beträgt 48 cm² [288 cm²; 112 cm²].
Berechnen Sie die Seitenlänge der quadratischen Grundfläche.

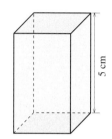

18 Die Aufführungen eines Jugendtheaters haben bei einem Eintrittspreis von 8 € durchschnittlich 200 Besucher. Eine Umfrage ergibt, dass eine Preisermäßigung um 0,50 € (bzw. 1,00 €, 1,50 €, ...)
die Anzahl der Zuschauer um 20 (bzw. um 40, 60, ...) ansteigen
lassen würde.
Bestimmen Sie den Eintrittspreis, der die maximalen Einnahmen erwarten lässt.

19 Ein Elektronik-Versand verkauft monatlich
600 Digitalmultimeter zu einem Stückpreis von
50 €. Die Marketingabteilung geht davon aus, dass
eine Preissenkung von je 1 € zu einer Absatzerhö-
hung von jeweils 20 Digitalmultimetern führt.
Bestimmen Sie den Preis, der die maximalen Einnahmen ergibt.

20 Ein Verlag gibt eine Fachzeitschrift heraus, die zu einem jährlichen Abonnentenpreis von 60 € an
5 000 Bezieher geliefert wird. Dem Verlag entstehen jährlich Fixkosten (auflagenunabhängige Kosten z. B.
für die Redaktion, ...) in Höhe von 20 000 € und Variable (auflagenabhängige) Kosten (z. B. für Herstellung, Vertrieb, ...) in Höhe von 10 € pro Abonnement.
Durch eine Meinungsumfrage wird festgestellt, dass pro Senkung des Abonnementpreises um 1 € die Anzahl der Abonnenten um 200 ansteigen würde.
Bestimmen Sie den Abonnementpreis, der für den Verlag am günstigsten ist.

1.3.3 Bestimmung quadratischer Funktionen

Aufgabe

1 Gegeben sind drei Punkte im Koordinatensystem $A(-2\,|\,9)$, $B(3\,|\,15)$, $C(4\,|\,3)$.

Zeigen Sie, dass durch diese drei Punkte eindeutig eine Parabel festgelegt ist und bestimmen Sie deren Gleichung.

Lösung

Mit dem Ansatz $f(x) = ax^2 + bx + c$ ergeben sich drei Gleichungen

$f(-2) = 9$: $a \cdot (-2)^2 + b(-2) + c = 9$

$f(3) = 1{,}5$: $a \cdot 3^2 + b \cdot 3 + c = 1{,}5$

$f(4) = 3$: $a \cdot 4^2 + b \cdot 4 + c = 3$

also das Gleichungssystem

$$\left|\begin{array}{l} 4a - 2b + c = 9 \\ 9a + 3b + c = 1{,}5 \\ 16a + 4b + c = 3 \end{array}\right| \quad \begin{array}{l} \cdot(-1) \\ \\ \end{array}$$

Wir wenden das Additionsverfahren an und eliminieren zunächst die Variable c in der 2. und 3. Gleichung:

$$\left|\begin{array}{l} 4a - 2b + c = 9 \\ 5a + 5b = -7{,}5 \\ 12a + 6b = -6 \end{array}\right| \quad \begin{array}{l} \\ :5 \\ :6 \end{array}$$

Die 2. und 3. Gleichung lassen sich vereinfachen:

$$\left|\begin{array}{l} 4a - 2b + c = 9 \\ a + b = -1{,}5 \\ 2a + b = -1 \end{array}\right| \quad \begin{array}{l} \\ \cdot(-1) \\ \end{array}$$

Mithilfe der 2. Gleichung eliminieren wir die Variable b in der 3. Gleichung:

$$\left|\begin{array}{l} 4a - 2b + c = 9 \\ a + b = -1{,}5 \\ a = 0{,}5 \end{array}\right|$$

Einsetzen (von unten nach oben) ergibt

$a = 0{,}5$; $b = -2$; $c = 3$

Die Funktionsgleichung lautet also:

$f(x) = 0{,}5x^2 - 2x + 3$

Eine Probe bestätigt, dass die Bedingungen $f(-2) = 9$; $f(3) = 1{,}5$ und $f(4) = 3$ erfüllt sind.

Information

(1) Gauß'scher Algorithmus zum Lösen eines linearen Gleichungssystems

Das in Aufgabe 1 angewandte Verfahren, die Lösungsmenge eines linearen Gleichungssystems zu bestimmen, wird **Gauß'scher Algorithmus** genannt, benannt nach dem deutschen Mathematiker CARL FRIEDRICH GAUSS (1777–1855).

Beim Umformen wendet man das Additionsverfahren wiederholt an.

- Beide Seiten einer Gleichung werden mit einer Zahl ungleich null multipliziert. Die anderen Gleichungen bleiben unverändert.
- Eine Gleichung wird zu einer anderen addiert, sodass eine Variable wegfällt. Die anderen nicht veränderten Gleichungen werden weiter mitgeführt.

Dabei wird die Lösungsmenge des Gleichungssystems *nicht* verändert.

Das Ziel ist, zunächst das Gleichungssystem in eine Dreiecksform zu überführen und dann die Variablen freizustellen.

CARL FRIEDRICH GAUSS;
(1777 – 1855)

(2) Festlegung von Parabeln durch Punkte im Koordinatensystem

Durch die Angabe von drei Punkten in einem Koordinatensystem wird eindeutig eine Parabel bestimmt, die durch diese drei Punkte verläuft – es sei denn, diese drei Punkte liegen auf einer Geraden (vgl. Aufgabe 3, Seite 49.)

Zu zwei Punkten im Koordinatensystem kann man zwar eindeutig eine Gerade angeben, aber unendlich viele Parabeln. Die Koeffizienten der zugehörigen quadratischen Funktionen lassen sich dabei mithilfe eines **Parameters** beschreiben; hierfür verwendet man oft den Buchstaben t. Gibt man beispielsweise nur die Punke $A(-2\,|\,9)$ und $B(3\,|\,1,5)$ vor, dann verlaufen die Graphen von

$f_t(x) = t\,x^2 + (-t - 1,5)\,x + (6 - 6\,t)$ durch A, B.

Die zugehörigen Graphen bilden eine **Schar von Parabeln** mit $t \in \{-5;\ -4,5;\ \ldots\ ;\ -0,5;\ +0,5;\ \ldots\ ;\ +5\}$

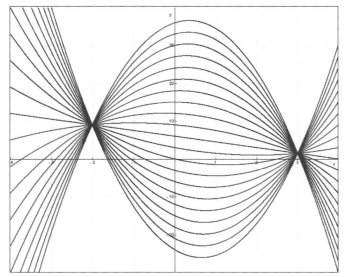

In der Abbildung ist auch die Gerade t = 0 enthalten.

Aufgabe

2 Quadratische Regression

Basketballspieler werden beim Üben eines Freiwurfs gefilmt; aus einem solchen Film lesen wir einige Punkte (so gut es geht) ab. Um die Flugbahn des Balls durch eine quadratische Funktion beschreiben zu können, müssen wir diejenige quadratische Funktion bestimmen, die möglichst gut zu den durch Messung bestimmten Punkten „passt".

Wie in 1.2.3 wollen wir darunter verstehen:

Der Graph „passt" besonders gut, wenn die Summe der quadratischen Abweichungen zwischen gemessenen und berechneten y-Werten am geringsten ist.

Feststehende Daten in einem Koordinatensystem:

Abwurfpunkt (bei einem bestimmten Spieler):

$A(0\,|\,2,20)$ und Basketballkorb $B(4,30\,|\,3,05)$

Daten aus einem Film der Digitalkamera $C(1\,|\,3,20)$, $D(2\,|\,3,90)$, $E(3\,|\,3,80)$.

Bestimmen Sie mithilfe einer Tabellenkalkulation oder eines CAS die gesuchte quadratische Funktion und zeigen Sie an einem Beispiel, dass bei einer quadratischen Funktion mit geringfügig veränderten Koeffizienten die Summe der quadratischen Abweichungen tatsächlich größer ist.

Lösung

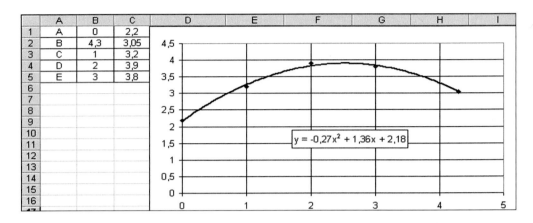

Mithilfe einer Tabellenkalkulation finden wir die quadratische Funktion f mit

$f(x) = -0,27x^2 + 1,36x + 2,18$

(Einstellung: zwei Dezimalstellen)

Für $f_2(x) = -0,27x^2 + 1,37x + 2,18$ erhalten wir eine größere Summe der quadratischen Abweichungen.

			Funktionswert gemäß quadratischem Modell	quadratische Abweichung	anderes quadratisches Modell	quadratische Abweichung
A	0	2,2	2,180	0,0004	2,18	0,0004
B	4,3	3,05	3,036	0,0002	3,08	0,0008
C	1	3,2	3,270	0,0049	3,28	0,0064
D	2	3,9	3,820	0,0064	3,84	0,0036
E	3	3,8	3,830	0,0009	3,86	0,0036
			Summe →	0,0128	Summe →	0,0148

Information

Bestimmen von quadratischen Parabeln mithilfe der quadratischen Regression

In Abschnitt 1.2.3 haben wir das Verfahren der linearen Regression kennengelernt: Zu einer Punktwolke wurde diejenige Gerade gesucht (also eine lineare Funktion), für welche die Summe der quadratischen Abweichungen der y-Werte minimal ist. Wenn die Punktwolke nur aus zwei Punkten besteht, ist die Regressionsgerade genau die Gerade, welche durch die beiden Punkte verläuft.

Analog zur linearen Regression kann man auch andere Funktionsgraphen suchen, durch die sich eine Punktwolke beschreiben lässt. CAS und Tabellenkalkulation bieten eine Fülle von verschiedenen Funktionstypen an, darunter auch die quadratische Regression. Sind nur drei Punkte angegeben, dann kann man so die Funktionsgleichung der quadratischen Parabel ohne eigene Rechnung bestimmen.

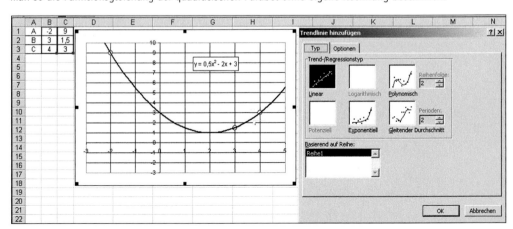

Weiterführende Aufgabe

3 Sonderfall: Drei Punkte, die auf einer Geraden liegen

Die drei Punkte $A(-2|8)$, $B(4|-1)$, $C(6|-4)$ liegen auf einer Geraden. Weisen Sie dies nach.

Was ergibt sich, wenn Sie eine quadratische Funktion bestimmen wollen, die durch diese drei Punkte verläuft?

Übungsaufgaben   **4** Bestimmen Sie die Gleichung der Parabel durch die Punkte A, B und C

(1) durch Lösen eines linearen Gleichungssystems

(2) mithilfe einer quadratischen Regression

a) $A(2|8)$, $B(1|2)$, $C(-1|-4)$ **c)** $A(-3|12,5)$, $B(-2|8)$, $C(2|2)$

b) $A(0,5|1)$, $B(-1|4)$, $C(2|7)$ **d)** $A(-4|5)$, $B\left(3|6\frac{3}{4}\right)$, $C(2|2)$

5 Geben Sie mithilfe der angegebenen Informationen über die Parabel eine Gleichung der Form $y = ax^2 + bx + c$ für die Parabel an.

a) Gemeinsame Punkte mit den Achsen sind $P_1(-5|0)$, $P_2(-1|0)$ und $P_3(0|2,5)$.

b) Die Parabel hat mit den Achsen nur die Punkte $P_1(2|0)$ und $P_2(0|-8)$ gemeinsam.

c) Zwischen den Stellen 4 und 6 verläuft die Parabel unterhalb der 1. Achse. Die Gerade mit der Gleichung $y = -2$ berührt die Parabel.

6 Bestimmen Sie die Lösungsmenge.

a) $\begin{vmatrix} 3x - 2y + 5z = 13 \\ -x + 3y + 4z = -1 \\ 5x + 6y - z = 3 \end{vmatrix}$ **c)** $\begin{vmatrix} 4x + 9y + 5z = 13 \\ -5x + 6y + 3z = 17 \\ 6x + 3y - 10z = 23 \end{vmatrix}$ **e)** $\begin{vmatrix} 4x + 5y + 6z = 32 \\ 2x - 3y + 5z = 11 \\ 4x + y - 6z = -12 \end{vmatrix}$

b) $\begin{vmatrix} 6x + 4y - z = 0 \\ -7x - 8y - 3z = 5 \\ 4x - 2y + z = 22 \end{vmatrix}$ **d)** $\begin{vmatrix} 4x - 3y + 2z = 16 \\ 8x - 6y + 5z = 37 \\ 2x + 5y - 8z = -24 \end{vmatrix}$ **f)** $\begin{vmatrix} -3x + 4y - z = -4 \\ 6x + 5z = 2 \\ 4y - 3z = 6 \end{vmatrix}$

7

a) $\begin{vmatrix} x + y = 1 \\ x + z = 6 \\ z - y = 5 \end{vmatrix}$ **c)** $\begin{vmatrix} x - 2y + 3z = 9 \\ 3x + 8y + 9z = 5 \\ 2x + 3y + 6z = 7 \end{vmatrix}$ **e)** $\begin{vmatrix} 3x + 2y + 4z = 6 \\ 4x + 3y + 5z = 7 \\ 5x + 4y + 6z = 4 \end{vmatrix}$

b) $\begin{vmatrix} x + y - 3z = 2 \\ 2x + 2y - 6z = 5 \\ -3x - 3y + 9z = -6 \end{vmatrix}$ **d)** $\begin{vmatrix} 6x + 4y + 5z = 8 \\ 4x + 2y + 3z = 7 \\ 5x + 3y + 4z = 9 \end{vmatrix}$ **f)** $\begin{vmatrix} x - 2y - 3z = 1 \\ 2x + 3y - z = 4 \\ 7x + 14y - z = 15 \end{vmatrix}$

 8 Bestimmen Sie die Gleichung aller Parabeln, die durch die Punkte $A(0|2,20)$, $B(4,30|3,05)$ verlaufen (vgl. Aufgabe 2). Variieren Sie den Parameter und bestimmen Sie mithilfe einer Tabellenkalkulation denjenigen Wert des Parameters, für den die Summe der quadratischen Abweichungen zu den Punkten $C(1|3,20)$, $D(2|3,90)$ und $E(3|3,80)$ am kleinsten ist.

 9 Bestimmen Sie mithilfe einer Tabellenkalkulation oder CAS diejenige quadratische Parabel, die am besten zu den Punkten A, B, C, D passt.

a) $A(-2|3)$; $B(-1|1)$; $C(1|0,5)$; $D(2|2)$

b) $A(0|0)$; $B(1|3)$; $C(2|3)$; $D(3|2)$

c) $A(-2|1)$; $B(-1|-1)$; $C(0|-1,5)$; $D(2|-1)$

10

a) Am 10.06.2005 gaben der norwegische und
der schwedische König eine neue Verbindung
zwischen den beiden benachbarten Staaten für
den Verkehr frei. Die Spannweite des Brücken-
bogens beträgt zwischen den Fundamenten
247 m, in Höhe der Fahrbahn 188 m. Die Fahrbahn liegt 61 m, die höchste Stelle des Bogens
91,70 m über dem Wasserspiegel. Die vertika-

len Aufhängungen der Fahrbahn am Boden haben einen Abstand von 25,50 m.
Modellieren Sie den Brückenbogen mithilfe einer quadratischen Funktion. Wählen Sie drei verschiedene
Punkte als möglichen Ursprung eines Koordinatensystems und bestimmen Sie hierzu jeweils die Glei-
chung der Parabel.

b) Die Spannweite des unteren Bogens der 1932
fertig gestellten Sydney Harbour Bridge, einer
Eisenbahnbrücke, beträgt 503 m, der Scheitelpunkt (des unteren Bogens) liegt 126,7 m über
dem Meeresspiegel.
Modellieren Sie den unteren Brückenbogen mithilfe einer quadratischen Funktion.

11   In einer Zeitschrift für Oldtimerfreunde konnte man nachlesen,
welchen Benzinverbrauch ein bestimmtes Modell bei verschiedenen
konstanten Geschwindigkeiten hatte:

Geschwindigkeit	$50 \frac{km}{h}$	$80 \frac{km}{h}$	$100 \frac{km}{h}$
Benzinverbrauch auf 100 km	7,11 l	8,61 l	11,1 l

a) Bestimmen Sie eine geeignete quadratische Funktion, die zu die-
sen Daten passt. Mit welchem Benzinverbrauch (in l/100 km) muss man bei konstanter Geschwindigkeit
von $70 \frac{km}{h}$, $90 \frac{km}{h}$ und $110 \frac{km}{h}$ rechnen?

b) Angenommen, man fährt im Bereich von $100 \frac{km}{h}$ bis $125 \frac{km}{h}$ um $10 \frac{km}{h}$ schneller. Um wie viel Liter auf
100 km erhöht sich dann der Benzinverbrauch durchschnittlich?

12

Die Masten einer Freileitung stehen 100 m voneinander entfernt.
Das Leiterseil ist an den Masten in
einer Höhe von 20 m befestigt. Es
hängt 5 m durch.

a) Bestimmen Sie aus diesen Angaben eine Parabelgleichung.

b) Tatsächlich wurden die Höhen
links gemessen. Welche quadratische Funktion passt dazu?

Entfernung x	0	10	20	30	40	50
Höhe y (gemessen)	15,00	15,19	15,77	16,74	18,14	20,00

1.4 Ganzrationale Funktionen

1.4.1 Potenzfunktionen mit natürlichen Exponenten

Aufgabe

1

a) Welches Volumen hat ein Würfel mit der Kantenlänge 0,2 dm, 0,5 dm, 1 dm, 1,2 dm bzw. 1,5 dm?

Legen Sie für die Funktion

Kantenlänge x (in dm) → Volumen y des Würfels (in dm³)

eine Wertetabelle an.

Erstellen Sie die Funktionsgleichung. Zeichnen Sie den Graphen.

b) Verwenden Sie nun die gleiche Funktionsgleichung wie in Teilaufgabe a); wählen Sie aber als Definitionsmenge $\mathbb{R}$, d. h. auch negative Ausgangswerte sind möglich.

Zeichnen Sie den Graphen.

Beschreiben Sie Lage und Verlauf des Graphen; achten Sie auch auf Symmetrie.

c) Vergleichen Sie den Graphen aus Teilaufgabe b) mit dem der Quadratfunktion.

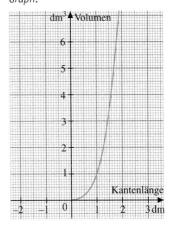

Lösung

a) *Wertetabelle:*

Kantenlänge (in dm)	Volumen (in dm³)
0,2	0,008
0,5	0,125
1	1
1,2	1,728
1,5	3,375

Funktionsgleichung:

$y = x^3$ mit $x > 0$, da es nur positive Längen gibt.

Graph:

b) *Wertetabelle:*

x	x³
− 1,5	− 3,375
− 1,2	− 1,728
− 1	− 1
− 0,5	− 0,125
− 0,2	− 0,008
0	0
0,2	0,008
0,5	0,125
1	1
1,2	1,728
1,5	3,375

Graph:

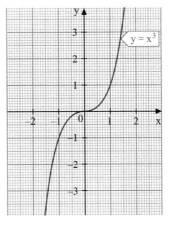

Der Graph der Funktion mit der Gleichung $y = x^3$ und $x \in \mathbb{R}$ steigt von links nach rechts immer an.

Er verläuft vom 3. Quadranten durch den Koordinatenursprung $O(0|0)$ in den 1. Quadranten.

Der Graph ist punktsymmetrisch zum Ursprung O.

Er schmiegt sich in der Umgebung des Ursprungs O an die x-Achse an.

c) Die Quadratfunktion hat die Gleichung $y = x^2$. Ihr Graph fällt für $x \leq 0$ und steigt für $x \geq 0$ an. Er ist achsensymmetrisch zur y-Achse.

Mit dem Graphen der Funktion mit $y = x^3$ hat er nur die Punkte $O(0|0)$ und $P(1|1)$ gemeinsam.

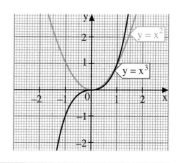

Weiterführende Aufgabe

$\mathbb{N}^* = \{1; 2; 3; \cdots\}$

2 Graphen der Potenzfunktionen zu $y = x^n$ mit $n \in \mathbb{N}^*$ – Wachstumseigenschaft

a) Zeichnen Sie die Graphen der Funktionen mit den Gleichungen $y = x^1$; $y = x^2$; $y = x^3$; $y = x^4$; $y = x^5$; $y = x^6$. Vergleichen Sie die Graphen miteinander.

b) Bei der Quadratfunktion gilt: Verdoppelt [verdreifacht] man den Wert für x, so vervierfacht [verneunfacht] sich der Wert für y. Untersuchen Sie, wie der Funktionswert der Funktionen mit $y = x^3$, $y = x^4$, $y = x^n$ sich ändert, wenn man den x-Wert ver-k-facht.

Information

Auch die proportionale Funktion mit $y = x^1$ ist eine Potenzfunktion!

(1) Definition einer Potenzfunktion mit natürlichen Exponenten – Grundtypen

Definition: Potenzfunktion

Eine Funktion mit der Gleichung $y = x^n$ mit $x \in \mathbb{R}$ und $n \in \mathbb{N}^*$ heißt **Potenzfunktion**.

Beispiele: $y = x^2$, $y = x^3$, $y = x^4$

Grundtypen von Potenzfunktionen mit natürlichen Exponenten

(1) Gerader Exponent

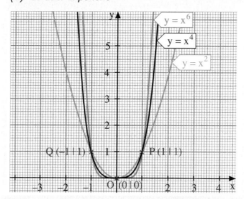

(2) Ungerader Exponent

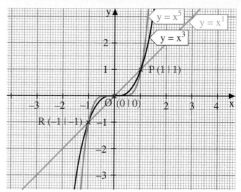

*Stellt man sich die Graphen als Straßenverläufe vor, sind es alle **Linkskurven**.*

Die Graphen der Potenzfunktionen mit $y = x^n$ und *geradem* Exponenten n sind *symmetrisch* zur y-Achse und haben die gemeinsamen Punkte $O(0|0)$, $P(1|1)$, $Q(-1|1)$, dabei ist $O(0|0)$ **Scheitelpunkt** des Graphen.

Sie fallen für $x \leq 0$ und steigen für $x \geq 0$ an. Die Graphen von $y = x^n$ sind **linksgekrümmt**. Der Wertebereich ist $\mathbb{R}_0^+$, die Menge der positiven reellen Zahlen einschließlich 0.

Die Graphen der Potenzfunktionen mit $y = x^n$ und *ungeradem* Exponenten n sind *symmetrisch* zum Ursprung O und haben die gemeinsamen Punkte $O(0|0)$, $P(1|1)$, $R(-1|1)$. Die Graphen haben keinen Scheitelpunkt.

Sie steigen überall an. In $O(0|0)$ gehen die Graphen von einer Rechts- in eine Linkskurve über. Den Punkt eines Krümmungswechsel bezeichnet man als **Wendepunkt**. Der Wertebereich ist $\mathbb{R}$, die Menge der reellen Zahlen.

(2) Beweis der Symmetrie der Graphen der Potenzfunktionen mit natürlichem Exponenten

(1) Gerader Exponent

Am Graphen erkennt man: Achsensymmetrie zur y-Achse bedeutet, dass die Funktionswerte von Zahl und zugehöriger Gegenzahl übereinstimmen.

Für gerade Exponenten n gilt:

$$f(-x) = (-x)^n = (-1)^n x^n = 1 \cdot x^n$$
$$= x^n = f(x)$$

Die Funktionswerte an den Stellen x und $-x$ stimmen also überein. Somit ist der Graph symmetrisch zur y-Achse.

$f(-x) = f(x)$

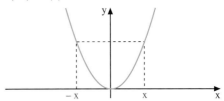

(2) Ungerader Exponent

Am Graphen erkennt man: Punktsymmetrie zum Ursprung bedeutet, dass die Funktionswerte von Zahl und zugehöriger Gegenzahl auch Gegenzahlen zueinander sind.

Für ungerade Exponenten n gilt:

$$f(-x) = (-x)^n = (-1)^n x^n = -1 \cdot x^n$$
$$= -x^n = -f(x)$$

Die Funktionswerte $f(x)$ und $f(-x)$ sind also Gegenzahlen voneinander. Somit ist der Graph punktsymmetrisch zum Ursprung.

(3) Wachstumseigenschaft der Potenzfunktionen – Potenzielles Wachstum

In Aufgabe 2 haben wir gesehen, dass eine Verdoppelung (Verdreifachung) eines x-Wertes bei der Potenzfunktion mit $y = x^3$ zu einer Verachtfachung (Versiebenundzwanzigfachung) des zugeordneten y-Wertes führt.

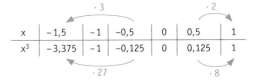

x	$-1{,}5$	-1	$-0{,}5$	0	$0{,}5$	1
x^3	$-3{,}375$	-1	$-0{,}125$	0	$0{,}125$	1

Für die Potenzfunktion mit $y = x^n$, $n \in \mathbb{N}^*$, gilt:

Vervielfacht man einen x-Wert mit dem Faktor k, so wird der zugeordnete y-Wert mit der n-ten Potenz des Faktors k, also mit k^n vervielfacht.

Begründung:

Für den Vervielfachungsfaktor k und die Stelle x gilt für die Potenzfunktion f mit $f(x) = x^n$:

$$f(k \cdot x) = (k \cdot x)^n = k^n \cdot x^n = k^n \cdot f(x)$$

Für den Exponenten $n = 2$ spricht man von **quadratischem Wachstum**, für den Exponenten $n = 3$ von **kubischem Wachstum**. Allgemein definiert man:

Potenzielles Wachstum liegt vor, wenn das Anwachsen einer Größe durch einen Funktionsterm der Form $f(x) = a \cdot x^n$ mit $a > 0$ und $n \in \mathbb{N}^*$ beschrieben werden kann.

Man spricht auch dann von potenziellem Wachstum, wenn der Exponent n keine natürliche Zahl, sondern eine beliebige rationale Zahl ist.

Übungsaufgaben **3** Zeichnen Sie mithilfe eines Funktionsplotters für verschiedene Werte von n die Graphen der Funktionen mit $y = x^n$ mit $n \in \mathbb{N}^*$ in ein gemeinsames Koordinatensystem. Wie ändert sich der Graph, wenn man den Exponenten verändert?

Nennen Sie gemeinsame Eigenschaften und Unterschiede der Graphen.

4 Lesen Sie aus dem Graphen der Potenzfunktion mit $y = x^3$ [mit $y = x^4$]

a) die Funktionswerte an den Stellen 0,8; −0,8; 1,3; −1,3 ab;

b) die Stellen ab, an denen die Potenzfunktion (1) den Wert 2, (2) den Wert 3 annimmt.

 5 Anne und Bea haben den Graphen der Potenzfunktion zu $y = x^3$ gezeichnet. Kontrollieren Sie ihre Zeichnungen.

6 Die Potenzfunktion hat die Gleichung

a) $y = x^3$; **b)** $y = x^4$.

Stellen Sie fest, welche der Punkte zum Graphen der Potenzfunktion gehören.

$P_1(2 \mid 16)$, $P_5(-2 \mid 8)$, $P_9(-1 \mid 1)$,

$P_2(2 \mid 8)$, $P_6(-2 \mid -8)$, $P_{10}(-1 \mid -1)$,

$P_3(-2 \mid 4)$, $P_7(1 \mid 1)$, $P_{11}(0 \mid 1)$,

$P_4(-2 \mid -16)$, $P_8(1 \mid -1)$, $P_{12}(0 \mid 0)$

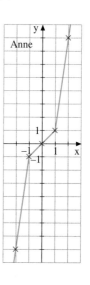

7 Füllen Sie die Lücken aus. Beachten Sie die Symmetrieeigenschaften.

a)

x	x^4
1,2	2,0736
1,7	8,3521
−1,2	
−1,7	

b)

x	x^5
0,9	0,59049
1,3	3,71293
−0,9	
−1,3	

c)

x	x^6
0,5	0,015625
1,1	1,771561
−0,5	
−1,1	

d)

x	x^5
0,7	−0,16807
1,2	−2,48832
	−0,16807
	−2,48832

8 Zeichnen Sie mithilfe eines Funktionsplotters den Graphen. Beschreiben Sie, wie er aus dem Graphen der zugehörigen Potenzfunktion hervorgeht. Welche Symmetrie zeigt er?

a) $y = 0,2 x^4$ **b)** $y = \frac{1}{2} x^5$ **c)** $y = -\frac{1}{2} x^4$ **d)** $y = -\frac{1}{2} x^5$

9

a) Untersuchen Sie, wie sich das Volumen eines Würfels ändert, wenn die Seitenlänge verdoppelt bzw. verdreifacht wird.

b) Untersuchen Sie dieselbe Aufgabenstellung auch für den Oberflächeninhalt [Gesamtkantenlänge].

c) Verallgemeinern Sie Ihr Ergebnis für Funktionen mit der Gleichung $y = c \cdot x^n$, wobei $c \in \mathbb{R}$, $n \in \mathbb{N}^*$.

Formulieren Sie eine Vermutung und begründen Sie sie.

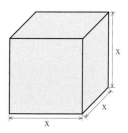

10 Ein Metallwürfel mit der Kantenlänge 2,5 cm wiegt 120 g. Wie viel wiegt ein Würfel aus demselben Material mit der Kantenlänge (1) 5 cm, (2) 7,5 cm, (3) 10 cm, (4) 20 cm?

11 Merle hat die Graphen zu y = 100 x² und y = x⁴ mit einer Tabellenkalkulation gezeichnet.
Nehmen Sie Stellung zu ihrer Behauptung:
„Der Graph zu y = 100 x² verläuft immer unterhalb vom Graphen zu y = x⁴.“

12 Zeichnen Sie den Graphen der Funktion. Beschreiben Sie, wie er aus dem Graphen zu $y = x^3$ bzw.
$y = x^4$ hervorgeht.

a) $y = x^3 - 2$ **c)** $y = 2x^3$ **e)** $y = -x^3$ **g)** $y = (x - 1)^3$

b) $y = x^4 - 3$ **d)** $y = \frac{1}{2}x^4$ **f)** $y = -2x^4$ **h)** $y = (x + 2)^4$

13 Suchen Sie zu den angegebenen Graphen die passende Funktionsgleichung.

(1) $y = 0,5x^3$ (3) $y = x^5 - 1$ (5) $y = (x + 2)^4$ (7) $y = 1,2 \cdot x^4$

(2) $y = (x + 2)^3$ (4) $y = 0,5 \cdot x^4$ (6) $y = x^6 - 1$ (8) $y = 0,5 \cdot x^6$

a) 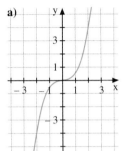   **b)** 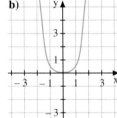   **c)** 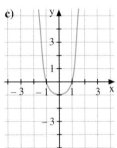   **d)**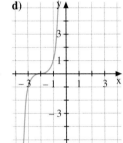

14 Die folgenden Wertetabellen gehören zu Funktionen der Form $f(x) = a \cdot x^n$. Aus den ersten drei
Paaren kann man erkennen, wie groß a und n sein müssen.
Ergänzen Sie die Lücken.

a)

x	1	2	3	4	– 5
f(x)	– 1	– 8	– 27		

b)

x	1	2	3	4	– 5
f(x)	– 0,1	– 1,6	– 8,1		

15 Stellen Sie sich die Graphen der folgenden Funktionen vor.

(1) $f(x) = 10 \cdot x^3$ (3) $f(x) = 0,1 \cdot x^7$ (5) $f(x) = x^3 + 3$

(2) $f(x) = -x^5$ (4) $f(x) = -2 \cdot x^8$ (6) $f(x) = -x^4 + 1$

Für welche Graphen gilt folgende Eigenschaft?

a) Er verläuft durch O (0|0).   **c)** Er verläuft durch den 2. Quadranten.

b) Er ist symmetrisch zur y-Achse.   **d)** Er verläuft nur unterhalb der x-Achse.

16

a) Untersuchen Sie, ob die Werte der Tabelle durch
eine Potenzfunktion mit $f(x) = a \cdot x^n$ beschrieben werden können.
Ergänzen Sie die Lücken.

b) Nehmen Sie Stellung zu der Behauptung:
„Durch die Vorgabe von zwei beliebigen Punk-
ten ist der Graph einer Potenzfunktion eindeutig festgelegt.“
Nutzen Sie dazu auch die Regression durch Potenzfunktionen.

x	– 2	– 1	0	1	2	3	4
a)				10	40	90	
b)		2,5	5	10			
c)					– 18	– 54	– 162
d)			0	– 2	– 16		

1.4.2 Potenzfunktionen mit negativen ganzzahligen Exponenten

Aufgabe

1

a) Ein Quadrat mit dem Flächeninhalt 1 dm² soll in ein flächeninhaltsgleiches Rechteck verwandelt werden. Diese Aufgabe hat unendlich viele Lösungen, denn zu jeder Länge der einen Seite gehört eine ganz bestimmte Länge der anderen Seite.

Legen Sie für die Funktion *Länge der einen Seite (in dm)* → *Länge der anderen Seite (in dm)* eine Wertetabelle an. Erstellen Sie die Funktionsgleichung. Zeichnen Sie den Graphen.

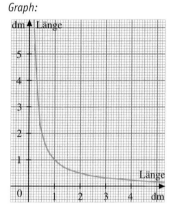

$$A = 1\ \text{dm}^2$$

1 dm

1 dm

b) (1) Verwenden Sie nun die gleiche Funktionsgleichung wie in Teilaufgabe a); wählen Sie aber die größtmögliche Definitionsmenge, d. h. auch negative Ausgangswerte sind möglich. Zeichnen Sie den Graphen.

$$\frac{1}{x^n} = x^{-n}$$

(2) Zeichnen Sie ebenso den Graphen zu $y = x^{-2}$. Beschreiben und vergleichen Sie beide Graphen bezüglich Lage, Verlauf und Symmetrie.

Lösung

a) *Wertetabelle:*

Länge der einen Seite (in dm)	Länge der anderen Seite (in dm)
1	1
2	$\frac{1}{2}$
3	$\frac{1}{3}$
4	$\frac{1}{4}$
$\frac{1}{2}$	2
$\frac{1}{3}$	3
$\frac{1}{4}$	4

Funktionsgleichung:

$y = \frac{1}{x}$,

bzw. $y = x^{-1}$

mit $x > 0$, weil es nur positive Längen gibt.

Graph:

b) (1) Die Funktionsgleichung $y = \frac{1}{x} = x^{-1}$ ist für $x = 0$ nicht definiert. Daher ist die größtmögliche Definitionsmenge $\mathbb{R}\setminus\{0\}$.

(2) Auch die Funktionsgleichung $y = x^{-2}$ hat als größtmögliche Definitionsmenge $\mathbb{R}\setminus\{0\}$.

Graph:

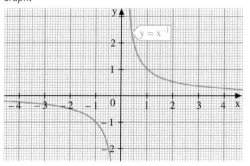

Graph:

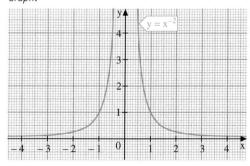

Division durch null ist nicht definiert.

Statt $\mathbb{R}\setminus\{0\}$ kann man auch $\mathbb{R}^*$ schreiben.

Der Verlauf der Graphen der Funktionen mit $y = x^{-1}$ und $y = x^{-2}$ ergibt:

- Beide Graphen bestehen aus zwei Teilen und verlaufen durch den Punkt P(1|1). Für sehr große und für sehr kleine Werte von x schmiegen sich die Graphen immer mehr der x-Achse an, ohne dass sie die x-Achse schneiden. Je näher der Wert von x bei 0 liegt, umso größer ist der Betrag des Funktionswertes.
- Der Graph zu $y = x^{-1}$ ist punktsymmetrisch zum Ursprung O(0|0); der Graph zu $y = x^{-2}$ ist achsensymmetrisch zur y-Achse.
- Der Graph zu $y = x^{-1}$ fällt sowohl für x<0 als auch für x>0 von links nach rechts; der Graph zu $y = x^{-2}$ steigt für x<0 von links nach rechts an und fällt für x>0.
- Die beiden Teilgraphen von $y = x^{-2}$ sind linksgekrümmt, der Teilgraph von $y = x^{-1}$ für x < 0 ist rechtsgekrümmt, für x > 0 linksgekrümmt.

Weiterführende Aufgabe

2 Potenzfunktionen mit negativen ganzzahligen Exponenten – Graph, Wachstumseigenschaft

a) Zeichnen Sie die Graphen der Funktionen mit den Gleichungen

$y = x^{-1}$; $y = x^{-2}$; $y = x^{-3}$; $y = x^{-4}$; $y = x^{-5}$; $y = x^{-6}$. Vergleichen Sie die Graphen miteinander.

b) Wie ändert sich der Funktionswert der Funktionen mit $y = x^{-1}$; $y = x^{-2}$; $y = x^{-3}$, wenn man den x-Wert verdoppelt [verdreifacht; halbiert]?

Information

Der Graph zu $y = x^{-1}$ heißt auch **Hyperbel**.

(1) Definition einer Potenzfunktion mit negativen ganzzahligen Exponenten

Definition

Eine Funktion mit $y = x^n$ mit $x \in \mathbb{R}^*$ und $n \in \mathbb{Z}^*$ heißt **Potenzfunktion**.

Beispiele: $y = x^{-1}$; $y = x^{-2}$

---

(2) Grundtypen von Potenzfunktionen mit negativen Exponenten

(1) Gerader Exponent

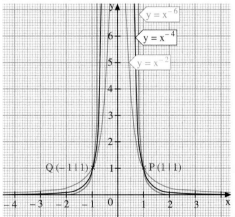

(2) Ungerader Exponent

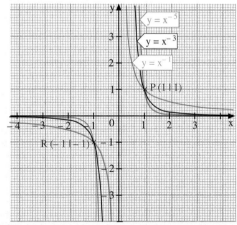

* an einer Menge bedeutet ohne die Null: $\mathbb{N}^* = \mathbb{N} \setminus \{0\}$.

Die Graphen der Potenzfunktionen mit $y = x^{-n}$ und geradem Exponenten $n \in \mathbb{N}^*$ sind *symmetrisch* zur y-Achse und haben die gemeinsamen Punkte P(1|1) und Q(-1|1).

Sie steigen für x<0 an und fallen für x>0. Beide Teilgraphen sind linksgekrümmt.

Die Graphen der Potenzfunktionen mit $y = x^{-n}$ und ungeradem Exponenten $n \in \mathbb{N}^*$ sind *symmetrisch* zum Ursprung O und haben die gemeinsamen Punkte P(1|1) und R(-1|-1).

Sowohl für x<0 als auch für x>0 fallen sie. Für x<0 ist der Graph rechtsgekrümmt, für x>0 linksgekrümmt.

Gemeinsame Eigenschaften der Potenzfunktionen mit negativen ganzzahligen Exponenten sind:

(1) Die Funktionen sind für x = 0 nicht definiert. Man sagt auch: Die Funktion hat an der Stelle 0 eine **Definitionslücke**. Die größtmögliche Definitionsmenge ist $\mathbb{R}^* = \mathbb{R} \setminus \{0\}$.
Die Graphen bestehen aus zwei Teilen.

(2) Die Graphen schmiegen sich den Koordinatenachsen an.

Übungsaufgaben **3** Zeichnen Sie mithilfe eines Funktionenplotters für verschiedene n die Graphen von Potenzfunktionen mit $y = x^{-n}$ und $n \in \mathbb{N}^*$ in dasselbe Koordinatensystem. Nennen Sie gemeinsame Eigenschaften und Unterschiede.

4 Moritz hat den Graphen der Potenzfunktion zu $y = x^{-3}$ gezeichnet. Kontrollieren Sie.

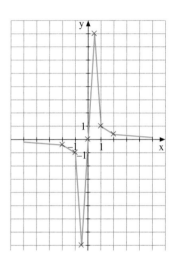

5 Füllen Sie die Lücken aus. Beachten Sie Symmetrieeigenschaften.

a)
x	x^{-1}
2,5	0,4
−0,8	−1,25
−2,5	
0,8	

b)
x	x^{-2}
0,25	16
1,25	0,64
−0,25	
−1,25	

c)
x	x^{-3}
0,1	1 000
1,25	0,512
−0,1	
−1,25	

6 Suchen Sie jeweils zu dem Graphen die passende Funktionsgleichung:

(1) $y = 3x^{-1}$ (3) $y = x^{-3} - 2$ (5) $y = 0,5 \cdot x^{-2}$ (7) $y = -2x^{-2}$

(2) $y = x^{-4} - 2$ (4) $y = 2x^{-2}$ (6) $y = 0,5 \cdot x^{-6}$ (8) $y = 0,5 \cdot x^{-3}$

a)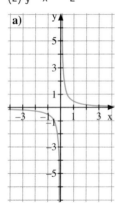
b)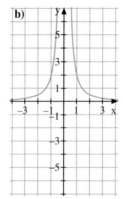
c)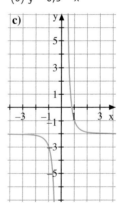
d)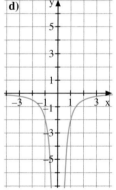

7 Stellen Sie sich die Graphen der Funktionen (1) $f(x) = 10 \cdot x^{-1}$, (2) $f(x) = -x^{-2}$, (3) $f(x) = x^{-7}$, (4) $f(x) = -2 \cdot x^{-1}$ vor. Welche erfüllen die folgenden Bedingungen?

a) Der Graph verläuft durch P (1|1).   d) Der Graph ist symmetrisch zur y-Achse.

b) Der Graph verläuft durch Q (−1|−1).   e) Der Graph schmiegt sich der x-Achse an.

c) Der Graph ist symmetrisch zum Ursprung.   f) Der Graph schmiegt sich der y-Achse an.

8 An welchen Stellen nimmt die Funktion den Wert 5 an?

a) $f(x) = x^{-2}$ b) $f(x) = 2 \cdot x^{-3}$ c) $f(x) = -5 \cdot x^{-4} + 6$ d) $f(x) = -3 \cdot x^{-8} + 5,001$

1.4.3 Begriff der ganzrationalen Funktion

Einführung

Aus einem quadratischen Stück Pappe mit der Seitenlänge 6 cm soll eine oben offene Schachtel gefaltet werden. Dazu schneidet man die Pappe jeweils an den Ecken gleich weit parallel zu den Seiten ein und faltet anschließend die Seiten so, dass eine oben offene Schachtel entsteht.

Wie kann man allgemein das Volumen einer jeden auf diese Weise hergestellten Schachtel berechnen?

Wir bezeichnen die Seitenlänge der an den Ecken eingeschnittenen Quadrate mit x (in cm).

Der Wert von x gibt dann jeweils die Höhe der entstehenden Schachtel an. Die Grundfläche der Schachtel ist somit ein Quadrat mit der Seitenlänge $6 - 2x$ und dem Flächeninhalt $A = (6 - 2x)^2$ (in cm²).

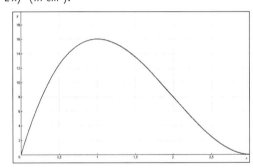

Alle Längen in cm

Für das Volumen $V = A \cdot x$ (in cm³) erhalten wir damit:

$V = (6 - 2x)^2 \cdot x$, wobei $0 < x < 3$ gelten muss.

Der Term $(6 - 2x)^2 \cdot x = 4x^3 - 24x^2 + 36x$ gibt also für jede Einschnitttiefe x das Volumen der zugehörigen Schachtel an. Man erhält zum Beispiel:

x	0,5	1	1,5	2	2,5
V(x)	12,5	16	13,5	8	2,5

Die Funktion V mit $V(x) = 4x^3 - 24x^2 + 36x$ beschreibt das Volumen der Pappschachtel in Abhängigkeit von der Einschnitttiefe x. Die Definitionsmenge dieser Funktion ist $]0; 3[$.

Mithilfe des Funktionsterms kann man weitere Fragen untersuchen. So kann man beispielsweise berechnen, für welche Einschnitttiefe x das Volumen der zugehörigen Schachtel maximal wird. Wir werden auf diese und ähnliche Fragestellungen später zurückkommen.

Information

1 Begriff der ganzrationalen Funktion

Die Funktion V mit $V(x) = 4x^3 - 24x^2 + 36x$ ist ein Beispiel für eine *ganzrationale Funktion*. Allgemein definiert man den Begriff *ganzrationale Funktion* wie folgt:

Definition: Polynom, ganzrationale Funktion

(1) Ein Term der Form $a_n x^n + a_{n-1} x^{n-1} + \ldots + a_2 x^2 + a_1 x + a_0$ mit $n \in \mathbb{N}$, $a_0, a_1, a_2, \ldots, a_n \in \mathbb{R}$ und $a_n \neq 0$ heißt **Polynom** mit der Variablen x. Der Exponent n heißt **Grad** des Polynoms.
Die Zahlen $a_0, a_1, a_2, \ldots, a_n$ nennt man **Koeffizienten** des Polynoms.

(2) Eine Funktion f, deren Funktionsterm $f(x)$ als Polynom geschrieben werden kann, heißt **ganzrationale Funktion**.

Die Koeffizienten müssen keine ganzen Zahlen sein.

Als Definitionsbereich wählt man üblicherweise die Menge $\mathbb{R}$ der reellen Zahlen. Der Grad des Polynoms heißt auch Grad der ganzrationalen Funktion.

Beispiel: $V(x) = 4x^3 - 24x^2 + 36$

Aufgabe

1 l = 1 dm³

1 Erdverlegte Öltanks aus Kunststoff sind oft kugelförmig. Solche Tanks gibt es z. B. mit einem Fassungsvermögen von 10 000 Litern. Wegen der Erdverlegung kann man die Füllhöhe nicht einsehen. Deshalb wird die Füllhöhe mithilfe von Peilrohren bestimmt. Aus der Füllhöhe h kann man das zugehörige Volumen V des Öls ermitteln.

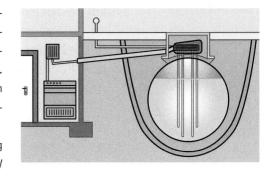

a) Finden Sie einen funktionalen Zusammenhang zwischen Füllhöhe h (in dm) und Ölvolumen V (in dm³).

b) Berechnen Sie zu verschiedenen Füllhöhen das Ölvolumen.

Wie voll ist der Öltank höchstens, wenn die Füllhöhe maximal 26 dm sein darf?

c) Beschreiben Sie den Verlauf des Graphen der Funktion h → V.

Lösung

a) Wir gehen zunächst davon aus, dass die Kugel bis oben hin befüllt werden kann. Der Radius r einer Kugel mit dem Volumen V = 10 000 dm³ lässt sich aus der Formel für das Volumen einer Kugel auf mm genau berechnen. Es gilt:

$10\,000 = \frac{4}{3}\pi r^3$, also

$r = \sqrt[3]{\frac{30\,000}{4\pi}} \approx 13{,}37$

Gerechnet wird ohne Einheiten, Volumenangaben in dm³, Längenangaben in dm.

Das Öl im Tank hat die Form eines Kugelabschnitts. Das Volumen hängt von der Füllhöhe des Öls ab, d. h. der funktionale Zusammenhang ist *Füllhöhe des Öls → Volumen des Kugelabschnitts*. Das Volumen der Peilrohre vernachlässigen wir hier.

Das Volumen eines Kugelabschnitts der Höhe h einer Kugel mit dem Radius r kann mit folgender Formel berechnet werden:

Formelsammlung

$V = \frac{\pi}{3}h^2(3r - h)$

Somit ergibt sich mit dem Radius r ≈ 13,37 für das Volumen des Kugelabschnitts

$V \approx \frac{\pi}{3}h^2(3 \cdot 13{,}37 - h)$

$= \frac{\pi}{3}h^2(40{,}11 - h)$

$\approx -1{,}05\,h^3 + 42\,h^2.$

Der funktionale Zusammenhang zwischen Füllhöhe h (in dm) und Ölvolumen V (in dm³) kann also durch den folgenden Funktionsterm beschrieben werden:

h (in dm)	V (in dm³)
0,5	10,37
1	40,95
2	159,60
⋮	⋮
26	9 937,20

$V(h) = -1{,}05\,h^3 + 42\,h^2$, mit 0 ≤ h ≤ 2r ≈ 26,74.

b) Durch Einsetzen in den Term V(h) ergibt sich zu verschiedenen Füllhöhen h das Ölvolumen, z. B. V(0,5) = 10,36875 ≈ 10,37.

Der Tank kann höchstens mit 9 937,200 dm³ befüllt werden, wenn die maximale Füllhöhe 26 dm beträgt.

c) Der Graph steigt ständig an, da mit zunehmender Füllhöhe das Ölvolumen im Tank zunimmt. Zunächst steigt das Volumen weniger stark, dann stärker und dann wieder weniger stark an; denn der Tank ist in der Mitte am breitesten. Ändert sich in der Mitte des Tanks die Füllhöhe, so ist dort der Volumenzuwachs auch größer als am Boden oder als oben im Tank.

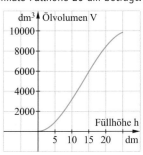

Weiterführende Aufgabe

Füllhöhe in cm	Volumen in Liter
0	0
29	20
42	40
51	60
61	80
70	100
80	120
91	140
103	160
118	180
138	200

2 Nicht-lineare Regression

In einen Behälter wird fortlaufend 20 Liter Flüssigkeit eingefüllt und dann jeweils die Füllhöhe h gemessen. Die Messreihe ist in der nebenstehenden Tabelle protokolliert und in der Grafik dargestellt.

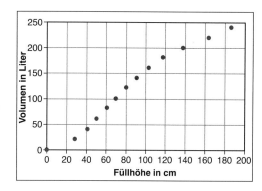

a) Durch welche ganzrationale Funktion lässt sich der funktionale Zusammenhang zwischen der Füllhöhe h und dem Volumen V(h) am besten beschreiben? Vergleichen Sie Modellierungen mit ganzrationalen Funktionen 2., 3. und 4. Grades miteinander.

b) Bestimmen Sie mithilfe der in Teilaufgabe a) verwendeten Modelle möglichst exakt die Füllmenge zur Füllhöhe h = 100 cm.

Übungsaufgaben

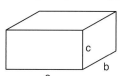

3 Aus einem Stück Pappe im DIN A4-Format soll ein quaderförmiger Karton hergestellt werden, so dass möglichst viel der zur Verfügung stehenden Pappe verwendet wird.

Stellen Sie einen allgemeinen Funktionsterm auf, mithilfe dessen das Volumen V aus den Kantenlängen a, b, c berechnet werden kann. Beachten Sie dabei, dass die Längen a, b, c durch die Maße eines DIN A4-Blatts begrenzt sind (dies hat zur Folge, dass man zwei der drei Variablen ersetzen kann und den Funktionsterm einer ganzrationalen Funktion 3. Grades erhält).

Zeichnen Sie den Graphen von V mithilfe eines Funktionenplotters. Sind alle Einsetzungen für die verwendete Variable sinnvoll?

4 Ist f eine ganzrationale Funktion? Falls dies zutrifft, schreiben Sie f(x) als Polynom.

a) $f(x) = \frac{x^3 - 4x + 1}{3}$ 　　b) $f(x) = (x + \sqrt{2})^3$ 　　c) $f(x) = \frac{1}{x^2 + 5}$ 　　d) $f(x) = 10^x - 4$

5 Formen Sie den Funktionsterm in ein Polynom um. Geben Sie auch den Grad des Polynoms an.

a) $f(x) = (2x^2 + 1) \cdot (3x^3 - x)$

b) $f(x) = (-x^3 + x^2 + 2) \cdot (x^3 + 1)$

c) $f(x) = (0,5x^4 - x^2 + 4x) \cdot (x^3 + 5x - 1,5)$

d) $f(x) = (x + 1)^2 \cdot (x^3 + x^2 + x + 1)$

e) $f(x) = \left(\frac{1}{3}x^3 + 3\right) \cdot \left(x^3 - x^2 + \frac{2}{3}x + 1\right)$

f) $f(x) = \frac{x^2 - x - 1}{4} \cdot (x^3 - 1)^3$

6 Aus einem DIN A4-Blatt soll ein Haus gebastelt werden, vgl. folgende Zeichnung des Bastelbogens. Stellen Sie einen Funktionsterm für das Volumen des Hauses auf und zeichnen Sie den Graphen der zugehörigen Funktion.

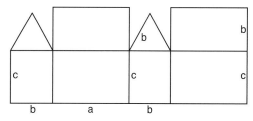

7 Die rechts stehende Messreihe wurde gewonnen, um den funktionalen Zusammenhang zwischen der Füllhöhe und dem Volumen eines Marmeladenglases zu bestimmen. Welche ganzrationale Funktion eignet sich am besten zur Modellierung der Füllkurve?

Höhe in cm	0,9	1,5	1,9	2,4	2,8	3,2	3,4	3,8	4,2	4,6	5	5,5	6,7	7,7
Volumen in cm³	50	75	100	125	150	175	200	225	250	275	300	325	350	375

1.4.4 Globalverlauf ganzrationaler Funktionen

Einführung

Wir zeichnen den Graphen der Funktion f mit $f(x) = 0{,}1x^3 - 0{,}3x + 0{,}1$ mithilfe eines Funktionsplotters mit unterschiedlicher Skalierung.

$-3 \leq x \leq 3; \ -1 \leq y \leq 1$ \qquad $-5 \leq x \leq 5; \ -10 \leq y \leq 10$ \qquad $-10 \leq x \leq 10; \ -100 \leq y \leq 100$

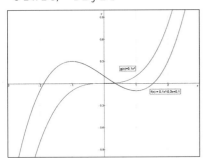 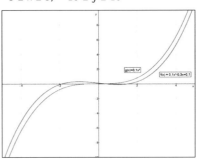 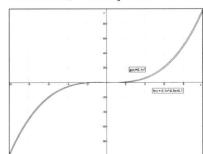

In der Grafik links erkennt man gut, dass der Graph zunächst steigt, dann fällt und anschließend wieder steigt. In der Grafik rechts sieht es so aus, als hätte der Graph durchgehend einen steigenden Verlauf wie der einer kubischen Potenzfunktion.

Zum Vergleich wurde jeweils der Graph der Funktion g mit $g(x) = 0{,}1x^3$ in dasselbe Koordinatensystem gezeichnet. Offensichtlich sieht der Graph von f immer mehr wie der Graph von g aus, je größer der Zeichenbereich gewählt wird. Dies bedeutet:

Wenn die (positiven) x-Werte unbeschränkt größer bzw. die (negativen) x-Werte unbeschränkt kleiner werden, stimmen die Funktionswerte $f(x)$ ungefähr mit $0{,}1x^3$ überein. Die Summanden mit den niedrigeren Potenzen scheinen dann keine Rolle mehr zu spielen.

Dieses Verhalten der Funktionswerte $f(x)$ kann man sich folgendermaßen klarmachen:

Wir klammern die Potenz von x mit dem höchsten Exponenten, also x^3, aus:

$$f(x) = x^3 \cdot \left(0{,}1 - \frac{0{,}3}{x^2} + \frac{0{,}1}{x^3}\right)$$

Am Term in der Klammer erkennen wir:

- Je größer die für x eingesetzten Werte sind, desto größer werden die Nenner der Terme.

  Die Werte der Terme $\frac{0{,}3}{x^2}$ und $\frac{0{,}1}{x^3}$ unterscheiden sich bei größer werdendem x immer weniger von 0 und damit nähert sich der Wert der Klammer der Zahl 0,1.

- Entsprechend nähert sich der Wert der Klammer beim Einsetzen von -10, -100, -1000, ... ebenfalls immer mehr der Zahl 0,1 an.

Betrachtet man unbeschränkt größer werdende Zahlen für x, wie 10, 100, 1 000, ..., so schreibt man: $x \to \infty$, gelesen: *x gegen unendlich.*

Für $x \to \infty$ werden die Funktionswerte von $f(x) = 0{,}1x^3 - 0{,}3x + 0{,}1$ unbeschränkt größer. Wir schreiben: $f(x) \to \infty$ für $x \to \infty$, gelesen: *f(x) geht gegen unendlich für x gegen unendlich.*

Betrachtet man unbeschränkt kleiner werdende Zahlen für x, wie -10, -100, -1000, ..., so schreibt man: $x \to -\infty$, gelesen: *x gegen minus unendlich.*

Für $x \to -\infty$ werden die Funktionswerte von $f(x) = 0{,}1x^3 - 0{,}3x + 0{,}1$ unbeschränkt kleiner. Wir schreiben: $f(x) \to -\infty$ für $x \to -\infty$, gelesen: *f(x) geht gegen minus unendlich für x gegen minus unendlich.*

Das Verhalten der Funktionswerte einer Funktion für $x \to \infty$ und $x \to -\infty$ bezeichnet man als **Global-verlauf** der Funktion.

limes (lat.): Grenzwert

Um das Verhalten der Funktionswerte zu beschreiben, wenn die x-Werte gegen positiv oder negativ unendlich gehen, verwendet man auch die Kurzschreibweise $\lim\limits_{x \to +\infty} x^n = +\infty$ (lies: limes von x^n für x gegen plus unendlich ist plus unendlich) und $\lim\limits_{x \to -\infty} x^n = +\infty$ für n gerade bzw. $\lim\limits_{x \to -\infty} x^n = -\infty$ für n ungerade.

Aufgabe

1 Untersuchen Sie den Globalverlauf der Funktion f mit:

a) $f(x) = -2x^3 + 3x^2$ **b)** $f(x) = \frac{1}{2}x^4 - x^3 + 2x^2 - 5$ **c)** $f(x) = -2x^6 + x^4 + 3$

Lösung

Wir klammern jeweils die Potenz mit dem höchsten Exponenten aus.

a) $f(x) = x^3 \cdot \left(-2 + \frac{3}{x}\right)$

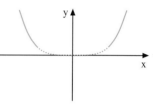

Sowohl für $x \to \infty$ als auch für $x \to -\infty$ nähert sich der Wert in der Klammer der Zahl -2 an.

Aus $x^3 \to \infty$ für $x \to \infty$ folgt: $f(x) \to -\infty$ für $x \to \infty$

Aus $x^3 \to -\infty$ für $x \to -\infty$ folgt: $f(x) \to \infty$ für $x \to -\infty$

b) $f(x) = x^4 \cdot \left(\frac{1}{2} - \frac{1}{x} + \frac{2}{x^2} - \frac{5}{x^4}\right)$

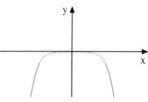

Sowohl für $x \to \infty$ als auch für $x \to -\infty$ nähert sich der Wert in der Klammer der Zahl $\frac{1}{2}$ an.

Aus $x^4 \to \infty$ für $x \to \infty$ folgt: $f(x) \to \infty$ für $x \to \infty$

Aus $x^4 \to \infty$ für $x \to -\infty$ folgt: $f(x) \to \infty$ für $x \to -\infty$

c) $f(x) = x^6 \cdot \left(-2 + \frac{1}{x^2} + \frac{3}{x^6}\right)$

Sowohl für $x \to \infty$ als auch für $x \to -\infty$ nähert sich der Wert in der Klammer der Zahl -2 an.

Aus $x^6 \to \infty$ für $x \to \infty$ folgt: $f(x) \to -\infty$ für $x \to \infty$

Aus $x^6 \to \infty$ für $x \to -\infty$ folgt: $f(x) \to -\infty$ für $x \to -\infty$

Information

Satz: Globalverlauf einer ganzrationalen Funktion

Bei einer ganzrationalen Funktion f mit $f(x) = a_n x^n + a_{n-1} x^{n-1} + \ldots + a_2 x^2 + a_1 x + a_0$, wobei $a_n \neq 0$, entscheidet der Summand $a_n x^n$ mit dem größten Exponenten über das Verhalten von $f(x)$ für $x \to \infty$ und $x \to -\infty$.

Dabei gilt für die Potenz x^n:

Wenn $x \to +\infty$, dann $x^n \to +\infty$.

Wenn $x \to -\infty$, dann $x^n \to \begin{cases} +\infty, & \text{falls } n \text{ gerade} \\ -\infty, & \text{falls } n \text{ ungerade} \end{cases}$

Beim Verhalten des Summanden $a_n x^n$ ist das Vorzeichen von a_n zu beachten.

Man kann den Globalverlauf einer ganzrationalen Funktion f mit

$f(x) = a_n x^n + a_{n-1} x^{n-1} + \ldots + a_2 x^2 + a_1 x + a_0$

vom Grad n auf einen der folgenden Funktionstypen mit $y = a_n x^n$ zurückführen:

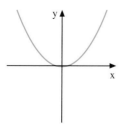

n gerade, $a_n > 0$	n gerade, $a_n < 0$	n ungerade, $a_n > 0$	n ungerade, $a_n < 0$
$f(x) \to \infty$ für $x \to \infty$	$f(x) \to -\infty$ für $x \to \infty$	$f(x) \to \infty$ für $x \to \infty$	$f(x) \to -\infty$ für $x \to \infty$
$f(x) \to \infty$ für $x \to -\infty$	$f(x) \to -\infty$ für $x \to -\infty$	$f(x) \to -\infty$ für $x \to -\infty$	$f(x) \to \infty$ für $x \to -\infty$

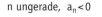

Aufgabe

2 Mindestanzahl von Nullstellen

a) Entscheiden Sie aufgrund des Globalverlaufs der Funktion, welche der folgenden Funktionen mindestens eine Nullstelle haben müssen.

(1) $f(x) = x^3 - x + 7$ (2) $g(x) = x^4 + x + 5$ (3) $h(x) = -2x^5 + x^2 + 3$

b) Begründen Sie den Satz:

> **Satz:**
>
> Für eine ganzrationale Funktion f vom Grad n gilt:
>
> Ist der Grad n der Funktion f eine ungerade Zahl, so hat f mindestens eine Nullstelle.

Lösung

a) Wir betrachten den Globalverlauf der Funktionen:

(1) $f(x) = x^3 - x + 7$

$f(x) \to \infty$ für $x \to \infty$

$f(x) \to -\infty$ für $x \to -\infty$

(2) $g(x) = x^4 + x + 5$

$g(x) \to \infty$ für $x \to \infty$

$g(x) \to \infty$ für $x \to -\infty$

(3) $h(x) = -2x^5 + x^2 + 3$

$h(x) \to -\infty$ für $x \to \infty$

$h(x) \to \infty$ für $x \to -\infty$

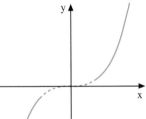

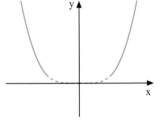

Der Graph von f muss die x-Achse schneiden. f hat mindestens eine Nullstelle.

Der Graph von g kann die x-Achse schneiden, muss aber nicht. Möglicherweise hat g keine Nullstelle.

Der Graph von h muss die x-Achse schneiden. h hat mindestens eine Nullstelle.

b) Für den Globalverlauf von ganzrationalen Funktionen mit ungeradem Grad gilt (Satz, Seite 78). Für $x \to -\infty$ gilt $f(x) \to -\infty$ und für $x \to +\infty$ gilt $f(x) \to +\infty$. Da die Graphen durchgängig gezeichnet werden können, muss es mindestens eine Stelle geben, an der die x-Achse geschnitten wird.

Übungsaufgaben **3** Gegeben ist die Funktion f mit $f(x) = -\frac{1}{12}x^4 - \frac{1}{9}x^3 + \frac{3}{2}x^2 + 3x - 4$.

Zeichnen Sie mithilfe eines Funktionenplotters den Graphen von f zusammen mit dem Graphen der Funktion g mit $g(x) = -\frac{1}{12}x^4$ nacheinander in drei verschieden skalierte Koordinatensysteme für $-5 \le x \le 5$ bzw. für $-15 \le x \le 15$ bzw. für $-50 \le x \le 50$. Vergleichen Sie jeweils die beiden Graphen.

4 Untersuchen Sie das Verhalten der Funktion f für $x \to \infty$ und für $x \to -\infty$.

a) $f(x) = -\frac{3}{4}x^2 + \frac{1}{2}x^5 + 3$ **d)** $f(x) = 4x^3 + 2x^2 - 7x + 12$

b) $f(x) = -3x^5 + 12x^3 - 8$ **e)** $f(x) = -2x^4 + x^3 + 21x^2 + 45x + 205$

c) $f(x) = \frac{1}{2}x^4 - 28x^3 + 6x^2 - 34$ **f)** $f(x) = \frac{1}{4} \cdot (2x + 1)^3 + \frac{1}{2}x^3 + 2$

 5 Kontrollieren Sie folgende Aussagen zum Globalverlauf der Funktion f mit $f(x) = x^3 + x$.

> Je größer x wird, desto weniger unterscheiden sich die Funktionswerte von $f(x) = x^3 + x$ und $g(x) = x^3$.

> Je größer x wird, desto mehr nähert sich der Quotient $\frac{f(x)}{g(x)}$ dem Wert 1 an.

1.4.5 Symmetrie

Ziel

Jetzt lernen Sie, wie man am Funktionsterm einer Funktion leicht erkennbare Symmetrien zur y-Achse bzw. zum Koordinatenursprung untersuchen kann.

Zum Erarbeiten

- Zeichnen Sie den Graphen der Funktion f mit $f(x) = \frac{1}{2}x^4 - 4x^2 + 3$ und betrachten Sie auch eine Wertetabelle. Welche Symmetrieeigenschaft des Graphen stellen Sie fest? Begründen Sie Ihre Aussage.

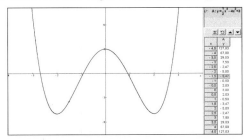

Beim Betrachten des Funktionsgraphen kann man vermuten, dass er achsensymmetrisch zur y-Achse verläuft. Die Funktionswerte stimmen an Stellen, die zur y-Achse symmetrisch liegen, überein.

Es ist z. B.:

$f(4) = \frac{1}{2} \cdot 4^4 - 4 \cdot 4^2 + 3 = \frac{1}{2} \cdot 256 - 4 \cdot 16 + 3 = 67$

$f(-4) = \frac{1}{2} \cdot (-4)^4 - 4 \cdot (-4)^2 + 3 = \frac{1}{2} \cdot 256 - 4 \cdot 16 + 3 = 67;$ also gilt: $f(-4) = f(4)$

Die Funktionswerte stimmen an den Stellen -4 und 4 überein, da nur Potenzen von x mit geradem Exponenten vorhanden sind. Die Punkte $P_1(-4|67)$ und $P_2(4|67)$ liegen also achsensymmetrisch zur y-Achse. Dies gilt auch für alle anderen Stellen, die sich nur durch das Vorzeichen unterscheiden:

$f(-x) = \frac{1}{2} \cdot (-x)^4 - 4 \cdot (-x)^2 + 3 = \frac{1}{2} \cdot x^4 - 4 \cdot x^2 + 3 = f(x)$

Da im Funktionsterm von f nur Potenzen von x mit geraden Exponenten vorkommen, behalten alle Summanden im Funktionsterm ihren Wert, wenn man x durch $-x$ ersetzt. Es gilt also: $f(-x) = f(x)$.

- Untersuchen Sie, ob der Graph der Funktion g mit $g(x) = \frac{1}{3}x^3 - 2x$ eine Symmetrie aufweist.

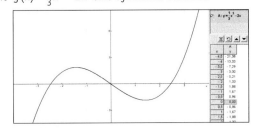

Vermutlich ist der Graph der Funktion g punktsymmetrisch zum Ursprung. Die Funktionswerte unterscheiden sich an Stellen, die zur y-Achse symmetrisch liegen, nur durch ihr Vorzeichen. Z. B. gilt an den Stellen -6 und 6:

$g(6) = \frac{1}{3} \cdot 6^3 - 2 \cdot 6 = \frac{1}{3} \cdot 216 - 12 = 60$

$g(-6) = \frac{1}{3} \cdot (-6)^3 - 2 \cdot (-6) = \frac{1}{3} \cdot (-216) + 12 = -60;$ also gilt: $g(-6) = -g(6)$

Die Funktionswerte an den beiden Stellen -6 und 6 stimmen bis auf das Vorzeichen überein, da im Funktionsterm von g nur Potenzen von x mit ungeradem Exponenten vorkommen. Die Punkte $Q_1(-6|60)$ und $Q_2(6|60)$ liegen punktsymmetrisch zum Ursprung. Dies kann man verallgemeinern:

$g(-x) = \frac{1}{3} \cdot (-x)^3 - 2 \cdot (-x) = -\frac{1}{3} \cdot x^3 + 2 \cdot x = -\left(\frac{1}{3} \cdot x^3 - 2 \cdot x\right) = -g(x)$

Kommen im Funktionsterm g nur Potenzen von x mit ungeraden Exponenten vor, so ändern alle Summanden im Funktionsterm ihr Vorzeichen, wenn man x durch $-x$ ersetzt. Damit gilt dann: $g(-x) = -g(x)$.

- Untersuchen Sie den Graphen zu $h(x) = \frac{1}{5}x^5 - \frac{3}{4}x^4$ auf Symmetrie.

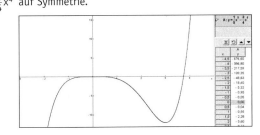

Der Graph der Funktion h ist weder achsensymmetrisch zur y-Achse noch punktsymmetrisch zum Ursprung. Z. B. stimmt der Funktionswert $h(-3)$ weder mit $h(3)$ noch mit $-h(3)$ überein. Im Funktionsterm von h kommen sowohl Potenzen von x mit geraden als auch mit ungeraden Exponenten vor.

- Untersuchen Sie, ob der Graph zu $f(x) = x^3 - x - 5$ punktsymmetrisch zum Ursprung ist.

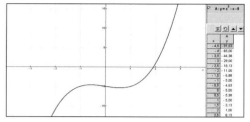

Der Graph verläuft durch den Punkt $P(0|-5)$ auf der y-Achse, also nicht durch den Ursprung. Daher kann er nicht punktsymmetrisch zum Ursprung sein.

Der Funktionsterm enthält zwar die ungeraden Exponenten 3 und 1 von x, aber zusätzlich als Teilterm ohne x die Zahl -5. Diese Zahl sorgt dafür, dass der Graph nicht durch den Ursprung verläuft.

Statt nur -5 kann man auch $-5 \cdot x^0$ schreiben und erkennt so den geraden Exponenten 0, der zusätzlich zu den ungeraden Exponenten 3 und 1 der Variablen x im Funktionsterm vorkommt.

Information

Satz: Symmetrieeigenschaften eines Graphen

Der Graph einer Funktion f ist achsensymmetrisch zur y-Achse, falls gilt:

$f(-x) = f(x)$ für alle x

Der Graph einer Funktion f ist punktsymmetrisch zum Koordinatenursprung, falls gilt:

$f(-x) = -f(x)$ für alle x

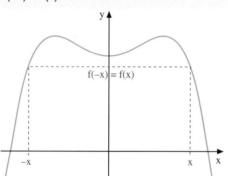

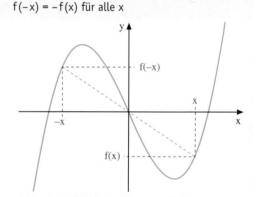

Ist f eine ganzrationale Funktion, so lässt sich eine vorhandene Symmetrie einfach erkennen:

(1) Treten im Funktionsterm von f nur Potenzen von x mit geraden Exponenten auf, so ist der Graph von f achsensymmetrisch zur y-Achse.

(2) Treten im Funktionsterm von f nur Potenzen von x mit ungeraden Exponenten auf, so ist der Graph von f punktsymmetrisch zum Koordinatenursprung.

Zum Üben

1 Vervollständigen Sie die Wertetabelle, die zu einer Funktion f gehört, deren Graph punktsymmetrisch zum Ursprung ist.

x	-5	-3	-2	-1	0	1	2	3	5
f(x)	-80	0		8			-10		

2 Paul hat am Funktionsterm einer ganzrationalen Funktion f erkannt, dass der Graph von f punktsymmetrisch zum Ursprung ist. Zum Zeichnen des Graphen legt er eine Wertetabelle an:

x	-3	-2	-1	0	1	2	3
f(x)	$-7,5$	0	1,5	1	$-1,5$	0	6,5

Hat Paul richtig gerechnet?

3 Untersuchen Sie, ob der Funktionsgraph symmetrisch zur y-Achse oder zum Ursprung ist.

a) $f(x) = -\frac{1}{4}x^5 + 3x$

c) $f(x) = -\frac{1}{2}x^4 + 3x^2 - 8x + 2$

e) $f(x) = \left(\frac{1}{2}x^3 - 1\right)^2$

b) $f(x) = x^3 - 5x + 1$

d) $f(x) = \frac{1}{100}x^6 - 12x^2 + 4$

f) $f(x) = x^3(x^5 + x)$

 4 Nehmen Sie Stellung zu der Behauptung rechts.

5 Untersuchen Sie, ob die folgenden Aussagen richtig oder falsch sind. Begründen Sie jeweils Ihre Antwort.

(1) Ist beim Funktionsterm einer ganzrationalen Funktion der konstante Summand a_0 ungleich 0, kann der Graph von f nicht punktsymmetrisch zum Ursprung verlaufen.

(2) Es gibt Funktionen, deren Graphen symmetrisch zur x-Achse verlaufen.

> $f(x) = x^3 + x^2 - 4x + 3$
> ist achsensymmetrisch
> zur y-Achse, denn
> $f(2) = 7$ und $f(-2) = 7$.

6 Ordnen Sie die abgebildeten Graphen den Funktionstermen zu, ohne selbst einen Funktionsplotter zu verwenden. Entscheiden Sie auch, ob der Verlauf des Graphen im Wesentlichen vollständig zu sehen ist.

(1) $f(x) = x^4 - 33x^2 + 90$

(2) $g(x) = 0{,}1x^5 - 1{,}1x^3 + x$

(3) $h(x) = x^3 + x^2 - 9x - 9$

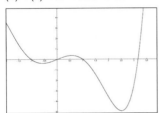 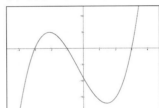 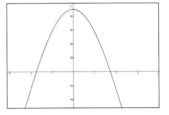

7 Wählen Sie die Parameter so, dass der Graph achsensymmetrisch zur y-Achse oder punktsymmetrisch zum Ursprung ist.

(1) $f_1(x) = x^4 + ax^3 + bx + 3$

(3) $f_3(x) = x^4 - ax^2 + b$

(5) $f_5(x) = x^6 + ax^3 + 2$

(2) $f_2(x) = x^3 - ax^2 + x$

(4) $f_4(x) = x^5 - ax$

(6) $f_6(x) = x^3 + ax + b$

8 Die Funktion f ist gegeben durch den Funktionsterm $f(x) = 2 \cdot (x-1)^8 - 3 \cdot (x-1)^6 + 5$.
Begründen Sie, dass der Graph von f symmetrisch zu der Geraden mit der Gleichung $x = 1$ ist.

9 Die Funktion f ist gegeben durch den Funktionsterm $f(x) = 3x^5 + 3x^3 - x + 4$.
Begründen Sie, dass der Graph von f punktsymmetrisch zum Punkt $P(0|4)$ ist.

10 Zeichnen Sie den Graphen der Funktion f mithilfe eines Funktionenplotters und stellen Sie eine Vermutung hinsichtlich der Symmetrieeigenschaft des Graphen auf.
Verschieben Sie den Graphen so, dass sich ein Graph ergibt, der achsensymmetrisch zur y-Achse oder punktsymmetrisch ist.

a) $f(x) = x^3 - 3x^2 + 8x - 6$

c) $f(x) = x^4 + 4x^3 + 8x^2 + 8x + 6$

b) $f(x) = x^3 + 6x^2 + 14x + 12$

d) $f(x) = x^4 - 4x^3 + 11x^2 - 14x + 7$

11 Geben Sie den Term einer ganzrationalen Funktion an, die symmetrisch ist:

a) zu der Geraden mit der Gleichung $x = -2$

c) zum Punkt $P(1|2)$

b) zu der Geraden mit der Gleichung $x = \sqrt{2}$

d) zum Punkt $P(1|0)$

1.4.6 Nullstellen ganzrationaler Funktionen – Polynomdivision

Aufgabe

1 **Linearfaktorzerlegung quadratischer Funktionen**

a) Bestimmen Sie die Nullstellen der Funktionen f mit $f(x) = \frac{1}{2}(x - 2)(x + 3)$ und g mit $g(x) = x^2 + 6x - 7$. An welchem Funktionsterm kann man die Nullstellen schneller erkennen?

b) Der Funktionsterm von f ist als Produkt geschrieben, der von g als Polynom. Formen Sie nun beide in die jeweils andere Form um.

Lösung

> Ein Produkt ist gleich 0, wenn mindestens ein Faktor 0 ist, sonst nicht.

a) Nullstellen von f

$$\frac{1}{2}(x - 2)(x + 3) = 0$$

$$x - 2 = 0 \text{ oder } x + 3 = 0$$

$$x = 2 \text{ oder } x = -3$$

Nullstellen von g

> *Quadratische Ergänzung*

$$x^2 + 6x - 7 = 0$$

$$(x + 3)^2 = 7 + 9 = 16$$

$$x + 3 = 4 \text{ oder } x + 3 = -4$$

$$x = 1 \text{ oder } x = -7$$

Aus dem Funktionsterm von f kann man die Nullstellen unmittelbar erkennen, bei dem von g müssen sie erst durch Lösen einer quadratischen Gleichung ermittelt werden.

b) (1) Durch Ausmultiplizieren erhalten wir ein Polynom:

$$f(x) = \frac{1}{2}(x - 2)(x + 3) = \frac{1}{2}(x^2 - 2x + 3x - 6) = \frac{1}{2}x^2 + \frac{1}{2}x - 3$$

(2) Da g die Nullstellen 1 und −7 hat, schreiben wir g als Produkt der Terme $(x - 1)$ und $(x + 7)$:

$$(x - 1)(x + 7) = x^2 - x + 7x - 7 = x^2 + 6x - 7 = g(x)$$

Information

(1) **Linearfaktoren**

In Aufgabe 1 wurden Terme quadratischer Funktionen in verschiedenen Formen betrachtet:

in ausmultiplizierter Form:　　$f(x) = ax^2 + bx + c$

als Produkt linearer Terme:　　$f(x) = a(x - x_1)(x - x_2)$

Die Terme $(x - x_1)$ und $(x - x_2)$ bezeichnet man als **Linearfaktoren** des Funktionsterms, die Darstellung $f(x) = a(x - x_1)(x - x_2)$ als **Linearfaktorzerlegung** des Funktionsterms.

Beispiele: Nullstelle 3: Linearfaktor $x - 3$; Nullstelle −4: Linearfaktor $x - (-4) = x + 4$.

(2) **Linearfaktorzerlegung quadratischer Terme**

Jeden quadratischen Funktionsterm in Linearfaktorzerlegung $f(x) = a(x - x_1)(x - x_2)$ kann man ausmultiplizieren und erhält einen Term der Gestalt $f(x) = ax^2 + bx + c$.

Umgekehrt ist es schwieriger, einen quadratischen Term der Gestalt $f(x) = ax^2 + bx + c$ in Linearfaktoren zu zerlegen.

Da man den Faktor a ausklammern kann, reicht es, einen Term der Form $h(x) = x^2 + px + q$ zu betrachten.

$$f(x) = ax^2 + bx + c$$
$$= a\left(x^2 + \frac{b}{a} + \frac{c}{a}\right)$$
$$= a(x^2 + px + q)$$

Hat die Funktion h mit $h(x) = x^2 + px + q$ Nullstellen, so können diese z. B. mithilfe der Lösungsformel für quadratische Gleichungen berechnet werden:

$$x_1 = -\frac{p}{2} + \sqrt{\left(\frac{p}{2}\right)^2 - q} \text{ und } x_2 = -\frac{p}{2} - \sqrt{\left(\frac{p}{2}\right)^2 - q}$$

Durch Ausmultiplizieren des Terms $(x - x_1)(x - x_2)$ mit den soeben bestimmten Lösungen x_1 und x_2 erhält man wieder den Term $x^2 + px + q$.

> Hat eine quadratische Funktion f mit dem Term $f(x) = ax^2 + bx + c$ die Nullstellen x_1 und x_2, so hat f die Linearfaktorzerlegung $f(x) = a(x - x_1)(x - x_2)$. Hat f nur eine Nullstelle, so stimmen x_1 und x_2 überein.

Aufgabe

2 Linearfaktoren ganzrationaler Funktionen

a) Bestimmen Sie alle Nullstellen der Funktion f mit $f(x) = (x + 2)(x - 1)(x^2 + 1)$. Zeigen Sie, dass f eine ganzrationale Funktion 4. Grades ist.

b) Ermitteln Sie aus dem Graphen der Funktion g mit $g(x) = x^3 - 3x^2 - x + 3$ die Nullstellen von g. Schreiben Sie anschließend den Funktionsterm von g in Linearfaktorzerlegung.

Lösung

a) Da der Funktionsterm von f als Produkt gegeben ist, kann man die Nullstellen leicht ermitteln.

$(x + 2)(x - 1)(x^2 + 1) = 0$

$x + 2 = 0$ oder $x - 1 = 0$ oder $x^2 + 1 = 0$

$x = -2$ oder $x = 1$ oder $x^2 = -1$

Da x^2 bei allen Einsetzungen für x nicht negativ ist, hat f nur die beiden Nullstellen -2 und 1. Durch Ausmultiplizieren des Funktionsterms erhält man:

$f(x) = (x + 2)(x - 1)(x^2 + 1) = (x^2 + x - 2)(x^2 + 1)$
$= x^4 + x^2 + x^3 + x - 2x^2 - 2 = x^4 + x^3 - x^2 + x - 2$

Also ist f eine ganzrationale Funktion 4. Grades.

b) Zeichnet man den Graphen von g mithilfe eines Funktionsplotters, so kann man vermuten, dass g die Nullstellen -1, 1 und 3 hat. Durch Berechnen der Funktionswerte $g(-1)$, $g(1)$ und $g(3)$ kann man das bestätigen, z. B.:

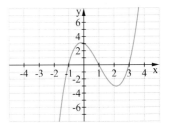

$g(-1) = (-1)^3 - 3 \cdot (-1)^2 - (-1) + 3 = -1 - 3 + 1 + 3 = 0$

Zu diesen drei Nullstellen gehören die Linearfaktoren $x - (-1) = x + 1$, $x - 1$ sowie $x - 3$.

Die Funktionen mit dem Term $(x + 1)(x - 1)(x - 3)$ ist offensichtlich eine ganzrationale Funktion 3. Grades mit denselben Nullstellen wie g.

Wir prüfen durch Ausmultiplizieren, ob dieser Term mit dem von g übereinstimmt:

$(x + 1)(x - 1)(x - 3) = (x^2 - 1)(x - 3) = x^3 - 3x^2 - x + 3$

Also gilt: $g(x) = (x + 1)(x - 1)(x - 3)$

Information

In Aufgabe 2 a) haben wir gesehen, dass ein Produkt von Linearfaktoren und eines quadratischen Terms sich durch Ausmultiplizieren als Term einer ganzrationalen Funktion darstellen lässt. Umgekehrt haben wir in Aufgabe 2 b) die Nullstellen einer ganzrationalen Funktion bestimmt und gesehen, dass sich dieser Funktionsterm als Produkt der zugehörigen Linearfaktoren schreiben lässt.

Der Linearfaktor zu jeder Nullstelle der Funktion g ist ein Faktor des Funktionsterms $g(x)$, z. B. ist 3 Nullstelle von g und $g(x)$ hat die Form $g(x) = (x^2 - 1)(x - 3)$, d. h. wir haben den Funktionsterm $g(x)$ geschrieben als Produkt des Linearfaktors $x - 3$ und des quadratischen Terms $x^2 - 1$. Allgemein gilt:

Satz

Ist x_1 eine Nullstelle der ganzrationalen Funktion f mit dem Grad n, so lässt sich der Funktionsterm von f als Produkt des Linearfaktors $x - x_1$ mit einem Polynom $g(x)$ schreiben:

$f(x) = (x - x_1) \cdot g(x)$

Dabei ist $g(x)$ ein Polynom, das den Grad n – 1 hat.

Wir verzichten auf einen Beweis.

Aufgabe

3 **Mehrfache Nullstellen**

Bestimmen Sie die Nullstellen der Funktion f mit $f(x) = (x + 3)^3 (x - 3)(x - 1)^2$.

Betrachten Sie das Verhalten des Graphen in der Nähe der Nullstellen.

Welche Unterschiede stellen Sie fest?

Begründen Sie am Funktionsterm.

Lösung

Die Funktion f hat die drei Nullstellen $x_1 = -3$, $x_2 = 3$ und $x_3 = 1$.
Beim Betrachten des Funktionsgraphen in der Nähe der drei Nullstellen stellt man fest, dass die Funktionswerte in der Umgebung der Nullstellen -3 und 3 jeweils das Vorzeichen wechseln.

An diesen beiden Stellen schneidet der Graph die x-Achse.

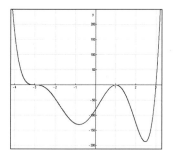

An der Stelle 1 dagegen haben die Funktionswerte in der Umgebung der Stelle $x_3 = 1$ das gleiche Vorzeichen, der Graph berührt also an dieser Stelle die x-Achse nur.

Welches Vorzeichen die Funktionswerte in der Nähe der Nullstelle 3 haben, erschließen wir aus den Vorzeichen der Linearfaktoren.

	$(x + 3)^3$	$x - 3$	$(x - 1)^2$	$f(x) = (x + 3)^3 (x - 3)(x - 1)^2$
$2{,}5 < x < 3$	>0	<0	>0	<0
$3 < x < 3{,}5$	>0	>0	>0	>0

Da der Linearfaktor $x - 3$ das Vorzeichen an der Nullstelle 3 ändert, alle anderen Faktoren aber nicht, ändert sich das Vorzeichen der Funktionswerte an der Stelle 3.

Entsprechend erhalten wir für die Nullstelle 1:

	$(x + 3)^3$	$x - 3$	$(x - 1)^2$	$f(x) = (x + 3)^3 (x - 3)(x - 1)^2$
$0{,}5 < x < 1$	>0	<0	>0	<0
$1 < x < 1{,}5$	>0	<0	>0	<0

Alle Faktoren ändern ihr Vorzeichen an der Stelle 1 nicht, daher bleibt auch das Vorzeichen der Funktionswerte hier gleich.

Entsprechend erhalten wir für die Nullstelle -3:

	$(x + 3)^3$	$x - 3$	$(x - 1)^2$	$f(x) = (x + 3)^3 (x - 3)(x - 1)^2$
$-3{,}5 < x < -3$	<0	<0	>0	>0
$-3 < x < -2{,}5$	>0	<0	>0	<0

Der Vorzeichenwechsel des Faktors $(x + 3)^3$ an der Stelle -3 verursacht also den Wechsel der Vorzeichen der Funktionswerte an dieser Nullstelle.

Information

(1) **Mehrfache Nullstelle**

In der Linearfaktorzerlegung der Funktion f aus Aufgabe 2 kommen Linearfaktoren mehrfach vor:
$$f(x) = (x + 3)^3 (x - 3)(x - 1)^2$$
Da der Linearfaktor zur Nullstelle -3 dreifach vorkommt, heißt -3 als **dreifache Nullstelle**.

Entsprechend ist 3 eine **einfache Nullstelle** und 1 eine **doppelte Nullstelle**.

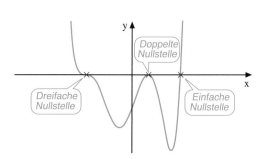

(2) Vorzeichenwechsel

Hat eine Funktion links und rechts von einer Nullstelle Funktionswerte mit verschiedenen Vorzeichen, so spricht man von einer *Nullstelle mit Vorzeichenwechsel*.

Sind die Vorzeichen der Funktionswerte auf beiden Seiten der Nullstelle gleich, so spricht man von einer *Nullstelle ohne Vorzeichenwechsel*.

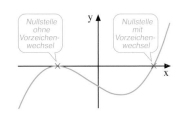

(3) Vorzeichenwechsel an mehrfachen Nullstellen

Einfache (dreifache, fünffache, ...) Nullstellen sind Nullstellen mit Vorzeichenwechsel.

Doppelte (vierfache, sechsfache, ...) Nullstellen sind Nullstellen ohne Vorzeichenwechsel.

Der Graph einer ganzrationalen Funktion f verläuft in der Nähe einer n-fachen Nullstelle prinzipiell so wie der Graph einer entsprechenden Potenzfunktion g mit $g(x) = k \cdot x^n$ in der Nähe der Stelle 0 mit geeignetem Streckfaktor k.

Einfache Nullstelle: *Doppelte Nullstelle:*   *Dreifache Nullstelle:*

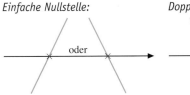 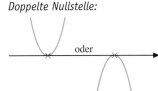 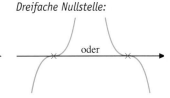

(4) Nullstellen durch Probieren finden – Nullstellensatz – Polynomdivision

In Aufgabe 2 und der anschließenden Information haben wir gelernt: Kennt man eine Nullstelle x_0 eines Polynoms $f(x)$, dann kann man den Linearfaktor $(x - x_0)$ abspalten, d.h. man kann den Funktionsterm von $f(x)$ schreiben in der Form $f(x) = (x - x_0) \cdot g(x)$, wobei $g(x)$ ein Polynom einen Grad hat, der um 1 niedriger ist als der von $f(x)$. Um dies praktisch umzusetzen, muss man also wissen:

- Wie findet man eine Nullstelle x_0 für $f(x)$?
- Wie bestimmt man $g(x)$?

Hilfreich für das Auffinden von Nullstellen ist der folgende Nullstellensatz:

Satz

Für eine ganzrationale Funktion f mit $f(x) = a_n x^n + a_{n-1} x^{n-1} + \ldots + a_2 x^2 + a_1 x + a_0$, deren Koeffizienten alle ganzzahlig sind, gilt:

Jede ganzzahlige Nullstelle von f ist ein Teiler des absoluten Gliedes a_0.

Wie man rechnerisch den Term eines Polynoms zerlegt, wenn man *eine* Nullstelle kennt, zeigt das *Beispiel:* Die Nullstellen der Funktion f mit $f(x) = 12x^3 - 23x^2 - 3x + 2$ sollen bestimmt werden.

1. Schritt: *Bestimmen einer Nullstelle durch Probieren*

Das absolute Glied hat die ganzzahligen Teiler -2; -1; $+1$; $+2$. Dies sind gemäß Nullstellensatz mögliche Nullstellen-Kandidaten:

$f(-2) = 12 \cdot (-2)^3 - 23 \cdot (-2)^2 - 3 \cdot (-2) + 2 = -180 \neq 0$

$f(-1) = 12 \cdot (-1)^3 - 23 \cdot (-1)^2 - 3 \cdot (-1) + 2 = -30 \neq 0$

$f(+1) = 12 \cdot 1^3 - 23 \cdot 1^2 - 3 \cdot 1 + 2 = -12 \neq 0$

$f(+2) = 12 \cdot 2^3 - 23 \cdot 2^2 - 3 \cdot 2 + 2 = 0$

2. Schritt: *Abspalten eines Linearfaktors – Polynomdivision*

Nach dem Satz von Seite 80 lässt sich der Funktionsterm von f als Produkt des Linearfaktors x – 2 dieser Nullstelle und eines Polynoms g (x) schreiben:

$12x^3 - 23x^2 - 3x + 2 = (x - 2) \cdot g(x)$

Das Polynom g (x) können wir ermitteln, indem wir $12x^3 - 23x^2 - 3x + 2$ durch x – 2 dividieren. Das Verfahren zur Division erfolgt analog zur schriftlichen Division bei natürlichen Zahlen:

Polynomdivision   *Schriftliche Division*

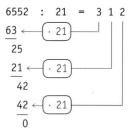

Damit können wir den Funktionsterm f (x) als Produkt schreiben:

$f(x) = 12x^3 - 23x^2 - 3x + 2$
$\quad\quad = (x - 2) \cdot (12x^2 + x - 1)$

3. Schritt: *Bestimmen der weiteren Nullstellen*

Die Gleichung f (x) = 0 kann man so schreiben:

$(x - 2) \cdot (12x^2 + x - 1) = 0$

$x - 2 = 0 \quad$ oder $\quad 12x^2 + x - 1 = 0$

$x \quad = 2 \quad$ oder $\quad x^2 + \frac{1}{12}x - \frac{1}{12} = 0$

$x \quad = 2 \quad$ oder $\quad x = \frac{1}{4} \quad$ oder $\quad x = -\frac{1}{3}$

> *Lösung mithilfe quadratischer Ergänzung oder der Lösungsformel*

Die Nullstellen von f sind: $2;\ \frac{1}{4};\ -\frac{1}{3}$.

Der Funktionsterm von f kann damit vollständig in Linearfaktoren zerlegt werden:

$f(x) = (x - 2) \cdot 12 \cdot \left(x - \frac{1}{4}\right)\left(x + \frac{1}{3}\right)$
$\quad\quad = 12 \cdot (x - 2)\left(x - \frac{1}{4}\right)\left(x + \frac{1}{3}\right)$

Übungsaufgaben **4**

a) Bestimmen Sie die Nullstellen der Funktion f_1 mit $f_1(x) = (2x - 3) \cdot (x + 2) \cdot (x^2 + 2)$.

b) Bestimmen Sie die Nullstellen des Graphen der Funktion f_2 mit $f_2(x) = x^3 - x^2 - 6x$.
   Wie kann man mit diesem Ergebnis den Funktionsterm von f_2 als Produkt schreiben?

c) Ermitteln Sie anhand des Graphen die Nullstellen der Funktion f_3 mit $f_3(x) = x^3 + 3x^2 - 4x - 12$.
   Stellen Sie den Funktionsterm von f_3 in Produktform dar und bestätigen Sie diese Zerlegung rechnerisch.

5 Bestimmen Sie alle Nullstellen der Funktion f.

a) $f(x) = (x - 3)(x + 2)(x - 5)$

b) $f(x) = x(x + 4)(x^2 + 3)$

c) $f(x) = (x - 1)^2(x + 5)$

d) $f(x) = (x + 2)^2(x - 3)^3(x^2 - 9)$

e) $f(x) = x^5 - 4x^3$

f) $f(x) = x^4 + 5x^3 - 6x^2$

6 Bestimmen Sie einen möglichen Funktionsterm.

a)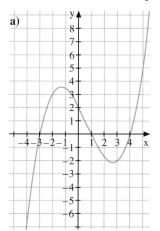

b)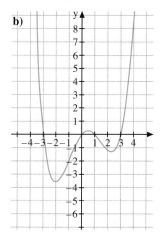

c)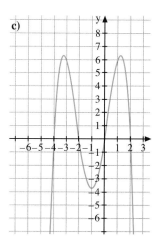

7 Ist $f(x) = (x - 4) \cdot (x - 1) \cdot (x + 2)$ der Funktionsterm zum Graphen rechts?

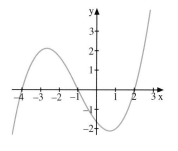

8 Eine ganzrationale Funktion 3. Grades hat die drei Nullstellen $x_1 = -3$, $x_2 = 1$ und $x_3 = 2$. Ihr Graph verläuft durch den Punkt $P(3 \mid 4)$.
Bestimmen Sie den Funktionsterm der Funktion.

9 Zerlegen Sie den Funktionsterm der Funktion f vollständig in Linearfaktoren.

a) $f(x) = 8x^2 + 2x - 3$ **b)** $f(x) = 6x^3 + 11x^2 - 10x$ **c)** $f(x) = \frac{1}{4}x^7 - \frac{13}{4}x^5 + 9x^3$

10 Bestimmen Sie alle Nullstellen der Funktion f. Geben Sie jeweils an, ob es sich um einfache, doppelte, dreifache usw. Nullstellen handelt. An welchen Nullstellen wechseln die Funktionswerte das Vorzeichen, an welchen bleibt es gleich?

a) $f(x) = \frac{3}{5} \cdot (2x - 1) \cdot (5 + 3x) \cdot (x - 3)^2$ **d)** $f(x) = \frac{1}{6}x^5 - 2x^4$

b) $f(x) = (x - 4)^3 \cdot x^2 \cdot (x + 1)$ **e)** $f(x) = x^4 - 6x^3 + 9x^2$

c) $f(x) = -3(x - 2)^5 (x + 2)^7$ **f)** $f(x) = (x + 3) \cdot (x^2 - 4x + 9)$

11 Geben Sie alle Nullstellen der ganzrationalen Funktion f an und notieren Sie jeweils, ob es sich um eine einfache oder mehrfache Nullstelle handelt. Skizzieren Sie damit einen ungefähren Verlauf des Graphen von f. Kontrollieren Sie mithilfe eines Funktionsplotters.

a) $f(x) = (x - 2) \cdot (x + 3)^2$ **d)** $f(x) = x^4 + 3x^3 - 18x^2$

b) $f(x) = (x - 4)^3 \cdot x^2 \cdot (x + 5)$ **e)** $f(x) = \frac{1}{4}x^5 - 2x^2$

c) $f(x) = (5 - 2x)(x + 1)^3$ **f)** $f(x) = (x^2 - 9) \cdot (x^2 - 6x + 15)$

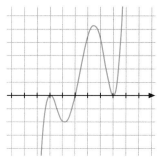

12 Die Abbildung rechts zeigt den Graphen der Funktion f mit $f(x) = \frac{1}{8} \cdot (x + 3)^2 \cdot (x + 1) \cdot (x - 2)^2$. Wo müsste die y-Achse eingezeichnet werden?

13   Die Abbildung zeigt den Graphen der Funktion f mit

$f(x) = \frac{1}{1000} x^4 - \frac{23}{500} x^3 + \frac{321}{1000} x^2 + \frac{151}{250} x - \frac{123}{25}$

Sind in der Abbildung alle Nullstellen von f sichtbar?

Begründen Sie zuerst Ihre Antwort, ohne den Rechner zu benutzen.
Bestimmen Sie anschließend die Nullstellen von f.

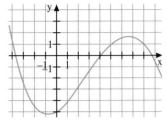

14   Eine ganzrationale Funktion 3. Grades hat die einfache Nullstelle – 2 und die doppelte Nullstelle 3. Ist der Funktionsgraph rechts richtig wiedergegeben?

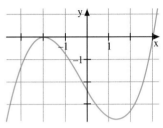

15   Geben Sie drei Beispiele für ganzrationale Funktionen an, die keine Nullstellen besitzen.

16   Führen Sie die Polynomdivision aus.

a) $(x^3 - 8x^2 + 22x - 21) : (x - 3)$

b) $(x^3 - 8x - 8) : (x + 2)$

c) $(x^4 - 1,5x^3 - x^2 + 5,5x - 6) : (x - 1,5)$

d) $(2x^4 - 5x^3 + 6x^2 - 9x + 2) : (x - 2)$

e) $(3x^5 - 1,5x^4 + 1,5x^3 + 0,5x^2 - 0,5x) : (x + 0,5)$

f) $(x^3 - 1) : (x - 1)$

17   Prüfen Sie für geeignete ganze Zahlen, ob sie Nullstellen der ganzrationalen Funktion f sind. Bestimmen Sie dann durch Polynomdivision die weiteren Nullstellen.

a) $f(x) = x^5 - x^4 - 5x^3 - 5x^2 + 4x + 6$

b) $f(x) = x^5 - 6x^4 + 4x^3 + 4x^2 + 3x + 10$

c) $f(x) = x^3 - 5x^2 + 2x + 8$

d) $f(x) = 2x^3 - 3x^2 - 23x + 12$

e) $f(x) = x^3 + 4x^2 - 13x + 10$

f) $f(x) = 4x^3 + 8x^2 - x - 2$

g) $f(x) = x^5 - x^3$

h) $f(x) = x^3 + 3x^2 + 2x$

18

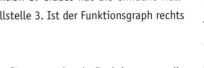

Gesucht: Nullstellen von $f(x) = x^3 - 2x^2 - 11x + 12$

Probieren: $f(1) = 1 - 2 - 11 + 12 = 0$

Polynomdivision: $(x^3 - 2x^2 - 11x + 12) : (x - 1) = x^2 - x - 10 + \frac{2}{x - 1}$

Paul hat versucht, die Nullstellen einer Funktion zu bestimmen. Er ist nun ratlos, wie er weitermachen soll. Können Sie ihm helfen?

19   Benutzen Sie die Option der Software Graphix, um Funktionsterme zu geplotteten Graphen zu raten. Notieren Sie die Gründe, warum Sie auf den von Ihnen vermuteten Funktionsterm gekommen sind.

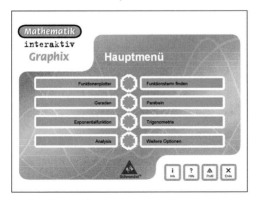

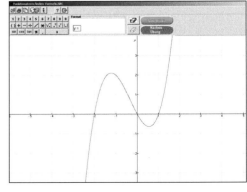

1.4.7 Rationale Funktionen in technischen Anwendungen

Lineare Funktionen

1 Ein Tankwagen für Flüssiggas wird vollständig leer gepumpt. Nach 7 Minuten enthält er noch 32,5 m³ Gas, nach weiteren 6 Minuten 17,5 m³.

a) Wie viel m³ Flüssiggas war ursprünglich im Tankwagen, wie viel m³ Flüssiggas befindet sich nach 17 Minuten noch im Tankwagen?

b) Nach wie viel Minuten ist der Tankwagen leer gepumpt?

2 Ein Heißluftballon startet an einem bestimmten Ort bei einer Temperatur T = 18 °C. In 5 Minuten steigt er um 100 Meter. Je höher er steigt, desto niedriger wird die Temperatur. Diese fällt (näherungsweise) linear um 1° pro 100 Höhenmeter.

Geben Sie eine Gleichung für die Funktion *Fahrzeit → Temperatur* an.

3 Ein 60 cm hohes Planschbecken wird gleichmäßig mit Wasser gefüllt. Nach 5 Minuten steht das Wasser 17 cm hoch, nach weiteren 3 Minuten 24,5 cm.

a) War das Planschbecken zu Beginn des Füllvorgangs leer?

b) Bestimmen Sie den Wasserstand nach 15 Minuten. Wie lange dauert es, bis das Becken gefüllt ist?

4 Zwei Züge fahren mit konstanter Geschwindigkeit von Bahnhof A nach Bahnhof B. Der zweite Zug fährt eine halbe Stunde nach dem ersten los. Die Geschwindigkeit von Zug 1 beträgt 80 $\frac{km}{h}$, von Zug 2 fährt 100 $\frac{km}{h}$.

a) Bestimmen Sie jeweils die Funktionsgleichung s(t) und zeichnen Sie beide in ein gemeinsames Koordinatensystem.

b) Zu welchem Zeitpunkt überholt der zweite Zug den ersten?

c) Welche Strecke haben die Züge zurückgelegt, wenn der Überholvorgang stattfindet?

ohmsches Gesetz

Die Stromstärke I in einem elektrischen Leiter und die Spannung U zwischen den Enden des Leiters sind zueinander (direkt) proportional

U = R · I

5 Für einen elektrischen Leiter gilt das ohmsche Gesetz U = R · I.

a) Bestimmen Sie den ohmschen Widerstand R des elektrischen Leiters, für den die Messdaten rechts vorliegen.

U (in V)	2	4	6	8
I (in A)	0,125	0,25	0,375	0,5

b) Bestimmen Sie die Regressionsgerade zu der Messreihe rechts und berechnen hieraus den ohmschen Widerstand R des elektrischen Leiters.

U (in V)	3	4,5	6	7,5
I (in A)	0,11	0,17	0,24	0,30

c) Zeichnen Sie jeweils den Graphen der Funktion I mit I (U) = $\frac{1}{R}$ · U für R_1 = 10 Ω, R_2 = 20 Ω, R_3 = 40 Ω in *ein* Koordinatensystem. Die Graphen heißen Strom-Spannungs-Kennlinie bzw. I-U-Diagramm eines Leiters.

d) Ergänzen Sie den Merksatz zur Steigung der Kennlinien:
Je größer der Widerstand eines ohmschen Leiters, desto ... die Kennlinie.

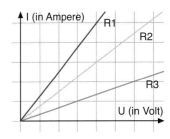

6 Für einen Pkw mit Dieselmotor rechnet man jährliche Fixkosten (Abschreibung, Wartung usw.) von 5 000 €. Die Treibstoffkosten pro Liter werden bei einem Verbrauch von 6,5 Litern auf 100 km mit 1,15 € angenommen. Bei einem Pkw mit einem Benzinmotor betragen die jährlichen Fixkosten 4 500 €. Angenommen wird ein Verbrauch von 9,5 Litern auf 100 km und ein Durchschnittspreis pro Liter von 1,35 €.

a) Bestimmen Sie jeweils die Gleichung der Kostenfunktion und zeichnen Sie deren Graphen.

b) Bei welcher Kilometerleistung sind die Kosten gleich?

c) Wie hoch sind die Kosten beider Fahrzeuge bei einer jährlichen Fahrleistung von 20 000 km?

Quadratische Funktionen

7 Eine Feder mit der Federkonstanten D wird aus der entspannten Lage um die Länge s gedehnt. Für die Spannenergie E gilt: $E(s) = \frac{1}{2}Ds^2$.

Zeichnen Sie die Graphen der Funktion E für $D = 4\,\frac{N}{cm}$; $D = 6\,\frac{N}{cm}$ und $D = 10\,\frac{N}{cm}$ in ein Koordinatensystem.

8 Bei einer gleichmäßig beschleunigten Bewegung gilt für den zurückgelegten Weg s:

$s(t) = \frac{1}{2}at^2 + v_0 t$,

wobei a die konstante Beschleunigung, v_0 die Anfangsgeschwindigkeit und t die Zeit ist.

a) Ein Formel-1 - Rennwagen startet mit einer Beschleunigung $a = 6\,\frac{m}{s^2}$.

Bestimmen Sie den Funktionsterm $s(t)$.

Skizzieren Sie den Graphen für $0 < t < 10$

b) Ein Formel-1-Rennwagen kommt mit einer Geschwindigkeit von $25\,\frac{m}{s}$ aus der Kurve und beschleunigt mit $4\,\frac{m}{s^2}$ auf der Geraden.

Bestimmen Sie den Funktionsterm $s(t)$.

Skizzieren Sie den Graphen für $0 < t < 10$.

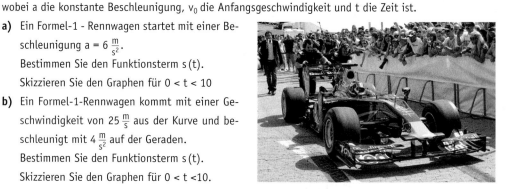

9 Eine Toreinfahrt hat eine Parabel-Form, die sich in einem geeigneten Koordinatensystem mit $f(x) = -0,4x^2 + 2,4x$ (x in Meter) beschreiben lässt.

Passt ein Lkw mit einer Breite von 2,80 m und einer Höhe von 3 m durch die Toreinfahrt?

10 Die Flugbahn eines Fußballes ist parabelförmig. Nach einem Meter hat der Ball eine Höhe von 1,10 m erreicht und nach 2 Metern eine Höhe von 2 m. Das Tor ist 8,75 m entfernt und hat eine Höhe von 2,44 m. Trifft der Ball das Tor?

11 Die Masten einer Stromleitung sind 100 m voneinander entfernt. Das Kabel ist an den Masten jeweils in einer Höhe von 20 m befestigt und hängt 3 m durch. Die Kurve lässt sich näherungsweise mithilfe einer quadratischen Funktion modellieren. Der Bagger eines Braunkohle-Tagebaus muss die Stromleitung passieren. Der Bagger ist 6 m breit und 17,5 m hoch. Der vertikale Sicherheitsabstand zum Kabel beträgt 1 m.

Wie weit muss der Bagger beim Passieren der Stromleitung vom Mast entfernt sein, so dass keine Gefahr für das Stromkabel besteht?

12 Jemand steht auf einer Mauer und wirft einen Ball in einer Höhe von 3 Metern schräg ab. Die parabelförmige Flugbahn erreicht 2 m von der Mauer entfernt mit 5 m Höhe ihren höchsten Punkt.

In welcher Entfernung von der Mauer trifft der Ball auf?

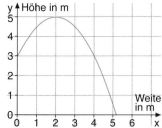

13 Eine Stahlseilbrücke hat eine Spannweite von 200 m. Die Brückenpfeiler (Pylone) sind jeweils 20 m hoch. In der Mitte hängt das Stahlseil bis auf eine Höhe von 3 m durch.

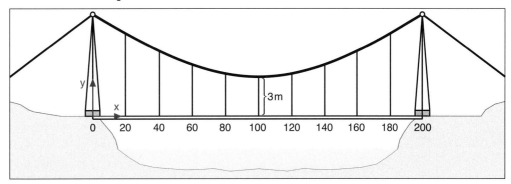

a) Bestimmen Sie die Funktionsgleichung der parabelförmigen Stahlseilkonstruktion. Legen Sie den Koordinatenursprung an den Fuß des linken Pfeilers.

b) Berechnen Sie die Einzellängen der vertikalen Seile für folgende Abstände vom linken Pfeiler:
   20 m, 40 m, 60 m, 80 m und 100 m.

c) Bestimmen Sie die Gesamtlänge der vertikalen Seile.

14 Eine parabelförmige Bogenbrücke über eine Schlucht wird näherungsweise beschrieben durch die Funktion f mit der Gleichung

$f(x) = -\frac{1}{500}x^2 + x - 10$.

Die Fahrbahn für Pkw und die Schienen für die Bahn liegen übereinander. Der Ursprung des Koordinatensystems liegt auf der Straßenebene über dem Tunneleingang.

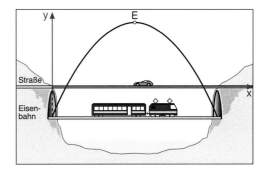

a) Berechnen Sie den höchsten Punkt E der Brücke.

b) Berechnen Sie die Straßenlänge unter dem Bogen.

c) Berechnen Sie die Gleislänge unter dem Bogen.

15 Bewegt sich im Vakuum ein Elektron gleichförmig in das elektrische Feld eines Kondensators hinein, dann wirkt eine konstante elektrische Kraft senkrecht zu seiner Flugrichtung. Diese bewirkt eine gleichförmige Beschleunigung in Richtung der y-Achse. Die Überlagerung der beiden Bewegungen hat zur Folge, dass sich das Elektron – wie beim horizontalen Wurf – auf einer Parabelbahn bewegt.

Die Abbildung rechts zeigt die Bahn eines Elektrons im elektrischen Feld eines Plattenkondensators, dessen untere Platte positiv geladen ist. Die angelegte Spannung beträgt U = 50 V. Der Abstand der Platten ist d = 0,04 m. Das geladene Teilchen tritt mit einer Horizontal-Geschwindigkeit $v_x = 5 \cdot 10^6 \frac{m}{s}$ in das Feld zwischen den Kondensatorplatten ein.

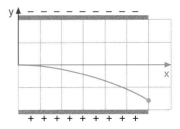

Die konstante elektrische Kraft $F_{el} = e \cdot \frac{U}{d}$ bewirkt die konstante Beschleunigung $a = \frac{e}{m} \cdot \frac{U}{d}$, wobei für die spezifische Ladung eines Elektrons gilt: $\frac{e}{m} \approx 1,76 \cdot 10^{11} \frac{C}{kg}$.

Für die in y-Richtung zurückgelegte Wegstrecke s gilt:

$s(t) = \frac{1}{2}at^2$, also $s(x) = \frac{1}{2}\frac{e}{m} \cdot \frac{U}{d} \cdot \frac{x}{v_x^2} = \frac{U}{2dv_x^2} \cdot \frac{e}{m} \cdot x^2$.

Skizzieren Sie den Graphen der Funktion s für $0 \le x \le 0,06$ (m), also für den Bereich zwischen den Kondensatorplatten.

Ganzrationale Funktionen

16   In einem Becken wird Regenwasser aufgefangen. Der Wasserstand H (in Meter) schwankt im Laufe des Jahres. Er lässt sich näherungsweise durch die Funktion H beschreiben mit

$H(t) = 0,1 t^3 - 1,05 t^2 + 3t + 4$, wobei t die Zeit in Monaten seit Beobachtungsbeginn angibt.

a) Wie hoch stand das Wasser im Becken zu Beobachtungsbeginn?

b) Bestimmen Sie den Wasserstand nach 1 Monat, nach 3 Monaten, nach 6 Monaten.

c) Skizzieren Sie den Verlauf des Wasserstandes über einen Zeitraum von 8 Monaten.

d) Der Wasserstand steigt zunächst an. Untersuchen Sie mithilfe einer Wertetabelle: Wann hat er seinen vorläufigen Höhepunkt erreicht? Wann ist die Abnahme der Wassermenge im Becken am größten?

17   Die Infektion eines Computers durch einen Virus und das Greifen der Antivirensoftware lässt sich durch die Funktion f mit $f(x) = 0,6 x^3 - 12 x^2 + 60 x$ beschreiben. Dabei ist x die Anzahl der Zeiteinheiten seit dem ersten Auftreten von infizierten Dateien und $f(x)$ die Anzahl der infizierten Dateien in Prozent.

a) Berechnen Sie die Anzahl der infizierten Dateien in Prozent nach 3, 4 und 7 Zeiteinheiten.

b) Nach wie viel Zeiteinheiten ist der Computer virenfrei?

18   Die Übertragungsraten für Daten schwanken während des Tages. In Abhängigkeit von der Uhrzeit lassen sie sich durch die Funktion f mit $f(x) = 0,005 x^3 - 0,195 x^2 + 1,8 x + 10$ beschreiben. Dabei gibt $f(6)$ die Übertragungsrate um 6 Uhr an.

a) Bestimmen Sie die Übertragungsrate um 6 Uhr, um 15 Uhr und um 20 Uhr.

b) Skizzieren Sie den Verlauf der Übertragungsrate für einen Tag.

c) Sie möchten eine umfangreiche Datei herunterladen. Bestimmen Sie mithilfe des Graphen der Funktion f den günstigsten Zeitpunkt hierfür. Welche Übertragungsrate hätten Sie dann?

19   Die Anzahl der Besucher einer Internetseite lässt sich in Abhängigkeit von der Uhrzeit x durch die Funktion f mit $f(x) = -\frac{1}{3} x^3 + 12 x^2 - 80 x + 200$ für $0 < x < 24$ beschreiben.

a) Bestimmen Sie die Anzahl der Besucher um 8 Uhr, um 15 Uhr und um 22 Uhr.

b) Skizzieren Sie den zeitlichen Verlauf der Besucheranzahl.

c) Bestimmen Sie mithilfe des Graphen der Funktion f die Uhrzeiten, zu denen die meisten und die wenigsten Besucher auf der Internetseite sind.

20   Für das elektrostatische Feld in der Umgebung einer Punktladung gilt:

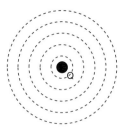

Punkte gleichen Potentials liegen auf konzentrischen Kreisen um die Punktladung (Äquipotentiallinien).

Das Potential Φ in einem Punkt des elektrischen Feldes ist umgekehrt proportional zum Abstand r des Punktes zur Punktladung Q, also gilt

$\Phi(r) = \frac{Q}{4\pi\varepsilon_0} \cdot \frac{1}{r}$ mit $\varepsilon_0 = 8,854 \cdot 10^{-12} \frac{As}{Vm}$ (Dielektrizitätskonstante des leeren Raumes).

a) Beschreiben Sie anhand der Gleichung, wie sich das Potential bei zunehmendem Abstand von der Punktladung verändert.

b) Skizzieren Sie den funktionalen Zusammenhang zwischen Φ und r.

c) Berechnen Sie das Potential Φ für eine Punktladung $Q = 1 \cdot 10^{-9}$ As im Abstand von $r_1 = 1$ m, $r_2 = 2$ m, $r_3 = 5$ m, $r_4 = 10$ m und $r_5 = 100$ m.

d) Berechnen Sie mit den Abständen aus Teilaufgabe c) die Spannung $U_{12} = \Phi(r_1) - \Phi(r_2)$ zwischen zwei Punkten des elektrostatischen Feldes im Abstand r_1 und r_2.

Geben Sie einen Term an für $U_1(r) = \Phi(r_1) - \Phi(r)$ und skizzieren Sie den Graphen dieser Funktion. Beschreiben Sie mit Worten, was durch den Graphen dargestellt wird.

1.5 Exponential- und Logarithmusfunktionen

1.5.1 Exponentielles Wachstum

Aufgabe

1 Lineare und exponentielle Zunahme

In einer Flussniederung wird Kies ausgebaggert. Ein anfangs 500 m² großer See vergrößert sich durch die Baggerarbeiten jede Woche um 200 m².

Da der See später als Wassersportfläche genutzt werden soll, wird die Wasserqualität regelmäßig untersucht. Besonders genau wird eine Algenart beobachtet, die sich sehr schnell vermehrt.

Die von den grünen Algen bedeckte Fläche ist zu Beginn der Baggerarbeiten 10 m² groß, sie verdoppelt sich jede Woche.

a) Wann ungefähr ist der ganze See mit Algen bedeckt? Zeichnen Sie dazu die Graphen der beiden Funktionen

Zeit (in Wochen) → Baggerseegröße (in m²) und

Zeit (in Wochen) → Algenflächengröße (in m²).

b) Beschreiben Sie das Anwachsen des Baggersees und der Algenfläche mithilfe von Gleichungen.

Lösung

a) Wir erstellen zunächst die Wertetabellen.

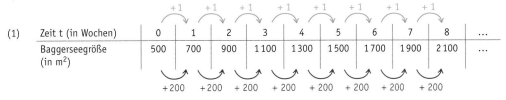

(1)

Zeit t (in Wochen)	0	1	2	3	4	5	6	7	8	...
Baggerseegröße (in m²)	500	700	900	1 100	1 300	1 500	1 700	1 900	2 100	...

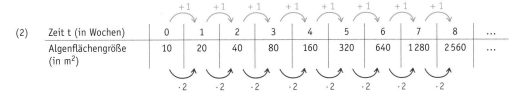

(2)

Zeit t (in Wochen)	0	1	2	3	4	5	6	7	8	...
Algenflächengröße (in m²)	10	20	40	80	160	320	640	1 280	2 560	...

Die Punkte zu den Wertepaaren der Tabelle zur Baggerseegröße liegen auf einer Geraden. Die Punkte aus der Tabelle zur Algenflächengröße liegen nicht auf einer Geraden. Wir verbinden die Punkte sinnvoll.

An den Graphen erkennt man:

Zwischen der 7. und 8. Woche ist der ganze See mit Algen bedeckt.

Nach diesem Zeitpunkt haben die Graphen keine Bedeutung mehr für die Wirklichkeit.

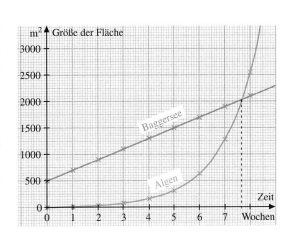

b) Wir bezeichnen die Baggerseegröße (in m²) zum Zeitpunkt t (in Wochen) mit B(t). Die Wertetabelle für die Baggerseegröße wurde so erstellt:

In jeder abgelaufenen Woche erhöht sich die Größe der Wasserfläche um 200 m². In 5 Wochen ist so zur Anfangsgröße von 500 m² eine Fläche von $200 \cdot 5$ m² dazu gekommen. Nach t Wochen beträgt der Zuwachs $200 \cdot t$ m². Insgesamt ist die Wasserfläche dann $(500 + 200 \cdot t)$ m² groß.

Die Wachstumsformel lautet daher: $B(t) = 500 + 200\,t$

Wir bezeichnen die Algenflächengröße (in m²) zum Zeitpunkt t (in Wochen) mit A(t). Die Wertetabelle für die Algenflächengröße wurde so erstellt:

In jeder abgelaufenen Woche erhöht sich die Größe der Algenfläche auf das Doppelte. In 5 Wochen wird die Ausgangsfläche von 10 m² mit $2 \cdot 2 \cdot 2 \cdot 2 \cdot 2$, also 2^5 multipliziert. Sie beträgt dann $10 \cdot 2^5$ m². Nach t Wochen ist die Fläche $10 \cdot 2^t$ m² groß.

Die Wachstumsformel lautet daher: $A(t) = 10 \cdot 2^t$

Informationen

Lineares und exponentielles Wachstum

Bei beiden Wachstumsprozessen in Aufgabe 1 handelt es sich um Größen, die sich mit der Zeit nach bestimmten Gesetzmäßigkeiten verändern. Ihnen liegen die Formeln $B(t) = 200 \cdot t + 500$ bzw. $A(t) = 10 \cdot 2^t$ zugrunde. Solche Wachstumsprozesse treten häufig auf. Man hat ihnen daher besondere Namen gegeben.

Lineares Wachstum

In gleichen Zeitspannen c werden zu den zugehörigen Größen B(t) immer die gleichen Summanden d addiert (d > 0).

Dies nennt man *lineares Wachstum*.

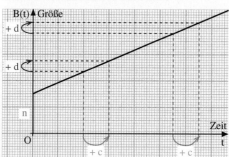

Lineares Wachstum wird durch die Formel $B(t) = m \cdot t + n$ beschrieben.

Bei der Baggerseegröße liegt lineares Wachstum mit dem Anfangsbestand n vor.

Exponentielles Wachstum

In gleichen Zeitspannen c werden die zugehörigen Größen B(t) immer mit dem gleichen Faktor d multipliziert (d > 1).

Dies nennt man *exponentielles Wachstum*.

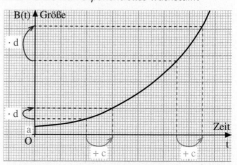

Exponentielles Wachstum wird durch die Formel $B(t) = a \cdot b^t$ beschrieben.

Bei der Algenflächengröße liegt exponentielles Wachstum mit dem Anfangsbestand a vor.

Proportionales Wachstum

Wächst ein Bestand so an, dass nach doppelt (dreimal, viermal, ...) so langer Zeit der Bestand sich verdoppelt (verdreifacht, vervierfacht, ...) so liegt **proportionales Wachstum** vor.

Proportionales Wachstum ist der Spezialfall linearen Wachstums mit dem Anfangsbestand 0.

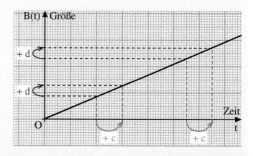

Weiterführende Aufgaben

Festmeter

gebräuchliche, aber nicht gesetzliche Buchungseinheit für Holz, die ein Kubikmeter feste Holzmasse bedeutet.

2 Wachstum mit konstanter prozentualer Wachstumsrate

Der Holzbestand eines Waldes beträgt etwa 50 000 Festmeter. Bei natürlichem Wachstum nimmt der Holzbestand jährlich um 3,6 % zu.

Legen Sie eine Tabelle an, die den Holzbestand für die nächsten 5 Jahre beschreibt. Zeigen Sie, dass es sich dabei um exponentielles Wachstum handelt. Ermitteln Sie eine Formel.

Bei einer Zunahme mit konstanter **prozentualer Wachstumsrate** p % liegt exponentielles Wachstum mit dem **Wachstumsfaktor** $\left(1 + \frac{p}{100}\right)$ pro Zeitspanne vor.

Der Wachstumsfaktor $\left(1 + \frac{p}{100}\right)$ wird oft mit q abgekürzt: $q = 1 + \frac{p}{100}$

3 Exponentielle Abnahme

Eine Patientin nimmt einmalig 8 mg eines Medikaments zu sich. Im Körper wird im Laufe eines Tages $\frac{1}{4}$ des Medikaments abgebaut, d.h. es sind am nächsten Tag noch $\frac{3}{4}$ davon vorhanden.

a) Legen Sie eine Tabelle an.

Erstellen Sie eine Formel, mit der man die Masse M(t) zum Zeitpunkt t Tage nach der Einnahme berechnen kann.

b) Zeichnen Sie einen Graphen. Beantworten Sie anhand des Graphen: Nach welcher Zeitspanne ist nur noch die Hälfte des Anfangsbestandes vorhanden?

Zeigen Sie am Graphen: Diese Zeitspanne bleibt gleich, auch wenn man eine andere Ausgangsmasse wählt.

Exponentielle Abnahme

In gleichen Zeitspannen c werden die jeweiligen Größenangaben immer mit dem gleichen Faktor d multipliziert.

Der Faktor d liegt zwischen 0 und 1.

Dies nennt man *exponentielle Abnahme*.

Exponentielle Abnahme wird durch die Formel $f(t) = a \cdot b^t$ beschrieben, wobei die Basis b zwischen 0 und 1 liegt.

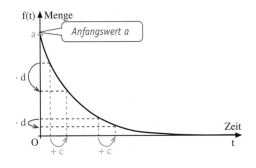

4 Abnahmerate und Abnahmefaktor

Radioaktivität

Zerfall instabiler Atomkerne unter Aussendung von Strahlen.

a) Radioaktives Iod zerfällt so, dass seine Masse um 8 % pro Tag abnimmt. Am Anfang sind 3 mg vorhanden.

Wie viel radioaktives Iod ist am 2. Tag, 3. Tag, 4. Tag, 5. Tag noch vorhanden? Stellen Sie auch eine Formel auf.

b) Erläutern Sie folgende Regel:

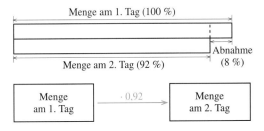

Bei einer Abnahme mit konstanter prozentualer Abnahmerate (Zerfallsrate) p % liegt **exponentielle Abnahme** mit dem **Abnahmefaktor** (*Zerfallsfaktor*) $\left(1 - \frac{p}{100}\right)$ vor.

Übungsaufgaben **5** Für das Algenwachstum eines Sees gilt B(t) = 10 · 2^t. Dabei gibt die Variable t die Zeit (in Wochen) nach dem Beobachtungsbeginn an.

a) Mit welchem Faktor vervielfacht sich die von den Algen bedeckte Fläche jeweils nach 4 Wochen, nach 6 Wochen, nach 8 Wochen, nach 10 Wochen?

b) Welche Fläche ist nach 11 Wochen [10 Wochen; 9 Wochen] mit Algen bedeckt?

c) Wie groß ist die Algenfläche nach $\frac{1}{4}$ Woche, nach 1 Tag?

d) Begründen Sie: Nach 10 Wochen hat sich die mit Algen bedeckte Fläche ungefähr vertausendfacht. Bewerten Sie das Ergebnis.

6 Radioaktiver Schwefel zerfällt so, dass die Masse jedes Jahr um $\frac{1}{12}$ abnimmt. Es sind anfangs 6 g Schwefel vorhanden.

a) Wie viel Schwefel sind nach 1; 2; 3; 4; 5; 6 Jahren noch vorhanden? Zeichnen Sie einen Graphen.

b) Ermitteln Sie eine Formel. Welcher Anteil ist nach 10 Jahren noch vorhanden?

7 Wasserhyazinthen überwuchern den afrikanischen Victoriasee. Diese Hyazinthenart wächst jeden Monat auf das Dreifache. Am Anfang bedeckte sie eine Fläche von 2 m².

Legen Sie eine Tabelle an und zeichnen Sie einen Graphen der Funktion

Zeit t (in Monaten) → Größe B(t) der mit Hyazinthen bedeckten Fläche (in m²).

Sie können aufhören, wenn eine Fläche von 10 km² bedeckt ist.

Wie lautet die Formel?

Isotop

Atom, das sich von einem anderen desselben chemischen Elements nur in der Masse unterscheidet.

8 Für bestimmte Untersuchungen verwendet man in der Medizin ein radioaktives Iod-Isotop, das schnell zerfällt. Von 1 mg ist nach 1 Stunde jeweils nur noch 0,75 mg im menschlichen Körper vorhanden. Nach wie viel Stunden ist von 1 mg zum ersten Mal weniger als 0,5 mg vorhanden?

Wie groß ist der Zerfallsfaktor zur Zeitspanne 1 Stunde, in 2, in 3, in 5 Stunden?

9 Bei einem Blutalkoholgehalt ab 0,5 Promille werden Kraftfahrer mit einem Bußgeld oder mit Führerscheinentzug bestraft. Alkohol wird von der Leber so abgebaut, dass sein Gehalt im Blut um etwa 0,2 Promillepunkte pro Stunde (also jeweils um die gleiche Menge) abnimmt.

Ein Zecher geht um 3 Uhr nachts mit einem Blutalkoholgehalt von 2,3 Promille schlafen. Um wie viel Uhr ist der Blutalkoholgehalt kleiner als 0,5 Promille [gleich 0]?

10 Auf wie viel Euro wachsen 1000 € bei einer Verzinsung von 3 % pro Jahr in 3 Jahren, in 5 Jahren, in 8 Jahren an? Um welches Wachstum handelt es sich?

Geben Sie eine Formel an.

11 Röntgenstrahlen werden durch Bleiplatten abgeschirmt. Bei einer Plattendicke von 1 mm nimmt die Strahlungsstärke um 5 % ab. Wie dick muss die Bleiplatte sein, damit Strahlung auf die Hälfte [etwa $\frac{1}{10}$] der ursprünglichen Stärke vermindert wird?

1.5.2 Exponentialfunktionen – Eigenschaften

Bei den exponentiellen Prozessen des Algenwachstums (Seite 78) und der Medikamentenabnahme (Seite 80) haben wir die Abhängigkeit der Größe der Algenfläche bzw. der Masse von der Zeit durch die Formeln $f(t) = 10 \cdot 2^t$ bzw. $f(t) = 8 \cdot \left(\frac{3}{4}\right)^t$ beschrieben.

Durch solche Formeln werden auch Funktionen beschrieben, mit denen und deren Eigenschaften wir uns beschäftigen wollen.

Aufgabe

1 Die Exponentialfunktion zur Basis 2

a) Zeichnen Sie den Graphen der Exponentialfunktion f mit $f(x) = 2^x$ im Bereich $-3 \le x \le 3$.

b) Geben Sie Eigenschaften des Graphen an.

c) Wie ändert sich der Funktionswert, wenn x um 1 bzw. um 3 erhöht wird?
Begründen Sie.

d) Wie ändert sich der Funktionswert, wenn x um s erhöht wird?
Begründen Sie.

Lösung

a) Wertetabelle:

x	2^x
–3	0,125
–2,5	0,177
–2	0,25
–1,5	0,354
–1	0,5
–0,5	0,707
0	1
0,5	1,414
1	2
1,5	2,828
2	4
2,5	5,657
3	8

Graph:

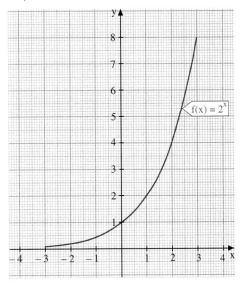

b) Der Graph der Funktion steigt (von links nach rechts) immer an; mit wachsendem x werden die Funktionswerte größer. Er verläuft vom 2. Quadranten durch den Punkt $P(0|1)$ der y-Achse in den 1. Quadranten. Der Graph nähert sich im 2. Quadranten der x-Achse immer mehr an, je kleiner (niedriger) die Werte für x werden. Der Graph ist durchgängig linksgekrümmt.

c) An der Wertetabelle oder am Graphen erkennt man:

Wenn man x um 1 erhöht, verdoppelt sich der Funktionswert, denn:

$f(x + 1) = 2^{x+1} = 2^x \cdot 2 = f(x) \cdot 2$

Wenn man x um 3 erhöht, verachtfacht sich der Funktionswert, denn:

$f(x + 3) = 2^{x+3} = 2^x \cdot 2^3 = f(x) \cdot 8$

d) Wenn man x um s erhöht, wird der Funktionswert 2^x mit 2^s multipliziert. Das kann man auch mit einem Potenzgesetz begründen:

$f(x + s) = 2^{x+s} = 2^x \cdot 2^s = f(x) \cdot 2^s$

$a^{r+s} = a^r \cdot a^s$

Aufgabe

2 Die Exponentialfunktion zur Basis $\frac{1}{2}$

Zeichnen Sie den Graphen zur Exponentialfunktion f mit $f(x) = \left(\frac{1}{2}\right)^x$ im Bereich $-4 \leq x \leq 4$.

Zeichnen Sie in dasselbe Koordinatensystem den Graphen der Exponentialfunktion g mit $g(x) = 2^x$.

Vergleichen Sie die beiden Graphen. Was fällt auf? Begründen Sie.

Lösung

Wertetabelle:

x	$\left(\frac{1}{2}\right)^x$	2x
−4	16	0,06
−3,5	11,31	0,09
−3	8	0,13
−2,5	5,66	0,18
−2	4	0,25
−1,5	2,83	0,35
−1	2	0,5
−0,5	1,41	0,71
0	1	1
0,5	0,71	1,41
1	0,5	2
1,5	0,35	2,83
2	0,25	4
2,5	0,18	5,66
3	0,13	8
3,5	0,09	11,31
4	0,06	16

Graph:

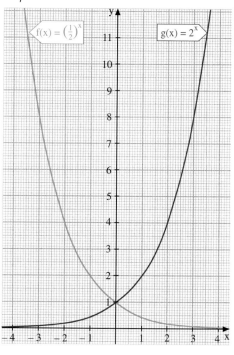

Der Graph zu $f(x) = \left(\frac{1}{2}\right)^x$ geht aus dem Graphen zu $g(x) = 2^x$ durch Spiegelung an der y-Achse hervor und umgekehrt.

Begründung: Ersetzt man in dem einen Funktionsterm x durch $-x$, so ergibt sich jeweils der andere Funktionsterm:

$$g(-x) = 2^{-x} = \frac{1}{2^x} = \frac{1^x}{2^x} = \left(\frac{1}{2}\right)^x = f(x) \quad \text{bzw.} \quad f(-x) = \left(\frac{1}{2}\right)^{-x} = \frac{1}{\left(\frac{1}{2}\right)^x} = \frac{1}{\frac{1^x}{2^x}} = \frac{1}{\frac{1}{2^x}} = 2^x = g(x)$$

$a^{-n} = \frac{1}{a^n}$

Information

Definition

Eine Funktion f mit der Gleichung $f(x) = b^x$, wobei $b > 0$, $b \neq 1$, heißt **Exponentialfunktion zur Basis b**.

Weiterführende Aufgabe

3 Allgemeine Exponentialfunktionen

a) Was würde sich im Fall $b = 1$ für die Exponentialfunktion f mit $f(x) = b^x$ ergeben?

Warum wird dieser Fall wohl ausgeschlossen?

Warum wird der Fall $b = 0$ für die Basis ausgeschlossen?

Warum darf für die Basis b keine negative Zahl genommen werden?

b) Zeichnen Sie die Graphen zu $f(x) = 2^x$ und $g(x) = 3 \cdot 2^x$ in ein Koordinatensystem; ebenso die Graphen zu $f(x) = \left(\frac{1}{3}\right)^x$ und $g(x) = 2 \cdot \left(\frac{1}{3}\right)^x$ in ein anderes Koordinatensystem. Wie entsteht jeweils der Graph zu g aus dem Graphen zu f? Vergleichen Sie auch die Eigenschaften der Graphen.

Information

(1) Exponentialfunktionen vom Typ y = bˣ

Wir fassen die Ergebnisse der Aufgaben 1 bis 3 noch einmal zusammen.

Satz (*Eigenschaften der Exponentialfunktionen*)

Für jede Exponentialfunktion zu $y = b^x$ mit $x \in \mathbb{R}$ und beliebiger positiver Basis $b \neq 1$ gilt:

- Der Graph
  - steigt für $b > 1$;
  - fällt für $0 < b < 1$.
- Der Graph verläuft oberhalb der x-Achse. Jede positive reelle Zahl kommt als Funktionswert vor.
- Der Graph schmiegt sich
  - für $b > 1$ dem negativen Teil der x-Achse an;
  - für $0 < b < 1$ dem positiven Teil der x-Achse an.

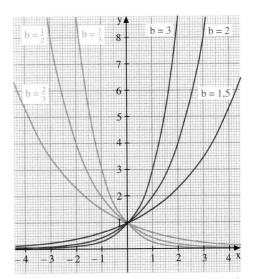

- Jedes Mal, wenn x um s wächst, wird der Funktionswert b^x mit dem Faktor b^s multipliziert (Grundeigenschaft der Exponentialfunktion).
- Alle Graphen haben als einzigen Punkt den Punkt $P(0|1)$ gemeinsam.
- Die Graphen der Exponentialfunktionen f mit $f(x) = b^x$ und $f(x) = \left(\frac{1}{b}\right)^x$ gehen durch Spiegelung an der y-Achse auseinander hervor.
  Statt $f(x) = \left(\frac{1}{b}\right)^x$ kann man auch $f(x) = b^{-x}$ schreiben.

(2) Exponentialfunktionen vom Typ f(x) = a · bˣ

Auch Funktionen mit einem Funktionsterm der Form $f(x) = a \cdot b^x$ mit $x \in \mathbb{R}$, $a > 0$, $b > 0$, $b \neq 1$ werden als Exponentialfunktionen bezeichnet.

Man erhält den Graphen von $g(x) = a \cdot b^x$ aus dem Graphen von $f(x) = b^x$ durch Strecken mit dem Faktor a in Richtung der y-Achse.

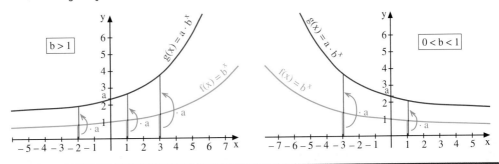

Die Eigenschaften der Funktion f mit $f(x) = b^x$ übertragen sich auf die Funktion g mit $g(x) = a \cdot b^x$. Erhalten bleibt das Steigen bzw. Fallen und das Anschmiegen an die x-Achse. Weiterhin wird jede reelle positive Zahl als Funktionswert angenommen. Auch die Grundeigenschaft der Exponentialfunktion bleibt erhalten: Wenn x um s zunimmt, wird der Funktionswert mit b^s multipliziert.

Statt durch $P(0|1)$ verläuft der Graph durch $S(0|a)$.

(3) Exponentielles Wachstum

Wir stellen nun den Zusammenhang zwischen exponentiellem Wachstum und Exponentialfunktionen her.

„Ein Prozess verläuft exponentiell" bedeutet anders formuliert:

Die Zunahme bzw. die Abnahme kann durch eine Exponentialfunktion mit einem Funktionsterm der Form $f(x) = a \cdot b^x$ beschrieben werden. Liegt ein exponentieller Zunahmeprozess vor, so ist die Basis b größer als 1; bei einem exponentiellen Abnahmeprozess liegt die Basis zwischen 0 und 1.

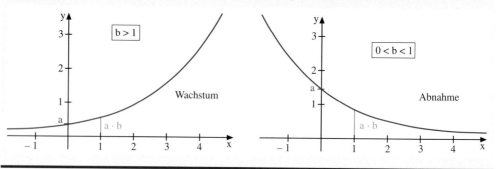

In der Funktionsgleichung $f(x) = a \cdot b^x$ kann die Zahl a verschieden gedeutet werden:

- a ist die Ordinate (2. Koordinate) des Schnittpunktes des Graphen mit der y-Achse. $\prec\!\!\overline{S(0|a)}$
- a ist der Anfangswert bei exponentiellen Zunahmeprozessen bzw. Abnahmeprozessen.
- a kann als Streckfaktor aufgefasst werden (vgl. Übungsaufgabe 11).

Übungsaufgaben **4** Zeichnen Sie die Graphen von Exponentialfunktionen mit $f(x) = b^x$ in ein gemeinsames Koordinatensystem: $b = \frac{1}{4}$; 0,75; 1; $\frac{4}{3}$; 2,7. Nennen Sie gemeinsame Eigenschaften und Unterschiede.

5 Lesen Sie an den Graphen aus der Information (1), Seite 84

(1) ungefähr den Wert ab für $2^{1,2}$; $\left(\frac{1}{3}\right)^{-0,5}$; $\left(\frac{3}{2}\right)^{2,3}$; $\left(\frac{2}{3}\right)^{-2,8}$; $3^{1,6}$

(2) ungefähr die Stelle x ab, für die gilt $2^x = 2,5$; $\left(\frac{1}{3}\right)^x = 1,5$; $\left(\frac{2}{3}\right)^x = 2$; $\left(\frac{3}{2}\right)^x = 2$

6 Wie ändert sich jeweils der Funktionswert bei $f(x) = 2^x$, wenn man x

a) um 2 vergrößert [verkleinert]; **b)** um 0,5 vergrößert [verkleinert]; **c)** verdoppelt [halbiert]?

7 Wie verändert sich jeweils der Funktionswert bei $f(x) = \left(\frac{1}{2}\right)^x$, wenn man x

a) um 2 vergrößert; **b)** um 1 verkleinert; **c)** um 0,5 vergrößert; **d)** verdoppelt?

8 In dem Koordinatensystem sind die Einheiten nicht eingetragen. Trotzdem kann man den Graphen je einen der folgenden Funktionsterme richtig zuordnen. Begründen Sie.

a) $0,3^x$ **b)** $\left(\frac{1}{4}\right)^x$ **c)** $-x + 1$ **d)** $0,9^x$ **e)** $2 - 0,9x$

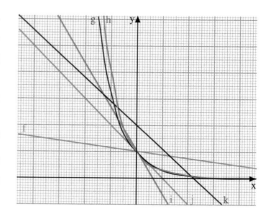

9 Zeichnen Sie die Graphen zu $y = 3^x$ und $y = \left(\frac{1}{3}\right)^x$ in ein gemeinsames Koordinatensystem. Zeigen Sie durch eine Rechnung, dass sie durch Spiegeln an der y-Achse auseinander hervorgehen.

10

Der Graph einer Exponentialfunktion mit $y = b^x$ geht durch den Punkt P. Bestimmen Sie die Basis b wie im Beispiel.

$P(2|25)$ $\qquad$ $P(-3|0,125)$ $\qquad$ $P(3|0,343)$

$P(-1|0,25)$ $\qquad$ $P(-4|0,25)$ $\qquad$ $P(-4|256)$

$P\left(\frac{1}{2}\Big|\frac{1}{2}\sqrt{2}\right)$ $\qquad$ $P(-1|6)$ $\qquad$ $P\left(-0,5\Big|\frac{1}{3}\right)$

$$P\left(\tfrac{3}{2}\Big|8\right): \quad b^{\frac{3}{2}} = 8 \qquad\qquad |\ (\ )^{\frac{2}{3}}$$
$$b = 8^{\frac{2}{3}} = \left(8^{\frac{1}{3}}\right)^2$$
$$= \left(\sqrt[3]{8}\right)^2 = 2^2 = 4$$

11

a) Zeichnen Sie mithilfe eines Funktionenplotters in ein Koordinatensystem die Graphen von

(1) $y = 4 \cdot 2^x$ $\qquad$ (2) $y = 2^{x+2}$ $\qquad$ (3) $y = 8 \cdot 2^{x-1}$

Wie lässt sich das Beobachtete erklären?

b) Zeichnen Sie mithilfe eines Funktionenplotters den Graphen von $y = 3 \cdot \left(\frac{1}{2}\right)^x$

Geben Sie weitere Funktionsterme für den gleichen Graphen an. Begründen Sie.

12 Ordnen Sie jedem Funktionsterm den passenden Graphen zu.

$f_1(x) = 2 \cdot 1,3^x$ $\qquad$ $f_2(x) = 3 \cdot 1,5^x$ $\qquad$ $f_5(x) = 3 \cdot 0,8^x$

$f_3(x) = 3 \cdot \left(\frac{2}{3}\right)^x$ $\qquad$ $f_4(x) = 2 \cdot 1,7^x$

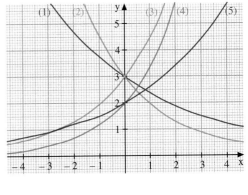

13

a) Skizzieren Sie den Verlauf der Graphen von $y = 2 \cdot 3^x$; $y = 2,1 \cdot 3^x$; $y = 2 \cdot 3,1^x$ und $y = 2,1 \cdot 3,1^x$ in ein gemeinsames Koordinatensystem.

 b) Bilden Sie selbst ähnliche Beispiele. Formulieren Sie ein allgemeines Ergebnis.

14

a) Eine Bakterienart vermehrt sich so, dass sie sich alle 4 Tage verdreifacht. Am Anfang sind 60 Bakterien vorhanden. Geben Sie die prozentuale Wachstumsrate pro Tag an. Wie viele Bakterien sind nach 8 Tagen, 10 Tagen, 3 Wochen vorhanden?

b) Eine Substanz nimmt so ab, dass sie sich alle 4 Tage drittelt. Anfangs sind 90 g vorhanden. Welche Masse ist nach 8 Tagen, nach 12 Tagen vorhanden? Ermitteln Sie die prozentuale Abnahmerate pro Tag und geben die Masse nach 7 Tagen [11 Tagen] an.

15 Der Graph der Exponentialfunktion mit $y = a \cdot b^x$ verläuft durch die Punkte $P\left(1\Big|\frac{2}{3}\right)$ und $Q\left(4\Big|\frac{16}{3}\right)$.

a) Analysieren Sie die beiden folgenden Methoden zur Bestimmung von a, b:

Methode 1 (Vergleich der Terme)

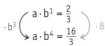

d. h. $b^3 = 8$, also $b = 2$ und damit $a = \frac{1}{3}$.

Methode 2 (Wertetabelle)

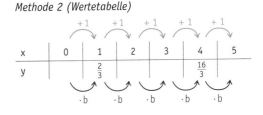

b) Bestimmen Sie a und b nach einer der beiden Methoden aus Teilaufgabe a) für

(1) $P(1|6)$, $Q(2|18)$ $\qquad$ (2) $P(-1|0,3)$, $Q(2|37,5)$ $\qquad$ (3) $P(4|12,5)$, $Q(1|0,8)$

1.5.3 Verschieben und Strecken der Graphen der Exponentialfunktionen

Ziel

Wir haben beliebige exponentielle Wachstumsprozesse mit Exponentialfunktionen vom Typ $y = a \cdot b^x$ mit $c > 0$ beschrieben. Diese Exponentialfunktionen haben an der Stelle 0 einen positiven Anfangswert $a > 0$. Hier lernen Sie das Strecken auch mit negativen Streckfaktoren und das Verschieben parallel zur x-Achse kennen.

Zum Erarbeiten

(1) **Strecken des Graphen parallel zur y-Achse**

a) Zeichnen Sie die Graphen zu $f(x) = 1{,}5^x$, $g(x) = 3 \cdot 1{,}5^x$ und $h(x) = -3 \cdot 1{,}5^x$ in ein Koordinatensystem.

b) Zeichnen Sie die Graphen zu $f(x) = \left(\frac{1}{4}\right)^x$, $g(x) = 2 \cdot \left(\frac{1}{4}\right)^x$ und $h(x) = -2 \cdot \left(\frac{1}{4}\right)^x$ in ein anderes Koordinatensystem.

c) Wie entsteht jeweils der Graph zu g bzw. h aus dem Graphen zu f?

Man erhält folgende Graphen:

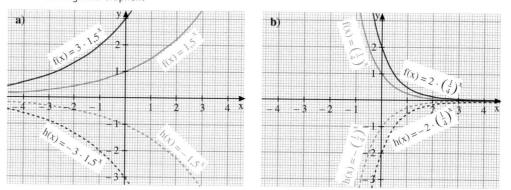

c) Wird der Funktionswert $f(x)$ mit 3 bzw. 2 multipliziert, so wird die y-Koordinate jedes Punktes verdreifacht bzw. verdoppelt. Dies entspricht einer Streckung des Graphen in y-Richtung.

Man erhält den Graphen zu $g(x) = a \cdot b^x$ aus dem Graphen zu $f(x) = b^x$ durch Strecken mit dem Faktor a in Richtung der y-Achse.

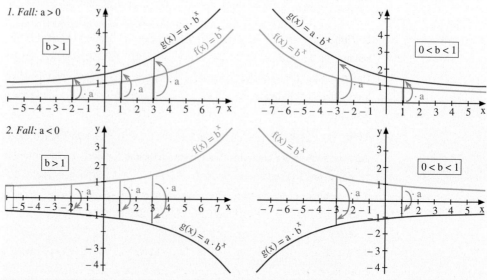

(2) Verschieben der Graphen parallel zur x-Achse

Zeichnen Sie den Graphen der Exponentialfunktion zu $f(x) = 2^x$ und verschieben Sie ihn um 1 Einheit nach rechts.

Zeichnen Sie in ein weiteres Koordinatensystem den Graphen der Exponentialfunktion zu $g(x) = \left(\frac{1}{3}\right)^x$ und verschieben Sie ihn um 2 Einheiten nach links.

Erstellen Sie die Funktionsterme der beiden verschobenen Graphen.

Formulieren Sie Gemeinsamkeiten und Unterschiede.

Bezeichnen Sie die Funktion zu dem nach rechts verschobenen Graphen mit u.	Bezeichnen Sie die Funktion zu dem nach links verschobenen Graphen mit v.

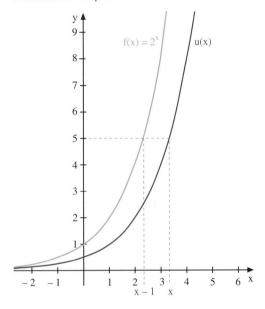 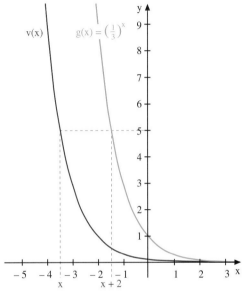

Betrachten Sie die Wertetabellen der Funktionen:

x	-3	-2	-1	0	1	2	3
$f(x) = 2^x$	$\frac{1}{8}$	$\frac{1}{4}$	$\frac{1}{2}$	1	2	4	8
$u(x)$		$\frac{1}{8}$	$\frac{1}{4}$	$\frac{1}{2}$	1	2	4

x	-3	-2	-1	0	1	2	3
$g(x) = \left(\frac{1}{3}\right)^x$	27	9	3	1	$\frac{1}{3}$	$\frac{1}{9}$	$\frac{1}{27}$
$v(x)$	3	1	$\frac{1}{3}$	$\frac{1}{9}$	$\frac{1}{27}$	$\frac{1}{81}$	$\frac{1}{243}$

Der Funktionswert $u(x)$ des um 1 nach rechts verschobenen Graphen an der Stelle x ist gleich dem Funktionswert der Funktion f an der um 1 weiter links liegenden Stelle $x - 1$.	Der Funktionswert $v(x)$ des um 2 nach links verschobenen Graphen an der Stelle x ist gleich dem Funktionswert der Funktion g an der um 2 weiter nach rechts liegenden Stelle $x + 2$.
Also gilt:	Also gilt:
$u(x) = f(x - 1) = 2^{x-1}$	$v(x) = g(x + 2) = \left(\frac{1}{3}\right)^{x+2}$

Das Verschieben des Graphen wird in beiden Fällen durch eine Veränderung des Exponenten im Funktionsterm bewirkt:

- die Addition einer positiven Zahl im Exponenten bewirkt eine Verschiebung des Graphen nach links,
- die Subtraktion einer positiven Zahl (bzw. Addition einer negativen Zahl) im Exponenten bewirkt eine Verschiebung des Graphen nach rechts.

Die Verschiebung der Graphen dieser Exponentialfunktionen führt zu einem Ersetzen des Exponenten x durch eine Summe $x + c$, wobei c positiv, aber auch negativ sein kann.

Verschieben parallel zur x-Achse

Man erhält den Graphen von $g(x) = b^{x+c}$ aus dem Graphen von $f(x) = b^x$ durch Verschieben parallel zur x-Achse um c Einheiten, und zwar

nach links, falls $c > 0$;

nach rechts, falls $c < 0$.

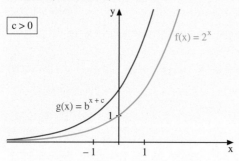

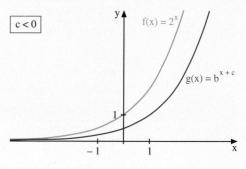

(3) Ersetzen einer Verschiebung durch eine Streckung

Zeichnen Sie den Graphen zu $g(x) = 2^{x+3}$. Finden Sie zwei verschiedene Möglichkeiten, wie man ihn aus dem Graphen zu $f(x) = 2^x$ erhalten kann.

Aus dem Term erkennt man unmittelbar, dass man den Graphen zu $f(x) = 2^x$ um 3 Einheiten nach links verschieben kann, um den Graphen zu $g(x) = 2^{x+3}$ zu erhalten.

Andererseits kann man den Graphen aber auch mit dem Faktor 2^3, also 8, parallel zur y-Achse strecken, um den Graphen zu $g(x)$ zu erhalten. Dies lässt sich durch eine Umformung des Funktionstermes begründen:

$g(x) = 2^{x+3} = 2^x \cdot 2^3 = 8 \cdot 2^x$

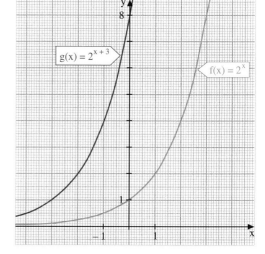

Potenzgesetz

$a^n \cdot a^m \cdot a^{n+m}$

Der Graph zu $g(x) = b^{x+c}$ kann auf zwei verschiedene Weisen aus dem zu $f(x) = b^x$ entstehen:

(1) durch Verschieben parallel zur x-Achse um c Einheiten;

(2) durch Strecken parallel zur y-Achse mit dem Faktor b^c, denn $g(x) = b^{x+c} = b^x \cdot b^c = b^c \cdot b^x$.

Zum Üben

1 Zeichnen Sie den Graphen zu $y = 2^x$. Zeichnen Sie in dasselbe Koordinatensystem die Graphen zu:

(1) $y = 0,4 \cdot 2^x$ (2) $y = 1,5 \cdot 2^x$ (3) $y = -2^x$ (4) $y = -0,3 \cdot 2^x$ (5) $y = -1,2 \cdot 2^x$

Beschreiben Sie, wie diese Graphen aus dem der Exponentialfunktion zu $y = 2^x$ entstehen.

2 Schreiben Sie eine kleine Zusammenfassung: Wie sieht der Graph einer Funktion mit $g(x) = a \cdot b^x$ im Vergleich zu dem der Exponentialfunktion mit $y = b^x$ aus?

Beachten Sie verschiedene Fälle.

3 Ordnen Sie zu jedem Funktionsterm den passenden Graphen zu.

$f_1(x) = 2 \cdot 1{,}2^x$ $\qquad$ $f_5(x) = 4 \cdot 0{,}5^x$

$f_2(x) = 3 \cdot 1{,}4^x$ $\qquad$ $f_6(x) = -1{,}8^x$

$f_3(x) = 3 \cdot \left(\frac{3}{4}\right)^x$ $\qquad$ $f_7(x) = -2 \cdot 0{,}4^x$

$f_4(x) = 2 \cdot 1{,}6^x$ $\qquad$ $f_8(x) = -2 \cdot 1{,}5^x$

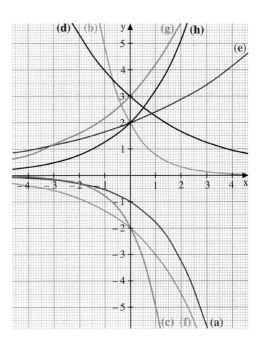

4 Zeichnen Sie die Graphen zu $y = 2^{x+c}$ für $c = -2;\ -1;\ 0;\ 1;\ 2$. Wie verändern sich die Graphen, wenn c größer (kleiner) wird?

5 Zeichnen Sie den Graphen zu:

a) $y = -\frac{1}{3} \cdot 5^x$

b) $y = -\frac{2}{3} \cdot 2^x$

c) $y = -3 \cdot \left(\frac{1}{2}\right)^x$

Geben Sie Eigenschaften der Graphen an. Wie verändert sich der Funktionswert, wenn x um 2 [um 0,5; um 1,5] wächst?

6 Zeichnen Sie die Graphen der Exponentialfunktionen f und g mit $f(x) = \left(\frac{3}{2}\right)^{x+1}$ bzw. $g(x) = \left(\frac{3}{2}\right)^{x-2}$. Durch welche Verschiebung geht der Graph von g aus dem Graphen f hervor?

7 Ordnen Sie jedem Funktionsterm den passenden Graphen zu.

$f_1(x) = 2^{x+1}$ $\qquad$ $f_4(x) = \left(\frac{2}{3}\right)^{x+1}$

$f_2(x) = \left(\frac{1}{2}\right)^{x-2}$ $\qquad$ $f_5(x) = 3^{x-1}$

$f_3(x) = 1{,}5^{x+2}$ $\qquad$ $f_6(x) = 0{,}2^{x-2}$

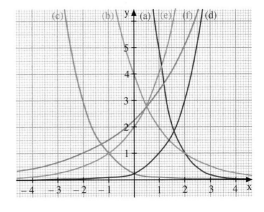

8 Bestimmen Sie c so, dass die Graphen zu den Funktionen mit den Gleichungen $y = 4 \cdot \left(\frac{1}{2}\right)^x$ und $y = \left(\frac{1}{2}\right)^{x+c}$ übereinstimmen.

9

a) Stellen Sie $y = 4^{x+3}$ in der Form $y = a \cdot 4^x$ dar. Durch welche Abbildung kann der Graph aus dem zu $y = 4^x$ gehörenden Graphen hervor?

b) Stellen Sie $y = 8 \cdot 2^x$ in der Form $y = 2^{x+c}$ dar.

c) Stellen Sie $y = 2 \cdot 8^x$ in der Form $y = 8^{x+c}$ dar. Geben Sie zwei Abbildungen an, durch die der Graph zu $y = 2 \cdot 8^x$ aus dem Graphen von $y = 8^x$ hervorgeht.

10 Begründen Sie, dass sich die Graphen zu $y = b^{x+c}$ und $y = b^{x+d}$ für $c \ne d$ nicht schneiden.

11 Vergleichen Sie folgende Zinsangebote für Neukunden.

Direktbank: Jede Anlage über 1000 € wird bei einer Mindestlaufzeit von 10 Jahren mit 2,5 % verzinst.

Megabank: Für jede Anlage über 1000 € erhält man bei einer Mindestlaufzeit von 10 Jahren im ersten Jahr keine Zinsen, dann wird das Kapital mit 2,8 % verzinst.

1.5.4 Lösen von Exponentialgleichungen – Logarithmus

Aufgabe

1 Bestimmen von Exponentialfunktionen durch vorgegebene Punkte

a) Da im Funktionsterm einer allgemeinen Exponentialfunktion f mit $f(x) = a \cdot b^x$ zwei Koeffizienten auftreten, ist der Graph einer solchen Funktion durch die Vorgabe von zwei Punkten eindeutig festgelegt. Bestimmen Sie eine geeignete Exponentialfunktion, deren Graph durch die Punkte $P_1(0|3)$ und $Q_1(1|5)$ verläuft.

Welche Exponentialfunktion ergibt sich für die Punkte $P_2(-1|3)$ und $Q_2(3|2)$?

b) Die Graphen von Exponentialfunktionen mit der Basis 10 verlaufen nur dann durch vorgegebene Punkte, wenn man einen zusätzlichen Parameter im Exponenten hinzufügt, also Funktionen vom Typ $f(x) = a \cdot 10^{kx}$ betrachtet. Bestimmen Sie die Parameter a und k für eine geeignete Exponentialfunktion mit Basis 10, deren Graph durch die Punkte P_1 und Q_1 bzw. P_2 und Q_2 aus Teilaufgabe a) verläuft.

Lösung

a) Wenn die Punkte P_1 und Q_1 auf dem Graphen von f liegen, dann erfüllen ihre Koordinaten die Funktionsgleichung $f(x) = a \cdot b^x$, d.h. es muss gelten:

$3 = f(0) = a \cdot b^0 = a$.

Damit ist der Koeffizient a bestimmt. Außerdem muss gelten:

$5 = f(1) = 3 \cdot b^1$, also $b = \frac{5}{3}$.

Damit haben wir herausgefunden, dass die Punkte $P_1(0|3)$, $Q_1(1|5)$ den Graphen der Exponentialfunktion f mit $f(x) = 3 \cdot \left(\frac{5}{3}\right)^x$ bestimmen.

Für die Punkte $P_2(-1|3)$ und $Q_2(3|2)$ ergibt sich:

$3 = f(-1) = a \cdot b^{-1}$ und $2 = f(3) = a \cdot b^3$.

Bildet man jeweils den Quotienten der linken bzw. rechten Seiten der beiden Gleichungen, dann folgt:

$\frac{2}{3} = \frac{a \cdot b^3}{a \cdot b^{-1}} = b^4$ d.h.

$b = \sqrt[4]{\frac{2}{3}} = \left(\frac{2}{3}\right)^{\frac{1}{4}} \approx 0{,}9036$

Einsetzen in eine der beiden Gleichungen, z.B. $2 = a \cdot 0{,}9036^3$ ergibt: $a \approx 2{,}7108$.

Die Punkte P_2 und Q_2 liegen demnach auf dem Graphen der Exponentialfunktion f mit

$f(x) \approx 2{,}71 \cdot 0{,}904^x$.

Wegen $b = \left(\frac{2}{3}\right)^{\frac{1}{4}}$ könnte man den Funktionsterm auch in der Form $f(x) \approx 2{,}71 \cdot \left(\frac{2}{3}\right)^{0{,}25x}$ notieren (gemäß Potenzgesetz).

b) Gesucht sind nun geeignete Koeffizienten a und k, sodass die Punkte P_1 und Q_1 auf dem Graphen der Funktion f mit $f(x) = a \cdot 10^{kx}$ liegen. Wie in Teilaufgabe a) muss auch hier gelten:

$3 = f(0) = a \cdot 10^0 = a$, also $a = 3$; außerdem:

$5 = f(1) = 3 \cdot 10^k$, also $10^k = \frac{5}{3}$.

Gesucht ist also diejenige Zahl k, für die gilt, dass $10^k = \frac{5}{3}$. Um diese Gleichung zu lösen, müssen wir also herausfinden, wo die (elementare) Exponentialfunktion $y = 10^x$ den Funktionswert $\frac{5}{3}$ annimmt.

Grafische Methode: Wir untersuchen, an welcher Stelle sich der Graph der Exponentialfunktion mit $y = 10^x$ und der Graphen der konstanten Funktion mit $y = \frac{5}{3}$ sich schneiden.

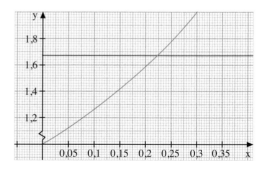

Mithilfe des Funktionsplotter finden wir: $k \approx 0{,}222$, d.h. der Graph der Funktion f mit $f(x) = 3 \cdot 10^{0{,}222x}$ verläuft durch die Punkte $P_1(0|3)$ und $Q_1(1|5)$.

Numerische Methode: Alternativ könnte der gesuchte Wert für k auch durch eine schrittweise Verfeinerung der Werte in der Wertetabelle von $y = 10^x$ gefunden werden (vgl. Wertetabelle rechts).

Für die Punkte $P_2(-1\,|\,3)$ und $Q_2(3\,|\,2)$ ergeben sich die beiden Gleichungen

$f(-1) = a \cdot 10^{-k} = 3$ und $f(3) = a \cdot 10^{3k} = 2$,

also analog zu Lösung a) $\frac{2}{3} = \frac{a \cdot 10^{3k}}{a \cdot 10^{-k}} = 10^{4k}$.

Die Lösung der Gleichung $10^{4k} = \frac{2}{3}$ kann wieder grafisch oder numerisch erfolgen:

Es ergibt sich aus den Graphen von $y = 10^{4x}$ und $y = \frac{2}{3}$ die Schnittstelle $k \approx -0{,}044$. Einsetzen in eine der beiden Gleichungen, z. B. in $f(3) = 2 = a \cdot 10^{-0{,}044 \cdot 3}$ ergibt $a \approx 2{,}71$, d. h. die Punkte P_2 und Q_2 liegen demnach auf dem Graphen der Exponentialfunktion f mit $f(x) \approx 2{,}71 \cdot 10^{-0{,}044x}$.

Stelle x	Funktionswert y
0,1	1,2589
0,2	1,5849
0,3	1,9953
0,22	1,6596
0,23	1,6982
0,221	1,6634
0,222	1,6672

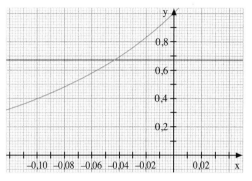

Information

(1) Logarithmus einer Zahl zur Basis 10

Das Suchen nach einer Lösung der Gleichung $10^k = \frac{5}{3}$ bzw. $10^{4k} = \frac{2}{3}$ in Aufgabe 1 war ziemlich aufwändig. Wissenschaftliche Taschenrechner und die Tabellenkalkulation enthalten Optionen zur direkten Bestimmung der Lösungen von solchen Gleichungen, die als Exponentialgleichungen bezeichnet werden.

Definition: Dekadischer Logarithmus

deka
(griech.) 10

Unter dem Logarithmus von y zur Basis 10 verstehen wir diejenige Zahl x, mit der man 10 potenzieren muss, um y zu erhalten. Für die Zahl x gilt also: $y = 10^x$.

Für x schreibt man $\lg(y)$ oder auch $\log_{10}(y)$ (lies: *dekadischer Logarithmus von y oder Logarithmus von y zur Basis 10*).

Das Bestimmen des Logarithmus einer Zahl oder eines Terms bezeichnet man auch als Logarithmieren.

Beispiele

$\lg(10) = \log_{10}(10) = 1;$ $\lg(1) = \log_{10}(1) = 0;$ $\lg(10^2) = \log_{10}(10^2) = 2;$

$\lg(\sqrt{10}) = \log_{10}(\sqrt{10}) = \frac{1}{2};$ $\lg(2) = \log_{10}(2) = 0{,}301029\ldots;$ $\lg\left(\frac{1}{2}\right) = \log_{10}\left(\frac{1}{2}\right) = -0{,}301029\ldots$

Logarithmuswerte kann man nur von positiven Zahlen bestimmen, da Potenzen 10^x stets positiv sind.

ln: logarithmus naturalis (lat.)

$10^{\lg(x)} = x$; $\lg(10^x) = x$

$\lg(y) = x$
bedeutet $10^x = y$

(2) Lösen von Exponentialgleichungen

Ist in einer Gleichung vom Typ $y = b^x$ zu einem gegebenen y-Wert der zugehörige x-Wert gesucht, dann bezeichnet man die Gleichung als **Exponentialgleichung**. Wenn die Basis b die Zahl 10 ist, dann findet man die Lösung der Gleichung unmittelbar durch Betätigung der log-Taste des Taschenrechners. Andernfalls muss ein Verfahren angewandt werden, das in Aufgabe 2 entwickelt wird.

(3) Zur Geschichte der Logarithmen

Logarithmus,
Kunstwort aus den griechischen Wörtern **logos,** das Berechnen, Verhältnis **arithmos,** Zahl

Ursprünglich sind die Logarithmen aus dem Bedürfnis heraus entstanden, die Genauigkeit von Berechnungen zu erhöhen (z. B. in der Astronomie). Man hat dabei z. B. den Verhältnissen

$\left(\frac{a}{b}\right)^1, \left(\frac{a}{b}\right)^2, \left(\frac{a}{b}\right)^3, \ldots$ die Zahlen 1, 2, 3, ... gegenübergestellt.

Bedeutende Werke mit Tabellen solcher Gegenüberstellungen stammen vom Schotten JOHN NAPIER (1614) und dem Engländer HENRY BRIGGS (1617). NAPIER und BRIGGS einigten sich darauf, 10 als Basis für ein neu zu erstellendes Tafelwerk zu wählen – so entstanden im Laufe von zehn Jahren Tabellen mit 14-stelligen dekadischen Logarithmen. Diese mussten mühsam mithilfe raffinierter Interpolationsmethoden berechnet werden.

Erst 1748 wurde vom Schweizer LEONARD EULER die Bedeutung von Logarithmen bei Exponentialgleichungen erkannt. Von EULER stammt auch die Sprechweise *Logarithmus zur Basis ....*

Aufgabe

2 Zurückführen auf Exponentialfunktionen zur Basis 10

a) Erläutern Sie die Aussage:

Man kann den Graphen einer Exponentialfunktion vom Typ $y = b^x$, $b > 0$, als Graphen einer in Richtung der x-Achse gestreckten Exponentialfunktion mit Basis 10 auffassen.

b) Lösen Sie mithilfe von Teilaufgabe a):

1 000 € werden zu 4 % Zinsen angelegt. Nach welcher Zeit sind 1 500 € angespart?

Lösung

a) Alle positive Zahlen b können als Potenzen zur Basis 10 dargestellt werden; den jeweiligen Exponenten erhalten wir ja gerade durch den dekadischen Logarithmus von b. Beispielsweise gilt:

$2 = 10^{\lg(2)} = 10^{0,3010}\ldots \qquad \frac{1}{2} = 10^{\lg(\frac{1}{2})} = 10^{-0,3010}\ldots$

Daher kann man den Funktionsterm einer Funktion vom Typ $y = b^x$ nach dem Potenzgesetz zum Potenzieren auch schreiben als

$y = (10^{\lg(b)})^x = 10^{\lg(b) \cdot x}$, z. B.

$y = 2^x = (10^{\lg(2)})^x = 10^{\lg(2) \cdot x} \approx 10^{0,3010x}$

$y = \left(\frac{1}{2}\right)^x = (10^{\lg(\frac{1}{2})})^x = 10^{\lg(\frac{1}{2}) \cdot x} \approx 10^{-0,3010x}$

Die Graphen von solchen Funktionen entstehen aus dem Graphen der Funktion mit $y = 10x$ durch Streckung in Richtung der x-Achse.

b) Wird das Kapital 1 000 € zu 4 % Zinsen x Jahre verzinst, dann beträgt der Kontostand nach x Jahren 1 000 € · 1,04^x.

Zu lösen ist also die Exponentialgleichung $1 000 \cdot 1,04^x = 1 500$

Dies kann man umformen zu $1,04^x = 1,5$.

Die Lösung dieser Gleichung lässt sich näherungsweise in der Abbildung rechts ablesen.

Die Basis 1,04 lässt sich schreiben als $10^{\lg(1,04)}$, also $(10^{\lg(1,04)})^x = 10^{\lg(1,04) \cdot x}$

Die rechte Seite lässt sich notieren als $10^{\lg(1,5)}$.

Daher muss gelten (Vergleich der beiden Exponenten): $\lg(1,04) \cdot x = \lg(1,5)$,

also $x = \frac{\lg(1,5)}{\lg(1,04)} = \frac{0,17609\ldots}{0,01703\ldots} = 10,3380\ldots$

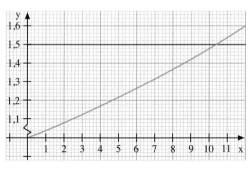

Ergebnis: Nach etwa $10\frac{1}{3}$ Jahren (10 Jahren und 4 Monaten) wäre das Kapital auf 1 500 € angewachsen.

Information

(1) Zusammenhang zwischen den Exponentialfunktionen mit beliebiger Basis und den Exponentialfunktionen mit Basis 10

Da jede positive Zahl b als Potenz mit Basis 10 geschrieben werden kann, lässt sich jede Exponentialfunktion vom Typ $y = b^x$ auf eine Exponentialfunktion vom Typ $y = 10^{kx}$ zurückführen. Dabei gilt:

Ist $0 < b < 1$, dann gilt: $k < 0$ Ist $b > 1$, dann gilt: $k > 0$

Beispiele: (1) $y = 0{,}8^x = 10^{\lg(0{,}8)\cdot x} \approx 10^{-0{,}0969\,x}$ (2) $y = 2{,}5^x = 10^{\lg(2{,}5)\cdot x} \approx 10^{0{,}3979\,x}$

(2) Schematisches Lösen von Exponentialgleichungen mit beliebiger Basis

Die Umformungen in der Lösung von Aufgabe 2b) lassen sich kürzer notieren, wenn man auf die Begründungen der einzelnen Schritte verzichtet. Die Lösung von Aufgabe 2b) würde man dann so notieren:

$$1{,}04^x = 1{,}5$$
$$(10^{\log(1{,}04)})^x = 10^{\log(1{,}5)}$$
$$10^{\log(1{,}04)\cdot x} = 10^{\log(1{,}5)}$$

Den zweiten und dritten Schritt kann man auch weglassen.

$$\log(1{,}04)\cdot x = \log(1{,}5)$$
$$x = \frac{\log(1{,}5)}{\log(1{,}04)} = \frac{0{,}17609\ldots}{0{,}01703\ldots} = 10{,}338\ldots$$

(3) Logarithmengesetze

Für das Rechnen mit Logarithmen (egal zu welcher Basis) gelten folgende Gesetze:

Satz (Logarithmengesetze)

statt Multiplizieren Addieren
statt Dividieren Subtrahieren
statt Potenzieren Multiplizieren

Für $b > 0$, $b \neq 1$, $u > 0$, $v > 0$, $r \in \mathbb{R}$ gilt:

(L1) $\log_b(u \cdot v) = \log_b u + \log_b v$ (für $u > 0$, $v > 0$)

(L2) $\log_b \frac{u}{v} = \log_b u - \log_b v$ (für $u > 0$, $v > 0$)

(L3) $\log_b u^r = r \cdot \log_b u$ (für $u > 0$, $r \in \mathbb{R}$)

Beispiele: $\lg(5 \cdot 8) = \lg(5) + \lg(8)$, $\lg\left(\frac{1}{3}\right) = \lg(1) - \lg(3) = -\lg(3)$, $\lg(3^{\frac{1}{2}}) = \frac{1}{2} \cdot \lg(3)$

(4) Zusammenhang zwischen Potenzieren, Logarithmieren und Wurzelziehen (Radizieren)

Das Bilden einer Potenz b^x nennt man auch *Potenzieren*. Man erhält dann als Ergebnis den Potenzwert.

Für das Potenzieren gibt es zwei Umkehrungen:

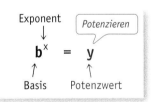

(a) *Das Radizieren als 1. Umkehrung des Potenzierens*

Sind in der Gleichung $b^x = y$ der Exponent x und der Potenzwert y gegeben und ist die Basis b gesucht, so erhält man diese durch Wurzelziehen (*Radizieren*). Es gilt dann:

$b = y^{\frac{1}{x}}$

Beispiel: $b^4 = 81$; $b = 81^{\frac{1}{4}} = 3$

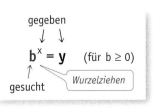

(b) *Das Logarithmieren als 2. Umkehrung des Potenzierens*

Sind in der Gleichung $b^x = y$ die Basis b und der Potenzwert y gegeben und ist der Exponent x gesucht, so erhält man diesen durch *Logarithmieren*. Man schreibt dann:

$x = \log_b y$

Beispiel: $2^x = 256$; $x = \log_2(256) = 8$

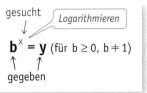

Weiterführende Aufgaben

TAB

3 Berechnen von Logarithmen zu einer beliebigen Basis

Wissenschaftliche Taschenrechner und Tabellenkalkulationsprogramme liefern die Werte des natürlichen oder dekadischen Logarithmus mit einer großen Anzahl von Dezimalstellen. Daher können mit ihrer Hilfe auch ausreichend gute Näherungswerte für Logarithmen mit beliebiger Basis berechnet werden.

Begründen Sie: $\log_b y = \dfrac{\lg(y)}{\lg(b)}$

4 Bestimmen der Halbwertszeit mit Logarithmen

Bei exponentiellen Zerfallsprozessen kann man ermitteln, innerhalb welcher Zeitspanne sich der Bestand jeweils halbiert hat. Diese Zeitspanne heißt Halbwertszeit.

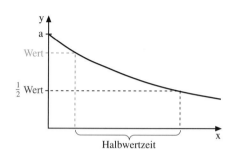

a) Begründen Sie, warum die Halbwertszeit nur von der Basis der Exponentialfunktion $y = a \cdot b^x$ abhängt, aber nicht vom Anfangsbestand a.

b) Begründen Sie den Ansatz zur Bestimmung der Halbwertszeit s und die Umformungsschritte. Ermitteln Sie die Halbwertszeit des Prozesses mit dem Term $f(t) = 5,5 \cdot 0,63^t$.

c) Ermitteln Sie eine Formel, die den Bestand von Blei ^{210}Pb nach t Jahren beschreibt, wenn anfangs 3,2 g vorhanden waren.
Die Halbwertszeit von ^{210}Pb beträgt 22 Jahre.

$$\tfrac{1}{2} \cdot a \cdot b^x = a \cdot b^{x+s} \qquad |\ :(a \cdot b^x)$$
$$0,5 = b^s$$
$$s = \log_b 0,5$$
$$s = \frac{\log 0,5}{\log b}$$

Übungsaufgaben

5 Im Bild rechts ist der Zerfall von 30 g radioaktivem Jod dargestellt.

a) Stellen Sie den zugehörigen Funktionsterm auf.

b) Geben Sie den Funktionsterm auch in der Form $y = a \cdot 10^{kx}$ dar.

c) Nach welcher Zeit ist weniger als 1 g vorhanden?

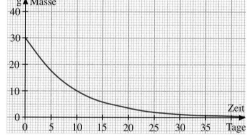

6 Bestimmen Sie den Funktionsterm des Graphen einer Funktion vom Typ $y = a \cdot 10^{kx}$, der durch die Punkte P, Q verläuft.

(1) $P(1|2)$, $Q(2|3)$ (3) $P(1|5)$, $Q(6|1)$ (5) $P(-1|3)$, $Q(4|3)$

(2) $P(2|2)$, $Q(5|5)$ (4) $P(-3|2)$, $Q(3|1)$ (6) $P(-4|1)$, $Q(-1|4)$

7 Bestimmen Sie gemäß Definition (ohne Verwendung eines Taschenrechners) jeweils die Zahl für x.

a) $2^x = 16$; $3^x = 9$; $4^x = 1$

b) $3^x = \tfrac{1}{9}$; $2^x = \tfrac{1}{16}$; $5^x = \tfrac{1}{125}$

c) $2^x = \sqrt[3]{8}$; $3^x = \sqrt[3]{9}$; $5^x = \sqrt[5]{25}$

d) $2^x = \dfrac{1}{\sqrt[3]{16}}$; $3^x = \dfrac{1}{\sqrt[3]{9}}$; $4^x = \dfrac{1}{\sqrt[5]{64}}$

8 Bestimmen Sie gemäß Definition (ohne Verwendung eines Taschenrechners).

a) $\log_2 64$; $\log_2 1024$; $\log_2 1$; $\log_2 \tfrac{1}{8}$; $\log_2 \tfrac{1}{16}$; $\log_2 \tfrac{1}{128}$; $\log_2 \sqrt{2}$; $\log_2 2^{13}$

b) $\log_3 9$; $\log_3 1$; $\log_3 243$; $\log_3 \tfrac{1}{81}$; $\log_3 \tfrac{1}{9}$; $\log_3 3^7$; $\log_3 \sqrt{3}$; $\log_3 \sqrt{3^3}$

c) $\log_4 4$; $\log_4 16$; $\log_4 1$; $\log_4 256$; $\log_4 4^5$; $\log_4 0,25$; $\log_4 0,0625$; $\log_4 2$

9 Berechnen Sie gemäß Definition (ohne Verwendung eines Taschenrechners) im Kopf, zwischen welchen ganzen Zahlen der Logarithmus liegt. Argumentieren Sie.

a) $\log_2 3$ **b)** $\log_2 5$ **c)** $\log_2 \frac{1}{3}$ **d)** $\log_3 2$ **e)** $\log_4 13$; **f)** $\log_5 36$ **g)** $\log_6 99$ **h)** $\log_{10} 29{,}5$

10 Ein Kapital von 4000 € wird mit 4,5 % jährlich verzinst. Nach wie viel Jahren hat es sich verdoppelt [verdreifacht; vervierfacht]?

11 Wassermelonen wachsen anfangs so schnell, dass sich ihre Masse täglich um 13 % vermehrt. Nach wie viel Tagen hat eine ursprünglich 1,3 kg schwere Melone die Masse 4,6 kg?

12 Eine Bakterienart vermehrt sich so, dass sie alle 3 Tage auf das 1,5fache anwächst. Nach welcher Zeit sind aus 10 Bakterien 45 geworden?

13 Es gibt Algen, die ihre Höhe jede Woche verdoppeln können. Wie viele Wochen dauert es, bis eine 60 cm große Alge an die Oberfläche des 6,40 m tiefen Sees gelangt?

14 Bei gewissen Untersuchungen wird Patienten radioaktives Iod gegeben, das so zerfällt, dass die vorhandene Menge nach jeweils (etwa) 8 Tagen auf die Hälfte zurückgeht.
Nach wie viel Tagen sind noch 10 % [noch 1 %, noch 2 ‰] der Anfangsdosis vorhanden?

15 Ein Kapital von 2 500 € ist in 4 Jahren auf 2 868,80 € angewachsen. Nach wie vielen Jahren wären bei gleich bleibender Bedingungen 5 000 € auf dem Konto, wann 10 000 €?

16 Die Strahlung von Cäsium 137 wird durch 3,5 cm dicke Aluminiumschichten, die von Cobalt 60 erst durch 5,3 cm dicke Schichten um die Hälfte geschwächt.

a) Wie viele 2 cm dicke Platten benötigt man, wenn man die jeweilige Strahlung auf 5 % reduzieren will?

b) Welche Masse hat die jeweilige Abschirmung, wenn die Platten quadratisch mit einer Seitenlänge von 5 cm sind? Die Dichte von Aluminium beträgt $2{,}7\,\frac{g}{cm^3}$.

17

a) Ein radioaktives Präparat zerfällt so, dass die vorhandene Substanz nach jeweils 5 Tagen auf ein Drittel zurückgeht. Zu Beginn der Messung sind 12 mg vorhanden.
Welche Funktion liegt dem Zerfallsprozess zugrunde? Wie groß ist die Halbwertszeit?

b) Ein radioaktives Präparat zerfällt so, dass seine Masse jeweils in 6 Stunden um 15 % abnimmt.
Ermitteln Sie die Halbwertszeit grafisch; zeichnen Sie einen geeigneten Funktionsgraphen und lesen Sie den ungefähren Wert ab.

c) Radioaktives Cäsium 137 hat eine Halbwertszeit von ca. 30 Jahren.
Welcher Anteil der anfangs vorhandenen Menge Cäsium ist nach 10 Jahren [nach 40 Jahren] noch vorhanden?

1.5.5 Logarithmusfunktionen

Aufgabe

1 Die Funktion, die einer positiven Zahl x deren Logarithmus zur Basis b (b > 0) zuordnet, wird als Logarithmus-Funktion zur Basis b bezeichnet. Zeichnen Sie die Graphen der Funktionen mit $y = \log_2(x)$ und $y = 2^x$ in ein Koordinatensystem. Vergleichen Sie die Eigenschaften der beiden Funktionen.

Lösung

Der Graph der Logarithmusfunktion zur Basis 2 mit der Gleichung $y = \log_2(x)$ geht aus dem Graphen der Exponentialfunktion mit der Gleichung $y = 2^x$ durch Spiegelung an der Geraden mit der Gleichung $y = x$ hervor (wenn beide Koordinatenachsen die gleiche Skalierung haben).

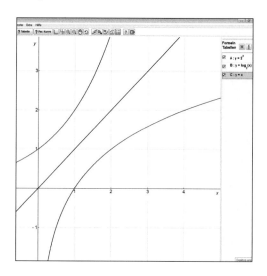

Durch die Spiegelung ergeben sich folgende Eigenschaften der Logarithmusfunktion mit der Gleichung $y = \log_2(x)$:

Der Graph der Logarithmusfunktion $y = \log_2(x)$ hat einen steigenden Verlauf und ist rechtsgekrümmt; er verläuft durch den 1. und 4. Quadranten. Der Graph schmiegt sich dem negativen Teil der y-Achse an.

Information

(1) Definition der Logarithmusfunktionen

> **Definition: Logarithmusfunktion**
> Die Funktion mit der Gleichung $y = \log_b x$ mit x > 0 heißt **Logarithmusfunktion** zur Basis b, wobei b > 0, b ≠ 1.

Die Logarithmusfunktion zur Basis b ist die Umkehrfunktion der Exponentialfunktion zur Basis b.
Der Graph der Logarithmusfunktion zur Basis b entsteht durch Spiegeln des Graphen der zugehörigen Exponentialfunktion mit der Gleichung $y = b^x$ an der Geraden mit der Gleichung $y = x$. Durch die Spiegelung werden die x- und y-Koordinaten von Punkten vertauscht und die x- und y-Achse aufeinander abgebildet.
Die Logarithmusfunktionen zur Basis e bzw. 10 werden kurz mit $y = \ln(x)$ bzw. $y = \lg(x)$ bezeichnet.

(2) Eigenschaften der Logarithmusfunktionen

Wegen des Zusammenhangs der Graphen der Exponentialfunktionen mit denen der entsprechenden Logarithmusfunktionen ergeben sich unmittelbar die Eigenschaften von Logarithmusfunktionen mit der Gleichung $y = \log_b x$.

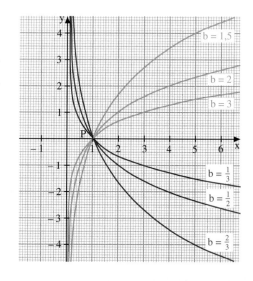

> **Satz: Eigenschaften der Logarithmusfunktionen**
> Für jede Logarithmusfunktion zu $y = \log_b x$ mit x > 0, b > 0, b ≠ 1 gilt:
> (1) Der Graph der Funktion steigt für b > 1 und fällt für 0 < b < 1.
>   Er ist rechtsgekrümmt für b < 1 und linksgekrümmt für 0 < b < 1.

(2) Der Graph der Funktion liegt rechts von der y-Achse. Jede reelle Zahl kommt als Funktionswert vor; es gilt

– für b > 1:

$\log_b x < 0$, falls $0 < x < 1$

$\log_b x = 0$, falls $x = 1$

$\log_b x > 0$, falls $x > 1$

– für $0 < b < 1$:

$\log_b x > 0$, falls $0 < x < 1$

$\log_b x = 0$, falls $x = 1$

$\log_b x < 0$, falls $x > 1$

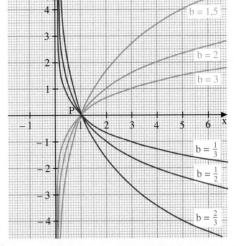

(3) Der Graph schmiegt sich

– dem negativen Teil der y-Achse an für b > 1;

– dem positiven Teil der y-Achse an für $0 < b < 1$.

(4) Jedes Mal, wenn x mit s multipliziert wird, wird zu dem Funktionswert $\log_b x$ der Summand $\log_b s$ addiert (*Grundeigenschaft*).

(5) Alle Graphen haben den Punkt P(1|0) und nur diesen Punkt gemeinsam.

Übungsaufgaben **2**

a) Zeichnen Sie für verschiedene Werte von b die Graphen von Logarithmusfunktionen mit der Gleichung $y = \log_b x$ in ein gemeinsames Koordinatensystem. Wie ändert sich der Graph, wenn man die Basis b ändert? Nennen Sie gemeinsame Eigenschaften und Unterschiede der Graphen.

b) Untersuchen Sie einen Zusammenhang von Graphen der Logarithmusfunktionen mit $y = \log_b x$ und von Exponentialfunktionen mit $y = b^x$. Wählen Sie gleiche Skalierung auf den beiden Koordinatenachsen.

3 Zeichnen Sie den Graphen der Logarithmusfunktionen im Bereich $0 < x \leq 8$.

a) $y = \log_{1,6} x$ **b)** $y = \log_{0,625} x$ **c)** $y = \log_{0,8} x$

4 Zeichnen Sie den Graphen zu $y = \log_{\frac{1}{e}} x$. Nennen Sie Eigenschaften dieses Graphen. Begründen Sie die Eigenschaften mithilfe der entsprechenden Eigenschaften der zugehörigen Exponentialfunktion.

5 Bestimmen Sie diejenige Logarithmusfunktion mit $\log_b x$, wobei $b > 0$, deren Graph durch den Punkt P verläuft.

a) P(8|3)   **d)** P(−13|3)

b) P(3|8)   **e)** P(1|0)

c) P(0,5|−1)   **f)** P(0,1|−6)

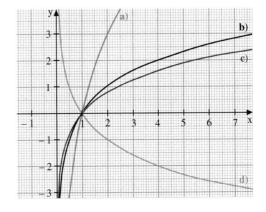

6 Ordnen Sie jedem der Graphen einen Funktionsterm zu.

(1) $\log_2 x$ (3) $\log_{1,25} x$

(2) $\log_{2,5} x$ (4) $\log_{0,5} x$

1.5.6 Exponential- und Logarithmusfunktionen in technischen Anwendungen

Aufgaben

1 Exponentialfunktionen

Der Riesenbärenklau ist eine Pflanze, die ursprünglich im Kaukasus beheimatet war und sich seit dem 19. Jahrhundert auch in Mitteleuropa ausgebreitet hat. Aufgrund ihres schnellen Wachstums stellt sie eine Gefahr für die heimischen Pflanzenarten dar und wird daher bekämpft.

Bereits 12 Wochen nach dem Keimen misst sie 1 Meter. Nach weiteren 8 Wochen hat sie oft eine Höhe von 3,20 Meter erreicht.

a) Bestimmen Sie die Funktionsgleichung für das Wachstum des Riesenbärenklaus, wenn es durch die Funktionsgleichung $f(t) = a \cdot e^{kt}$ (t in Wochen nach dem Keimen, $f(t)$ in Metern) beschrieben werden kann.

b) Begründen Sie, dass die Funktionsgleichung $f(t) = a \cdot e^{kt}$ nur für eine begrenzte Zeit das Wachstum der Pflanze beschreiben kann.

2

Statistische Untersuchungen haben ergeben, dass die Halbwertszeit von Hyperlinks im Internet 51 Monate beträgt d. h. nach 51 Monaten ist nur noch die Hälfte der Hyperlinks gültig.
Wie viel Prozent der Hyperlinks wären demnach nach einem Jahr noch gültig?

3

Eine radioaktive Substanz zerfällt nach dem Gesetz $n(t) = n_0 \cdot e^{-\lambda t}$. Berechnen Sie die Zerfallsrate λ für die Präparate in der Tabelle.

Element	Formelzeichen	Halbwertszeit
Uran	^{235}U	704 Mio. Jahr
Plutonium	^{239}Pu	24 110 Jahr
Caesium	^{137}Cs	30,17 Jahr
Schwefel	^{35}S	87,5 Tage
Radon	^{222}Rn	3,8 Tage
Thorium	^{223}Th	0,6 s

4

Ein Abkühlungsprozess wird in Abhängigkeit von der Zeit t mit Hilfe der Funktion $f(t) = (T_0 - T_u) e^{kt} + T_u$ beschrieben werden, wobei T_0 die Anfangstemperatur und T_u die Umgebungstemperatur ist. Ein Gerichtsmediziner misst um 0 Uhr bei einer Leiche eine Körpertemperatur von 32°. Nach weiteren drei Stunden misst er 27°. Die Umgebungstemperatur beträgt 15°. Bestimmen Sie den Todeszeitpunkt.

5

Ein Kondensator wird durch eine Batterie über einen Widerstand aufgeladen. Für die Spannung des Kondensators gilt:
$U(t) = 75 (1 - e^{-0,18 t})$,
wobei die Ladezeit t in Millisekunden (ms).

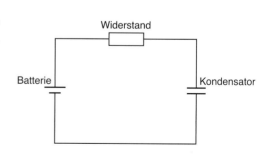

a) Wie groß ist die Spannung nach 3 ms, 13 ms und 17 ms?

b) Skizzieren Sie den Verlauf der Aufladung.

c) Nach wie viel Millisekunden hat der Kondensator eine Spannung von 60 V.

6 Wird ein Kondensator an eine Gleichspannung gelegt, so fließt ein Strom, der den Kondensator auflädt. Die Spannung am Kondensator verändert sich dabei nach der Funktionsgleichung $U_C(t) = U_0\left(1 - e^{-\frac{t}{\tau}}\right)$. Dabei ist $U_C(t)$ der Spannungsverlauf am Kondensator, U_0 die Anfangsspannung, τ eine Zeitkonstante, t die Zeit als Variable.

a) Berechnen Sie für die Zeitwerte $t_0 = 0 \cdot \tau$, $t_1 = 1 \cdot \tau$, $t_2 = 2 \cdot \tau$, $t_3 = 3 \cdot \tau$, $t_4 = 4 \cdot \tau$ und $t_5 = 5 \cdot \tau$, die Spannungswerte $U_C(t)$. Die Anfangsspannung beträgt $U_0 = 10$ V.

b) Zeichnen Sie aus den errechneten Werten einen Graphen für $U_C(t)$ und beschreiben Sie den Verlauf von $U_C(t)$.

c) Auf welchen Endwert, d.h. auf welchen Wert hat sich der Kondensator nach sehr langer Zeit t ($t > 5 \cdot \tau$) aufgeladen?

d) Der Ladestrom kann mit der Funktionsgleichung $I_C(t) = I_0 \cdot e^{-\frac{t}{\tau}}$ beschrieben werden. Der Anfangsstrom I_0 beträgt 10 mA. Zeichnen Sie den Graphen für $I_C(t)$.

e) Beschreiben Sie die Zusammenhänge des Strom- und Spannungsverlaufes bei der Aufladung eines Kondensators.

7 Für einen Kondensator mit der Kapazität C = 5,7 µF und einem Widerstand R = 1 kΩ gilt für die Ladung Q die Funktion $Q(t) = U_0 \cdot C \left(1 - e^{-\frac{t}{\tau}}\right)$ und für die Stromstärke I die Funktion $I(t) = \frac{U_0}{R} \cdot e^{-\frac{t}{\tau}}$. Die Anfangsspannung U_0 beträgt 12 V und τ = 5,7 ms.

a) Berechnen Sie die Funktionswerte für $t_0 = 0 \cdot \tau$, $t_2 = 2 \cdot \tau$, $t_3 = 3 \cdot \tau$, $t_4 = 4 \cdot \tau$ und $t_5 = 5 \cdot \tau$ und zeichnen Sie jeweils die Graphen.

b) Nach welcher Zeit hat die Ladung Q 80% des Maximalwertes erreicht?

c) Berechnen Sie die Anfangsstromstärke I_0. Auf wie viel Prozent des Anfangswertes ist die Stromstärke nach $t_3 = 3 \cdot \tau$ gesunken?

8 Im Jahr 2009 betrug die Anzahl der Internetnutzer in der Europäischen Union ca. 250 Mio. Es wird erwartet, dass die Zahl in den nächsten Jahren nicht mehr so stark wachsen wird wie in der Vergangenheit. Man geht von einem Zuwachs von 6 % jährlich aus. Ab 2013 wird er nur noch 3 % betragen.

Stellen Sie eine Funktionsgleichung auf, die die Zahl der Internetnutzer ab dem Jahr 2013 in Abhängigkeit von Jahreszahl angibt.

Logarithmische Funktionen

9 Ende des Jahres 2008 gab es in China 600 Millionen Mobilfunkanschlüsse. Die Zahl der Mobilfunkanschlüsse wächst monatlich um 1,3 %.

a) Wie viele Mobilfunkanschlüsse sind für Ende des Jahres 2015 zu erwarten?

b) Wann wird es voraussichtlich 800 Millionen Mobilfunkanschlüsse geben?

c) Bestimmen Sie die Funktionsgleichung einer Funktion, die angibt, in wie viel Monaten eine bestimmte Anzahl von Mobilfunkanschlüssen erreicht ist.

d) In China leben 2008 ca. 1,3 Mrd. Menschen. Die monatliche Wachstumsrate beträgt 0,05 %. Wie lange würde es dauern bis rechnerisch die gesamte Bevölkerung einen Mobilfunkanschluss hätte?

Pressure (engl.):
Druck wird gemessen in Pa (nach dem frz. Mathematiker BLAISE PASCAL (1623 – 1662)

hPa = hektoPascal = 10^2 Pascal

Level (engl.):
Pegel

dB (Dezibel) nach dem amerikanischen Erfinder ALEXANDER GRAHAM BELL (1847 – 1922)

10 Der Luftdruck nimmt in zunehmender Höhe ab. Die Höhe H lässt sich in Abhängigkeit vom Luftdruck p näherungsweise durch die Funktion $H(p) = -7700 \ln(p) + 53000$ (p in hPa und H in m) angeben. Bestimme die Höhe von Orten an denen folgender Luftdruck herrscht:

(1) 900 hPa
(2) 820 hPa
(3) 850 hPa

11 In der Akustik wird die Druckschwankung, die wir über das Ohr als Geräusch wahrnehmen, als *Schalldruck p* bezeichnet. Es ist eher üblich, statt des Schalldrucks den *Schalldruckpegel L_p* (engl. level) anzugeben. Dazu wird der betrachtete Schalldruck p eines Schallereignisses mit dem Schalldruck bei der Hörschwelle des menschlichen Gehörs p_0 verglichen ($p_0 = 2 \cdot 10^{-5}$ Pa).

Der Schalldruckpegel ist definiert als der 10-fache Logarithmus des Quadrats des Quotienten $\frac{p}{p_0}$:

$L_p = 10 \cdot \log_{10}\left(\frac{p}{p_0}\right)^2 = 20 \cdot \log_{10}\left(\frac{p}{p_0}\right)$; die Einheit ist Dezibel (dB).

a) Ein 30 m entferntes Düsenflugzeug erzeugt den Schalldruck p = 630 Pa.
Bestimmen Sie den zugehörigen Schalldruckpegel L_p.

b) Geräusche, die oberhalb Schmerzschwelle von $L_p = 134$ dB liegen, verursachen gesundheitliche Schäden.
Bestimmen Sie den zugehörigen Schalldruck p.

c) Skizzieren Sie den Graphen der Funktion $L_p(p)$. Wo liegt die Nullstelle der Funktion?

d) In vielen Fachbüchern findet man folgende Grafik. Erläutern Sie die Achsenbeschriftung.

e) Übertragen Sie die Grafik aus Teilaufgabe d) in Ihr Heft und markieren Sie folgende Punkte:

(1) Gewehrschuss in 1 m Entfernung: 200 *Pa*,

(2) Hauptverkehrsstraße in 10 m Entfernung: 80 *dB*,

(3) Fernseher auf Zimmerlautstärke in 1 m Entfernung: 0,02 *Pa*,

(4) normales Sprechen: 50 *dB*.

f) Die Gesundheitsminister der Länder beschlossen 2005, dass der Schalldruckpegel im lautesten Bereich von Diskotheken unter 100 *dB* liegen sollte. Zur Überprüfung wurden in 20 bayerischen Diskotheken die Maximalwerte des Schalldruckpegels gemessen.
Erläutern Sie die grafische Darstellung.

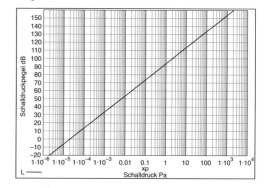

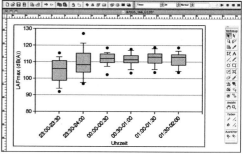

1.6 Trigonometrische Funktionen

1.6.1 Sinus, Kosinus und Tangens im rechtwinkligen Dreieck – Wiederholung

Information

(1) In **rechtwinkligen** Dreiecken gilt:

In rechtwinkligen Dreiecken hängt das Verhältnis zweier Seitenlängen nicht von der Größe des Dreiecks ab, sondern nur von den Größen der beiden spitzen Winkel.
Die folgenden Verhältnisse haben bestimmte Namen erhalten.

Sinus eines Winkels = $\dfrac{\text{Länge der Gegenkathete des Winkels}}{\text{Länge der Hypotenuse}}$

Kosinus eines Winkels = $\dfrac{\text{Länge der Ankathete des Winkels}}{\text{Länge der Hypotenuse}}$

Tangens eines Winkels = $\dfrac{\text{Länge der Gegenkathete des Winkels}}{\text{Länge der Ankathete des Winkels}}$

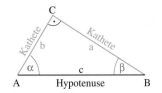

Beispiel: Für das Dreieck ABC mit $\gamma = 90°$ gilt: $\sin\alpha = \frac{a}{c}$; $\cos\alpha = \frac{b}{c}$; $\tan\alpha = \frac{a}{b}$.

(2) Bei **beliebigen** Dreiecken kann man wie folgt vorgehen.

Strategie zur Berechnung von Stücken eines beliebigen Dreiecks

Durch Einzeichnen einer geeigneten Höhe zerlegt man das gegebene Dreieck in rechtwinklige Dreiecke oder ergänzt es zu einem rechtwinkligen Dreieck. Man wählt die Höhe so, dass in einem der beiden Teildreiecke zwei Stücke gegeben sind.

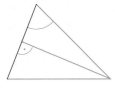 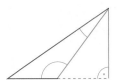

Bei den Berechnungen muss man hierbei häufig auch den Satz des Pythagoras verwenden.

(3) Einsparen von Klammern

Zur Verdeutlichung der funktionalen Abhängigkeit eines Sinuswertes vom Winkel β könnte man Klammern setzen: $\sin(\beta)$, gelesen: *Sinus von β*.
Obwohl etliche Taschenrechner diese Klammern fordern, verzichten wir darauf, sie zu setzen, wenn keine Missverständnisse durch ihr Fehlen entstehen.

Aufgabe

1 Wie hoch reicht die Leiter an der Wand?
Wie weit steht die Leiter von der Wand ab?

Lösung

Vom Dreieck sind gegeben: ein Winkel und die Hypotenuse. Daher können Sinus und Kosinus dazu verwendet werden, die fehlenden Seitenlängen im Dreieck zu bestimmen:

$\sin 31° = \dfrac{\text{Abstand der Leiter}}{3\,\text{m}}$ und $\cos 31° = \dfrac{\text{Höhe der Leiter an der Wand}}{3\,\text{m}}$

also   Abstand der Leiter von der Wand = $3\,\text{m} \cdot \sin 31° \approx 1{,}545\,\text{m}$

Höhe der Leiter an der Wand = $3\,\text{m} \cdot \cos 31° \approx 2{,}572\,\text{m}$

Übungsaufgaben **2**

Schieflage

Im Internet findet man folgende Daten für die schiefen Türme der Welt:

Schiefer Turm von Pisa in Italien:
54 m hoch, Schieflage 4,43°, Durchmesser 12 m

Kirchturm in Suurhausen in Ostfriesland:
Höhe 27,37 m: Überhang am Dachfirst 2,47 m, Fläche 11 m x 11 m.

a) Welcher Turm weist eine größere Schieflage auf?

b) Berechnen Sie den Unterschied der beiden Längen des Kirchturms in Suurhausen vom Boden bis zum Dachfirst.

3

a) Wie hoch ist das Gebäude?

b) Das Gebäude ist insgesamt 11 m hoch. Unter welchen Winkeln sind die Dachsparren geneigt? Wie lang ist der andere Dachsparren?

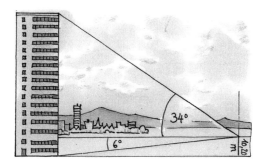

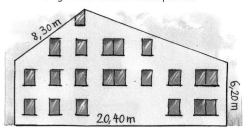

4 Berechnen Sie die fehlenden Längen in dem Dreieck ABC.

a)

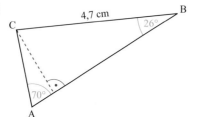

b)

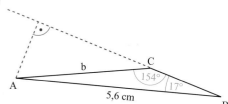

5 Eine quadratische Pyramide mit einer Seitenlänge von 20 m hat 16 m lange Seitenkanten. Berechnen Sie

(1) den Winkel, den die Seitenkanten mit der Grundfläche bilden, und

(2) den Winkel, den die Seitenflächen mit der Grundfläche bilden.

6 Berechnen Sie alle Innenwinkel des Dreiecks ABC mit A(2|0), B(4|3) und C(3|5).

7 Bei Geraden im Koordinatensystem kann man Steigungsdreiecke einzeichnen.
Stellen Sie eine Tabelle auf:
Welchen Steigungswinkel hat eine Gerade mit Steigung m, wobei
m = 0,1; 0,2; ...; 1; 1,2; 1,4; ...; 2; 3; ...; 10?

1.6.2 Sinus und Kosinus am Einheitskreis

Aufgabe

1 Der Arm eines Industrieroboters ist so gelagert, dass er eine Bewegung auf einem Kreis mit dem Radius 1 (gemessen in m) um einen Mittelpunkt M ausführen kann.

In der Ebene, in der dieser Kreis liegt, wählen wir ein Koordinatensystem so, dass der Mittelpunkt des Kreises im Koordinatenursprung liegt.

Dann kann man die Position P des Endpunktes in einfacher Weise mithilfe von Koordinaten beschreiben.

Gesucht ist die Abhängigkeit der Position P vom Drehwinkel α des Armes gegenüber (dem positiven Teil) der Rechtsachse des Koordinatensystems.

a) Zeichnen Sie den Graphen der Funktion, die jedem Drehwinkel α von 0° bis 360° die Höhe der Position P über der Rechtsachse (also die 2. Koordinate v von P) zuordnet.

b) Zeichnen Sie den entsprechenden Graphen für die 1. Koordinate u von P.

c) Beschreiben Sie die Funktionen für Winkel von 0° bis 90° jeweils durch eine Formel.

Lösung

a) Die 2. Koordinate eines Punktes P kann direkt in den Graphen übertragen werden.

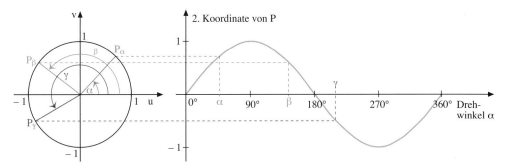

b) Die 1. Koordinate eines Punktes P kann auf der Rechtsachse abgelesen werden. Um sie direkt in den Graphen zu übertragen, müssen wir die 1. Koordinate zunächst auf die Hochachse übertragen.

Dazu zeichnen wir einen Viertelkreis von der 1. Koordinate auf der Rechtsachse bis zur Hochachse.

Der Wert, an dem der Viertelkreis auf die Hochachse trifft, kann nun direkt in den Graphen als 2. Koordinate übertragen werden.

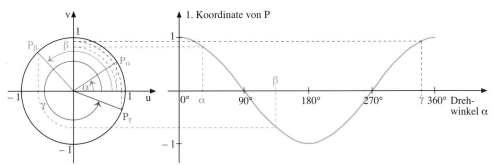

$$\sin \alpha = \frac{\text{Gegenkathete}}{\text{Hypotenuse}}$$

$$\cos \alpha = \frac{\text{Ankathete}}{\text{Hypotenuse}}$$

c) Wir betrachten im 1. Quadranten einen Punkt P auf dem Kreis mit dem Radius 1 um den Ursprung O(0|0). Die Koordinaten dieses Punktes P können wir mithilfe des eingezeichneten rechtwinkligen Dreiecks berechnen.

Für die 1. Koordinate u gilt: $\frac{u}{1} = \cos \alpha$, also: $u = \cos \alpha$

Entsprechend erhält man für die 2. Koordinate: $v = \sin \alpha$

Die Funktion *Drehwinkel $\alpha \rightarrow$ 1. Koordinate von P* wird also durch die Formel $u = \cos \alpha$ und die Funktion *Drehwinkel $\alpha \rightarrow$ 2. Koordinate von P* durch die Formel $v = \sin \alpha$ beschrieben.

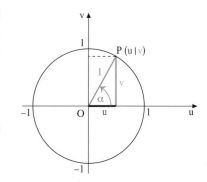

Information

(1) Koordinaten eines Punktes auf dem Einheitskreis für $0° \leq \alpha \leq 360°$

Den Kreis mit Radius 1 um den Ursprung O(0|0) nennt man kurz *Einheitskreis*.

Die in der Lösung c) oben vorgenommene Deutung des Sinus und des Kosinus im 1. Quadranten am Einheitskreis übertragen wir nun auf den ganzen Einheitskreis:

Auch wenn der Punkt P auf dem Teil des Einheitskreises nicht im 1. Quadranten liegt, soll seine 1. Koordinate $\cos \alpha$ und seine 2. Koordinate $\sin \alpha$ sein, wobei α der Winkel zwischen der Halbgeraden $\overline{OP}$ und der positiven Rechtsachse ist.

Für Winkel α von 0° bis 360° gilt also:

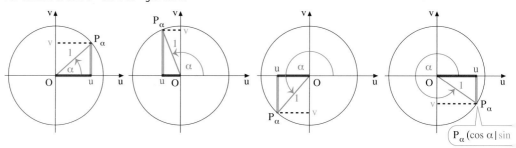

Beispiele für besondere Winkelwerte:

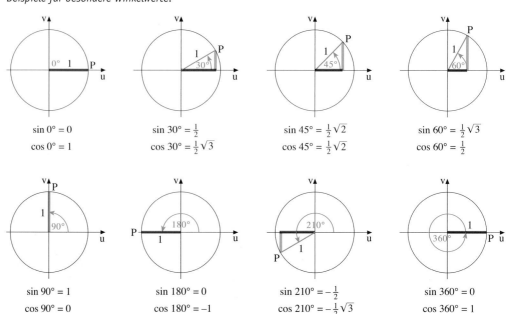

$\sin 0° = 0$ $\sin 30° = \frac{1}{2}$ $\sin 45° = \frac{1}{2}\sqrt{2}$ $\sin 60° = \frac{1}{2}\sqrt{3}$

$\cos 0° = 1$ $\cos 30° = \frac{1}{2}\sqrt{3}$ $\cos 45° = \frac{1}{2}\sqrt{2}$ $\cos 60° = \frac{1}{2}$

$\sin 90° = 1$ $\sin 180° = 0$ $\sin 210° = -\frac{1}{2}$ $\sin 360° = 0$

$\cos 90° = 0$ $\cos 180° = -1$ $\cos 210° = -\frac{1}{2}\sqrt{3}$ $\cos 360° = 1$

(2) Winkelgrößen über 360° und negative Winkelgrößen

Den Roboterarm in Aufgabe 1 auf Seite 169 haben wir linksherum (d.h. entgegen dem Uhrzeigersinn, auch mathematisch positiv genannt) bis zu seiner Endposition gedreht. Für den Drehwinkel α gilt dann $0° \le \alpha \le 360°$.

Wir können den Roboterarm auch über eine Volldrehung (360°) hinaus weiterdrehen. Den Drehwinkel α geben wir dann durch Winkelgrößen über 360° an.

Für eine Drehung rechtsherum (d.h. im Uhrzeigersinn, auch mathematisch negativ genannt) verwenden wir Winkelgrößen mit negativer Maßzahl.

Am Einheitskreis können wir das so veranschaulichen:

In Bild (1) bildet der Zeiger mit (dem positiven Teil) der Rechtsachse einen Winkel von 40°. Der Zeiger hat diese Lage durch eine Volldrehung und zusätzlich eine Drehung um 40°, also insgesamt durch eine Drehung um 400° linksherum erreicht: $360° + 40° = 400°$.

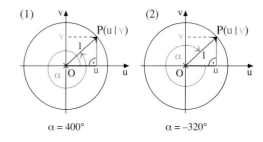

Dreht man den Zeiger rechtsherum, also im Uhrzeigersinn (mathematisch negativ genannt), so gibt man den Drehwinkel durch eine negative Maßzahl an, z.B. – 320° in Bild (2).

Damit können wir nun den Sinus und den Kosinus von beliebigen Winkelgrößen definieren.

Definition

Gegeben ist ein beliebiger Winkel α mit dem Scheitelpunkt im Koordinatenursprung und dem 1. Schenkel auf (dem positiven Teil) der Rechtsachse des Koordinatensystems. Der 2. Schenkel schneidet den Einheitskreis in einem Punkt $P_\alpha(u|v)$. Mithilfe der Koordinaten von P_α wird festgelegt:

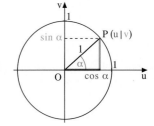

$\sin \alpha = v; \quad \cos \alpha = u$

(3) Graphen zu den Funktionen mit $y = \sin \alpha$ und $y = \cos \alpha$

Definition

Der Graph der Funktion mit der Gleichung $y = \sin \alpha$ heißt **Sinuskurve**.

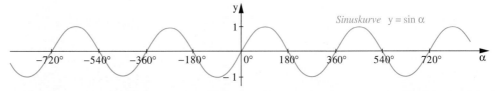

Der Graph der Funktion mit der Gleichung $y = \cos \alpha$ heißt **Kosinuskurve**.

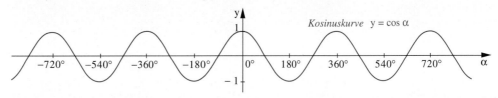

Die Sinuskurve und die Kosinuskurve haben die Periode 360°.

Übungsaufgaben **2** Der Rückstrahler eines sich gleichmäßig drehenden Fahrradpedals zeigt bei Betrachtung von hinten eine besondere Auf- und Abbewegung. Diese Bewegung soll durch ein mathematisches Modell untersucht werden. Anstelle des Fahrradpedals betrachten wir einen Zeiger der Länge r. Er dreht sich um einen Mittelpunkt M mit gleich bleibender Geschwindigkeit. Beleuchtet man den Zeiger von der linken Seite (Ansicht des Pedals von hinten), so entsteht an der Wand ein Schatten des Zeigers. Die Länge v des Schattens ist dabei abhängig von der Größe α des Drehwinkels des Zeigers.

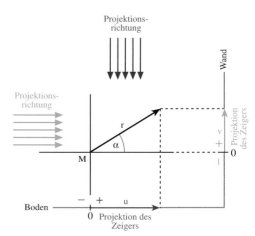

a) Zeichnen Sie den Graphen der Funktion, die jeder Größe α des Drehwinkels die Länge v des Schattens an der Wand zuordnet. Zeigt die Pfeilspitze des Schattens nach oben, so wählen wir v positiv, sonst negativ.

b) Beschreiben Sie die Funktion im Bereich $0° \leq \alpha \leq 90°$ durch eine Gleichung.

c) Betrachten Sie nun eine Beleuchtung von oben (Ansicht des Fahrradpedals von oben). Zeichne den Graphen der Funktion, die jeder Größe α des Drehwinkels die Schattenlänge u auf dem Boden zuordnet. Zeigt die Pfeilspitze nach rechts, so wählen wir u positiv, sonst negativ.
Beschreiben Sie die Funktion im Bereich $0° \leq \alpha \leq 90°$ durch eine Gleichung.

3 Bestimmen Sie zeichnerisch am Einheitskreis (r = 1 dm) auf Hundertstel.

a) $\sin 75°$ b) $\sin 156°$ c) $\sin 214°$ d) $\sin 281°$ e) $\sin 349°$ f) $\sin 415°$
$\cos 75°$ $\cos 156°$ $\cos 214°$ $\cos 281°$ $\cos 349°$ $\cos 415°$

4 Bestimmen Sie am Einheitskreis die Winkelgrößen aus dem Bereich $0° \leq \alpha \leq 360°$, für die gilt:

a) $\sin \alpha = 0{,}24$ b) $\cos \alpha = 0{,}75$ c) $\sin \alpha \geq 0{,}35$ d) $\cos \alpha \geq 0{,}65$
$\sin \alpha = -0{,}56$ $\cos \alpha = -0{,}32$ $\sin \alpha \leq -0{,}45$ $\cos \alpha \leq -0{,}45$

5 Bestimmen Sie die Winkelgrößen im Bereich $0° \leq \alpha \leq 360°$, für die gilt:

a) $\cos \alpha = 0$ b) $\sin \alpha = 1$ c) $\cos \alpha = -1$ d) $\sin \alpha = -1$ e) $\cos \alpha = 1$

6 Bestimmen Sie mithilfe des Taschenrechners. Runden Sie sinnvoll.

a) $\sin 119{,}5°$ b) $\sin(-202{,}8°)$ c) $\sin 775{,}4°$ d) $-\sin(-358{,}1°)$
$\cos 254{,}5°$ $\cos(-153{,}1°)$ $\cos(-514{,}6°)$ $-\cos(-261{,}5°)$

7 Zu dem Punkt P_α gehört der jeweils angegebene Drehwinkel α. Durch welche Winkelgröße α aus dem Bereich $0° \leq \alpha \leq 360°$ wird dieselbe Lage des Punktes P_α beschrieben?

a) $\alpha = 768°$ b) $\alpha = 920°$ c) $\alpha = 973°$ d) $\alpha = -82°$ e) $\alpha = -138°$ f) $\alpha = -333°$
$\alpha = 432°$ $\alpha = 860°$ $\alpha = 1217°$ $\alpha = -64°$ $\alpha = -218°$ $\alpha = -614°$

8 Skizzieren Sie die Sinuskurve [Kosinuskurve] im Bereich $-360° \leq \alpha \leq 720°$.

9 Für welche Winkelgrößen α im Bereich $0° \leq \alpha \leq 360°$ gilt jeweils:

a) $\sin \alpha > 0$ b) $\cos \alpha < 0$ c) $\sin \alpha > 0$ und $\cos \alpha > 0$ d) $\sin \alpha > 0$ und $\cos \alpha < 0$

1.6.3 Bogenmaß eines Winkels

Bislang haben wir die Größe von Winkeln im Gradmaß in der Einheit ° gemessen. Jetzt soll die Größe von Winkeln mithilfe reeller Zahlen angegeben werden.

Aufgabe

1 Berechnen der Größe eines Winkels aus der Bogenlänge

Ein Schweißroboter soll für das Herstellen zweier kreisförmiger Schweißnähte programmiert werden. Die Schweißnähte sollen dabei auf Kreisbögen mit den Radien $r_1 = 1$ m und $r_2 = 1{,}5$ m liegen und eine Bogenlänge von $b_1 = 0{,}48$ m bzw. $b_2 = 0{,}72$ m haben.
Welcher Drehwinkel muss für den Roboterarm jeweils programmiert werden?

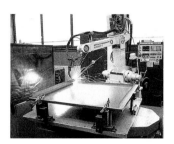

Lösung

Für die zu einer Kreisbogenlänge b_α gehörende Winkelgröße α gilt:

$$b_\alpha = 2\,\pi\,r \cdot \frac{\alpha}{360°},$$

also:

$$\alpha = \frac{b_\alpha \cdot 360°}{2\,\pi\,r} = \frac{b_\alpha \cdot 180°}{\pi\,r}$$

Damit folgt:

$$\alpha_1 = \frac{0{,}48\text{ m} \cdot 180°}{\pi \cdot 1\text{ m}} = 27{,}50...° \approx 27{,}5° \quad \text{und}$$

$$\alpha_2 = \frac{0{,}72\text{ m} \cdot 180°}{\pi \cdot 1{,}5\text{ m}} = 27{,}50...° \approx 27{,}5°$$

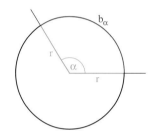

Information

Größen kann man in verschiedenen Einheiten messen:

Länge:
Meter $\leftrightarrow$ inch

Temperatur:
Grad Celsius
$\leftrightarrow$
Grad Fahrenheit

Winkel:
Gradmaß
$\leftrightarrow$
Bogenmaß

Bogenmaß eines Winkels

In Aufgabe 1 haben wir beide Male als Winkelgröße 27,5° erhalten. Dies liegt daran, dass der Radius r_2 genau 1,5-mal so groß wie der Radius r_1 und auch die Bogenlänge b_2 genau 1,5-mal so groß wie die Bogenlänge b_1 ist.
Formt man die Formel $\alpha = \frac{b_\alpha \cdot 180°}{\pi\,r}$ um in $\frac{b_\alpha}{r} = \alpha \cdot \frac{\pi}{180°}$,
so sieht man, dass das Verhältnis $\frac{b_\alpha}{r}$ aus Bogenlänge b_α und Radius r nur von der Winkelgröße α abhängt, denn π und 180° sind Konstanten.
Das Verhältnis $\frac{b_\alpha}{r}$ können wir daher auch dazu verwenden, um die Größe eines Winkels anzugeben.
Man nennt es das *Bogenmaß* des Winkels α. Das Bogenmaß eines Winkels ist eine reelle Zahl.
Bisher haben wir die Größe eines Winkels in der Einheit Grad angegeben, also im so genannten Gradmaß.
Mit der Formel $\frac{b_\alpha}{r} = \alpha \cdot \frac{\pi}{180°}$ können wir jede Winkelgröße, die im Gradmaß angegeben ist, in das Bogenmaß umrechnen und umgekehrt.

> **Definition**
> Das Verhältnis $\frac{b_\alpha}{r}$ aus der Länge b_α des Kreisbogens und dem Radius r heißt das **Bogenmaß** des Winkels α.

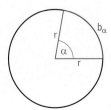

Das Bogenmaß ist eine reelle Zahl!

Satz

(1) Zu dem Gradmaß α eines Winkels gehört das Bogenmaß $\quad x = \alpha \cdot \frac{\pi}{180°}$.

(2) Zu dem Bogenmaß x eines Winkels gehört das Gradmaß $\quad \alpha = x \cdot \frac{180°}{\pi}$.

Beispiele: $\alpha = 152°$ $\qquad\qquad\qquad\qquad$ $x = 5,1$

$\qquad\qquad x = \alpha \cdot \frac{\pi}{180°} = 152° \cdot \frac{\pi}{180°} \approx 2,65$ $\qquad$ $\alpha = x \cdot \frac{180°}{\pi} = 5,1 \cdot \frac{180°}{\pi} \approx 292,2°$

Aufgabe

2 **Umrechnen vom Gradmaß in das Bogenmaß**

Geben Sie für $-90°$, $0°$, $30°$, $45°$, $60°$, $90°$, $180°$, $270°$, $360°$ und $720°$ den Zusammenhang zwischen Gradmaß und Bogenmaß an.

Lösung

Sie könnten das Gradmaß für jede einzelne Winkelgröße mithilfe der Formel $x = \alpha \cdot \frac{\pi}{180°}$ berechnen.

Einfacher ist jedoch folgendes Vorgehen:

Zu dem Gradmaß $\alpha = 360°$ eines Winkels gehört das Bogenmaß $x = 2\pi$, zu dem Gradmaß $180°$ gehört das Bogenmaß π, ...

Da die Zuordnung zwischen Gradmaß und Bogenmaß proportional ist, erhalten wir:

Gradmaß	$-90°$	$0°$	$30°$	$45°$	$60°$	$90°$	$180°$	$270°$	$360°$	$720°$
Bogenmaß	$-\frac{\pi}{2}$	0	$\frac{\pi}{6}$	$\frac{\pi}{4}$	$\frac{\pi}{3}$	$\frac{\pi}{2}$	π	$\frac{3}{2}\pi$	2π	4π

> 360° entspricht 2π

Information

Verschiedene Winkelmaße beim Taschenrechner

Der Taschenrechner kann neben dem bisher verwendeten Gradmaß auch das Bogenmaß für Berechnungen verwenden. Dazu muss er aber auf das Bogenmaß umgeschaltet werden. Für das Gradmaß wird dabei die Abkürzung DEG (Degree) und für das Bogenmaß die Abkürzung RAD (Radiant) verwandt. Weitere Winkelmaße, die der Taschenrechner verarbeiten kann, sind für uns ohne Bedeutung.

Auch Tabellenkalkulationsprogramme verwenden das Bogenmaß für Winkelgrößen.

Übungsaufgaben

3 Zur Kontrolle des Winkels einer neu gebauten Diskuswurf-Anlage wird sowohl der Bogen auf dem Wurfkreis gemessen als auch auf der des 50 m-Weitenkreises im Wurfsektor: 0,87 m bzw. 28,50 m.

Überlegen Sie, warum es leichter ist, diese Größen statt der Winkelgröße direkt zu messen. Berechnen Sie dann die Größe des Winkels.

> **Diskuswerfen**
>
> Der Diskus ist eine mit Metall eingefasste Hartholz- oder Metallscheibe, die aus einem Wurfkreis mit 2,50 Meter Durchmesser in das gekennzeichnete Wurffeld geworfen wird.
>
> Der Wurfkreis wird durch eine Metallumrandung oder eine weiße Linie markiert. Vom Mittelpunkt des Kreises führen in einem 40-Grad-Winkel zwei gerade Linien nach vorne und begrenzen somit einen Sektor, in dem alle gültigen Würfe landen müssen. Die Messung der Würfe erfolgt auf einer geraden Linie durch den Kreismittelpunkt von der Auftreffstelle zur Innenkante der Kreisumrandung.

4

a) Gegeben sind Winkelgrößen im Gradmaß. Berechnen Sie jeweils das zugehörige Bogenmaß.

(1) $37°$; $109°$; $348°$; $258°$; $17,5°$; $339,8°$; $127,1°$ $\quad$ (2) $-55°$; $456°$; $-125°$; $-518°$; $-256,8°$

b) Gegeben sind Winkelgrößen im Bogenmaß. Berechnen Sie jeweils das zugehörige Gradmaß.

(1) $2,67$; $5,14$; $0,5$; $-3,25$; $23,6$; $-1,3$; $20,4$ $\quad$ (2) $\frac{3}{2}\pi$; $\frac{\pi}{4}$; $\frac{5}{4}\pi$; $-\frac{7}{4}\pi$; $-\frac{3}{8}\pi$; $-\frac{5}{8}\pi$; $\frac{7}{8}\pi$; $-\frac{\pi}{6}$

1.6.4 Definition und Eigenschaften der Sinusfunktion

Information

Definition der Sinusfunktion

Die Sinusfunktion kann auch für Winkelgrößen im Bogenmaß definiert werden. In der grafischen Darstellung wird dazu das Gradmaß an der Rechtsachse durch das Bogenmaß ersetzt. Die Werte an der Rechtsachse sind dann reelle Zahlen.

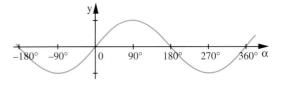

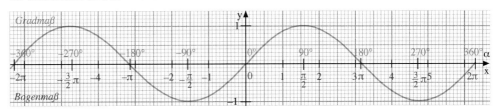

Definition

Die Funktion mit der Gleichung $y = \sin x$ und $\mathbb{R}$ (bzw. einer Teilmenge von $\mathbb{R}$) als Definitionsmenge heißt **Sinusfunktion**. Ihr Graph heißt auch *Sinuskurve*.

Graph der Sinusfunktion:

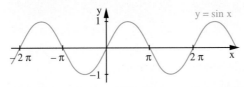

Die Wertemenge ist jeweils die Menge aller reellen Zahlen, für die gilt: $-1 \le y \le 1$.

Satz

Die Sinusfunktion ist eine periodische Funktion mit der Periode 2π:

$$\sin(x + 2\pi) = \sin x$$

Besondere Werte: $\sin 0 = 0$ $\sin\frac{\pi}{2} = 1$ $\sin \pi = 0$ $\sin\frac{3}{2}\pi = -1$ $\sin 2\pi = 0$

Aufgabe

1

a) Zeichnen Sie den Graphen der Sinusfunktion und untersuchen Sie sie auf Symmetrie.

b) Geben Sie die Nullstellen der Funktion an.

Lösung

a) Wir können nur einen kleinen Ausschnitt des Graphen der Sinusfunktion zeichnen.

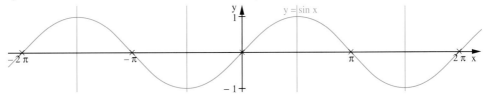

Die rot markierten Punkte sind Symmetriepunkte. Die grünen Geraden sind Symmetrieachsen.

b) Die Sinusfunktion hat zwischen 0 und 2π die Nullstellen 0; π; 2π. Wegen der Periode 2π hat sie in $\mathbb{R}$ unendlich viele Nullstellen, z.B. -3π, -2π, $-\pi$, 0, π, 2π, 3π; allgemein $k \cdot \pi$ mit $k \in \mathbb{Z}$.

Menge der ganzen Zahlen:
$\mathbb{Z} = \{..., -2, -1, 0, 1, 2, ...\}$

Information   **(1)** Der Graph der Sinusfunktion ist punktsymmetrisch zu allen Punkten, an denen der Graph die x-Achse schneidet, insbesondere auch zum Koordinatenursprung 0.

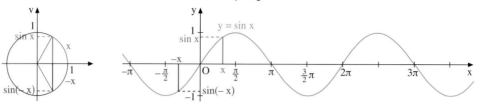

Bezüglich des Koordinatenursprungs O (0|0) gilt also: $\sin(-x) = -\sin x$

(2) Der Graph der Sinusfunktion ist achsensymmetrisch zu allen zur y-Achse parallelen Geraden, die durch einen Hoch- oder Tiefpunkt des Graphen verlaufen.

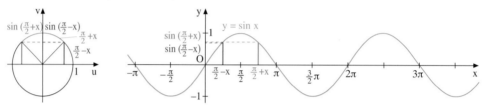

Bezüglich des Hochpunktes $H\left(\frac{\pi}{2}\middle|1\right)$ gilt also beispielsweise: $\sin\left(\frac{\pi}{2} + x\right) = \sin\left(\frac{\pi}{2} - x\right)$

Satz

Der Graph der Sinusfunktion ist punkt- und achsensymmetrisch. Insbesondere gilt:

Der Graph der Sinusfunktion ist punktsymmetrisch zum Koordinatenursprung.

Für alle Winkelgrößen x gilt: **$\sin(-x) = -\sin x$**

Übungsaufgaben **2**

a) Zeichnen Sie den Graphen der Sinusfunktion im Intervall $[0; 2\pi]$ mithilfe einer Tabellenkalkulation.

b) Erläutern Sie den Unterschied zwischen

   (1) $\sin 1$ und $\sin x = 1$ (2) $\sin(-0,5)$ und $\sin x = -0,5$ (3) $\sin 2$ und $\sin x = 2$

c) Wie viele Lösungen hat die Gleichung   (1) $\sin x = -1$ (2) $\sin x = 0,5$ (3) $\sin x = \sqrt{2}$

3 Analog zur Definition der Sinusfunktion kann die der Kosinusfunktion erfolgen.

Erläutern Sie, welche Eigenschaften man an dem abgebildeten Graphen ablesen kann.

Geben Sie insbesondere an: (1) Symmetrieeigenschaften   (2) Nullstellen

4 Hier kann man exakte Werte für x angeben. Begründen Sie.

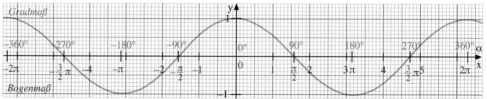

a) $\sin x = 1$ **c)** $\sin x = \frac{1}{2}\sqrt{2}$ **e)** $\cos x = 0$ **g)** $\cos x = \frac{1}{2}$

b) $\sin x = 0$ **d)** $\sin x = \frac{1}{2}$ **f)** $\cos x = -\sqrt{1}$ **h)** $\cos x = -\frac{1}{2}\sqrt{3}$

1.6.5 Strecken des Graphen der Sinus- und Kosinusfunktion

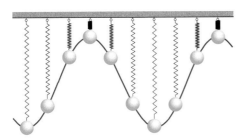

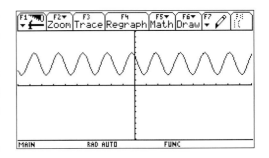

Die Bilder zeigen Bewegungen verschiedener auf- und abschwingender Kugeln. Es ergeben sich Graphen, die denen der Sinus- und Kosinusfunktion sehr ähnlich sind. Im Vergleich zur Sinusfunktion sind sie in Richtung der x- und y-Achse gestreckt oder gestaucht und in Richtung der x- und y-Achse verschoben.

Solche Funktionen werden auch als *allgemeine Sinus- und Kosinusfunktionen* bezeichnet.

Aufgabe

1 Strecken parallel zur y-Achse

Zeichnen Sie den Graphen der Sinusfunktion mit $y = \sin x$ im Bereich $-2\pi \leq x \leq 2\pi$.

a) Strecken Sie den Graphen der Sinusfunktion von der x-Achse aus parallel zur y-Achse mit dem Faktor 2. Erstellen Sie auch die Funktionsgleichung der zugehörigen Funktion.

b) Strecken Sie den Graphen der Sinusfunktion von der x-Achse aus parallel zur y-Achse mit dem Faktor $\frac{1}{2}$ und erstellen Sie die Funktionsgleichung.

c) Vergleichen Sie die gestreckten Graphen mit dem Graphen der Sinusfunktion.

Lösung

a) Das Strecken der Sinuskurve parallel zur y-Achse mit dem Faktor 2 bedeutet, dass die y-Koordinate jedes Punktes verdoppelt wird, während die x-Koordinate beibehalten wird.

Graph:

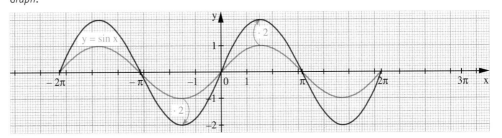

Wertetabelle (mit gerundeten Werten):

x	-2π	$-\frac{7}{4}\pi$	$-\frac{3}{2}\pi$	$-\frac{5}{4}\pi$	$-\pi$	$-\frac{3}{4}\pi$	$-\frac{\pi}{2}$	$-\frac{\pi}{4}$	0	$\frac{\pi}{4}$	$\frac{\pi}{2}$	$\frac{3}{4}\pi$	π	$\frac{5}{4}\pi$	$\frac{3}{2}\pi$	$\frac{7}{4}\pi$	2π
$\sin x$	0	0,7	1	0,7	0	$-0,7$	-1	$-0,7$	0	0,7	1	0,7	0	$-0,7$	-1	$-0,7$	0
$2 \cdot \sin x$	0	1,4	2	1,4	0	$-1,4$	-2	$-1,4$	0	1,4	2	1,4	0	$-1,4$	-2	$-1,4$	0

$\Big) \cdot 2$

Die Funktionsgleichung zum gestreckten Graphen lautet somit $y = 2 \cdot \sin x$.

b) Entsprechend wird beim Strecken des Graphen der Sinusfunktion von der x-Achse aus parallel zur y-Achse mit dem Faktor $\frac{1}{2}$ die y-Koordinate jedes Punktes mit dem Faktor $\frac{1}{2}$ multipliziert.

Graph:

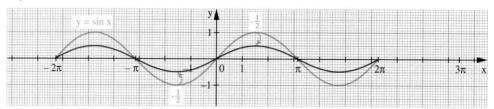

Wertetabelle (mit gerundeten Werten):

x	-2π	$-\frac{7}{4}\pi$	$-\frac{3}{2}\pi$	$-\frac{5}{4}\pi$	$-\pi$	$-\frac{3}{4}\pi$	$-\frac{\pi}{2}$	$-\frac{\pi}{4}$	0	$\frac{\pi}{4}$	$\frac{\pi}{2}$	$\frac{3}{4}\pi$	π	$\frac{5}{4}\pi$	$\frac{3}{2}\pi$	$\frac{7}{4}\pi$	2π
$\sin x$	0	0,7	1	0,7	0	$-0,7$	-1	$-0,7$	0	0,7	1	0,7	0	$-0,7$	-1	$-0,7$	0
$\frac{1}{2}\cdot\sin x$	0	0,35	0,5	0,35	0	$-0,35$	$-\frac{1}{2}$	$-0,35$	0	0,35	$\frac{1}{2}$	0,35	0	$-0,35$	$-0,5$	$-0,35$	0

Die Funktionsgleichung zum gestreckten Graphen lautet somit

$y = \frac{1}{2}\cdot\sin x$.

c) Wir vergleichen die gestreckten Graphen mit dem der Sinusfunktion. Sie besitzen

– dieselben Nullstellen: -2π, π, 0, π, 2π, ...

– dieselben Bereiche, in denen sie steigen bzw. fallen.

– dieselbe Periode 2π.

Beide Funktionen unterscheiden sich bei dem größten und kleinsten Funktionswert und folglich bei den Wertemengen:

Funktion zu	größter Funktionswert	kleinster Funktionswert	Wertemenge
$y = \sin x$	1	-1	$-1 \leq y \leq 1$
$y = 2\cdot\sin x$	2	-2	$-2 \leq y \leq 2$
$y = \frac{1}{2}\cdot\sin x$	$\frac{1}{2}$	$-\frac{1}{2}$	$-\frac{1}{2} \leq y \leq \frac{1}{2}$

Information

Amplitude (lat.):

Physik:
Schwingungsweite

Math:
größter absoluter Funktionswert einer periodischen Funktion

Durch Strecken des Graphen der Sinusfunktion parallel zur y-Achse erhält man Graphen zur Beschreibung der Bewegung von Kugeln, deren maximale Auslenkung verschieden ist.

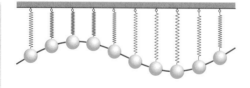
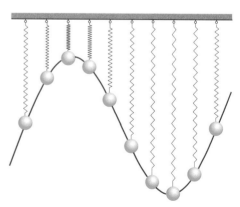

Die maximale Auslenkung aus der Nulllage bezeichnet man auch als *Amplitude*.

Eigenschaften der Funktionen mit y = a · sin x mit a > 0

(1) Der Graph entsteht durch Strecken mit dem Faktor a parallel zur y-Achse aus dem Graphen der Sinusfunktion mit y = sin x.

(2) Die Periode ist 2π.

(3) Der größte Funktionswert ist a, der kleinste −a. Die Wertemenge ist die Menge aller reellen Zahlen y mit $-a \leq y \leq a$.

(4) Nullstellen sind $\ldots, -4\pi, -3\pi, -2\pi, -\pi, 0, \pi, 2\pi, 3\pi, 4\pi, \ldots$, allgemein $k \cdot \pi$ mit $k \in \mathbb{Z}$.

Hinweis: Man spricht in der Mathematik auch von Streckung, wenn der positive Streckfaktor kleiner als 1 ist, also eine Stauchung vorliegt.

Aufgabe

2 Strecken parallel zur x-Achse

Zeichnen Sie den Graphen der Sinusfunktion mit y = sin x im Bereich $0 \leq x \leq 2\pi$.

a) Strecken Sie den Graphen der Sinusfunktion von der y-Achse aus parallel zur x-Achse mit dem Faktor 2. Erstellen Sie auch die Funktionsgleichung der zugehörigen Funktion.

b) Strecken Sie den Graphen der Sinusfunktion von der y-Achse aus parallel zur x-Achse mit dem Faktor $\frac{1}{2}$ und erstellen Sie die Funktionsgleichung.

c) Vergleichen Sie die gestreckten Graphen mit dem der Sinusfunktion.

Lösung

a) Entsprechend zum Strecken parallel zur y-Achse bedeutet das Strecken parallel zur x-Achse mit dem Faktor 2, dass die x-Koordinate jedes Punktes verdoppelt wird, während die y-Koordinate beibehalten wird.

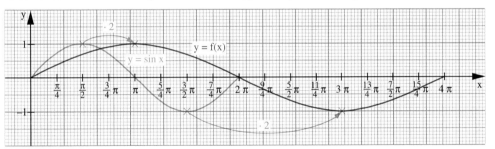

Am Graphen erkennen wir:

Die neue Funktion f hat an der Stelle x denselben Wert wie die Sinusfunktion an der Stelle $\frac{x}{2}$.

Es gilt also:

$y = \sin \frac{x}{2}$ mit $0 \leq x \leq 4\pi$

Eine Wertetabelle bestätigt diesen Zusammenhang:

x	0	$\frac{\pi}{2}$	π	$\frac{3}{2}\pi$	2π	$\frac{5}{2}\pi$	3π	$\frac{7}{2}\pi$	4π
sin x	0	1	0	−1	0				
$\sin \frac{x}{2}$	0	$\frac{1}{2}\sqrt{2}$	1	$\frac{1}{2}\sqrt{2}$	0	$-\frac{1}{2}\sqrt{2}$	−1	$-\frac{1}{2}\sqrt{2}$	0
$\frac{x}{2}$	0	$\frac{\pi}{4}$	$\frac{\pi}{2}$	$\frac{3}{4}\pi$	π	$\frac{5}{4}\pi$	$\frac{3}{2}\pi$	$\frac{7}{4}\pi$	2π

b) Strecken parallel zur x-Achse mit dem Faktor $\frac{1}{2}$ bedeutet, dass die x-Koordinate jedes Punktes halbiert wird.

Am Graphen erkennt man wiederum:

Die neue Funktion f hat an der Stelle x denselben Wert wie die Sinusfunktion an der Stelle 2x.

Es gilt also:

$y = \sin(2x)$ mit $0 \le x \le \pi$.

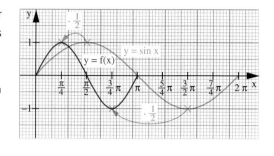

Auch das bestätigen wir mit der Wertetabelle:

x	0	$\frac{\pi}{4}$	$\frac{\pi}{2}$	$\frac{3}{4}\pi$	π	$\frac{5}{4}\pi$	$\frac{3}{2}\pi$	$\frac{7}{4}\pi$	2π
$\sin x$	0	$\frac{1}{2}\sqrt{2}$	1	$\frac{1}{2}\sqrt{2}$	0	$-\frac{1}{2}\sqrt{2}$	-1	$-\frac{1}{2}\sqrt{2}$	0
$\sin(2x)$	0	1	0	-1	0				
$2x$	0	$\frac{\pi}{2}$	π	$\frac{3}{2}\pi$	2π				

c) Wir vergleichen die gestreckten Graphen mit dem der Sinusfunktion.

Sie besitzen dieselbe Amplitude 1 und somit dieselbe Wertemenge $-1 \le y \le 1$.

Beide Funktionen unterscheiden sich in der Periode und den Nullstellen von der Sinusfunktion.

Funktionen	Periode	Nullstellen	
$y = \sin x$	2π	..., 0; π; 2π; 3π; ...	allgemein $k \cdot \pi$ mit $k \in \mathbb{Z}$
$y = \sin(2x)$	π	..., 0; $\frac{\pi}{2}$; π; $\frac{3}{2}\pi$; 2π; ...	allgemein $k \cdot \frac{\pi}{2}$ mit $k \in \mathbb{Z}$
$y = \sin\left(\frac{1}{2}x\right)$	4π	..., 0; 2π; 4π; 6π; ...	allgemein $k \cdot 2\pi$ mit $k \in \mathbb{Z}$

Information

Durch Strecken des Graphen der Sinusfunktion parallel zur x-Achse erhält man Graphen zur Beschreibung der Bewegung von Kugeln, deren Periode verschieden von 2π ist.

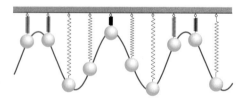 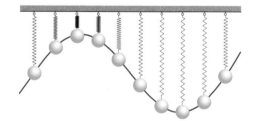

Durch die Sinusfunktion mit $y = \sin(2x)$ beispielsweise wird eine Bewegung der Kugeln beschrieben, die doppelt so schnell ist wie bei $y = \sin x$.

$y = \sin(b \cdot x)$
Faktor b

• größer 1
verkleinert die Periode

• kleiner 1
vergrößert die Periode

Eigenschaften der Funktionen mit $y = \sin(b \cdot x)$ mit $b > 0$

(1) Der Graph entsteht durch Strecken mit dem Faktor $\frac{1}{b}$ parallel zur x-Achse aus dem Graphen der Sinusfunktion mit $y = \sin x$.

(2) Die Periode ist $\frac{2\pi}{b}$.

(3) Der größte Funktionswert ist 1, der kleinste -1.

(4) Die Wertemenge ist die Menge aller reellen Zahlen y mit $-1 \le y \le 1$.

(5) Die Nullstellen sind $k \cdot \frac{\pi}{b}$ mit $k \in \mathbb{Z}$.

Weiterführende Aufgabe

3 Negative Streckfaktoren

Untersuchen Sie, wie sich der Graph der Sinusfunktion verändert, wenn man mit einem negativen Faktor parallel zur y-Achse [parallel zur x-Achse] streckt.

Betrachten Sie insbesondere auch den Spezialfall, dass der Streckfaktor gleich -1 ist und begründen Sie die folgenden Aussagen:

(1) Strecken parallel zur y-Achse mit dem Faktor -1 entspricht einem Spiegeln an der x-Achse.

(2) Strecken parallel zur x-Achse mit dem Faktor -1 entspricht einem Spiegeln an der y-Achse.

Übungsaufgaben

4 Geben Sie zu den Graphen die Funktionsgleichung an.

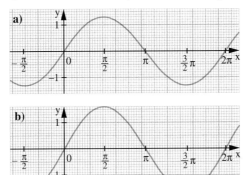
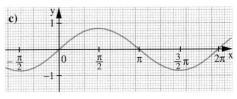
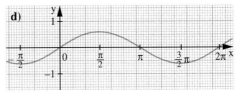

5 Gegeben ist die Funktion f mit $f(x) = 2{,}5 \cdot \sin x$ im Bereich $-\frac{\pi}{2} \le x \le \frac{\pi}{2}$.

a) Der Punkt $P_1\left(\frac{\pi}{4}\,\middle|\,y_1\right)$ soll zum Graphen gehören. Bestimmen Sie die fehlende Koordinate.

b) Der Punkt $P_2\left(x_2\,\middle|\,-1{,}25\right)$ soll zum Graphen gehören. Bestimmen Sie die fehlende Koordinate. Warum ist dies eindeutig möglich?

c) Liegt der Punkt P_3 auf dem Graphen der Funktion f

(1) $P_3\left(\frac{\pi}{4}\,\middle|\,0{,}3427\right)$,   (2) $P_3\left(0{,}3196\,\middle|\,\frac{\pi}{4}\right)$,   (3) $P_3\left(2{,}1253\,\middle|\,2{,}1253\right)$?

Führen Sie die Punktprobe durch.

6 Bestimmen Sie den Faktor a in der Funktionsgleichung $y = a \cdot \sin x$, sodass gilt:

a) Die Wertemenge der Funktion ist die Menge aller reellen Zahlen y mit $-1{,}3 \le y \le 1{,}3$.

b) Der Graph geht durch den Punkt $P\left(\frac{\pi}{6}\,\middle|\,3\right)$.

c) Der Graph nimmt im Punkt $P\left(\frac{\pi}{2}\,\middle|\,-1{,}5\right)$ den kleinsten Wert an.

7 Durch die Gleichung $y = a \cdot \sin x$ ist eine Funktion gegeben. Der Graph dieser Funktion geht durch den Punkt P. Wie lautet die Funktionsgleichung?

a) $P\left(\frac{\pi}{3}\,\middle|\,1{,}4\right)$ **b)** $P\left(-\frac{\pi}{3}\,\middle|\,-1{,}9\right)$ **c)** $P\left(\frac{7}{4}\pi\,\middle|\,-0{,}4\right)$ **d)** $P\left(-\frac{5}{4}\pi\,\middle|\,1{,}5\right)$

8 Zeichnen Sie im Bereich $-2\pi \le x \le 2\pi$ den Graphen der Funktion. Geben Sie die Eigenschaften an.

a) $y = \sin\left(\frac{1}{3}x\right)$ **b)** $y = \sin(3x)$

9 Zeichnen Sie im Bereich $-2\pi \le x \le 2\pi$ den Graphen der Funktion. Geben Sie die Eigenschaften an.

a) $y = 3 \cdot \sin(0{,}5x)$ **b)** $y = 3 \cdot \sin(2x)$ **c)** $y = 2 \cdot \sin(3x)$

10 Kontrollieren Sie die Hausaufgaben.

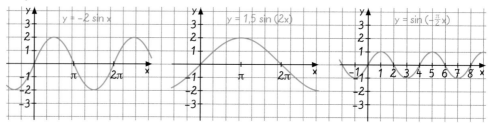

11 Geben Sie die Funktionsgleichung zum Graphen an.

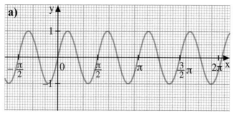

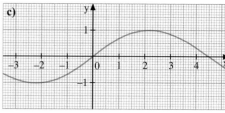

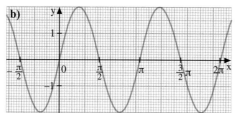

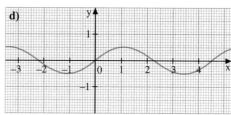

12 Gegeben ist die Funktion mit $y = \sin\left(\frac{1}{3}x\right)$ im Bereich $-3\pi \le x \le 3\pi$.

(1) Der Punkt $P_1\left(\frac{\pi}{2}\,\middle|\,y_1\right)$ soll zum Graphen der Funktion gehören. Bestimmen Sie die 2. Koordinate.

(2) Der Punkt $P_2\left(x_2\,\middle|\,-\frac{1}{2}\right)$ soll zum Graphen der Funktion gehören. Bestimmen Sie die 1. Koordinate.

Beschreiben Sie, wie Sie vorgegangen sind. Welche Unterschiede weisen beide Teilaufgaben auf?

13 Durch $y = \sin(b \cdot x)$ ist eine Funktion gegeben.

Bestimmen Sie alle Werte für Faktor b, falls gilt:

a) Die Periode ist $\frac{\pi}{2}$.

b) Der Graph geht durch den Punkt $P\left(\frac{\pi}{12}\,\middle|\,\frac{1}{2}\sqrt{2}\right)$.

14 Gegeben ist die Funktion mit der Gleichung $y = 1{,}5 \cdot \sin(2x)$ im Bereich $-2\pi \le x \le 2\pi$.

Beschreiben Sie, wie der Graph dieser Funktion aus dem Graphen der Sinusfunktion mit $y = \sin x$ entsteht.

Zeichnen Sie auch den Graphen. Geben Sie die Eigenschaften der Funktion an.

15 Untersuchen Sie, wie der Graph der Funktion $y = \cos(b \cdot x)$ aus dem Graphen der Kosinusfunktion hervorgeht. Wählen Sie verschiedene Werte für b. Formulieren Sie eine Regel.

Formulieren Sie Regeln analog zur Information auf Seite 115 unten. Setzen Sie die Sätze fort:

(1) Der Graph der Funktion f mit $f(x) = \cos(b \cdot x)$ entsteht durch Strecken mit dem Faktor ...

(2) Die Periode ist ...

(3) Der größte Funktionswert ist ...

(4) Die Wertemenge ...

(5) Die Nullstellen sind ...

1.6.6 Verschieben des Graphen der Sinus- und Kosinusfunktion

Ziel

Eine Normalparabel kannst du im Koordinatensystem verschieben. Hier lernen Sie kennen, wie man die Graphen der Sinus- und Kosinusfunktion verschiebt.

Zum Erarbeiten

(1) Verschieben des Graphen der Sinusfunktion parallel zur y-Achse

Zeichnen Sie den Graphen der Sinusfunktion mit $y = \sin x$ im Bereich $0 \leq x \leq 2\pi$.

a) Verschieben Sie den Graphen parallel zur y-Achse um 1 Einheit nach oben und geben Sie den Funktionsterm $f(x)$ des verschobenen Graphen an.

b) Verschieben Sie den Graphen parallel zur y-Achse um 2 Einheiten nach unten und geben Sie den Funktionsterm $g(x)$ des verschobenen Graphen an.

> $\sin x + 1$ ist die abgekürzte Schreibweise für $\sin(x) + 1$.

a) An dem Graphen erkennen Sie:

Beim Verschieben eines Punktes $P(x|y)$ der Sinuskurve um 1 Einheit nach oben wird die x-Koordinate beibehalten und zum y-Wert wird 1 addiert.

Der Funktionsterm lautet also:

$f(x) = \sin x + 1$

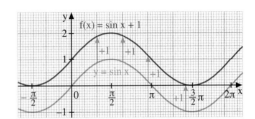

b) An dem Graphen erkennen Sie:

Beim Verschieben eines Punktes $P(x|y)$ der Sinuskurve um 2 Einheiten nach unten wird die x-Koordinate beibehalten und vom y-Wert wird 2 subtrahiert.

Der Funktionsterm lautet also:

$g(x) = \sin x - 2$

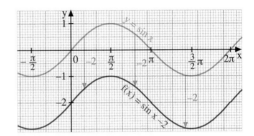

Verschieben parallel zur y-Achse

Den Graphen der Funktion f mit $f(x) = \sin x + d$ erhält man durch Verschieben des Graphen der Sinusfunktion mit $y = \sin x$ parallel zur y-Achse.

Wenn $d > 0$, wird nach oben verschoben;   wenn $d < 0$, wird nach unten verschoben.

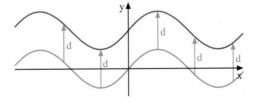
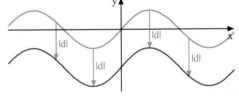

---

(2) Verschieben des Graphen der Sinusfunktion parallel zur x-Achse

Zeichnen Sie den Graphen der Sinusfunktion mit $y = \sin x$ im Bereich $0 \leq x \leq 2\pi$.

a) Verschieben Sie den Graphen um $\frac{\pi}{4}$ parallel zur x-Achse nach rechts und geben Sie den Funktionsterm $f(x)$ des verschobenen Graphen an.

b) Verschieben Sie den Graphen um $\frac{\pi}{4}$ parallel zur x-Achse nach links und geben Sie den Funktionsterm $g(x)$ des verschobenen Graphen an.

a) Am Graphen erkennen Sie: Die neue Funktion f hat an der Stelle x denselben Wert wie die Sinusfunktion an der Stelle $x - \frac{\pi}{4}$. Es gilt also:

$f(x) = \sin\left(x - \frac{\pi}{4}\right)$

mit $\frac{\pi}{4} \le x \le \frac{9}{4}\pi$.

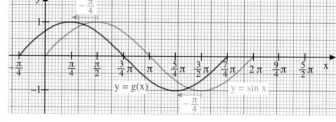

Eine Wertetabelle bestätigt diesen Zusammenhang:

x	0	$\frac{1}{4}\pi$	$\frac{1}{2}\pi$	$\frac{3}{4}\pi$	π	$\frac{5}{4}\pi$	$\frac{3}{2}\pi$	$\frac{7}{4}\pi$	2π	$\frac{9}{4}\pi$
$\sin x$	0	$\frac{1}{2}\sqrt{2}$	1	$\frac{1}{2}\sqrt{2}$	0	$-\frac{1}{2}\sqrt{2}$	-1	$-\frac{1}{2}\sqrt{2}$	0	
$\sin\left(x - \frac{\pi}{4}\right)$		0	$\frac{1}{2}\sqrt{2}$	1	$\frac{1}{2}\sqrt{2}$	0	$-\frac{1}{2}\sqrt{2}$	-1	$-\frac{1}{2}\sqrt{2}$	0
$x - \frac{\pi}{4}$		0	$\frac{1}{4}\pi$	$\frac{1}{2}\pi$	$\frac{3}{4}\pi$	π	$\frac{5}{4}\pi$	$\frac{3}{2}\pi$	$\frac{7}{4}\pi$	2π

b) Am Graphen erkennen Sie: Die neue Funktion g hat an der Stelle x denselben Wert wie die Sinusfunktion an der Stelle $x + \frac{\pi}{4}$. Es gilt also:

$g(x) = \sin\left(x + \frac{\pi}{4}\right)$

mit $-\frac{\pi}{4} \le x \le \frac{7}{4}\pi$.

Eine Wertetabelle bestätigt diesen Zusammenhang:

x	$-\frac{\pi}{4}$	0	$\frac{1}{4}\pi$	$\frac{1}{2}\pi$	$\frac{3}{4}\pi$	π	$\frac{5}{4}\pi$	$\frac{3}{2}\pi$	$\frac{7}{4}\pi$	2π
$\sin x$		0	$\frac{1}{2}\sqrt{2}$	1	$\frac{1}{2}\sqrt{2}$	0	$-\frac{1}{2}\sqrt{2}$	-1	$-\frac{1}{2}\sqrt{2}$	0
$\sin\left(x + \frac{\pi}{4}\right)$	0	$\frac{1}{2}\sqrt{2}$	1	$\frac{1}{2}\sqrt{2}$	0	$-\frac{1}{2}\sqrt{2}$	-1	$-\frac{1}{2}\sqrt{2}$	0	
$x + \frac{\pi}{4}$	0	$\frac{1}{4}\pi$	$\frac{1}{2}\pi$	$\frac{3}{4}\pi$	π	$\frac{5}{4}\pi$	$\frac{3}{2}\pi$	$\frac{7}{4}\pi$	2π	

Information

Verschieben parallel zur x-Achse

Den Graphen einer Funktion f mit $f(x) = \sin(x - c)$ erhält man durch Verschieben des Graphen der Sinusfunktion mit $y = \sin x$ in Richtung der x-Achse.

Wenn $c > 0$, wird nach rechts verschoben; wenn $c < 0$, wird nach links verschoben.

$\sin(x + 2)$: Verschiebung nach <u>links</u>

$\sin(x - 2)$: Verschiebung nach <u>rechts</u>

c > 0

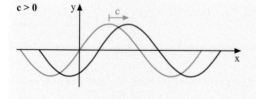

c < 0

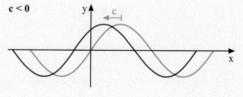

Beachte: In der Physik nennt man c auch die *Phasenverschiebung* und wählt dann dafür den griechischen Buchstaben ϕ (gelesen: Phi).

1 Vergleichen Sie den Graphen der Sinusfunktion mit dem zu:

(1) $y = \sin x + 2$ (2) $y = \sin x - 3$ (3) $y = \sin x - \pi$ (4) $y = \pi + \sin x$

2 Ermitteln Sie zum Graphen einen Funktionsterm.

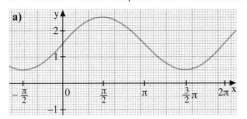 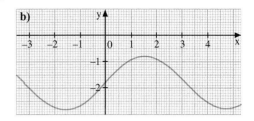

3 Vergleichen Sie den Graphen der Sinusfunktion mit $y = \sin x$ mit denen zu:

(1) $y = \sin\left(x + \frac{\pi}{2}\right)$ (2) $y = \sin\left(x + \frac{\pi}{4}\right)$ (3) $y = \sin\left(x - \frac{\pi}{2}\right)$ (4) $y = \sin\left(x - \frac{\pi}{4}\right)$

Wie gehen die Graphen der angegebenen Funktionen aus dem der Sinusfunktion hervor?

4 Ermitteln Sie zum Graphen einen Funktionsterm.

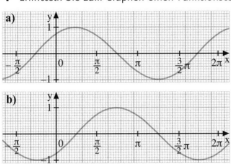 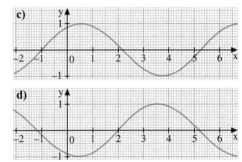

5 Beschreiben Sie mit Worten den Unterschied zwischen dem Graphen der Funktion f mit $f(x) = \sin(x - 1)$ und dem Graphen der Funktion g mit $g(x) = \sin x - 1$.

Zusammenhang zwischen Sinus und Kosinus

Vergleichen Sie die Graphen der Sinus- und der Kosinusfunktion miteinander und geben Sie an, wie man aus dem Graphen der Sinusfunktion den Graphen der Kosinusfunktion erzeugen kann.

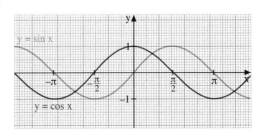

Verschiebt man den Graphen der Sinusfunktion um $\frac{\pi}{2}$ nach links, so erhält man den Graphen der Kosinusfunktion.

Also gilt:

$\cos x = \sin\left(x + \frac{\pi}{2}\right)$

Für die Sinus- und Kosinusfunktion gilt:

$$\cos x = \sin\left(x + \frac{\pi}{2}\right) \qquad \sin x = \cos\left(x - \frac{\pi}{2}\right)$$

1.6.7 Allgemeine Sinusfunktion

Im vorangehenden Abschnitt haben wir untersucht, wie sich das Verschieben und das Strecken des Funktionsgraphen in Richtung der x-Achse bzw. der y-Achse auf den Funktionsterm einer Sinusfunktion auswirkt. In diesem Abschnitt wird erarbeitet, welche Auswirkungen es hat, wenn mehr als eine dieser Veränderungen vorgenommen wird. Dies führt zum Graphen der allgemeinen Sinusfunktion.

Aufgabe

1 Graph der allgemeinen Sinusfunktion

Zeichnen Sie den Graphen der Sinusfunktion mit $y = \sin x$.

(1) Strecken Sie den Graphen zu $y = \sin x$ mit dem Faktor 1,5 parallel zur y-Achse.

(2) Strecken Sie den Graphen aus (1) mit dem Faktor $\frac{1}{2}$ parallel zur x-Achse.

(3) Verschieben Sie den gestreckten Graphen um $\frac{\pi}{6}$ nach rechts.

(4) Verschieben Sie nun diesen Graphen um 1 nach oben.

Geben Sie jeweils die Funktionsgleichung der Graphen an.

Lösung

(1) Strecken wir den Graphen der Sinusfunktion mit dem Faktor 1,5 parallel zur y-Achse, so erhalten wir den Graphen zur Funktion mit $y = 1,5 \sin x$.

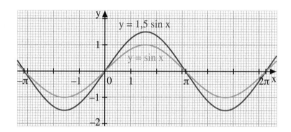

(2) Strecken wir diesen Graphen parallel zur x-Achse mit dem Faktor $\frac{1}{2}$, so erhalten wir den Graphen zur Funktion mit $y = 1,5 \sin(2x)$.

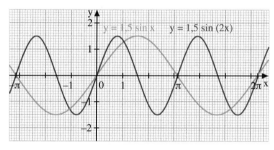

(3) Verschieben wir diesen Graphen um $\frac{\pi}{6}$ nach rechts, so erhalten wir den Graphen zur Funktion mit

$$y = 1,5 \sin\left(2\left(x - \frac{\pi}{6}\right)\right), \text{ also}$$

$$y = 1,5 \sin\left(2x - \frac{\pi}{3}\right).$$

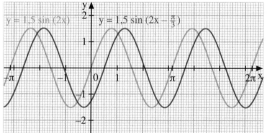

(4) Verschieben wir diesen Graphen um 1 nach oben, so erhalten wir den Graphen zur Funktion mit

$$y = 1,5 \sin\left(2x - \frac{\pi}{3}\right) + 1.$$

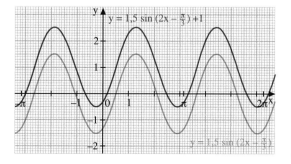

Information

Durch Verallgemeinerung des Ergebnisses von Aufgabe 1 erhalten wir:

Graph der allgemeinen Sinusfunktion mit $y = a \cdot \sin(b(x - c)) + d$

Aus dem Graphen der Sinusfunktion mit $y = \sin x$ erhält man den zur allgemeinen Sinusfunktion mit $y = a \cdot \sin(b(x + c)) + d$ durch

(1) Strecken mit dem Faktor a parallel zur y-Achse;

(2) anschließendes Strecken mit dem Faktor $\frac{1}{b}$ parallel zur x-Achse;

(3) anschließendes Verschieben um c parallel zur x-Achse;

wenn c > 0, wird nach rechts verschoben;   wenn c < 0, wird nach links verschoben;

(4) anschließendes Verschieben um d parallel zur y-Achse;

wenn d > 0, wird nach oben verschoben;   wenn d < 0, wird nach unten verschoben.

Hinweis: Löst man z. B. im Funktionsterm $\sin\left(2\left(x + \frac{\pi}{4}\right)\right)$ die Klammern auf, so erhält man den einfacheren Funktionsterm $\sin\left(2x + \frac{\pi}{2}\right)$. Aus diesem kann man aber die Verschiebung parallel zur x-Achse nicht unmittelbar ablesen.

Aufgabe

2 Reihenfolge von Strecken und Verschieben parallel zur x-Achse

a) Strecken Sie den Graphen der Sinusfunktion parallel zur x-Achse mit dem Faktor $\frac{1}{2}$; verschieben Sie dann den gestreckten Graphen um $\frac{\pi}{2}$ nach links. Erstellen Sie den Funktionsterm.

b) Verschieben Sie den Graphen der Sinusfunktion um $\frac{\pi}{2}$ nach links; strecken Sie dann den verschobenen Graphen parallel zur x-Achse mit dem Faktor $\frac{1}{2}$. Erstellen Sie den Funktionsterm.

c) Vergleichen Sie die in den Teilaufgaben a) und b) erhaltenen Graphen.

Lösung

a) (1) Strecken parallel zur x-Achse mit $\frac{1}{2}$

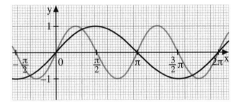

Funktionsterm: $f_1(x) = \sin(2x)$

b) (1) Verschieben um $\frac{\pi}{2}$ nach links

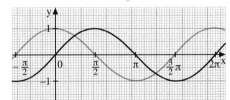

Funktionsterm: $g_1(x) = \sin\left(x + \frac{\pi}{2}\right)$

(2) Verschieben um $\frac{\pi}{2}$ nach links

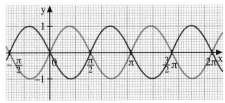

Funktionsterm: $f_2(x) = \sin\left(2\left(x + \frac{\pi}{2}\right)\right)$

(2) Strecken parallel zur x-Achse mit $\frac{1}{2}$

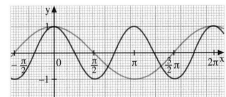

Funktionsterm: $g_2(x) = \sin\left(2x + \frac{\pi}{2}\right)$

c) Die auf den beiden Wegen enthaltenen Graphen sind verschieden. Wird der Graph der Sinusfunktion zunächst verschoben und dann der verschobene Graph gestreckt, so wird auch der Betrag der Verschiebung mit gestreckt. Er unterscheidet sich von dem bei dem umgekehrten Vorgehen: erst Strecken, dann Verschieben. Die Reihenfolge von Verschieben und Strecken parallel zur x-Achse kann nicht ohne weiteres vertauscht werden.

Information

Die Lösung der Aufgabe 2 zeigt, dass es beim Verschieben und Strecken auf die Reihenfolge ankommt. In der Information auf Seite 187 haben wir zuerst gestreckt und dann verschoben.

> Den Graphen der Funktion zu $y = \sin(bx - c)$ erhält man aus den Graphen der Sinusfunktion mit $y = \sin x$ durch
>
> (1) Verschieben um c parallel zur x-Achse (nach rechts für $c > 0$ bzw. nach links für $c < 0$);
>
> (2) Strecken mit dem Faktor $\frac{1}{b}$ parallel zur x-Achse.

Weiterführende Aufgabe

3 Bestimmen der Funktionsgleichung einer allgemeinen Sinusfunktion aus dem Graphen

Bestimmen Sie die Funktionsgleichung einer allgemeinen Sinusfunktion zu dem gezeichneten Graphen.

Anleitung: Verfahren Sie in der umgekehrten Reihenfolge zu der in der Information auf Seite 187:

(1) Verschiebung parallel zur y-Achse   (3) Streckung parallel zur x-Achse

(2) Verschiebung parallel zur x-Achse   (4) Streckung parallel zur y-Achse

Kontrollieren Sie anschließend mithilfe eines Funktionenplotters.

a)
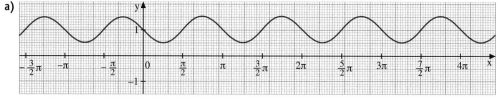

b)
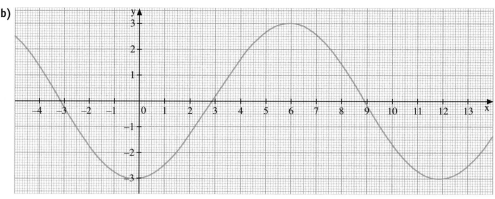

Information

Auf folgende Weise kann man mögliche Werte für die Parameter einer allgemeinen Sinusfunktion mit dem Funktionsterm $f(x) = a \sin(b(x + c)) + d$ aus dem Graphen ermitteln:

Zunächst bestimmt man den größten Funktionswert (*Maximum*) und den kleinsten Funktionswert (*Minimum*).

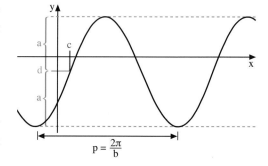

Dann gilt für die Parameter:

d: Mittelwert aus Maximum und Minimum

a: halbe Differenz von Maximum und Minimum

c: der negative x-Wert derjenigen Stelle, an der der Funktionsgraph einen steigenden Verlauf hat und die Mittellinie (mit $y = d$) schneidet

b: Quotient aus 2π und der Periodenlänge p

Übungsaufgaben 🖊 **4** Zeichnen Sie den Graphen der Sinusfunktion und führen Sie nacheinander folgende Abbildungen aus. Ermitteln Sie auch die Funktionsterme der einzelnen Funktionen.

a) Strecken mit dem Faktor 3 parallel zur y-Achse, dann Strecken mit dem Faktor 2 parallel zur x-Achse, dann Verschieben parallel zur x-Achse um π nach rechts, dann Verschieben parallel zur y-Achse um 4 nach oben.

b) Strecken mit dem Faktor – 2 parallel zur y-Achse, dann Strecken mit dem Faktor $\frac{1}{3}$ parallel zur x-Achse, dann Verschieben parallel zur x-Achse um $\frac{\pi}{2}$ nach links, dann Verschieben parallel zur y-Achse um 1,5 nach unten.

c) Strecken mit dem Faktor – 2 parallel zur y-Achse, dann Strecken mit dem Faktor – 1 parallel zur x-Achse, dann Verschieben parallel zur x-Achse um 2 nach rechts, dann Verschieben parallel zur y-Achse um 1 nach oben.

d) Strecken mit dem Faktor $-\frac{1}{2}$ parallel zur y-Achse, dann Strecken mit dem Faktor π parallel zur x-Achse, dann Verschieben parallel zur x-Achse um 1 nach links, dann Verschieben parallel zur y-Achse um 3 nach unten.

5 Beschreiben Sie, wie der Graph der angegebenen Funktion aus dem der Sinusfunktion mit y = sin x hervorgeht.

a) $y = 2 \sin \left(2 \left(x + \frac{\pi}{4} \right) \right)$

b) $y = 3 \sin \left(\frac{1}{2} (x - \pi) \right) + 1$

c) $y = \frac{1}{2} \sin \left(3 (x - 1) \right)$

d) $y = -2 \sin \left(\frac{\pi}{2} (x + 2) \right) - 2$

6 Geben Sie zu dem dargestellten Graphen den Funktionsterm einer allgemeinen Sinusfunktion an.

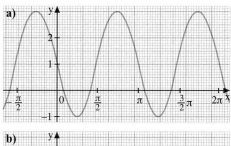

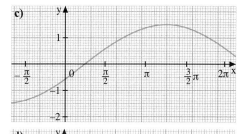

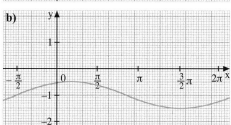

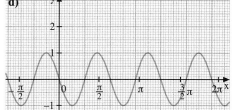

7

a) Geben Sie zu den Graphen mögliche Funktionsgleichungen an.

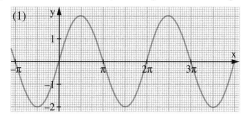

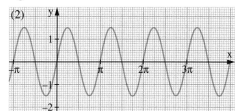

b) Nehmen Sie an, die Graphen beschreiben die Bewegung einer Riesenradgondel. Welche Unterschiede gibt es in den Bewegungen?

1.6.8 Anwenden und Modellieren mit allgemeinen Sinusfunktionen

Aufgabe

Pegel, der,
Wasserstandsmesser

Tide, die,
(norddeutsch)
regelmäßig wiederkeh-
rende Bewegung der
See, Flut

NN,
Abkürzung für Normal-
null

1 Das Amt für Strom- und Hafenbau in Hamburg veröffentlicht im Internet regelmäßig die aktuellen Daten zum Pegelstand der Elbe bei St. Pauli.

Stellen Sie die gegebenen Daten grafisch dar und bestimmen Sie eine allgemeine Sinusfunktion, die die Tidenkurve im gegebenen Zeitraum möglichst beschreibt.

Uhrzeit	Wasserstand über NN (in cm)	Uhrzeit	Wasserstand über NN (in cm)	Uhrzeit	Wasserstand über NN (in cm)
0.00	143	3.30	48	7.00	– 124
0.30	161	4.00	17	7.30	– 142
1.00	175	4.30	– 7	8.00	– 160
1.30	168	5.00	– 32	8.30	– 171
2.00	148	5.30	– 58	9.00	– 154
2.30	118	6.00	– 80		
3.00	84	6.30	– 100		

Lösung

Da der Pegelstand sich periodisch um Normalnull verändert, modellieren wir ihn mithilfe einer allgemeinen Sinusfunktion mit $y = a \sin\big(b(x + c)\big) + d$, wobei hier $d = 0$.

Die Darstellung zeigt, dass die Amplitude a mit 175 cm gut angenähert ist. Der höchste Wasserstand liegt um 1.00 Uhr, der darauf folgende niedrigste um 8.30 Uhr vor. Die halbe Periodenlänge beträgt somit etwa 7,5 Stunden, die Periode beträgt also 15 Stunden. Damit ist der Graph dieser Funktion gegenüber dem der Sinusfunktion mit $y = \sin x$ um den Faktor $\frac{15}{2\pi} \approx 2{,}4$ parallel zur x-Achse gestreckt. Weiterhin liegt die erste positive Nullstelle beim Zeitpunkt $\approx 4{,}3$ Stunden, die der Funktion mit $y = \sin\left(\frac{2\pi}{15} x\right)$ liegt bei 7,5 Stunden. Also muss der Graph um 3,2 nach links verschoben werden.

Somit erhalten wir die Funktionsgleichung

$y = 175 \cdot \sin\left(\frac{1}{\frac{15}{2\pi}}(x + 3{,}2)\right)$ oder ausgerechnet nä-

herungsweise $y \approx 175 \cdot \sin(0{,}42\,x + 1{,}34)$.

Der Vergleich zwischen den Messwerten und der gefundenen Sinusfunktion zeigt, dass die Rechnungen die Messwerte gut annähern. Im Bereich um die Hoch- und Niedrigwasserpunkte ist die Sinusfunktion aber „breiter" als es die Messwerte vorgeben.

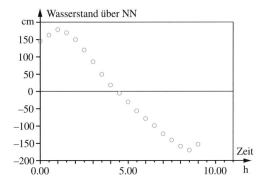

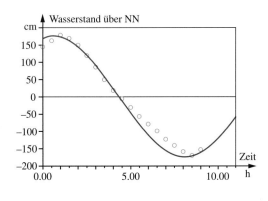

Information

Modellieren mithilfe von Sinusfunktionen

Periodische Vorgänge in Natur und Technik kann man häufig mit Sinusfunktionen modellieren. Man kann sich dabei auf die allgemeinen Sinusfunktionen beschränken und allgemeine Kosinusfunktionen vermeiden, da man die Graphen von Kosinusfunktionen durch Verschieben von Graphen von Sinusfunktionen erhalten kann.

Die Bestimmung der Periodenlänge und der Amplitude sind die zentrale Aufgabe beim Erstellen der Funktionsgleichung. Verschiebungen kann man häufig durch eine geeignete Wahl des Koordinatensystems vermeiden.

Übungsaufgaben

2011
Mai 31

☀ Aufgang   04:24
☀ Untergang 20:36

2 Unter der astronomischen Sonnenscheindauer versteht man die Zeitspanne zwischen Sonnenaufgang und Sonnenuntergang. Der 50. Breitengrad verläuft mitten durch die Bundesrepublik, z.B. durch Mainz. Für Orte auf ihm beträgt die astronomische Sonnenscheindauer ungefähr:

Datum	22.6.	22.7.	22.8.	22.9.	22.10.	22.11.	22.12.	22.1.	22.2.	22.3.	22.4.	22.5.
Dauer (in h)	16,2	15,4	13,8	12,0	10,2	8,6	7,8	8,7	10,3	12,2	13,9	15,4

a) Bestimmen Sie eine allgemeine Sinusfunktion, die die astronomische Sonnenscheindauer für Orte auf dem 50. Breitengrad gut annähert.

b) Bestimmen Sie mithilfe von Teilaufgabe a) die astronomische Sonnenscheindauer am 10. Juli.

3 Welche allgemeine Sinusfunktion beschreibt die mittlere Sonnenscheindauer in Stuttgart möglichst gut?

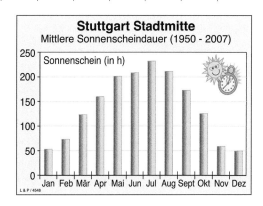

4 Beschreiben Sie die mittleren Tagestemperaturen durch allgemeine Sinusfunktionen.

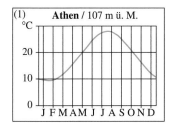

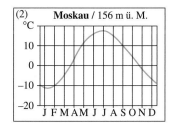

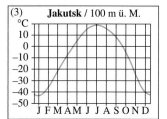

5 Taschenkalender enthalten oftmals auch die Auf- und Untergangszeiten des Mondes. Bestimmen Sie ein geeignetes Modell für die Mondscheindauer.

Mondscheindauer im Dezember			Mondscheindauer im Dezember			Mondscheindauer im Dezember		
Datum	Aufgang	Untergang	Datum	Aufgang	Untergang	Datum	Aufgang	Untergang
01.12.10	02:55	13:43	11.12.10	11:45	22:44	21.12.10	16:38	08:39
02.12.10	04:17	14:07	12.12.10	12:01	23:50	22.12.10	17:54	09:23
03.12.10	05:39	14:36	13.12.10	12:17	–	23.12.10	19:15	09:58
04.12.10	06:59	15:13	14.12.10	12:32	00:56	24.12.10	20:38	10:26
05.12.10	08:11	16:00	15.12.10	12:49	02:03	25.12.10	22:01	10:49
06.12.10	09:12	16:58	16.12.10	13:09	03:11	26.12.10	23:22	11:10
07.12.10	10:00	18:04	17.12.10	13:32	04:20	27.12.10	–	11:29
08.12.10	10:37	19:15	18.12.10	14:02	05:31	28.12.10	00:43	11:49
09.12.10	11:05	20:26	19.12.10	14:42	06:40	29.12.10	02:03	12:12
10.12.10	11:27	21:36	20.12.10	15:34	07:44	30.12.10	03:24	12:38
						31.12:10	04:42	13:11

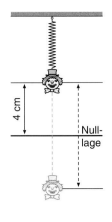

● gehört zum
   Graphen
○ gehört nicht zum
   Graphen

6 Ein Federpendel ist aus der Nulllage um 4 cm nach oben ausgelenkt worden. 2 Sekunden nach dem Loslassen ist es das erste Mal wieder ganz oben angelangt.

Beschreiben Sie die Auslenkung in Abhängigkeit von der Zeit durch eine geeignete Sinus- oder Kosinusfunktion.

7 In den Abbildungen sind die Graphen von periodischen Funktionen gezeigt. Sie sind aus Stücken der Sinuskurve zusammengesetzt. Untersuchen Sie die Graphen der Funktionen auf Punkt- und Achsensymmetrie. Geben Sie gegebenenfalls die Symmetriepunkte bzw. die Symmetrieachsen an.

Bestimmen Sie auch die Periodenlänge.

a)

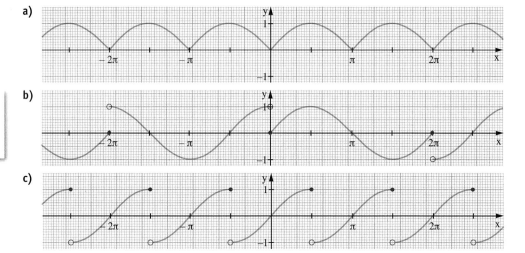

b)

c)

8 Eine sinusförmige Wechselspannung hat eine Amplitude von 30 V und eine Frequenz von 100 Hz. Der Nullphasenwinkel beträgt $\frac{\pi}{5}$.

a) Bestimmen Sie die Periodendauer T und die Kreisfrequenz ω.

b) Bestimmen Sie den Momentanwert für t = 3 ms.

c) Zu welchem Zeitpunkt findet der erste positive Nulldurchgang statt?

d) Wann nimmt die Spannung zum ersten Mal den Wert U = 20 V an?

e) Skizzieren Sie den zeitlichen Verlauf der Wechselspannung.

9 Ein sinusförmiger Wechselstrom $I(t) = 40 \cdot \sin(\omega t + 15°)$ ist 2,5 ms nach dem Einschalten erstmalig auf 20 A angestiegen. Welche Frequenz hat der Wechselstrom?

10 Dargestellt wird das Schaubild eines Oszilloskops mit den Spannungen U_1 und U_2.

a) Bestimmen Sie den Maximalwert der beiden Spannungen anhand der Graphen.

b) Ermitteln Sie die Frequenz f sowie die Kreisfrequenz ω.

c) Bestimmen Sie rechnerisch die Zeitpunkte, zu denen die Spannungen den Wert 8 V haben.

d) Die beiden Spannungen werden überlagert, d. h.

sie werden addiert. Zeichnen Sie den Verlauf der Gesamtspannung und geben Sie den Maximalwert an.

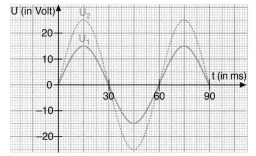

11 Wird ein ohmscher Widerstand an eine Wechselspannung gelegt, so fließt durch ihn ein Wechselstrom. Das Bild zeigt die Messschaltung und das Schaubild (Liniendiagramm) von Strom und Spannung. Da es sich hierbei um einen rein ohmschen Widerstand handelt, verlaufen Spannung und Strom gleich, sie haben zur gleichen Zeit die Nulldurchgänge, sie sind phasengleich.
Gegeben ist eine Wechselspannung U mit
$U(t) = U_0 \cdot \sin(314 \cdot t)$ mit $U_0 = 40$ V.
Berechnen Sie unter Verwendung des ohmschen Gesetzes den Strom $I(t)$, der durch den Widerstand $R = 20\ \Omega$ fließt.

ohmsches Gesetz
$I = \frac{U}{R}$

12 Durch zwei in Reihe geschaltete Widerstände fließt ein Wechselstrom mit einem Scheitelwert von 20 mA. Die Frequenz beträgt $\omega = 16\frac{2}{3}$ Hz.

a) Geben Sie die Kreisfrequenz ω des Wechselstromes an.

b) Berechnen Sie mit Hilfe der gegebenen Widerstandswerte und des ohmschen Gesetzes die Einzelspannungen U_1 und U_2. Zeichnen Sie die beiden Spannungsverläufe in ein Schaubild.

c) Ermitteln Sie anhand der gezeichneten Einzelspannungen die Gesamtspannung und tragen Sie sie mit in das Schaubild aus Teilaufgabe c) ein. Geben Sie die Funktionsgleichung der Gesamtspannung an.

13 Die drei sinusförmigen Spannungsverläufe eines Drei-Phasen-Wechselspannungs-Generators haben eine Phasenverschiebung von 120° zueinander. Die Spannung des 1. Außenleiters U_1 beginnt im Koordinatenursprung. Die weiteren Spannungen U_2, U_3 folgen jeweils um 120° später. Die Amplituden der einzelnen Spannungen haben jeweils einen Wert $U_0 = 325$ V.

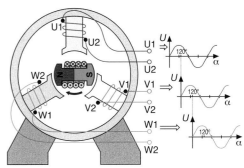

a) Geben Sie die Funktionsgleichungen U_1, U_2 und U_3 der drei Außenleiterspannungen im Gradmaß und Bogenmaß an. Welche Angabe bewirkt die Phasenverschiebung?

b) Zeichnen Sie die drei Spannungen U_1, U_2 und U_3 mit verschiedenen Farben in ein Koordinatensystem ein. Tragen Sie dazu zunächst markante Punkte ein.

c) An welchen Stellen schneiden sich jeweils zwei der Funktionsgraphen? Wie ist dann die Lage des dritten Außenleiters? Welchen Spannungswert besitzt er in diesem Moment.
Erklären Sie den Sachverhalt.

d) Es gibt in diesem System eine weitere Spannung. Sie kann mit der Gleichung $U_{1,2} = U_1 - U_2$ berechnet werden. Berechnen Sie einige markante Punkte dieser Spannung und zeichnen Sie den Graphen in das Koordinatensystem aus Teilaufgabe b).
Wie kann dieser Funktionsgraph graphisch ermittelt werden? Erklären Sie Ihre Vorgehensweise.
Ermitteln Sie grafisch den Spitzenwert der Spannung $U_{1,2}$ und geben Sie ihn an.

→ Die Begriffe *Definitionsbereich* und *Wertebereich einer Funktion* kennen und diese für eine angegebene Funktion bestimmen und in der Intervallschreibweise darstellen können.

1 Bestimmen Sie den Definitionsbereich der folgenden Funktionen. Untersuchen Sie den Graphen mithilfe eines Funktionenplotters und geben Sie den Wertebereich (zumindestens näherungsweise) in der Intervallschreibweise an.

$f_1(x) = x^2 + 6x - 8$ $f_2(x) = 0{,}2x^3 - 0{,}5x^2 - 2x + 20$ $f_3(x) = 0{,}01x^4 + 2x^2 - 10$

$f_4(x) = x^{-3}$ $f_5(x) = |x^2 - x - 6|$ $f_6(x) = 3 \cdot 2^{x-1} + 1$

$f_7(x) = \log_2(x + 1)$ $f_8(x) = \sqrt{x + 3}$ $f_9(x) = \sqrt{x^2 + 3x - 4}$

→ Eine Punktprobe durchführen können.

2 Prüfen Sie, ob der Punkt P_k auf dem Graph der Funktion f_k aus Testaufgabe 1 liegt.

$P_1(-1|1)$; $P_2(-2|-8)$; $P_3(10|290)$; $P_4(0|-0{,}75)$; $P_5(-1|-4)$; $P_6(-1|1{,}75)$; $P_7(3|2)$; $P_8(1|1)$; $P_9(-8|6)$

→ Die Funktionsgleichung einer linearen Funktion (Geradengleichung) aufgrund von angegebenen Eigenschaften bestimmen können.

3 Bestimmen Sie die Gleichung der linearen Funktion f,

(1) deren Graph durch die Punkte $P(2|5)$ und $Q(5|-3)$ verläuft,

(2) deren Graph durch den Punkt $P(-3|-1)$ verläuft und der die Steigung $m = -2$ hat,

(3) deren Graph durch $P(5|1)$ verläuft und die Gerade g mit $g(x) = -\frac{1}{2}x + 4$ orthogonal schneidet,

(4) deren Graph die Steigung $m = -1{,}5$ hat und mit den positiven Koordinatenachsen ein Dreieck mit Flächeninhalt $A = 12$ F.E. einschließt.

→ Nullstellen und Schnittpunkte von Geraden bestimmen können.

4

a) Bestimmen Sie die Nullstellen der linearen Funktionen $f_1(x) = 2x - \frac{1}{2}$; $f_2(x) = \frac{1}{4}x + 4$; $f_3(x) = \frac{3}{4}x + \frac{4}{3}$

b) Bestimmen Sie die Schnittstellen der Graphen von f_1 und f_2, f_1 und f_3, f_2 und f_3.

→ Funktionsterme von linearen Funktionen im Sachzusammenhang aufstellen und besondere Punkte deuten können.

5 Gasanbieter A verlangt eine jährliche Grundgebühr von 180 € und einen Arbeitspreis von $0{,}041 \frac{€}{kWh}$, Konkurrent B dagegen 160 € Grundgebühr und einen Arbeitspreis von $0{,}045 \frac{€}{kWh}$. Bei welchen Verbrauchsmengen ist A günstiger als B?

→ Die Definition einer Regressionsgeraden erläutern können. Zu einer Punktwolke eine Regressionsgerade nach Augenmaß zeichnen und deren Gleichung bestimmen können. Mithilfe einer durch Tabellenkalkulation bestimmten Regressionsgeraden Prognosen vornehmen können. Grenzen von linearen Modellierungen benennen können.

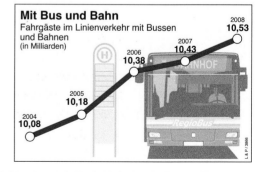

6 Welche Prognose lässt sich aufgrund der in der Grafik enthaltenen Daten für die Anzahl der Fahrgäste im ÖPNV im Jahr 2012 machen?

Bestimmen Sie dazu zunächst einen Schätzwert mithilfe einer Zeichnung nach Augenmaß, dann mithilfe einer Tabellenkalkulation. Erläutern Sie, was an der durch Tabellenkalkulation bestimmten Modellierung *optimal* ist, aber auch, warum eine solche Modellierung problematisch sein könnte.

→ **Nullstellen und Extremwerte bei quadratischen Funktionen bestimmen können.**

7 Bestimmen Sie Nullstellen und Extremwerte der folgenden Funktionen

$f_1(x) = x^2 - 6x + 8$; $f_2(x) = -x^2 + 2x + 3$; $f_3(x) = (x + 3)^2 - 4$; $f_4(x) = (x - 1)^2 + 1$

→ **Die Funktionsgleichung des Graphen einer quadratischen Funktion bestimmen können.**

8 Ermitteln Sie die Funktionsgleichung der quadratischen Funktion, deren Graph bestimmt ist durch

(1) Nullstellen bei $x = -2$ und bei $x = +4$ sowie den Punkt $(0 | -4)$

(2) die Punkte $P_1(-2 | 2)$; $P_2(1 | 1)$; $P_3(2 | 10)$

→ **Die Gleichung eines verschobenen Funktionsgraphen bestimmen können.**

9 Bestimmen Sie die Gleichung des Graphen, wenn der Graph der Funktion f im Koordinatensystem um 3 Einheiten nach links und um 2 Einheiten nach oben verschoben wird.

(1) $f(x) = 3x + 4$ (2) $f(x) = x^2 - 2x + 3$ (3) $f(x) = \frac{1}{2} \cdot (x + 1)(x - 2)$

(4) $f(x) = x^3 + x^2 - x + 1$ (5) $f(x) = 3^{-x}$ (6) $f(x) = \sin(2x)$

→ **Achsensymmetrie von Graphen zur y-Achse und Punktsymmetrie von Graphen zum Ursprung nachweisen können.**

10

a) Untersuchen Sie, ob bei den Graphen der folgenden Funktionen eine Punktsymmetrie zum Ursprung oder eine Achsensymmetrie zur y-Achse vorliegt.

(1) $f(x) = x^3 - 5x$ (2) $f(x) = x^4 + 3x + 4$ (3) $f(x) = x^5 - x^3 + 1$

(4) $f(x) = |x^2 - 4|$ (5) $f(x) = \sin(x + \pi)$ (6) $f(x) = \sin\left(x - \frac{1}{2}\pi\right)$

b) Zeigen Sie mithilfe einer geeigneten Verschiebung, dass der Graph achsensymmetrisch zu einer Parallelen zur y-Achse bzw. punktsymmetrisch zu einem Punkt ist.

(1) $f(x) = x^4 + 4x^3 + 3x^2 - 2x + 3$ (2) $f(x) = x^3 - 6x^2 + 8x - 2$

→ **Den Globalverlauf von Potenzfunktionen, ganzrationalen Funktionen und Exponentialfunktionen bestimmen können.**

11 Beschreiben Sie den Globalverlauf der Funktion f und begründen Sie Ihre Beschreibung.

(1) $f(x) = x^3 - 3x^2 + 4x - 5$ (2) $f(x) = -x^4 + x^3 - x^2 + 5x$ (3) $f(x) = -x^{-2}$

(4) $f(x) = 4^{-x}$ (5) $f(x) = \log_{10}(x)$ (6) $f(x) = \log_{0,5}(x)$

→ **Den ungefähren Verlauf der Graphen von ganzrationalen mit mehrfachen Nullstellen beschreiben können.**

12 Skizzieren Sie den Graphen der ganzrationalen Funktion

(1) $f(x) = (x + 2) \cdot (x - 1) \cdot (x - 5)$ (2) $f(x) = (x - 2)^2 \cdot (x + 1)$ (3) $f(x) = (x + 4) \cdot x^2 \cdot (x - 1)$

(4) $f(x) = -(x + 1)^2 (x - 2)^2$ (5) $f(x) = (x + 4) \cdot x \cdot (x - 3)^2$ (6) $f(x) = (x + 1)^3 \cdot (x - 2)$

→ **Die Funktionsgleichung des Graphen einer Exponentialfunktion bestimmen können.**

13 Bestimmen Sie die Gleichung einer Exponentialfunktion, deren Graph durch die Punkte P und Q verläuft. Geben Sie den Funktionsterm in der Form $a \cdot b^x$ und in der Form $a \cdot 2^{kx}$ an.

(1) $P(0 | 2)$, $Q(3 | 1)$ (2) $P(1 | 2)$, $Q(4 | 3)$ (3) $P(-2 | 1)$, $Q(3 | 4)$

→ Exponentialgleichungen lösen können.

14

a) Bestimmen Sie die Lösung der Gleichung

(1) $2^x = 32$ (2) $\left(\frac{1}{2}\right)^x = \frac{1}{4}$ (3) $3^x = \frac{1}{9}$ (4) $3^x = 2$ (5) $3^x = 4$ (6) $3 \cdot 2^x = 5$

b) Ein radioaktives Präparat zerfällt so, dass die Masse in einer Woche um 10 % abnimmt.
Bestimmen Sie die Halbwertszeit.

→ Verzinsungsprozesse mit Hilfe von Exponentialfunktionen darstellen und mit Hilfe von Exponentialgleichungen analysieren können.

15

a) Ein Kapital von 10 000 € wird jährlich mit 4,2 % verzinst. Stellen Sie die Funktionsgleichung für die Kapitalentwicklung nach n Jahren auf, die sich ergibt, wenn die Zinsen jährlich (halbjährlich, vierteljährlich) ausgezahlt und weiter verzinst werden.

b) Nach wie vielen Jahren hat sich das Kapital aus Teilaufgabe a) bei jährlicher (halbjährlicher, vierteljährlicher) Zinsauszahlung mit p = 4,2 % p.a. verdoppelt?

→ Zu gegebenen Punkten (Messwerten) die Funktionsgleichungen von Modellierungen durch ganzrationale Funktionen, Potenzfunktionen oder Exponentialfunktionen bestimmen können.

16 Bestimmen Sie den Funktionsterm einer geeigneten Funktion, mit deren Hilfe man die Entwicklung der „Ausgaben für Gesundheit" modellieren könnte.

Welche Prognosen ergeben sich aus den Modellen für 2012?

→ Die Bedeutung der Parameter im Funktionsterm einer allgemeinen trigonometrischen Funktion kennen und beschreiben können.

17

a) Skizzieren Sie den Graphen der trigonometrischen Funktion f und beschreiben Sie die charakteristischen Eigenschaften des Graphen

(1) $f_1(x) = 2 \cdot \sin\left(2\left(x - \frac{\pi}{2}\right)\right) + 2$ (2) $f_2(x) = \frac{1}{2} \cdot \sin\left(\frac{1}{2} \cdot \left(x + \frac{\pi}{4}\right)\right) - \frac{1}{2}$

b) Geben Sie eine trigonometrische Funktion an, welche die genannten Eigenschaften erfüllt:

(1) Periodenlänge $p = \frac{\pi}{2}$; Differenz zwischen Maximum und Minimum: 3; Nullstelle bei $x = \frac{\pi}{3}$

(2) Periodenlänge $p = 3\pi$; Differenz zwischen Maximum und Minimum: 1; Nullstelle bei $x = -\frac{\pi}{4}$

c) Gegeben ist eine trigonometrische Funktion f durch $f(x) = \frac{1}{4} \cdot \sin\left(2 \cdot \left(x + \frac{3\pi}{2}\right)\right) + \frac{1}{4}$.

Bestimmen Sie mindestens eine Stelle x, für die gilt:

(1) $f(x) = 0$;   (2) $f(x) = \frac{1}{4}$.

d) Welche Graphen der folgenden trigonometrischen Funktionen stimmen überein?
Begründen Sie Ihre Antwort.

(1) $f_1(x) = \sin\left(x + \frac{\pi}{2}\right)$ (2) $f_2(x) = \sin\left(x - \frac{\pi}{2}\right)$ (3) $f_3(x) = \sin\left(x - \frac{3\pi}{2}\right)$ (4) $f_4(x) = \sin\left(x + \frac{3\pi}{2}\right)$

2 Differenzialrechnung

Während der Tour de France werden täglich die Höhenprofile der einzelnen Etappen in den Sportteilen der Zeitungen veröffentlicht.

Aus diesen Höhenprofilen kann man u.a. entnehmen, welche *Steigungen* die Radsportler zu bewältigen haben. So kann man Etappen oder Teile von Etappen miteinander vergleichen.

Die folgende Grafik zeigt das Höhenprofil einer Etappe der Tour de France.

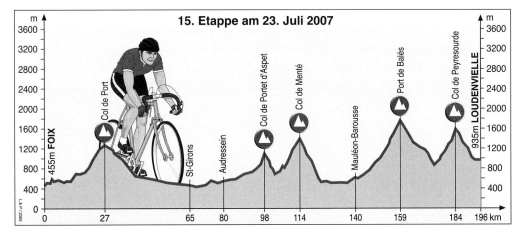

- Beschreiben Sie das abgebildete Höhenprofil mit Worten.
  In welchen Abschnitten liegen die größten Steigungen?
  In welchen Teilen werden die Fahrer vermutlich eine hohe Geschwindigkeit erreichen?
- Das Höhenprofil vermittelt einen übertriebenen Eindruck von den Steigungen der Etappe.
  Woran liegt das?
- Schätzen Sie für einige Teilstrecken dieser Etappe die Steigung, die die Fahrer überwinden müssen.

In diesem Kapitel

- werden wir erarbeiten, was man unter der Steigung eines gekrümmten Graphen versteht und wie man diese bestimmen kann.

Lernfeld: Änderungen beschreiben

Mobilfunkanschlüsse

Mitte 2008 veröffentlichte der Branchenverband BITKOM die Zahlen über die Mobilfunkanschlüsse in Deutschland. Verschiedene Zeitschriften griffen die Zahlen auf und verarbeiteten sie in eigenen Artikeln:

- Beide Zeitschriften berufen sich auf dieselben Marktzahlen. Die Bewertung der Zahlen fällt aber unterschiedlich aus. Wie kann das sein?

- Stellen Sie sich vor, Sie sind Grafiker bei einem der beiden Magazine. Die verantwortliche Redakteurin wünscht eine Grafik zu erstellen, welche die Aussage der Schlagzeile deutlich widerspiegelt:
  „Auf Rekordhöhe!" bzw. „Immer weniger neue!"
  Für welche der beiden Schlagzeilen würden Sie die abgebildete Grafik oben rechts wählen? Zeichnen Sie eine Grafik für den anderen Artikel.

Segelflug

Ein Schüler ist mit seinem Onkel das erste Mal in einem Segelflugzeug geflogen. Für die Schülerzeitung schreibt er einen Bericht.

„Das Segelflugzeug hat keinen eigenen Motor, deshalb ging es hoch mit einer Seilwinde. Das Variometer im Cockpit zeigte eine Steiggeschwindigkeit von 5 m/s an. Wir wurden kräftig in die Sessel gedrückt. Etwa 1 Minute nach dem Abheben klinkte das Schleppseil aus, und der Pilot machte sich auf die Suche nach einer guten Thermik. Das dauerte etwa 1 Minute, in denen wir 50 Meter an Höhe verloren. In dem Aufwind ging es schnell wieder aufwärts, weit aufwärts: innerhalb von 8 Minuten stiegen wir auf 1 200 m Höhe.

Das war vielleicht eine Aussicht! Unser Dorf war sehr klein unter uns zu sehen, und die Schule gerade noch zu erkennen. In der Ferne am Horizont konnte man das Meer sehen, zu dem wir im Auto immer mindestens zwei Stunden unterwegs sind!

Etwa 10 Minuten lang konnten wir diese Aussicht genießen. In dieser Zeit verloren wir natürlich an Höhe: das Variometer zeigte dabei eine konstante Sinkgeschwindigkeit von etwa 1 m/s an. Dann sorgte der Pilot dafür, dass wir zügig nach unten kamen. In etwa dreieinhalb Minuten gingen wir in der Nähe eines Berghanges auf 200 m herunter. Dort konnten wir uns mithilfe des Hangaufwindes in gleichbleibender Höhe einen guten Einflug zum Landeplatz suchen. Nach 2 Minuten hatten wir uns entschieden und den Landeanflug eingeleitet. Die Erde schien in einem schnellen Tempo auf uns zu zu stürzen. Das Variometer zeigte eine Sinkgeschwindigkeit von 4 m/s an. Eine halbe Stunde nach dem Start hatte uns die Erde wieder."

- Stellen Sie den Segelflug als Graph der Funktion *Zeit → Höhe* grafisch dar. Über welchem Zeitabschnitt ist die Steiggeschwindigkeit am höchsten? Wann ist die Sinkgeschwindigkeit am höchsten?
  Woran kann man das am Graphen erkennen?

- Berechnen Sie für jeden angegebenen Zeitabschnitt die durchschnittliche Steig- bzw. Sinkgeschwindigkeit.
  Vergleichen Sie mit dem vorher gezeichneten Graphen der Funktion *Zeit → Höhe*.

- Skizzieren Sie nun den Graphen der Funktion *Zeit → Steig- bzw. Sinkgeschwindigkeit*. Vergleichen Sie mit dem vorher gezeichneten Graphen zu der Funktion *Zeit → Höhe*.
  Welche Zusammenhänge können Sie erkennen?

Höhenprofile

Einige der Etappenteile der Tour de France werden von Amateurradrennfahrern gerne nachgefahren. Auch hierfür gibt es Höhenprofile, die den Schwierigkeitsgrad der einzelnen Strecken auf den ersten Blick verdeutlichen sollen. Zwei solcher Profile sind hier abgebildet.

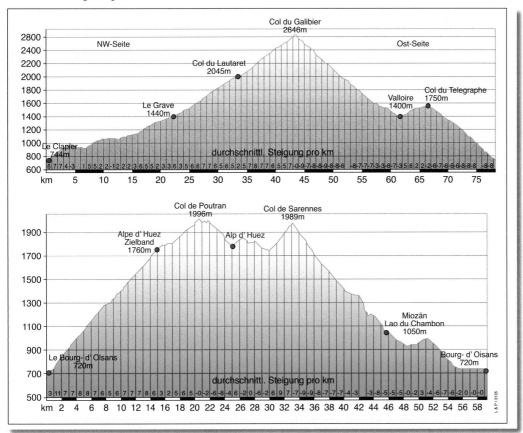

- Welche der beiden Strecken erscheint Ihnen auf den ersten Blick schwieriger? Stellen Sie einige Kriterien zusammen, die den Schwierigkeitsgrad beeinflussen können.

- In beiden Profilen werden „durchschnittliche Steigungen" angegeben. Erklären Sie an einem Beispiel, wie die angegebenen Werte berechnet werden.

2.1 Tangentensteigung und Änderungsrate – Ableitung

2.1.1 Steigung eines Funktionsgraphen in einem Punkt – Ableitung

Einführung

Folgende Vorstellung hilft uns, den Begriff *Steigung* für einen Funktionsgraphen zu erklären:

Wir denken uns den Graphen der Funktion als ein Höhenprofil einer Straße und stellen uns vor, dass wir mit einem Fahrrad diese Straße in Richtung der x-Achse entlang fahren. Im Punkt $A(a \mid f(a))$ fahren wir bergauf (der Graph *steigt* an). Im Punkt $B(b \mid f(b))$ haben wir den Gipfel eines Berges (Hochpunkt) erreicht. Im Punkt $C(c \mid f(c))$ fahren wir bergab (der Graph *fällt*).

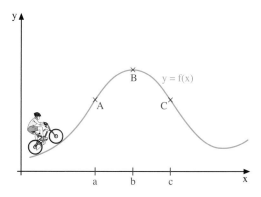

Stellen wir uns vor, dass wir auf einer Geraden entlang fahren, so ändert sich die Steigung nicht. Bei gekrümmten Graphen jedoch kann man offensichtlich nur von der Steigung des Graphen in einem einzelnen Punkt sprechen, da die Steigung in jedem Punkt des Graphen verschieden sein kann.

Wir versuchen, die Steigung des Funktionsgraphen in einem Punkt mithilfe des bekannten Begriffs der Steigung einer Geraden zu erklären. Dazu zeichnen wir in diesem Punkt eine Gerade an den Graphen, die sich diesem in der Nähe des Punktes möglichst gut anschmiegt. Ähnlich wie beim Kreis bezeichnen wir diese Gerade als *Tangente*. In der Nähe des betrachteten Punktes unterscheiden sich dann die Steigungen des Graphen nur wenig von der Steigung der Tangente.

Information

(1) Steigung eines Graphen in einem Punkt

Die Überlegungen aus der Einführung legen folgende Definition nahe.

Definition

P ist ein Punkt auf dem Graphen einer Funktion f mit den Koordinaten $P(x_0 \mid f(x_0))$.

Als **Steigung des Graphen der Funktion f im Punkt P** bezeichnet man die Steigung der Tangente an den Graphen in diesem Punkt P.

Die Steigung der Tangente an den Graphen einer Funktion an der Stelle x_0 heißt **Ableitung** der Funktion f an der Stelle x_0.

Diese Ableitung von f an der Stelle x_0 wird mit $f'(x_0)$ bezeichnet, gelesen: *f Strich von x_0*.

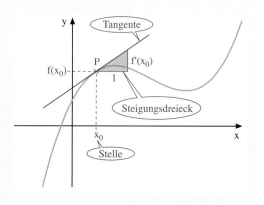

Beispiel

Eine Funktion f hat an der Stelle 3 die Steigung 2. Man sagt dann: f hat an der Stelle 3 die Ableitung 2. Man schreibt: $f'(3) = 2$, gelesen: *f Strich von 3 ist gleich 2*.

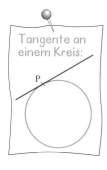

(2) Verschiedene Lagen der Tangente an einen Funktionsgraphen

Eine Tangente an einen Kreis hat mit diesem nur einen einzigen Punkt gemeinsam. Bei einer Tangente an einen Funktionsgraphen sind mehrere Fälle möglich.

Die Tangente berührt den Graphen in einem Punkt.

Die Tangente durchsetzt den Graphen in einem Punkt.

Die Tangente berührt oder schneidet den Graphen noch in weiteren Punkten.

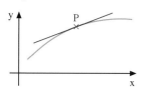
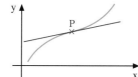
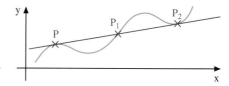

In allen Fällen schmiegt sich die Tangente in der Nähe des Punktes P möglichst gut an den Graphen an.

Aufgabe

1 Die Grafik zeigt das Höhenprofil einer Straße. Es ist der Graph der Funktion

Entfernung vom Ausgangspunkt (in km) → Höhe über dem Ausgangspunkt (in m).

Die Straße hat an den einzelnen Stellen unterschiedliche Steigungen.

a) In welchen Punkten ist die Steigung positiv, in welchen negativ, wo ist sie gleich null?

b) Ein Autofahrer auf dieser Straße begegnet den links abgebildeten Verkehrsschildern. An welchen der Punkte A, B, E könnte das gewesen sein?

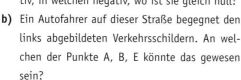

Lösung

a) An den Stellen, an denen es bergauf geht, ist die Steigung positiv: Punkt A und Punkt B.

Dort, wo es bergab geht, ist die Steigung negativ: Punkt E.

Die Tangente im Punkt C verläuft parallel zur horizontalen Achse, die Steigung des Graphen in C ist also null.

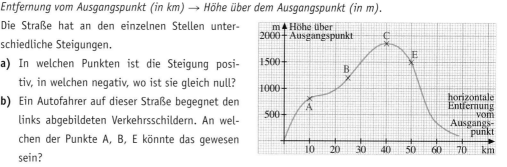

b) Zur Bestimmung der Steigung des Graphen in den Punkten A, B und E zeichnen wir in diesen Punkten jeweils die Tangenten an den Funktionsgraphen, also die Geraden, die sich möglichst gut anschmiegen.

Dann wählen wir ein geeignetes Steigungsdreieck aus und ermitteln damit die Steigung der Tangente.

Wir erhalten folgende Näherungswerte:

Steigung bei A: $\frac{800\,m - 500\,m}{10\,km} = \frac{300\,m}{10\,000\,m} = 0,03 = 3\,\%$

Steigung bei B: $\frac{1\,200\,m - 400\,m}{10\,km} = \frac{800\,m}{10\,000\,m} = 0,08 = 8\,\%$

Steigung bei E: $\frac{500\,m - 1\,500\,m}{10\,km} = \frac{-1\,000\,m}{10\,000\,m} = -0,1 = -10\,\%$

Ergebnis: Das Verkehrsschild, das eine Steigung von 8 % anzeigt, müsste am Punkt B stehen. Das Verkehrsschild, das 10 % Gefälle angibt, müsste am Punkt E stehen.

Weiterführende Aufgabe

2 Punkte, für die man keine Steigung des Graphen angeben kann

Für $f(x) = \sqrt{|x-3|} + 1$ ist die Tangente an den Graphen im Punkt $P(3\,|\,1)$ orthogonal zur x-Achse. Warum ist für den Graphen im Punkt P keine Steigung definiert?

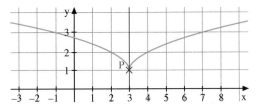

Übungsaufgaben

3 Für ein Triathlon ist das Höhenprofil der Radstrecke angegeben.

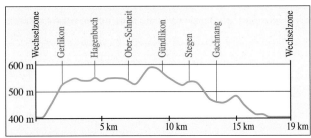

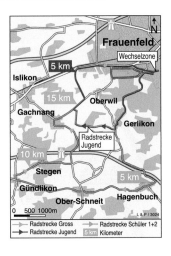

In welchen Punkten ist die Steigung positiv, in welchen negativ, wo ist sie gleich null?

Bestimmen Sie die Steigung in den angegebenen Bahnpunkten und erklären Sie ihr Vorgehen.

4 Vergleichen Sie die Steigungen des Graphen in den Punkten:

(1) A und B   (3) E und F

(2) C und D   (4) G und H

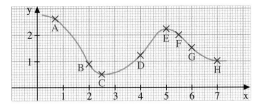

5 Bestimmen Sie die Steigung des Graphen der Funktion f im Punkt P. Notieren Sie das Ergebnis in der Schreibweise mit der Ableitung.

a) 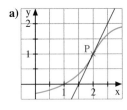   b) 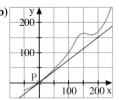   c) 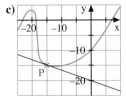   d)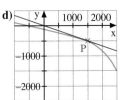

6 Bei einer Überschwemmung wurden die Wasserstände in den Radio-Nachrichten mitgeteilt.

Uhrzeit	7	9	10	13	17
Wasserstand (in m)	1,10	1,40	1,80	2,70	2,90

a) Ermitteln Sie, in welcher Zeitspanne der Wasserstand am schnellsten angestiegen ist.

b) Modellieren Sie die Entwicklung der Wasserstände mithilfe einer ganzrationalen Funktion 3. Grades. Welche Änderungsgeschwindigkeit kann man für 9 Uhr ungefähr ablesen?

7 Lara, Jana und Timo haben die Ableitung f′(0,75) mithilfe des abgebildeten Steigungsdreiecks bestimmt.

Wer hat die Ableitung richtig bestimmt? Was haben die anderen falsch gemacht?

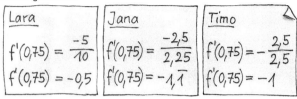

Lara
$$f'(0{,}75) = \frac{-5}{10}$$
$$f'(0{,}75) = -0{,}5$$

Jana
$$f'(0{,}75) = \frac{-2{,}5}{2{,}25}$$
$$f'(0{,}75) = -1{,}\overline{1}$$

Timo
$$f'(0{,}75) = -\frac{2{,}5}{2{,}5}$$
$$f'(0{,}75) = -1$$

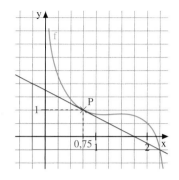

8 Zeichnen Sie einen Graphen, für den beim Durchlaufen von links nach rechts gilt:

a) Vom Punkt A bis zum Punkt B ist die Steigung positiv. Im Punkt B ist die Steigung null. Vom Punkt B bis zum Punkt C ist die Steigung negativ.

b) Vom Punkt A bis zum Punkt B ist die Steigung negativ. Im Punkt B ist die Steigung null. Von B bis C ist sie positiv. Von C bis D ist sie überall gleich, und zwar positiv.

c) Die Steigung ist immer negativ, wird aber immer größer.

9 Skizzieren Sie einen Graphen und einen Punkt P auf dem Graphen, sodass Folgendes gilt:

a) Die Steigung im Punkt P ist 1. Der Graph verläuft oberhalb der Tangente in P.

b) Die Steigung im Punkt P ist −1 [0]. Die Tangente durchsetzt den Graphen.

c) Die Steigung im Punkt P ist $-\frac{1}{3}$. Die Tangente schneidet [berührt] den Graphen noch in einem weiteren Punkt.

d) Die Steigung im Punkt P kann nicht angegeben werden.

10 Verwenden Sie die dem Buch beigelegte CD, um möglichst große Ausdrucke vom Funktionsgraphen für ihre Gruppe anzufertigen. Bestimmen Sie dann näherungsweise die Ableitungen der Funktionen. Vergleichen Sie ihre Ergebnisse untereinander.

Mögliche Funktionsgleichungen und Stellen x_0 sind zum Beispiel:

(1) $y = -(x - 2)^2 + 3$; $x_0 = 3$;   [$x_0 = 1$]

(2) $y = (x - 1)(x + 2)x$; $x_0 = 1$;   [$x_0 = -1$]

(3) $y = 0{,}2x^3 - 1{,}2x^2 + 0{,}6x + 5$; $x_0 = -1$;   [$x_0 = 2$; $x_0 = 0{,}25$]

11 Zeichnen Sie die Normalparabel und markieren Sie den Punkt P(2,5 | 6,25). Stellen Sie dann einen Taschenspiegel so auf die Zeichnung durch den Punkt P, dass der Verlauf des Spiegelbildes der Parabel den Verlauf der Parabel auf dem Blatt Papier knickfrei fortsetzt.

Markieren Sie dann die Kante des Spiegels auf dem Papier. Die erhaltene Gerade ist orthogonal zur gesuchten Tangente. Zeichnen Sie nun noch die Tangente ein und bestimmen Sie deren Steigung.

Bestimmen Sie auch für andere Punkte auf diese Weise die Steigung.

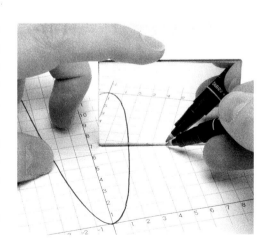

2.1.2 Lokale Änderungsrate

Einführung

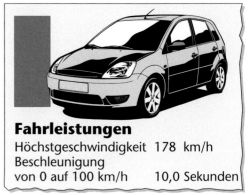

Fahrleistungen
Höchstgeschwindigkeit 178 km/h
Beschleunigung
von 0 auf 100 km/h   10,0 Sekunden

Ein Automobilhersteller hat ein Versuchsfahrzeug mit einem verbrauchsoptimierten Antrieb entwickelt und möchte dessen Fahrleistungen mit dem eines Serienfahrzeuges vergleichen.

Zur Bestimmung der Beschleunigungsdaten wird das Fahrzeug aus dem Stand beschleunigt und seine Entfernung vom Startpunkt ($f(x)$ in m) in Abhängigkeit von der Zeit (x in s) gemessen.

Die Messungen ergeben, dass diese Funktion näherungsweise durch den Funktionsterm $f(x) = x^2$ beschrieben werden kann.

Zum Vergleich der Beschleunigung des Versuchsfahrzeugs mit der des Serienfahrzeugs stellen wir folgende Frage:

Welche Geschwindigkeit hat das Versuchsfahrzeug nach 10 Sekunden erreicht?

Die Geschwindigkeit berechnet sich als zurückgelegte Strecke pro Zeitabschnitt.

In den ersten 10 Sekunden entfernt sich das Fahrzeug 10^2 m = 100 m von seinem Startpunkt. Dies entspricht einer Geschwindigkeit von:

$$\frac{100 \text{ m}}{10 \text{ s}} = 10 \, \frac{\text{m}}{\text{s}}$$

Die Einheit $\frac{\text{m}}{\text{s}}$ für die Geschwindigkeit ist in der Physik üblich, im Alltag ist jedoch die Einheit $\frac{\text{km}}{\text{h}}$ gebräuchlicher. Es gilt:

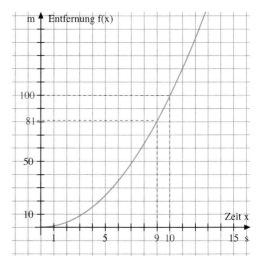

Eine Stunde hat 3 600 Sekunden.

$$1 \, \frac{\text{m}}{\text{s}} = \frac{0,001 \text{ km}}{\frac{1}{3\,600} \text{ h}} = 3,6 \, \frac{\text{km}}{\text{h}}$$

Also beträgt die Geschwindigkeit innerhalb der ersten 10 Sekunden 36 $\frac{\text{km}}{\text{h}}$. Diese Geschwindigkeit ist eine *Durchschnittsgeschwindigkeit* in den ersten 10 Sekunden. Am Graphen erkennt man deutlich, dass sich das Fahrzeug zunächst langsamer bewegt, z.B. 1 m in der 1. Sekunde, und dann immer schneller, z.B. 3 m in der 2. Sekunde.

Ein Näherungswert für die Geschwindigkeit nach 10 Sekunden ist z.B. die Durchschnittsgeschwindigkeit in der Zeitspanne von 9 bis 10 Sekunden.

Nach 9 Sekunden hat das Fahrzeug 9^2 m = 81 m zurückgelegt, nach 10 Sekunden 10^2 m = 100 m.

Für die Durchschnittsgeschwindigkeit in dieser Zeitspanne gilt also:

$$\frac{100 \text{ m} - 81 \text{ m}}{10 \text{ s} - 9 \text{ s}} = \frac{19 \text{ m}}{1 \text{ s}} = 68,4 \, \frac{\text{km}}{\text{h}}$$

Man erhält noch bessere Annäherungen für die Geschwindigkeit nach 10 Sekunden, wenn man die Zeitspanne, für die man die Durchschnittsgeschwindigkeit bestimmt, noch kleiner wählt. Wir stellen die Ergebnisse in der Tabelle rechts zusammen.

Zeitspanne	Durchschnittsgeschwindigkeit
0 s – 10 s	$36\ \frac{km}{h}$
9 s – 10 s	$68,4\ \frac{km}{h}$
9,5 s – 10 s	$\frac{100\ m - 90,25\ m}{10\ s - 9,5\ s} = \frac{9,75\ m}{0,5\ s} = 19,5\ \frac{m}{s} = 70,2\ \frac{km}{h}$
9,9 s – 10 s	$\frac{100\ m - 98,01\ m}{10\ s - 9,9\ s} = \frac{1,99\ m}{0,1\ s} = 19,9\ \frac{m}{s} = 71,64\ \frac{km}{h}$
9,99 s – 10 s	$\frac{100\ m - 99,801\ m}{10\ s - 9,9\ s} = \frac{0,1999\ m}{0,01\ s} = 19,99\ \frac{m}{s} = 71,964\ \frac{km}{h}$

Je kleiner die Zeitspanne wird, desto größer wird die Geschwindigkeit in dieser Zeitspanne und desto besser stimmt sie mit der *Momentangeschwindigkeit* zum Zeitpunkt 10 Sekunden statt.

Um diese zu bestimmen, betrachten wir eine kleine Zeitspanne von t bis 10. Der Übersichtlichkeit halber verzichten wir hier darauf, auch die Maßeinheiten zu notieren.

Zu Beginn dieser Zeitspanne ist die Entfernung des Fahrzeugs vom Startpunkt t^2, am Ende 10^2. Für die Durchschnittsgeschwindigkeit v in dieser Zeitspanne gilt dann:

$$v = \frac{10^2 - t^2}{10 - t} = \frac{(10 - t)(10 + t)}{10 - t} = 10 + t \qquad \boxed{\textit{3. Binomische Formel}}$$

Wir erkennen an diesem Term:

Je kleiner die Zeitspanne wird, also je näher t an 10 ist, desto näher ist v an 10 + 10 = 20. Daher hat die Momentangeschwindigkeit zum Zeitpunkt 10 s den Wert:

$$20\ \frac{m}{s} = 72\ \frac{km}{h}$$

Ergebnis: Nach 10 Sekunden hat das Fahrzeug eine Geschwindigkeit von $72\ \frac{km}{h}$ erreicht; seine Beschleunigung ist also nicht so groß wie die eines Serienfahrzeuges.

Aufgabe

1 Auf einer Teststrecke mit genau fest gelegten Bedingungen wurde ständig gemessen, wie viel Benzin ein Auto schon verbraucht hatte. Die Abbildung rechts zeigt das Testergebnis.

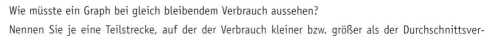

a) Der Benzinverbrauch wird üblicherweise in l pro 100 km angegeben.

Bestimmen Sie den Verbrauch auf dieser Strecke.

b) Begründen Sie, dass der Benzinverbrauch auf dieser Strecke nicht gleichbleibend war.

Wie müsste ein Graph bei gleich bleibendem Verbrauch aussehen?

Nennen Sie je eine Teilstrecke, auf der der Verbrauch kleiner bzw. größer als der Durchschnittsverbrauch war.

c) In manchen Fahrzeugen gibt es Bordcomputer, die auch den momentanen Benzinverbrauch anzeigen.

An welcher Stelle der Teststrecke ist dieser am kleinsten, bzw. am größten?

d) Wie könnte man vorgehen, um den momentanen Kraftstoffverbrauch an der Stelle 1 km zu bestimmen?

Lösung

a) Auf einer Fahrtstrecke von 5 km wurden insgesamt 0,20 l Benzin benötigt, das entspricht einem Verbrauch von $\frac{0{,}2\,l}{5\,km} = \frac{0{,}04\,l}{1\,km} = \frac{4\,l}{100\,km}$.

b) Bei gleich bleibendem Verbrauch auf der Strecke müsste der Graph gleichmäßig ansteigen, also auf einer Gerade liegen. Teilstrecken mit anderem Benzinverbrauch sind z. B. die Folgenden:

Auf der ersten Strecke von 0 bis 1 km verläuft der Graph steiler als die eingezeichnete Gerade. Dort ergibt sich ein höherer Benzinverbrauch:

$\frac{0{,}075\,l}{1\,km} = \frac{7{,}5\,l}{100\,km}$

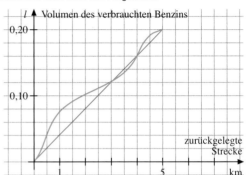

Auf der Stecke zwischen 1 km und 2 km verläuft der Graph flacher als die eingezeichnete Gerade. Hier ist der Verbrauch niedriger als der Durchschnittsverbrauch:

$\frac{0{,}105\,l - 0{,}075\,l}{2\,km} = \frac{0{,}03\,l}{1\,km} = \frac{3\,l}{100\,km}$

c) Der größte momentane Benzinverbrauch liegt an der Stelle vor, an der der Graph am steilsten ansteigt, da dann am meisten Benzin für eine Strecke benötigt wird. Beim hier gezeichneten Graph ist das bei 0,5 km der Fall.

Der kleinste momentane Benzinverbrauch liegt entsprechend an der Stelle vor, an der der Graph am flachsten ansteigt, hier also bei 2 km.

d) Man könnte den momentanen Benzinverbrauch an der Stelle 0,5 km ermitteln, indem man die benötigte Benzinmenge für eine kleine Strecke, z. B. von 0,5 km bis 0,6 km betrachtet. Der Durchschnittsverbrauch während dieser Strecke ist dann die Steigung der Geraden, die den Graphen an den Stellen 0,5 km und 0,6 km schneidet.

Einen noch genaueren Wert für den momentanen Benzinverbrauch an der Stelle 0,5 km erhält man, wenn man eine noch kleinere Strecke, z. B. von 0,5 km bis 0,51 km wählt.

Der momentane Benzinverbrauch an der Stelle 0,5 km ist gerade die Steigung der Tangenten an der Stelle 0,5 km an dem Graphen; er ist in der Einheit $\frac{l}{100\,km}$ anzugeben.

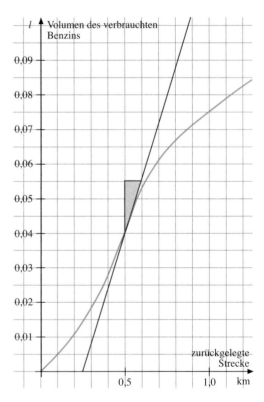

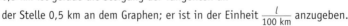

Information

(1) Änderungsrate einer Funktion in einem Intervall

In der Einführung haben wir die Geschwindigkeit eines Autos berechnet als Quotient aus der zurückgelegten Strecke und der dafür benötigten Zeit.

In Aufgabe 1 haben wir den Benzinverbrauch eines Autos berechnet als Quotient aus dem benötigten Benzinvolumen und der damit gefahrenen Strecke. In beiden Fällen wurden Änderungen von Funktionswerten dividiert durch einen Zeitabschnitt bzw. eine Strecke, also jeweils Änderungen von Ausgangsgrößen.

Definition: Änderungsrate

Gegeben ist eine Funktion f, die in einem Intervall [a; b] definiert ist.

Der Quotient $\frac{f(b) - f(a)}{b - a}$ heißt **Änderungsrate von f im Intervall [a; b].**

Geometrisch gedeutet ist dieser Quotient die Steigung m_s der Geraden (Sekante) durch die Punkte $P(a\,|\,f(a))$ und $Q(b\,|\,f(b))$ auf dem Graphen von f, also $m_s = \frac{f(b) - f(a)}{b - a}$ (**Sekantensteigung**).

> *Man sagt auch **Differenzenquotient.***

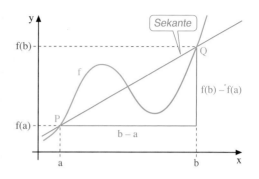

(2) Lokale Änderungsrate einer Funktion an einer Stelle

Die Änderungsrate kann geometrisch als Steigung einer Sekante durch zwei Punkte auf dem Funktionsgraphen gedeutet werden. Bei der Lösung von Aufgabe 1c) haben wir den momentanen Kraftstoffverbrauch als Steigung des Graphen in einem Punkt gedeutet. Man spricht in diesem Zusammenhang deshalb auch von einer lokalen (oder auch punktuellen) Änderungsrate. Die Steigung eines Graphen in einem Punkt $P(x_0\,|\,f(x_0))$, kennen wir als Ableitung $f'(x_0)$, also als Steigung der Tangente an den Graphen von f in P.

> *Statt von lokaler oder punktueller Änderungsrate spricht man manchmal auch von momentaner Änderungsrate*

Definition: Lokale Änderungsrate

Die **lokale Änderungsrate** einer Funktion f an einer Stelle x_0 ist die Ableitung $f'(x_0)$ der Funktion an der Stelle x_0.

Geometrisch gedeutet ist die lokale Änderungsrate einer Funktion f an einer Stelle x_0 die Steigung der Tangente an den Graphen von f im Punkt $P(x_0\,|\,f(x_0))$.

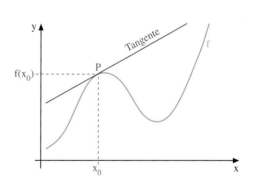

Beispiele für Änderungsraten in Anwendungen

Funktion	Änderungsrate	lokale Änderungsrate
Zeit → zurückgelegter Weg	Durchschnittsgeschwindigkeit	Momentangeschwindigkeit
Zeit → Geschwindigkeit	durchschnittliche Beschleunigung	Momentanbeschleunigung
Weg → benötigtes Benzinvolumen	durchschnittlicher Benzinverbrauch	momentaner Benzinverbrauch
Zeit → Wassermenge in einer Badewanne, die gefüllt wird	durchschnittliche Zuflussgeschwindigkeit	momentane Zuflussgeschwindigkeit

(3) Ableitung, Steigung, lokale Änderungsrate

Ableitung, Steigung und lokale Änderungsrate sind drei verschiedene Begriffe, die denselben Sachverhalt kennzeichnen.

Hat eine Funktion f an der Stelle – 3 die Ableitung – 2, so schreibt man dafür $f'(-3) = -2$.

Geometrisch bedeutet dies, dass die Tangente an den Graphen von f an der Stelle – 3 die Steigung – 2 hat.

Rechnerisch kann man die Änderung der Funktionswerte an dieser Stelle durch die lokale Änderungsrate – 2 beschreiben.

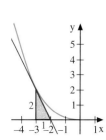

Übungsaufgaben **2**

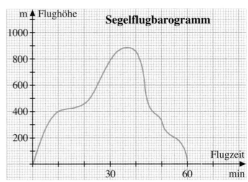

Die Flughöhe eines Segelflugzeuges wird während eines Fluges ständig gemessen und im Cockpit angezeigt. Ein automatischer Schreiber hält diese Messergebnisse in einem so genannten Segelflugbarogramm fest.

a) Beschreiben Sie mithilfe des Graphen das Flugverhalten des Segelfliegers.

b) Berechnen Sie die durchschnittliche Steiggeschwindigkeit in den ersten 10 Minuten in $\frac{m}{s}$.

c) Berechnen Sie die durchschnittliche Sinkgeschwindigkeit im Zeitraum von 40 bis 60 Minuten.

d) Im Cockpit zeigt ein Instrument, das so genannte Variometer, zu jedem Zeitpunkt die aktuelle Steig- bzw. Sinkgeschwindigkeit an. Bestimmen Sie aus dem obigen Diagramm die Steiggeschwindigkeit zum Zeitpunkt 30 min.

3

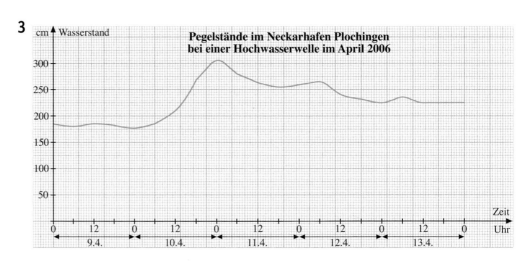

a) Bestimmen Sie für jeden Tag die Änderungsrate des Pegelstandes.

b) Bestimmen Sie den Zeitpunkt, zu dem die lokale Änderungsrate am größten war. Wie groß war sie?

c) Wann ist der Wasserstand am schnellsten gefallen und wie schnell?

4 Die Tabelle enthält Daten eines startenden Space-Shuttles der NASA.

Zeit (in s)	0	5	10	20	40	60	120
Höhe (in m)	0	92,5	370	1 480	5 920	13 320	53 280

a) Stellen Sie die Tabellendaten in einem Koordinatensystem dar und beschreiben Sie den Startverlauf.

b) Begründen Sie kurz, dass die Änderungsraten hier Angaben über durchschnittliche Geschwindigkeiten machen. Berechnen Sie die Durchschnittsgeschwindigkeit über den Zeitabschnitten [0; 5], [5; 10], ..., [60; 120], und zwar in der Einheit $\frac{km}{h}$.

c) Jemand behauptet, man könne die Durchschnittsgeschwindigkeit des Shuttles über den gesamten Zeitraum als Durchschnitt der in Teilaufgabe b) berechneten Geschwindigkeiten berechnen. Stimmt das?

5 Ein Flüssigkeitsbehälter wird durch ein Ventil entleert. Zum Zeitpunkt t ist im Behälter das Volumen V(t).

Präzisieren Sie die Begriffe *mittlere Ausflussgeschwindigkeit in einem Zeitintervall* und *momentane Ausflussgeschwindigkeit zum Zeitpunkt t*; deuten Sie diese Begriffe am Graphen der Funktion t → V(t).

Verwenden Sie auch den Begriff der Änderungsrate.

6 Ein Thermograph zeichnet über einen längeren Zeitraum zu jedem Zeitpunkt die Temperatur auf. Zum Zeitpunkt t beträgt die Temperatur $\vartheta(t)$. Der Thermograph zeichnet den Graphen der Funktion t → $\vartheta(t)$ auf.

> ϑ (griech. Buchstabe): Theta

Deuten Sie die Ausdrücke:

$$\vartheta(t) - \vartheta(t_0), \quad \frac{\vartheta(t) - \vartheta(t_0)}{t - t_0} \quad \text{und} \quad \vartheta'(t_0)$$

7 Der Luftdruck nimmt mit der Höhe ab. Zu jeder Höhe h gehört ein bestimmter Luftdrquck p(h). Deuten Sie auch:

$$p(h) - p(h_0), \quad \frac{p(h) - p(h_0)}{h - h_0} \quad \text{und} \quad p'(h_0).$$

8 Verwenden Sie im Programm Graphix von der dem Buch beigefügten CD den Programmpunkt *Änderungsdiagramm*.

a) Geben Sie zunächst im Menü *Formel* eine Geradengleichung ein, z. B. $y = \frac{1}{2}x + 3$. Wählen Sie bei den Diagrammoptionen die dritte Option ganz rechts.

Beschreiben Sie und erklären Sie die Grafik und die Tabelle, die das Programm erzeugt. Verwenden Sie auch noch weitere Geradengleichungen.

b) Schalten Sie im Menü *Zunahme y* nun auf die Option $\frac{\Delta y}{\Delta x}$.

Erläutern Sie die Grafik und die Tabelle des Programms; arbeiten Sie auch hier mit weiteren Geradengleichungen.

c) Verwenden Sie nun statt einer linearen Funktion die Quadratfunktion.

Welche Aussage können Sie über das Änderungsverhalten der Funktionswerte folgern?

d) Experimentieren Sie mit weiteren Funktionen und vergleichen Sie die Ergebnisse.

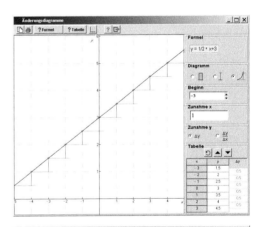

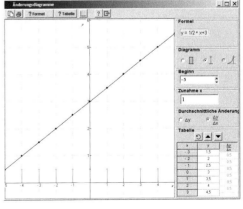

2.1.3 Ableitung der Quadratfunktion – Brennpunkteigenschaft

Einführung

(1) Grundidee

Wir wollen die Steigung der Normalparabel an der Stelle 0,5 bestimmen. Mit dem Funktionsterm $f(x) = x^2$ erhalten wir die 2. Koordinate des Punktes P: $f(0,5) = 0,5^2 = 0,25$.

Wir betrachten zunächst statt der Tangente im Punkt $P(0,5 \,|\, 0,25)$ Geraden durch P, welche die Normalparabel noch in einem weiteren Punkt Q schneiden. Solche Geraden nennt man *Sekanten*. Aus den Koordinaten der Punkte auf der Normalparabel kann man die Steigung einer Sekante genau berechnen. Je näher der zweite Schnittpunkt Q der Sekante am Punkt P liegt, desto näher liegt die Sekante an der Tangente und desto weniger unterscheidet sich die Steigung der Sekante von der Steigung der Tangente.

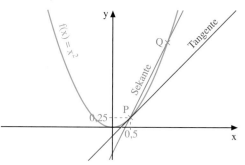

(2) Berechnen der Steigung von Sekanten durch den Punkt P(0,5|0,25)

Wir betrachten zunächst eine Sekante mit dem zweiten Schnittpunkt $Q(1,5 \,|\, 2,25)$.

Diese Sekante hat die Steigung:

$$m = \frac{f(1,5) - f(0,5)}{1,5 - 0,5} = \frac{2,25 - 0,25}{1,5 - 0,5} = \frac{2}{1} = 2$$

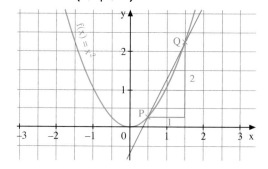

Einen noch besseren Näherungswert für die Tangentensteigung erhalten wir, wenn wir die Sekante durch den zweiten Punkt $R(1 \,|\, 1)$ betrachten.

Diese Sekante hat die Steigung:

$$m = \frac{f(1) - f(0,5)}{1 - 0,5} = \frac{1 - 0,25}{1 - 0,5} = \frac{0,75}{0,5} = 1,5$$

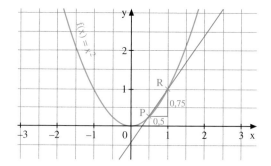

Um die Steigungen weiterer Sekanten zu berechnen, bezeichnen wir den zweiten Schnittpunkt allgemein mit $Q(x \,|\, x^2)$ mit $x \neq 0,5$. Für die Steigung der Sekanten erhalten wir den Term:

$$m = \frac{f(x) - f(0,5)}{x - 0,5} = \frac{x^2 - 0,25}{x - 0,5}$$

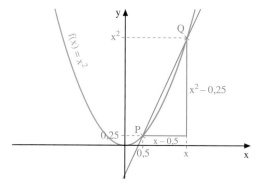

Mithilfe dieses Terms können wir die Steigung bequem mit einer Tabellenkalkulation berechnen:
gewählter Punkt P(0,5|0,25)

x	f(x)	f(x) – f(0,5)	x – 0,5	Differenzenquotient
1	1	0,75	0,5	1,5
0,9	0,81	0,56	0,4	1,4
0,8	0,64	0,39	0,3	1,3
0,7	0,49	0,24	0,2	1,2
0,6	0,36	0,11	0,1	1,1
0,5	0,25	0	0	#DIV/0!
0,4	0,16	–0,09	–0,1	0,9
0,3	0,09	–0,16	–0,2	0,8
0,2	0,04	–0,21	–0,3	0,7
0,1	0,01	–0,24	–0,4	0,6
0	0	–0,25	–0,5	0,5

Division durch 0 ist nicht definiert!

Für x = 0,5 meldet die Tabellenkalkulation den Fehler **#DIV/0!**, weil der Nenner des Differenzenquotienten den Wert 0 hat.

Die Tabellenkalkulation liefert auch einen Wert für die Sekante, wenn der zweite Schnittpunkt Q links von der Stelle 0,5 liegt. Die Formel für die Steigung der Sekanten gilt auch, falls der zweite Schnittpunkt Q links von P(0,5|0,25) liegt:

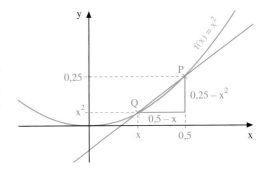

$$\frac{0,25 - x^2}{0,5 - x} = \frac{-(0,25 - x^2)}{-(0,5 - x)} = \frac{-0,25 + x^2}{-0,5 + x} = \frac{x^2 - 0,25}{x - 0,5}$$

Um noch genauere Werte für die Tangentensteigung zu erhalten, muss man die Tabelle verfeinern und x-Werte wählen, die immer dichter an der Stelle x = 0,5 liegen. Aus den Werten der letzten Tabellenspalte lässt sich vermuten, dass die Sekantensteigung umso näher bei 1 liegt, je näher x bei 0,5 liegt.

x	f(x)	f(x) – f(0,5)	x – 0,5	Differenzenquotient
0,51	0,2601	0,0101	0,01	1,01
0,501	0,251001	0,001001	0,001	1,001
0,5001	0,25010001	0,00010001	0,0001	1,0001
0,50001	0,25001	1E-05	0,00001	1,00001
0,5	0,25	0	0	#DIV/0!
0,49999	0,24999	–9,9999E-06	–0,00001	0,99999
0,4999	0,24990001	–9,999E-05	–0,0001	0,9999
0,499	0,249001	–0,000999	–0,001	0,999
0,49	0,2401	–0,0099	–0,01	0,99

(3) Bestimmen der Tangentensteigung im Punkt P(0,5 | 0,25)

Durch Umformen des Terms für die Sekantensteigung kann man zeigen, dass sich die Werte tatsächlich genau der Zahl 1 nähern. Für x ≠ 0,5 gilt:

3. Binomische Formel

$$m = \frac{x^2 - 0,25}{x - 0,5} = \frac{(x + 0,5)(x - 0,5)}{x - 0,5} = x + 0,5$$

Liegt Q rechts von P(x > 0,5), so ist m = x + 0,5 > 1. Liegt Q links von P(x < 0,5), so ist m = x + 0,5 < 1. An m = x + 0,5 (für x ≠ 0,5) erkennt man, dass sich die Sekantensteigung m umso weniger von 0,5 + 0,5, also 1, unterscheidet, je weniger sich x von 0,5 unterscheidet. Die Zahl 1 ist offenbar die gesuchte Steigung der Tangente in P(0,5|0,25). Die Tangente in P(0,5|0,25) hat die Steigung f′(0,5) = 1.

Weiterführende Aufgabe

1 Zeigen Sie: Die Gleichung der Tangente t an den Graphen der Funktion f mit $f(x) = x^2$ durch den Punkt $P(0,5 \mid 0,25)$ ist gegeben durch: $t(x) = 1 \cdot x - 0,25$

Information

In der Einführung haben wir für die Sekantensteigung den Term $x + 0,5$ ermittelt. Zur Berechnung der Tangentensteigung haben wir die Stelle x, an der die Sekante die Normalparabel schneidet, der Stelle 0,5 immer mehr angenähert und untersucht, wie sich dabei die Sekantensteigung ändert. Kurz:

Wenn x gegen 0,5 geht, strebt $x + 0,5$ gegen 1.

Dafür haben wir die Schreibweise kennen gelernt (siehe Seite 62):

$$\lim_{x \to 0,5} (x + 0,5) = 1$$

Die Steigung der Tangente an den Graphen einer Funktion f im Punkt $P(x_0 \mid f(x_0))$ erhält man folgendermaßen:

(1) Man wählt einen von P verschiedenen Punkt $Q(x \mid f(x))$ auf dem Graphen von f.

(2) Man bestimmt die Steigung der Sekante durch P und Q:

$$m = \frac{f(x) - f(x_0)}{x - x_0}$$

Diesen Term bezeichnet man als **Differenzenquotient.**

(3) Man lässt den Punkt Q auf dem Graphen zum Punkt P wandern; dabei nähert sich x der Stelle x_0 an. Die Steigung der Tangenten ist dann der *Grenzwert* der Steigungen der Sekanten durch Q und P:

$$f'(x_0) = \lim_{x \to x_0} \frac{f(x) - f(x_0)}{x - x_0}$$

Diesen Grenzwert bezeichnet man als **Differenzialquotienten**

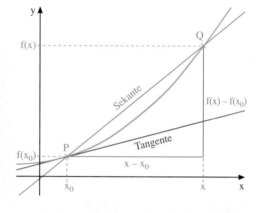

Aufgabe

2 Bestimmen Sie die Gleichung der Tangente t an die Normalparabel in einem beliebigen Punkt $P(x_0 \mid x_0^2)$.

Lösung

(1) Bestimmen der Sekantensteigung

Wir betrachten eine Sekante durch den Punkt $P(x_0 \mid x_0^2)$ und einem anderen Punkt $Q(x \mid x^2)$. Für deren Steigung gilt:

$$m = \frac{x^2 - x_0^2}{x - x_0} = \frac{(x + x_0)(x - x_0)}{(x - x_0)} = x + x_0 \quad (\text{für } x \neq x_0)$$

(2) Bestimmen der Tangentensteigungen

Wandert der zweite Schnittpunkt $Q(x \mid x^2)$ der Sekante auf der Normalparabel immer näher an den Punkt $P(x_0 \mid x_0^2)$, so gilt für den Grenzwert der Sekantensteigung, also die Tangentensteigung:

$$f'(x_0) = \lim_{x \to x_0} \frac{x^2 - x_0^2}{x - x_0} = \lim_{x \to x_0} (x + x_0) = 2x_0$$

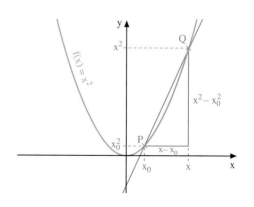

(3) Bestimmen der Tangentengleichung

Die Gleichung einer Geraden g mit der Steigung m durch einen Punkt P(a|b) ist gegeben durch:

$y = m \cdot (x - a) + b$ (siehe Seite 18)

also hier mit $m = f'(x_0)$ und $a = x_0$ sowie $b = f(x_0) = x_0^2$:

$t(x) = 2x_0 \cdot (x - x_0) + x_0^2 = 2x_0 \cdot x - x_0^2$

Information

(1) Ableitung der Quadratfunktion

In der Aufgabe 1 haben wir bewiesen:

Satz

Die Quadratfunktion f mit $f(x) = x^2$ hat an der Stelle x_0 die Ableitung $f'(x_0) = 2x_0$.

(2) Berechnen der Tangentensteigung mit der h-Schreibweise

In der Aufgabe 1 haben wir die Koordinaten des 2. Schnittpunktes der Sekanten mit $Q(x|x^2)$ bezeichnet. Für manche Berechnungen ist es günstiger, die Stelle, an der die Sekante den Graphen zum zweiten Mal schneidet, nicht mit x sondern mit $x_0 + h$ zu bezeichnen. Dabei gibt h an, wie weit die zweite Schnittstelle von x_0 entfernt ist. h ist positiv, falls der Punkt Q rechts von P liegt, h ist negativ, falls Q links von P liegt.

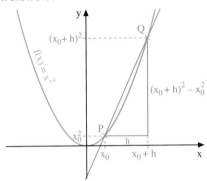

Für die Steigung m der Sekante durch P und Q gilt:

$m = \dfrac{(x_0 + h)^2 - x_0^2}{h} = \dfrac{x_0^2 + 2x_0 h + h^2 - x_0^2}{h} = 2x_0 + h$ (für $h \neq 0$)

Stellt man sich nun vor, dass Q auf P zu wandert, so unterscheidet sich h immer weniger von 0 und die Steigung m immer weniger von $2x_0$.

Daher gilt für die Tangentensteigung:

$f'(x_0) = \lim_{h \to 0} \dfrac{(x_0 + h)^2 - x_0^2}{h} = \lim_{h \to 0} (2x_0 + h) = 2x_0$

Weiterführende Aufgaben

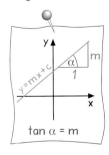

3 Steigungswinkel

a) Welchen Winkel schließt die Tangente an den Graphen von $f(x) = x^2$ im Punkt $P(0,5|0,25)$ mit der (positiven) x-Achse ein?

b) Welche Tangente an den Graphen von $f(x) = x^2$ schließt mit der (positiven) x-Achse einen Winkel von 30° ein?

4 Normalen

Eine Gerade, die eine andere Gerade senkrecht schneidet, wird als Normale bezeichnet.

a) Zeichnen Sie den Graphen der Funktion f mit $f(x) = x^2$ sowie die Normalen zu den Tangenten an den Stellen $x = -2, -1, 0, +1, +2$.

b) Welche Steigung haben die in a) gezeichneten Normalen? Wie lautet die Gleichung der Normalen?

c) Geben Sie allgemein die Steigung der Normalen an der Stelle x_0 an sowie die allgemeine Gleichung einer Normalen zum Graphen von $f(x) = x^2$.

Aufgabe

Ein **Rotationspara-boloid** entsteht, wenn man eine zur y-Achse symmetrische Parabel um die y-Achse rotieren lässt.

5 Brennpunkteigenschaft

Gegeben ist ein Parabolspiegel, der durch Rotation der Parabel mit der Gleichung $f(x) = \frac{1}{2}x^2$ entstanden ist. Wir untersuchen den Strahlengang eines Lichtstrahls (rot), der von oben parallel zur y-Achse einfällt und auf die Wandung des Parabolspiegels (blau) trifft. Nach dem Reflexionsgesetz wird der Strahl so reflektiert, dass der Einfallswinkel α und der Ausfallswinkel β gleich groß sind. Beide Winkel liegen symmetrisch zu der Normalen (grün) durch den Punkt der Parabolspiegel-Fläche, in dem der Strahl auftrifft.

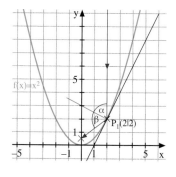

a) Betrachten Sie einen Strahl, der parallel zur y-Achse im Punkt $P_1(2|2)$ reflektiert wird.

  (1) Bestimmen Sie die Steigung der Tangente in diesem Punkt und die Steigung der Normalen. Bestimmen daraus dann die Größe des Einfalls- und Ausfallswinkels.

  (2) Berechnen Sie den Steigungswinkel des reflektierten Strahls; bestimmen Sie hieraus die Gleichung der Geraden, längs der der reflektierte Strahl verläuft. Wo schneidet dieser Punkt die y-Achse?

b) Bestimmen Sie analog zu Teilaufgabe a) für die Punkte $P_2(1|0,5)$ und $P_3(-3|4,5)$ jeweils die Gleichung der Geraden zum reflektierten Strahl sowie den Schnittpunkt mit der y-Achse. Was fällt auf?

Lösung

a) Für die Ableitung der Funktion f mit $f(x) = \frac{1}{2}x^2$ gilt: $f'(x) = x$.

(1) Die Parabel hat im Punkt $P_1(2|2)$ die Steigung

$m_1 = f'(2) = 2$, also die Normale zu der Tangente die Steigung

$\overline{m_1} = -\frac{1}{m_1} = -\frac{1}{2}$.

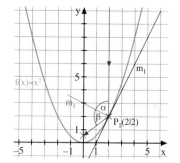

Diese Normale hat demnach einen Steigungswinkel von

$\tan^{-1}\left(-\frac{1}{2}\right) = -26,57°$, d.h. zwischen der Normalen und einer Parallelen zur y-Achse liegt ein Winkel von $90° - 26,57° = 63,43°$ vor.

Es gilt also: $\alpha = \beta = 63,43°$.

(2) Der Steigungswinkel des reflektierten Strahls ist demnach:

$\gamma = \alpha + \beta - 90° = 36,86°$

Die Steigung des reflektierten Strahls ist dann: $m = \tan(\gamma) = 0,75$

Die Gleichung der Geraden, längs der der reflektierte Strahl verläuft, ist daher: $y = 0,75 \cdot (x - 2) + 2$,

also $y = 0,75x + 0,5$ (gemäß Punkt-Steigungsform, siehe Seite 80).

Der reflektierte Strahl schneidet also im Punkt $(0|0,5)$ die y-Achse.

b) Analog zu Teilaufgabe a) erhalten wir:

Punkt	$P_2(1|0,5)$	$P_3(-3|4,5)$
Steigung der Tangente	$m_2 = f'(1) = 1$	$m_3 = f'(-3) = -3$
Steigung der Normalen	$\overline{m_2} = -\frac{1}{1} = -1$	$\overline{m_3} = -\frac{1}{-3} = +\frac{1}{3}$
Steigungswinkel der Normalen	$\tan^{-1}(-1) = -45°$	$\tan^{-1}\left(\frac{1}{3}\right) = 18,43°$
Einfalls- und Ausfallswinkel	$\alpha = \beta = 45°$	$\alpha = \beta = 71,57°$
Steigungswinkel des reflektierten Strahls	$\gamma = -180°$	$\gamma = -53,13°$
Steigung des reflektierten Strahls	$\tan(\gamma) = 0$	$\tan(\gamma) = -\frac{4}{3}$
Gleichung des reflektierten Strahls	$y = 0 \cdot (x - 1) + 0,5 = 0,5$	$y = -\frac{4}{3} \cdot (x + 3) + 4,5 = -\frac{4}{3}x + 0,5$
Schnittpunkt mit der y-Achse	$(0|0,5)$	$(0|0,5)$

Es fällt auf, dass alle reflektierten Strahlen durch den Punkt $F(0\,|\,0,5)$ verlaufen. Dies ist der **Brennpunkt der Parabel** mit der Gleichung $y = \frac{1}{2}x^2$ und der Brennpunkt des zugehörigen Parabolspiegels.

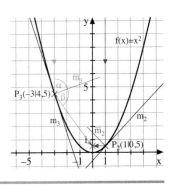

Weiterführende Aufgabe **6** **Lage des Brennpunktes einer beliebigen Parabel durch den Ursprung**

Man kann allgemein zeigen, dass für den Brennpunkt F einer Parabel mit der Gleichung

$y = a \cdot x^2$ gilt: $\quad F\left(0\,\Big|\,\dfrac{1}{4a}\right)$.

Wählen Sie für eine Arbeit in Gruppen verschiedene Beispiele für $a > 0$ aus sowie verschiedene Punkte der Parabel, in denen der parallel zur y-Achse verlaufende einfallende Strahl reflektiert wird.

Bestätigen Sie die Angabe über die Lage des Brennpunkts.

Übungsaufgaben **7** Für die Funktion f mit $f(x) = 4 - x^2$ soll die Tangentensteigung im Punkt $P(1\,|\,3)$ möglichst genau bestimmt werden. Betrachten Sie das Bild rechts. Dort wird die Tangente in P näherungsweise durch Sekanten ersetzt.

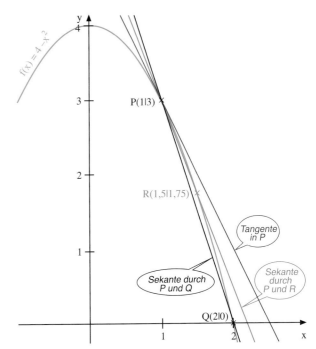

a) Bestimmen Sie die Steigungen aller eingezeichneten Sekanten rechnerisch.

Wie kann man einen noch besseren Näherungswert für die Tangentensteigung erhalten?

b) Entwickeln Sie aus den Überlegungen in Teilaufgabe a) ein Verfahren zur rechnerischen Bestimmung der Ableitung an einer beliebigen Stelle x_0.

8

a) Geben Sie die Ableitung der Quadratfunktion an der Stelle $3\ \left[7;\ -4;\ -0,5;\ \frac{2}{3}\right]$ an sowie jeweils die Gleichung der Tangente.

b) An welcher Stelle hat die Quadratfunktion die Ableitung $8\ \left[-6;\ 0;\ \frac{1}{2};\ -0,8\right]$?

c) In welchen Punkten ist die Tangente parallel zu der Ursprungsgeraden mit der Gleichung

(1) $y = 2x$ (2) $y = 3x$ (3) $y = 0,5x$ (4) $y = -0,2x$ (5) $y = -4x$

d) In welchen Punkten hat die Tangente einen Steigungswinkel von

(1) $20°$ (2) $55°$ (3) $-45°$ (4) $-75°$ (5) $0°$

9 Betrachten Sie die Quadratfunktion f mit $f(x) = x^2$.

a) Geben Sie an: (1) $f'(5)$, (2) $f'(-5)$, (3) $f'(0)$, (4) $f'\left(\frac{1}{2}\right)$, (5) $f'\left(\frac{1}{2}\right)$

b) An welchen Stellen x gilt: (1) $f'(x) = 3$, (2) $f'(x) = -3$, (3) $f'(x) = 0$, (4) $f'(x) = 1,8$?

10 Bestimmen Sie die Ableitung der Funktion f an den Stellen 3 und – 3 mithilfe der h-Schreibweise.

a) $f(x) = x^2 + 3$ **b)** $f(x) = 3x^2$ **c)** $f(x) = (x - 2)^2$ **d)** $f(x) = x^2 + 2x$

11 Arbeiten Sie mit der dem Buch beiliegenden CD „Mathematik interaktiv". Stellen Sie mit dem Programmteil „Steigung" das Verfahren zur Bestimmung der Tangente an eine Parabel grafisch dar. Experimentieren Sie mit den Programm und beschreiben Sie ihre Beobachtungen.

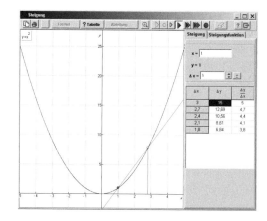

12 Betrachten Sie die Funktion, die jeder Seitenlänge a den Flächeninhalt des entsprechenden Quadrates zuordnet. Berechnen Sie die lokale Änderungsrate für eine Seitenlänge a. Deuten Sie das Ergebnis geometrisch.

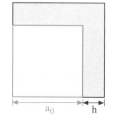

13 Der Reflektor eines Autoscheinwerfers hat die Form eines Rotationsparaboloids. Der Glühfaden befindet sich im Brennpunkt B. Zeichnen Sie ein, wie Strahlen, die vom Brennpunkt kommen, reflektiert werden.

Welchen Abstand muss der Glühfaden vom Scheitelpunkt haben?

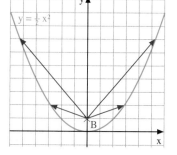

14 Es soll eine Antenne mit parabelförmigem Querschnitt für den Empfang von Satellitenprogrammen entworfen werden.

Bei diesem Modell soll der Empfänger 50 cm vor dem Scheitelpunkt liegen.

Das Paraboloid soll am Rand einen Durchmesser von 80 cm haben.

Welche Tiefe muss das Paraboloid haben?

15 Die Reflektorschale des Radioteleskops Effelsberg (Eifel) ist als Paraboloid gestaltet. Sie hat am Rand einen Durchmesser von 100 m und eine Tiefe von 20 m.

Wo befindet sich der Brennpunkt?

2.1.4 Ableitung weiterer Funktionen

Ziel

Hier bestimmen Sie die Ableitungen weiterer Funktionen mit den Verfahren, die Sie bei der Quadratfunktion kennen gelernt haben.

Zum Erarbeiten **(1)** **Ableitung der Kubikfunktion**

> **Kubikfunktion**
> ordnet jeder Zahl ihre
> 3. Potenz zu: $y = x^3$

- Bestimmen Sie die Ableitung der Kubikfunktion f mit $f(x) = x^3$ an einer Stelle x_0 mithilfe der h-Schreibweise.

Die Steigung der Tangente an der Stelle x_0 wird in folgenden Schritten bestimmt:

(1) Bestimmen der Sekantensteigung

Wir betrachten eine Sekante durch die Punkte
$P(x_0 | x_0^3)$ und $Q(x_0 + h | (x_0 + h)^3)$ mit $h \neq 0$.
Für deren Steigung gilt:

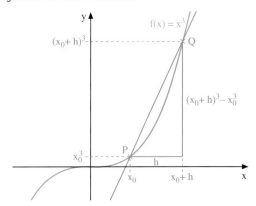

> *2. Binomische Formel*

$$m = \frac{(x_0 + h)^3 - x_0^3}{h} = \frac{(x_0 + h)^2 (x_0 + h) - x_0^3}{h}$$

$$= \frac{(x_0^2 + 2x_0 h + h^2)(x_0 + h) - x_0^3}{h}$$

$$= \frac{x_0^3 + 3x_0^2 h + 3x_0 h^2 + h^3 - x_0^3}{h}$$

$$= \frac{3x_0^2 h + 3x_0 h^2 + h^3}{h} = 3x_0^2 + 3x_0 h + h^2$$

(2) Bestimmen der Tangentensteigung

Wandert der zweite Schnittpunkt $Q(x_0 + h | (x_0 + h)^3)$ der Sekante auf der Normalparabel immer näher an den Punkt $P(x_0 | x_0^3)$ heran, unterscheidet sich h immer weniger von 0. Für den Grenzwert der Sekantensteigung, also die Tangentensteigung folgt daraus:

$$f'(x_0) = \lim_{h \to 0} \frac{(x_0 + h)^3 - x_0^3}{h} = \lim_{h \to 0} (3x_0^2 + 3x_0 h + h^2) = 3x_0^2$$

Satz

Die Kubikfunktion f mit $f(x) = x^3$ hat an der Stelle x_0 die Ableitung $f'(x_0) = 3x_0^2$.

---

(2) **Ableitung der Kehrwertfunktion**

> **Kehrwertfunktion**
> ordnet jeder von 0 verschiedenen Zahl ihren Kehrwert zu:
> $y = \frac{1}{x}$

- Bestimmen Sie die Ableitung der Kehrwertfunktion f mit $f(x) = \frac{1}{x}$ für $x \neq 0$ an einer Stelle $x_0 \neq 0$ mithilfe der h-Schreibweise.

Die Steigung der Tangente an der Stelle x_0 wird in folgenden Schritten bestimmt:

(1) Bestimmen der Sekantensteigung
Wir betrachten eine Sekante durch die Punkte
$P(x_0 | \frac{1}{x_0})$ und $Q(x_0 + h | \frac{1}{x_0 + h})$ mit $h \neq 0$

Für die Steigung gilt:

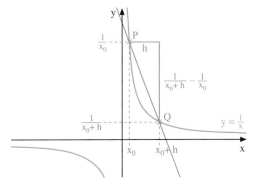

$$m = \frac{\frac{1}{x_0 + h} - \frac{1}{x_0}}{x_0 + h - x_0} = \frac{\frac{x_0}{(x_0 + h) x_0} - \frac{x_0 + h}{x_0 (x_0 + h)}}{h}$$

$$= \frac{-\frac{h}{x_0(x_0 + h)}}{h} = -\frac{h}{x_0(x_0 + h) h} = -\frac{1}{x_0(x_0 + h)}$$

(2) Bestimmen der Tangentensteigung

Wandert der zweite Schnittpunkt $Q\left(x_0 + h \mid \frac{1}{x_0 + h}\right)$ der Sekante auf der Hyperbel immer näher an den Punkt $P\left(x_0 \mid \frac{1}{x_0}\right)$, unterscheidet sich h immer weniger von 0. Für den Grenzwert der Sekantensteigung folgt daraus:

$$f'(x_0) = \lim_{h \to 0} \frac{\frac{1}{x_0 + h} - \frac{1}{x_0}}{h}$$

$$= \lim_{h \to 0} \left(- \frac{1}{x_0(x_0 + h)}\right) = - \frac{1}{x_0^2}$$

Satz

Die Kehrwertfunktion f mit $f(x) = \frac{1}{x}$ hat an der Stelle $x_0 \neq 0$ die Ableitung $f'(x_0) = -\frac{1}{x_0^2}$.

(3) Ableitung der Quadratwurzelfunktion

- Bestimmen Sie die Ableitung der Quadratwurzelfunktion f mit $f(x) = \sqrt{x}$ für $x \geq 0$ an einer Stelle $x_0 > 0$. Überlegen Sie anschließend, warum die Stelle $x_0 = 0$ ausgeschlossen wurde.

Die Steigung der Tangente an der Stelle x_0 wird in folgenden Schritten bestimmt:

(1) Bestimmen der Sekantensteigung

Wir betrachten eine Sekante durch die Punkte $P(x_0 \mid \sqrt{x_0})$ und $Q(x \mid \sqrt{x})$ mit $x \neq x_0$.

Für deren Steigung gilt:

$(\sqrt{a})^2 = \sqrt{a} \cdot \sqrt{a} = a$

$$m = \frac{\sqrt{x} - \sqrt{x_0}}{x - x_0} \quad \boxed{\begin{array}{l}\text{3. Binomische}\\\text{Formel}\end{array}}$$

$$= \frac{\sqrt{x} - \sqrt{x_0}}{(\sqrt{x})^2 - (\sqrt{x_0})^2} = \frac{\sqrt{x} - \sqrt{x_0}}{(\sqrt{x} + \sqrt{x_0})(\sqrt{x} - \sqrt{x_0})}$$

$$= \frac{1}{\sqrt{x} + \sqrt{x_0}}$$

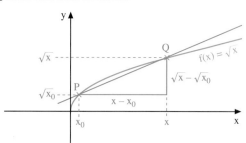

(2) Bestimmen der Tangentensteigung

Wandert der zweite Schnittpunkt $Q(x \mid \sqrt{x})$ der Sekante auf den Graphen immer näher an den Punkt $P(x_0 \mid \sqrt{x_0})$, so unterscheidet sich x immer weniger von x_0. Für den Grenzwert der Sekantensteigung folgt daraus:

$$f'(x_0) = \lim_{h \to 0} \frac{\sqrt{x_0 + h} - \sqrt{x_0}}{h}$$

$$= \lim_{h \to 0} \left(\frac{1}{\sqrt{x} + \sqrt{x_0}}\right) = \frac{1}{2\sqrt{x_0}}$$

(3) Ausschließen der Stelle 0

Die Sekante durch den Ursprung $O(0 \mid 0)$ und den Punkt $Q(x \mid \sqrt{x})$ hat die Steigung $m = \frac{\sqrt{x} - 0}{x - 0} = \frac{\sqrt{x}}{x} = \frac{1}{\sqrt{x}}$. Je näher Q auf dem Graphen an 0 rückt, desto kleiner wird $\sqrt{x}$. Die Sekantensteigung wird beliebig groß.

An der Stelle 0 hat die Quadratwurzelfunktion somit eine senkrechte Tangente, da die Normalparabel an der Stelle 0 eine waagerechte Tangente hat. Für eine Gerade, die parallel zur y-Achse verläuft, kann man keine Steigung angeben. Daher musste die Stelle 0 beim Bestimmen der Ableitung ausgeschlossen werden.

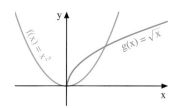

Satz

Die Quadratwurzelfunktion f mit $f(x) = \sqrt{x}$ hat an der Stelle $x_0 > 0$ die Ableitung $f'(x_0) = -\frac{1}{2\sqrt{x_0}}$.

Zum Üben

1 Die Ableitung der Kubikfunktion und der Kehrwertfunktion haben wir mit der h-Schreibweise bestimmt, die der Quadratwurzelfunktion nicht. Untersuchen Sie, ob die Bestimmung der Ableitung mit der jeweils anderen Methode genau so günstig ist.

2 Bestimmen Sie die Ableitung einer linearen Funktion f mit $f(x) = mx + c$ an einer Stelle x_0. Geben Sie zunächst an, welches Ergebnis Sie erwarten. Bestimmen Sie dann die Ableitung mithilfe von Sekantensteigungen.

3 Beweisen Sie:

Die Funktion f mit $f(x) = x^4$ hat an einer Stelle $x_0 \neq 0$ die Ableitung $f'(x_0) = 4x_0^3$.

---

4 Beweisen Sie:

Die Funktion f mit $f(x) = \frac{1}{x^2}$ hat an einer Stelle x_0 die Ableitung $f'(x_0) = -\frac{2}{x_0^3}$.

---

5 Bestimmen Sie für die Funktion f mit
a) $f(x) = x^3$, **b)** $f(x) = \frac{1}{x}$, **c)** $f(x) = \sqrt{x}$, **d)** $f(x) = x^4$, **e)** $f(x) = \frac{1}{x^2}$
die Ableitungen $f'(1)$, $f'(2)$, $f'(2,5)$, $f'\left(\frac{1}{4}\right)$.

6 An welcher Stelle hat der Graph von f die angegebene Steigung?
a) $f(x) = x^3$, Steigung 27 [7; 0]   **c)** $f(x) = \frac{1}{x}$ Steigung -1 [-4; -7]
b) $f(x) = x^4$, Steigung 16 [-1; 4]   **d)** $f(x) = \sqrt{x}$, Steigung $\frac{1}{9}$ [16; 3]

7 Welche Steigungen kommen für den Graphen von f überhaupt nicht vor? Deuten Sie das Ergebnis geometrisch.
a) $f(x) = x^3$ **b)** $f(x) = \frac{1}{x}$ **c)** $f(x) = \sqrt{x}$

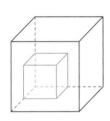

8 Betrachten Sie die Funktion, die jeder Kantenlänge das Volumen des zugehörigen Würfels zuordnet. Berechnen Sie die lokale Änderungsrate für eine Kantenlänge a_0. Deuten Sie das Ergebnis geometrisch.

9 Die Ableitung der Quadratwurzelfunktion kann auch durch geometrische Überlegungen gefunden werden. Erläutern Sie die folgenden Schritte für die Herleitung. Fertigen Sie auch hierzu notwendige Skizzen zur Veranschaulichung an.
- Der Graph der Quadratwurzelfunktion g mit $g(x) = \sqrt{x}$ entsteht aus dem Graphen der Quadratfunktion f mit $f(x) = x^2$ durch Spiegelung an der Achse mit $y = x$ (Halbierende des 1. und 3. Quadranten).
- Die Steigung m der Quadratwurzelfunktion in einem Punkt $P(a|a^2)$ mit $a > 0$ ist gleich $m = f'(a) = 2a$, d.h. zeichnet man im Punkt $(a|a^2)$ an die Tangente ein Steigungsdreieck, bei dem eine Kathete die Länge 1 hat, dann hat die andere Kathete die Länge 2a.
- Spiegelt man die Figur, bestehend aus Punkt P, Tangente und Steigungsdreieck an der Geraden mit $y = x$, dann erhält man eine Tangente an den Graphen der Funktion g im Punkt $P'\left(b|\sqrt{b}\right)$, wobei $b = a^2$, und ein Steigungsdreieck, an dem man die Steigung der Tangente von g ablesen kann.
Daher gilt: $g'(b) = \frac{1}{2a} = \frac{1}{2\sqrt{b}}$

2.2 Differenzierbarkeit – Ableitungsfunktion

2.2.1 Differenzierbarkeit

Einführung

Rechts sehen Sie den Graphen der Funktion f mit $f(x) = |x^2 - 1|$. Man kann ihn sich folgendermaßen entstanden denken:

Der Teil des Graphen zu $y = x^2 - 1$, der unterhalb der x-Achse liegt, wird an der x-Achse gespiegelt. Somit hat der Graph zu $f(x) = |x^2 - 1|$ an den Stellen 1 und -1 eine Spitze.

Wir wollen nun die Ableitung von f an der Stelle 1 bestimmen. Dazu betrachten wir zunächst eine Sekante durch den Punkt $P(1|0)$ mit zweitem Schnittpunkt $Q(x|f(x))$ mit $x \neq 1$. Deren Steigung beträgt:

$$m = \frac{f(x) - f(1)}{x - 1} = \frac{|x^2 - 1| - 0}{x - 1} = \frac{|x^2 - 1|}{x - 1}$$

Wegen des Betrages müssen wir eine Fallunterscheidung zum Umformen dieses Terms vornehmen.

1. Fall: Für $x > 1$. d. h. Q liegt rechts von P, gilt:

$$m = \frac{|x^2 - 1|}{x - 1} = \frac{x^2 - 1}{x - 1} \quad (\text{da } x^2 - 1 > 0 \text{ für } x > 1)$$

$$= \frac{(x + 1)(x - 1)}{x - 1} = x - 1, \quad \text{also } \lim_{x \to 1} m = 2$$

2. Fall: Für $x < 1$ liegt Q links von P. Da wir Q an P annähern wollen, können wir uns darauf beschränken, nur den Fall $x > 0$ zu betrachten. In diesem Fall gilt:

$$m = \frac{|x^2 - 1|}{x - 1} = \frac{-(x^2 - 1)}{x - 1} \quad (\text{da } x^2 - 1 < 0 \text{ für } 0 < x < 1)$$

$$= \frac{-(x + 1)(x - 1)}{x - 1} = -x - 1, \quad \text{also } \lim_{x \to 1} m = -2$$

Lässt man bei einer Sekante, deren zweiter Schnittpunkt rechts von P liegt, diesen Schnittpunkt auf P zu wandern, so nähern sich die Sekantensteigungen dem Wert 2. Dagegen nähern sich bei Sekanten mit zweitem Schnittpunkt links von P die Sekantensteigungen dem Wert -2. Bei Annäherung von links und rechts nähern sich die Sekanten verschiedenen Geraden an. Es gibt also keine Gerade, die sich zugleich links und rechts von P gut an den Graphen von f anschmiegt. Daher gibt es keine Tangente im Punkt P an der Stelle 1. Folglich hat die Funktion f an der Stelle 1 keine Ableitung.

Entsprechende Überlegungen lassen sich für die Stelle -1 durchführen.

Aufgabe

1 Die Heavisidefunktion H hat keinen einheitlichen Funktionsterm, sondern wird abschnittsweise definiert:

$$H(x) = \begin{cases} 0 & \text{für } x \leq 0 \\ 1 & \text{für } x > 0 \end{cases}$$

Zeichnen Sie den Graphen der Funktion und untersuchen Sie, ob die Funktion eine Ableitung an der Stelle 0 besitzt.

OLIVER HEAVISIDE
(1850–1925)
BRITISCHER MATHEMATIKER
UND PHYSIKER

Lösung

- • gehört zum Graphen
- ○ gehört nicht zum Graphen

Wir betrachten zunächst eine Sekante durch den Punkt $P(0\,|\,0)$ und den zweiten Schnittpunkt $Q\big(x\,|\,H(x)\big)$ mit $x \ne 0$. Für deren Steigung gilt:

$$m = \frac{H(x) - H(0)}{x - 0} = \frac{H(x) - 0}{x - 0} = \frac{H(x)}{x},$$

also $m = \begin{cases} \frac{1}{x} & \text{für } x > 0 \\ 0 & \text{für } x < 0 \end{cases}$

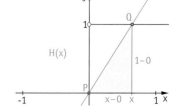

Alle Sekanten mit zweiten Schnittpunkt Q links von P haben also die Steigung 0.

Für Sekanten mit zweitem Schnittpunkt rechts von P gilt:

1. Koordinate von Q	1	0,5	0,1	0,01	0,001	…
Sekantensteigung $\frac{1}{x}$	1	2	10	100	1 000	…

Je näher der zweite Schnittpunkt an P rückt, desto größer wird die Steigung der Sekante. Sie nähert sich keiner Zahl an. Bei Annäherung von links und rechts nähern sich die Sekanten verschiedenen Geraden an. Es gibt also keine Gerade, die sich zugleich links und rechts von P gut an den Graphen von H anschmiegt. Daher gibt es keine Tangente im Punkt P an der Stelle 0. Folglich hat die HEAVISIDE-Funktion H an der Stelle 0 keine Ableitung.

Information

An einer Stelle, an der ein Graph eine Spitze oder einen Sprung aufweist, gibt es keine Gerade, die sich dem Graphen zugleich links und rechts von dieser Stelle gut anschmiegt. Der Graph hat an dieser Stelle keine Tangente. Daher hat die Funktion an dieser Stelle keine Ableitung. An dieser Stelle nähern sich die Sekantensteigungen keiner gemeinsamen Zahl an, wenn sich die zweite Schnittstelle von links oder rechts dieser Stelle nähert.

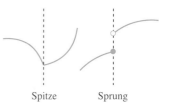

Spitze   Sprung

Definition

Zur Bestimmung der Ableitung einer Funktion f an einer Stelle x_0 geht man folgendermaßen vor:

(1) Man bestimmt für Sekanten, die den Graphen an einer zweiten Stelle $x \ne x_0$ schneiden, die Steigung, d. h. den Differenzenquotienten:

$$m = \frac{f(x) - f(x_0)}{x - x_0}$$

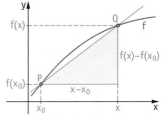

(2) Man nähert die Stelle x immer mehr der Stelle x_0 an. Nähern sich dabei die Werte des Differenzenquotienten sowohl bei Annäherung von links als auch von rechts derselben Zahl an, so nennt man die Funktion **differenzierbar** an der Stelle x_0. Der Grenzwert des Differenzenquotienten ist die **Ableitung**:

$$f'(x_0) = \lim_{x \to x_0} \frac{f(x) - f(x_0)}{x - x_0}$$

Andernfalls heißt die Funktion f **nicht differenzierbar** an der Stelle x_0 und hat dann an dieser Stelle keine Ableitung.

Weiterführende Aufgaben

2 **Untersuchung auf Differenzierbarkeit bei parallel zur y-Achse verlaufenden Tangenten**

Betrachten Sie die Funktion f mit: $f(x) = \begin{cases} \sqrt{x} & \text{für } x \ge 0 \\ -\sqrt{-x} & \text{für } x < 0 \end{cases}$

Untersuchen Sie, ob die Funktion f an der Stelle 0 differenzierbar ist. Hat der Graph an der Stelle 0 eine Tangente?

3 **Abschnittsweise definierte Funktionen mit differenzierbarem Übergang**

a) Begründen Sie: Die abschnittsweise definierte Funktion f mit

$$f(x) = \begin{cases} x^2 & \text{für } x \leq 1 \\ 2x - 1 & \text{für } x > 1 \end{cases}$$

ist für alle $x \in \mathbb{R}$ differenzierbar (d. h. auch an der Stelle x = 1).

b) Geben Sie zwei weitere abschnittsweise Funktionen an, die für alle $x \in \mathbb{R}$ differenzierbar sind. Zeichnen Sie jeweils die zugehörigen Graphen (ggf. mithilfe der Software Graphix – diese enthält die Option, den Definitionsbereich einzuschränken und so verschiedene Teilgraphen aneinanderzusetzen).

Information

(1) Exakte Definition der Tangente

Auf Seite 141 haben wir anschaulich von einer Tangenten an einen Funktionsgraphen gesprochen. Beim zeichnerischen Bestimmen ergaben sich ungenaue Werte. Mithilfe der Ableitung können wir nun festlegen:

> **Definition**
>
> Der Graph einer Funktion f hat in einem Punkt $P\big(x_0 \,|\, f(x_0)\big)$ eine Tangente, wenn f an der Stelle x_0 differenzierbar ist.
>
> Die Tangente ist dann die Gerade durch P, welche die Steigung $f'(x_0) = \lim\limits_{x \to x_0} \dfrac{f(x) - f(x_0)}{x - x_0}$ hat.
>
> Ist f an der Stelle x_0 nicht differenzierbar, so hat der Graph im Punkt $P\big(x_0 \,|\, f(x_0)\big)$ auch keine Tangente, es sei denn, die Tangente verläuft parallel zur y-Achse.

(2) Andere Sprech- und Bezeichnungsweisen

Die Ableitung der an der Stelle x_0 differenzierbaren Funktion wird auch **Differenzialquotient** genannt. Diese Bezeichnung hat historische Gründe. LEIBNIZ vertrat die Auffassung, die Steigung der Tangente sei ein Quotient von so genannten Differenzialen. Vor allem bei Anwendungen in Physik und Technik schreibt man auch Δx (gelesen: Delta x) für die Koordinatendifferenz $x - x_0$:

$$\Delta x = x - x_0$$

Für die Differenz $f(x) - f(x_0)$ schreibt man dann folgerichtig Δy:

$$\Delta y = y - y_0 = f(x) - f(x_0)$$

Für die Sekantensteigung m gilt dann: $m = \dfrac{\Delta y}{\Delta x}$.

Für die Ableitung $f'(x)$ an einer beliebigen Stelle x schreibt man auch y' oder $\dfrac{dy}{dx}$.

$\dfrac{dy}{dx}$ ist nach unserer Theorie $\dfrac{dy}{dx}$ *kein* Quotient. Deswegen wird gelesen: *dy nach dx*. Das Symbol $\dfrac{dy}{dx}$ muss hier als Ganzes gesehen werden.

GOTTFRIED WILLHELM LEIBNIZ führte dieses Symbol im Jahr 1675 ein.

GOTTFRIED WILHELM
LEIBNIZ
(1646 – 1716)

Beispiel

Die Funktion f ist durch die Gleichung $y = x^2$ gegeben.

Dann ist $\dfrac{dy}{dx} = 2x$ ◁ *gelesen: dy nach dx gleich 2x*

Bei CAS-Rechnern lautet der Befehl zum Ableiten $\dfrac{d}{dx}(\ )$. Die Schreibweise dieses Befehls erinnert an die von LEIBNIZ.

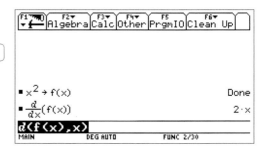

Übungsaufgaben ⑦ **4** Der Graph zu $f(x) = |4 - x^2|$ weist besondere Punkte auf.

Untersuchen Sie, ob der Graph in diesen Punkten eine Tangente hat.

5 Funktionenmikroskop

In den Bildern rechts wurde jeweils eine Stelle des Graphen zur Funktion f mit $f(x) = |x^2 - 2,25|$ mehrfach vergrößert.

Beschreiben Sie und vergleichen Sie.

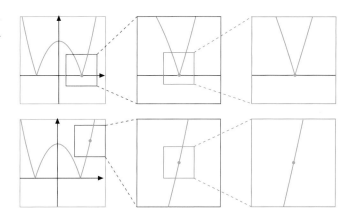

6 An den Graphen einer Funktion sind an der Stelle x_0 Tangenten eingezeichnet.

Nehmen Sie Stellung dazu.

a)

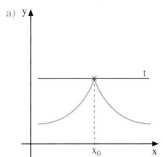

b)

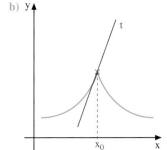

c)

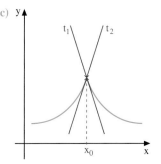

7 Untersuchen Sie, ob die Funktion f an der angegebenen Stelle differenzierbar ist. Hat der Graph an dieser Stelle eine Tangente?

a) $f(x) = |x|$;   Stelle 0

b) $f(x) = |x^2 - 9|$;   Stelle 3 [Stelle –3]

c) $f(x) = x \cdot |x|$;   Stelle 0

8 An welchen Stellen hat der Graph keine Tangente?

a)

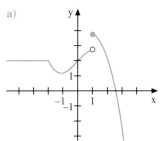

b)

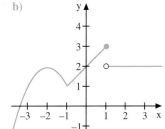

c)

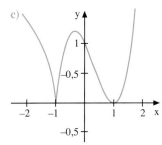

Stetigkeit und Differenzierbarkeit

Lucas telefoniert mit einer Telefonkarte, auf der nur noch wenig Guthaben ist. Daher betrachtet er das angezeigte Restguthaben sorgfältig:

1,30 €; 1,10 €; 0,90 €; …

Zu bestimmten Zeitpunkten verringert sich das Guthaben schlagartig um 20 Cent. Betrachtet man den Graphen der Funktion

Gesprächsdauer (in min) → Restguthaben (in €),

so weist dieser eine Besonderheit auf:

Der Graph fällt nicht kontinuierlich, sondern zu bestimmten Zeitpunkten mit einem Sprung:

Bis unmittelbar vor 2 Minuten Gesprächsdauer beträgt das Guthaben 1,30 €, ab genau 2 Minuten dann nur noch 1,10 €.

An dieser Stelle symbolisiert • einen Punkt, der zum Graphen gehört, und ○ einen Punkt, der nicht dazu gehört.

Im Gegensatz zu vielen anderen Graphen, die wir bislang betrachtet haben, kann man diesen also nicht in einem Zuge durchzeichnen.

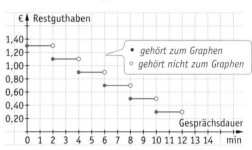

- • gehört zum Graphen
- ○ gehört nicht zum Graphen

Information

Im Beispiel haben wir eine Funktion betrachtet, die Stellen aufweist, an denen der Graph einen Sprung macht. Nähern sich die x-Werte dieser Stelle an, so nähern sich die zugehörigen Funktionswerte nicht dem Funktionswert an dieser Stelle an.

Wir nennen die Funktion an dieser Stelle *unstetig*.

> Die Funktion f sei an der Stelle x_0 definiert. Sie heißt dann **an der Stelle x_0 stetig**, falls $\lim\limits_{x \to x_0} f(x)$ existiert und $\lim\limits_{x \to x_0} f(x) = f(x_0)$ ist.
>
> Andernfalls heißt die Funktion *an der Stelle x_0 unstetig*.

(1) f ist stetig an der Stelle x_0

(2) f ist unstetig an der Stelle x_0

(3) f ist weder stetig, noch unstetig an der Stelle x_0

anschaulich: kein Sprung

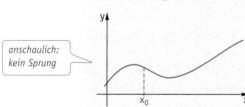

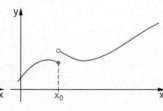

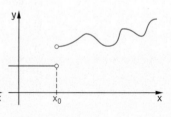

Hinweis: Das Beispiel (3) zeigt den Graphen einer Funktion, der an der Stelle x_0 **nicht** definiert ist. Es ist daher dort weder stetig noch unstetig.

Stetigkeit ist eine Eigenschaft, die nicht nur an einer einzelnen Stelle betrachtet wird, sondern auf einem Intervall:

Eine Funktion heißt **stetig**, wenn sie an jeder Stelle ihres Definitionsbereichs stetig ist.

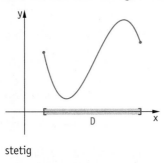
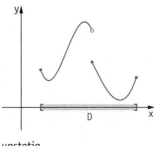

anschaulich:
Man kann den
Graphen in D
durchzeichnen

stetig   unstetig

Beispiele stetiger Funktionen sind alle ganzrationalen Funktionen, die Sinus- und die Kosinusfunktionen sowie die Exponentialfunktionen – diese sind auf ganz $\mathbb{R}$ stetig.

Beispiel für die Untersuchung auf Stetigkeit an einer Stelle

Die Funktion mit $f_1(x) = x^2$ für $x \leq 1$ soll so durch eine lineare Funktion mit dem Funktionsterm $f_2(x)$ für

$x > 1$ so fortgesetzt werden, dass die Funktion zu $f(x) = \begin{cases} f_1(x) & \text{für } x \leq 1 \\ f_2(x) & \text{für } x > 1 \end{cases}$ differenzierbar ist.

Ermitteln Sie den Term der linearen Funktion.

Wir notieren den Term der linearen Funktion in der Form

$f_2(x) = mx + b$.

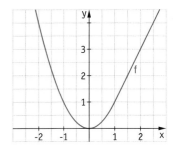

An der Stelle 1 müssen die Steigungen der Funktionsgraphen zu f_1 und f_2 übereinstimmen, also $f_1'(1) = f_2'(1)$

Es ist $f_1'(x) = 2x$, also $f_1'(1) = 2$, und $f_2'(x) = m$, also $f_2'(1) = m$

Daraus folgt: $m = 2$.

An einer Stelle, an der eine Funktion differenzierbar sein soll, darf ihr Graph keinen Sprung haben, also muss gelten $f_1(1) = f_2(1)$.

Es ist $f_1(1) = 1^2 = 1$ und

$f_2(1) = m \cdot 1 + b$
$\quad\quad = 2 \cdot 1 + b$ ⟵ Wert für m eingesetzt

Daraus folgt $1 = 2 + b$, also $b = -1$.

Der gesuchte Funktionsterm ist somit $f(x) = \begin{cases} x^2 & \text{für } x \leq 1 \\ 2x - 1 & \text{für } x > 1 \end{cases}$

Diese Funktion ist an der Stelle 1 differenzierbar, denn für den Differenzenquotienten $\frac{f(x) - f(1)}{x - 1}$ gilt:

(1) Ist $x > 1$, so lautet er $\frac{2x - 1 - 1}{x - 1} = \frac{2x - 2}{x - 1} = 2$

(2) Ist $x < 1$, so lautet er $\frac{x^2 - 1}{x - 1} = \frac{(x - 1)(x + 1)}{x - 1} = x + 1$.

Für $x \to 1$ gilt: $x + 1 \to 2$.

Somit gilt: $\lim\limits_{x \to 1} \frac{f(x) - f(1)}{x - 1}$ existiert und hat den Wert 2.

Anschaulich ist klar:

Ist eine Funktion f an einer Stelle x_0 differenzierbar, so ist sie an dieser Stelle auch stetig.

Dies bedeutet auch:

Ist eine Funktion f an einer Stelle unstetig, so kann sie an dieser Stelle nicht differenzierbar sein.

Außerdem gilt:

f_1 ist eine differenzierbare Funktion für $x \le x_0$ und f_2 eine differenzierbare Funktion für $x \ge x_0$.

Gilt   (1) $f_1(x_0) = f_2(x_0)$ und

          (2) $f_1'(x_0) = f_2'(x_0)$,

so ist die Funktion f mit $f(x) = \begin{cases} f_1(x) & \text{für } x \le x_0 \\ f_2(x) & \text{für } x > x_0 \end{cases}$ differenzierbar.

1 Zeigen Sie, dass die Funktion f an der Stelle x_0 unstetig ist.

a) $f(x) = \begin{cases} x & \text{für } x < 0 \\ x^2 + 1 & \text{für } x \ge 0 \end{cases}$; $x_0 = 0$

c) $f(x) = \begin{cases} x & \text{für } x \le 0 \\ x - 1 & \text{für } x > 0 \end{cases}$; $x_0 = 0$

b) $f(x) = \begin{cases} x + 4 & \text{für } x \ge -3 \\ 4 - x & \text{für } x < -3 \end{cases}$; $x_0 = -3$

d) $f(x) = \begin{cases} x & \text{für } x \le 2 \\ x - 1 & \text{für } x > 2 \end{cases}$; $x_0 = 2$

2 In der Abbildung rechts fehlt der mittlere Teil des Graphen einer abschnittsweise definierten Funktion. Ergänzen Sie für den Mittelteil

a) einen linearen Term,

b) einen quadratischen Term,

sodass die Funktion aus den drei Teilen stetig ist.

Geben Sie jeweils die vollständige Definition der Funktion an und zeichnen Sie auch den Graphen.

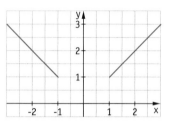

3 Ermitteln Sie die Parameter a und b so, dass die Funktion zu

$f(x) = \begin{cases} x^3 & \text{für } x \le 1 \\ ax^2 + b & \text{für } x > 1 \end{cases}$

überall differenzierbar ist.

4 Zeichnen Sie den Graphen der Funktion f mit $f(x) = \begin{cases} -1{,}5x & \text{für } x \le -3 \\ \frac{1}{2}x^2 & \text{für } -3 < x \le 3 \\ x + 1{,}5 & \text{für } x > 3 \end{cases}$.

Untersuchen Sie f auf Stetigkeit und Differenzierbarkeit.

5 Bestimmen Sie den Parameter t so, dass die Funktion f stetig ist. Ist sie auch differenzierbar?

a) $f(x) = \begin{cases} x + 2 & \text{für } x \ge 3 \\ x^2 + t & \text{für } -3 \le x < 3 \end{cases}$

b) $f(x) = \begin{cases} (x - t)^2 & \text{für } x \ge t \\ 2x - t & \text{für } x < t \end{cases}$

6 Bestimmen Sie die Parameter s und t so, dass die Funktion f stetig und auch differenzierbar ist.

a) $f(x) = \begin{cases} 2 - tx & \text{für } x \le 2 \\ -\frac{5}{2}x^2 & \text{für } x > 2 \end{cases}$

b) $f(x) = \begin{cases} \frac{1}{2}x^3 & \text{für } x \le 2 \\ sx^2 + t & \text{für } x > 2 \end{cases}$

c) $f(x) = \begin{cases} \sin x & \text{für } x \le \pi \\ sx + t & \text{für } x > \pi \end{cases}$

7 In der Abbildung rechts fehlt der mittlerer Teil der abschnittsweise definierten Funktion. Ergänzen Sie für den Mittelteil einen quadratischen Term, sodass die aus den drei Teilen zusammengesetzte Funktion differenzierbar ist.

Geben Sie die vollständige Definition der Funktion an und zeichnen Sie auch den Graphen.

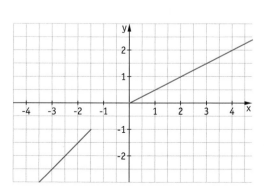

2.2.2 Ableitungsfunktion

Aufgabe

1 Betrachten Sie die Quadratfunktion f mit $f(x) = x^2$.

a) Legen Sie eine Tabelle an, in der für jede der Stellen $-4; -3; -2; -1; 0; 1; 2; 3; 4$ die Ableitung von f an der betreffenden Stelle notiert ist.

Die Tabelle kann als Wertetabelle einer neuen Funktion aufgefasst werden. Zeichnen Sie den Graphen dieser Funktion und geben Sie ihren Funktionsterm an.

b) Vergleichen Sie diese neue Funktion mit der Funktion f.

Lösung

a) Für die Ableitung an der Stelle x_0 gilt:

$f'(x_0) = 2x_0$

Damit erhält man folgende Tabelle:

x_0	-4	-3	-2	-1	0	1	2	3	4
$f'(x_0)$	-8	-6	-4	-2	0	2	4	6	8

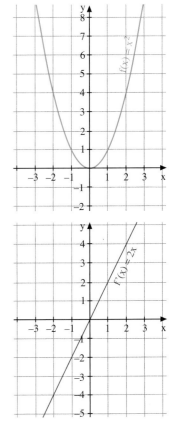

Der Graph dieser Funktion ist eine Ursprungsgerade mit der Steigung 2. Der Funktionsterm dieser Funktion ist $2x$. Er gibt die Ableitung der Quadratfunktion f an der Stelle x an.

Also können wir dafür schreiben:

$f'(x) = 2x$

b) Links von der y-Achse fällt der Graph der Funktion f und zwar umso weniger, je mehr er sich der Stelle 0 nähert. Die Steigung ist hier an jeder Stelle negativ und wird zunehmend weniger negativ. Entsprechend verläuft der Graph der *Ableitungsfunktion f'* unterhalb der x-Achse und nähert sich dieser von unten an.

An der Stelle 0 hat der Graph der Funktion f eine waagerechte Tangente im Scheitelpunkt.

Entsprechend hat die Ableitungsfunktion an der Stelle 0 den Wert 0. Rechts von der y-Achse steigt der Graph der Funktion f zunehmend stärker an. Die Steigung ist hier an jeder Stelle positiv und wird immer größer.

Entsprechend verläuft der Graph der Ableitungsfunktion f' oberhalb der x-Achse und steigt stets an.

Information

(1) Ableitungsfunktion

In Aufgabe 1 haben wir zu der Quadratfunktion f mit $f(x) = x^2$ die Funktion betrachtet, die an jeder Stelle x die Ableitung der Quadratfunktion angibt.

Der Funktionsterm dieser Funktion f' ist $f'(x) = 2x$.

Definition

Unter der **Ableitungsfunktion f' der Ausgangsfunktion f** (meist kurz **Ableitung f'** von f genannt) versteht man diejenige Funktion, die jeder Stelle x die Ableitung von f an dieser Stelle zuordnet.

Mithilfe der h-Schreibweise zum Bestimmen der Ableitungen können wir den Funktionsterm der Ableitungsfunktion so schreiben:

$$f'(x) = \lim_{h \to 0} \frac{f(x+h) - f(x)}{h}$$

Da dieser Funktionsterm der Grenzwert eines Differenzenquotienten ist, nennt man das Bilden der Ableitung f′ einer Funktion f auch **Differenzieren**.

(2) Zusammenstellung wichtiger Grundfunktionen und ihrer Ableitungen

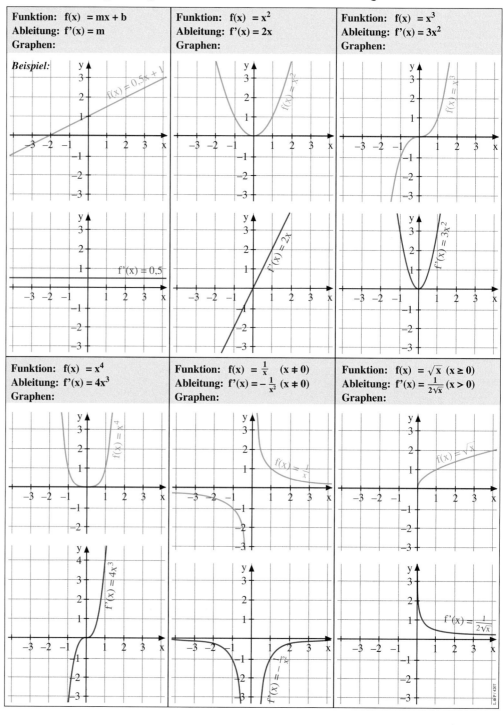

Weiterführende Aufgabe

2 Graph der Ableitungsfunktion durch grafisches Differenzieren bestimmen

In der Abbildung rechts ist nur der Graph einer Funktion gegeben. Der Funktionsterm ist nicht bekannt. Durch grafisches Differenzieren kann man jedoch hier den Graphen der Ableitungsfunktion näherungsweise bestimmen.

Übertragen Sie dazu die Grafik mit beiden Koordinatensystemen auf Karopapier.

Bestimmen Sie durch zeichnerisches Differenzieren die Tangentensteigungen der Tangenten an den eingezeichneten und an weiteren Punkten.

Tragen Sie die erhaltenen Werte in das untere Koordinatensystem ein.

Verwenden Sie dabei zunächst markante Punkte des Graphen: *Hochpunkte, Tiefpunkte, Sattelpunkte.*

Verbinden Sie die erhaltenen Punkte zu einem durchgehenden Graphen.

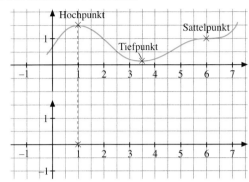

Übungsaufgaben

3 Gegeben ist die Funktion f mit $f(x) = x^3$. Notieren Sie in einer Tabelle die Ableitung von f an den folgenden Stellen: -3; -2; -1; 0; $+1$; $+2$; $+3$

Die Tabelle kann als Wertetabelle der Ableitungsfunktion f′ aufgefasst werden. Geben Sie den Funktionsterm f′(x) an und zeichnen Sie den Graphen von f′.

4 Zeichnen Sie die Graphen von f und f′ in untereinander gezeichnete Koordinatensysteme.

a) $f(x) = 2x + 3$ **b)** $f(x) = -3x + 1$ **c)** $f(x) = x$ **d)** $f(x) = 5$ **e)** $f(x) = \frac{1}{x^2}$

5 Beschreiben Sie, wie der Graph der Funktion f aus dem Graphen der Quadratfunktion entsteht. Folgern Sie daraus die Ableitung der Funktion. Zeichnen Sie die Graphen von f und f′ in untereinander gezeichnete Koordinatensysteme.

a) $f(x) = x^2 + 1$ **b)** $f(x) = x^2 - 3$ **c)** $f(x) = -x^2$ **d)** $f(x) = (x + 1)^2$ **e)** $f(x) = (x - 3)^2$

6 Übertragen Sie den Funktionsgraphen in Ihr Heft und bestimmen Sie durch grafisches Differenzieren in ein darunter gezeichnetes Koordinatensystem den Graphen der Ableitungsfunktion.

a)
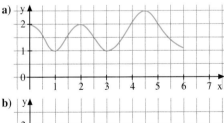

c)
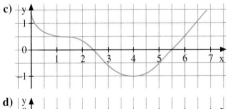

b)
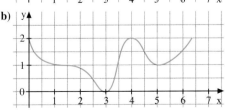

d)
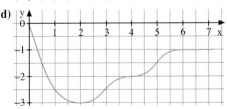

7 Zeichnen Sie selbst Funktionsgraphen und lassen Sie den Partner durch grafisches Differenzieren in einem darunter gezeichneten Koordinatensystem den Graphen der Ableitungsfunktion skizzieren. Tauschen Sie die Rollen nach jedem Graphen.

8 In (1), (2) und (3) sind Graphen von Funktionen gezeichnet, in (A), (B) und (C) die Graphen ihrer Ableitungsfunktionen. Ordnen Sie zu und begründen Sie die Entscheidung.

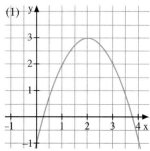 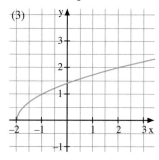 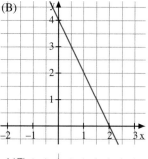

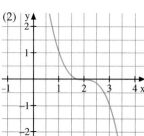 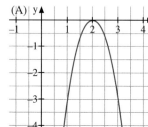 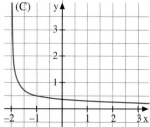

9 Arbeiten Sie mit der dem Buch beiliegenden CD „Mathematik interaktiv". Benutzen Sie den Funktionenplotter, um die Graphen der Funktion f zu zeichnen. Drucken Sie den geplotteten Graphen aus, tragen Sie nach Augenmaß den zugehörigen Graphen der Ableitungsfunktion ein.

a) $f(x) = x^3 + x^2$　　　**b)** $f(x) = x^2 - x$　　　**c)** $f(x) = 4x^2 + 2x$　　　**d)** $f(x) = -2x^2 + 3x$

10 Die Ableitungsfunktion f' einer Funktion f ist konstant; es gilt $f'(x) = 3$ für alle $x \in \mathbb{R}$.
Machen Sie Aussagen zur Ausgangsfunktion f.

11 Das Diagramm zeigt den Anfahrvorgang eines Pkw.

a) Berechnen Sie die Durchschnittsgeschwindigkeit während dieses Anfahrvorgangs. Veranschaulichen Sie sie grafisch.

b) Ermitteln Sie zu einigen Zeitpunkten die Momentangeschwindigkeiten und zeichnen Sie den Graphen der Funktion
Zeit → Momentangeschwindigkeit.
Stellen Sie Zusammenhänge zu den Graphen der Funktion *Zeit → Weg* her.

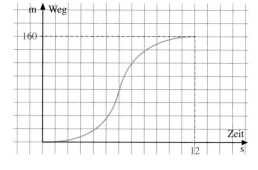

12 Rechts sehen Sie einen Graphen, der den Schulweg einer Mitschülerin beschreibt.

a) Welche Informationen können Sie daraus entnehmen?

b) Skizzieren Sie dazu den entsprechenden Graphen mit den jeweiligen lokalen Änderungsraten. Beschreiben Sie ihn, auch im Zusammenhang zum obenstehenden Graphen.

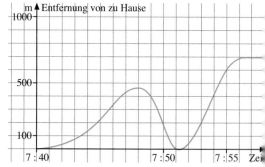

13 Betrachten Sie zur Vase links die Funktion *eingefüllte Wassermenge (in ml)* → *Füllhöhe (in cm)*.

a) Skizzieren Sie den Graphen dieser Funktion.

b) Skizzieren Sie auch den Graphen der zugehörigen lokalen Änderungsraten. Vergleichen Sie beide Graphen.

c) Skizzieren Sie auch den Graphen der Einfüllfunktion für die folgenden abgebildeten Gefäße sowie den Graphen der zugehörigen lokalen Änderungsrate.

14 Beim Test eines neuen Motorrad-Modells wurden die Beschleunigungswerte gemessen.

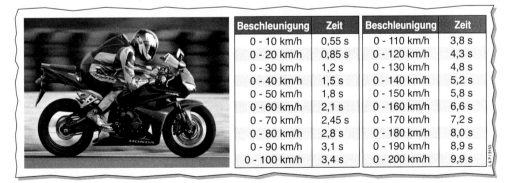

Beschleunigung	Zeit	Beschleunigung	Zeit
0 - 10 km/h	0,55 s	0 - 110 km/h	3,8 s
0 - 20 km/h	0,85 s	0 - 120 km/h	4,3 s
0 - 30 km/h	1,2 s	0 - 130 km/h	4,8 s
0 - 40 km/h	1,5 s	0 - 140 km/h	5,2 s
0 - 50 km/h	1,8 s	0 - 150 km/h	5,8 s
0 - 60 km/h	2,1 s	0 - 160 km/h	6,6 s
0 - 70 km/h	2,45 s	0 - 170 km/h	7,2 s
0 - 80 km/h	2,8 s	0 - 180 km/h	8,0 s
0 - 90 km/h	3,1 s	0 - 190 km/h	8,9 s
0 - 100 km/h	3,4 s	0 - 200 km/h	9,9 s

a) Zeichnen Sie den Graphen der Funktion *Zeit (in s)* → *erreichte Geschwindigkeit* $\left(in\ \frac{km}{h}\right)$.
Beschreiben Sie ihn.

b) Ermitteln Sie grafisch zu den angegebenen Zeitpunkten die lokalen Änderungsraten. Welche Bedeutung haben sie?

c) Zeichnen Sie einen Graphen für die lokale Änderungsrate in Abhängigkeit von der Zeit und beschreiben Sie ihn.

2.2.3 Ableitung der Sinus- und Kosinusfunktion

Aufgabe

1

a) Bestimmen Sie durch grafisches Differenzieren den Graphen der Ableitungsfunktion der
   (1) Sinusfunktion;   (2) Kosinusfunktion.
   Formulieren Sie eine Vermutung.

b) Überprüfen Sie ihre Vermutung durch grafisches Differenzieren in den Wendepunkten.

Lösung

a) Wir erstellen den Graphen der Ableitung anhand markanter Punkte, in denen der Graph der Funktion die Steigung 0 hat (Hoch- und Tiefpunkte).

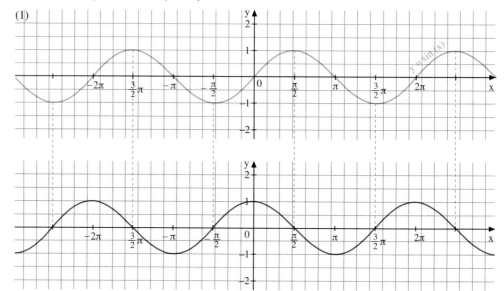

Vermutung: Die Sinusfunktion mit $f(x) = \sin(x)$ hat die Ableitung $f'(x) = \cos(x)$.

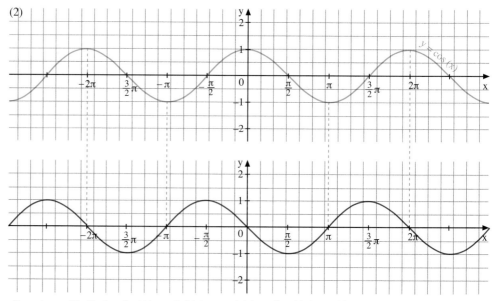

Vermutung: Die Kosinusfunktion mit $f(x) = \cos(x)$ hat die Ableitung $f'(x) = -\sin(x)$.

b) Wir zeichnen Tangenten an den Graphen von $f(x) = \sin(x)$ in den Wendepunkten $(0|0)$ und $\left(\frac{\pi}{2}\middle|0\right)$:

Diese haben offensichtlich die Steigung $m = 1$ bzw. $m = -1$.

Es gilt also:

$\sin'(0) = 1 = \cos(0)$ und $\sin'(\pi) = -1 = \cos(\pi)$

Entsprechend können wir bei den Wendepunkten der Kosinus-Funktion verfahren:

Hier gilt:

$\cos'\left(-\frac{\pi}{2}\right) = 1 = -\sin\left(-\frac{\pi}{2}\right)$ und $\cos'\left(\frac{\pi}{2}\right) = -1 = -\sin\left(\frac{\pi}{2}\right)$

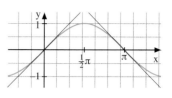

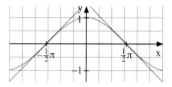

Information

Wir fassen die Ergebnisse von Aufgabe 1 zusammen.

> Für die Sinusfunktion f mit $f(x) = \sin(x)$ gilt: $\qquad$ $f'(x) = \cos(x)$
>
> Für die Kosinusfunktion f mit $f(x) = \cos(x)$ gilt: $\qquad$ $f'(x) = -\sin(x)$

Für den formalen Beweis der Ableitungsregel $\sin' = \cos$ benötigt man den Grenzwert des Differenzenquotienten $\frac{f(x_0 + h) - f(x_0)}{h} = \frac{\sin(x_0 + h) - \sin(x_0)}{h}$:

Den Term $\sin(x_0 + h)$ kann man mithilfe einer besonderen Regel der Trigonometrie, dem Additionstheorem, umformen: $\quad \sin(x_0 + h) = \sin(x_0) \cdot \cos(h) + \sin(h) \cdot \cos(x_0)$

Für den Differenzenquotienten ergibt sich daher:

$$\frac{\sin(x_0 + h) - \sin(x_0)}{h} = \sin(x_0) \cdot \frac{\cos(h)}{h} + \cos(x_0) \cdot \frac{\sin(h)}{h}$$

Man muss dann noch zeigen: $\quad \lim_{h \to 0}\left(\frac{\cos(h)}{h}\right) = 0$ und $\lim_{h \to 0}\left(\frac{\sin(h)}{h}\right) = 1$; hieraus ergibt sich dann:

$$\lim_{h \to 0}\left(\frac{\sin(x_0 + h) - \sin(x_0)}{h}\right) = \sin(x_0) \cdot 0 + \cos(x_0) \cdot 1 = \cos(x_0).$$ Auf die Einzelbeweise verzichten wir hier.

Übungsaufgaben **2** Bestimmen Sie die Ableitung der Funktion f für die Stellen: $\quad 0,\ \frac{\pi}{2},\ \frac{\pi}{4},\ \pi,\ \frac{3}{2}\pi,\ 2\pi,\ \frac{3}{4}\pi$.

a) $f(x) = \sin(x)$ $\qquad$ **b)** $f(x) = \cos(x)$

3 An welchen Stellen hat die Ableitung der Funktion f den Wert $0,\ \frac{1}{2},\ -\frac{1}{2},\ 1,\ -1$?

a) $f(x) = \sin(x)$ $\qquad$ **b)** $f(x) = \cos(x)$

4 Welche Werte kommen für die Tangentensteigung an den Graphen der Sinusfunktion nicht vor?

5 Mithilfe der Figur rechts kann bewiesen werden, dass die Ableitung der Sinusfunktion die Kosinusfunktion ist. Die x-Werte sind hier als Bogenlängen auf einem Einheitskreis gezeichnet.

(1) Beweisen Sie zunächst, dass die beiden Dreiecke APQ und OFM ähnlich zueinander sind.

(2) Erstellen Sie dann den Term für die Steigung der Sekante PQ. Zeigen Sie, dass dieser wertgleich zu $\cos\left(x_0 + \frac{h}{2}\right)$ ist.

(3) Folgern Sie daraus die Ableitung.

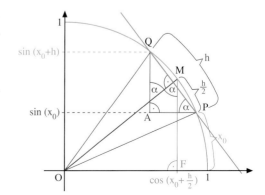

2.2.4 Ableitung von Potenzfunktionen – Potenzregel

Aufgabe

1

a) Erstellen Sie eine Tabelle mit den Potenzfunktionen zu $f(x) = x$, $f(x) = x^2$, $f(x) = x^3$, $f(x) = x^4$ und ihren Ableitungen. Formulieren Sie eine Regel für die Ableitung der Potenzfunktion zu $f(x) = x^n$.

b) Überprüfen Sie, ob die vermutete Regel auch für die Exponenten 0, –1, und $\frac{1}{2}$ zutrifft.

Lösung

a)

$f(x)$	x	x^2	x^3	x^4
$f'(x)$	1	$2x$	$3x^2$	$4x^3$

Vermutung: Die Potenzfunktion zu $f(x) = x^n$ hat die Ableitung $f'(x) = n \cdot x^{n-1}$.

b) *Exponent 0:* Die Potenzfunktion f mit $f(x) = x^0 = 1$ hat die Ableitung $f'(x) = 0$.

Dafür können wir auch schreiben: $f'(x) = 0 \cdot x^{-1}$ falls $x \neq 0$.

Exponent –1: Die Potenzfunktion f mit $f(x) = x^{-1} = \frac{1}{x}$ mit $x \neq 0$ hat die Ableitung $f'(x) = -\frac{1}{x^2}$.

Dafür können wir auch schreiben: $f'(x) = -1 \cdot x^{-2}$.

Exponent $\frac{1}{2}$: Die Potenzfunktion f mit $f(x) = x^{\frac{1}{2}} = \sqrt{x}$ hat die Ableitung $f'(x) = \frac{1}{2\sqrt{x}}$ für $x > 0$.

Dafür können wir auch schreiben: $f'(x) = \frac{1}{2} \cdot \frac{1}{\sqrt{x}} = \frac{1}{2} \cdot x^{-\frac{1}{2}}$.

Also trifft die Regel auch für die Exponenten 0 (falls $x \neq 0$), –1 und $\frac{1}{2}$ zu.

$$\frac{1}{x^n} = x^{-n}$$
$$\sqrt{x} = x^{\frac{1}{2}}$$

Information

Aufgabe 1 zeigt, dass die Potenzfunktionen sowohl für ganzzahlige als auch gebrochene Exponenten nach einer einheitlichen Regel abgeleitet werden können. Wir verzichten auf einen Beweis.

Potenzregel

Für alle rationalen Zahlen r gilt: Die Funktion zu $f(x) = x^r$ hat als Ableitung: $f'(x) = r \cdot x^{r-1}$

Übungsaufgaben **2** Rechts sehen Sie, wie die Ableitungen einiger Potenzfunktionen mithilfe von CAS bestimmt werden. Formulieren Sie eine Regel und überprüfen Sie diese an weiteren Beispielen.

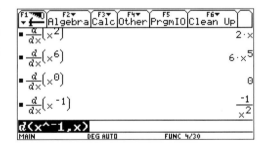

3 Bestimmen Sie die Ableitung.

a) $f(x) = x^7$ **c)** $f(x) = x^{-3}$ **e)** $f(x) = x^{\frac{3}{2}}$

b) $f(x) = x^{12}$ **d)** $f(x) = x^{n+2}$ **f)** $g(s) = s^{-2}$

4 Bestimmen Sie eine Potenzfunktion mit der angegebenen Ableitung.

a) $f'(x) = 14x^{13}$ **c)** $f'(x) = -5x^{-6}$ **e)** $f'(x) = \frac{3}{2}x^{\frac{1}{2}}$ **g)** $v'(h) = 2h^2$

b) $f'(x) = 7x^6$ **d)** $f'(x) = (s-2)x^{s-3}$ **f)** $h'(t) = 5t^4$ **h)** $u'(z) = -2z^{-3}$

 5 Welche Fehler wurden rechts gemacht?

6 An welchen Stellen haben die Funktionen zu f mit $f(x) = x^n$ mit $n \in \mathbb{Z}$ die Steigung 1 [–1]?

$$f(x) = x^{-2} \qquad g(x) = -3x^3$$
$$f'(x) = -2x^{-1} \qquad g'(x) = 3x^2$$

2.3 Ableitungsregeln

2.3.1 Faktorregel

Aufgabe

1 Es soll die Ableitung der Funktion f mit $f(x) = 1{,}5\,x^2$ bestimmt werden.

a) Zeichnen Sie den Graphen der Funktion f und beschreiben Sie, wie er aus der Normalparabel, dem Graphen der Quadratfunktion u mit $u(x) = x^2$, hervorgeht.

b) Zeichnen Sie an der Stelle 2 sowohl an den Graphen von u als auch an den Graphen von f die Tangenten und vergleichen Sie diese.

Formulieren Sie eine Vermutung für die Ableitung von f.

c) Begründen Sie die Vermutung mithilfe von Sekantensteigungen.

Lösung

a) Der Graph von f entsteht aus der Normalparabel durch Strecken mit dem Faktor 1,5 parallel zur y-Achse.

b) Die Tangente an die Normalparabel an der Stelle 2 hat die Steigung $f'(2) = 2 \cdot 2 = 4$.

Die Tangente an die Funktion f an der Stelle 2 entsteht vermutlich auch durch Strecken mit dem Faktor 1,5 aus der entsprechenden Tangente an die Normalparabel.

Ihre Steigung beträgt dann $1{,}5 \cdot 4 = 6$.

Da diese Überlegungen sich auf andere Stellen übertragen lassen, hat die Funktion f vermutlich die Ableitung:

$$f'(x) = 1{,}5 \cdot u'(x) = 1{,}5 \cdot 2x = 3x$$

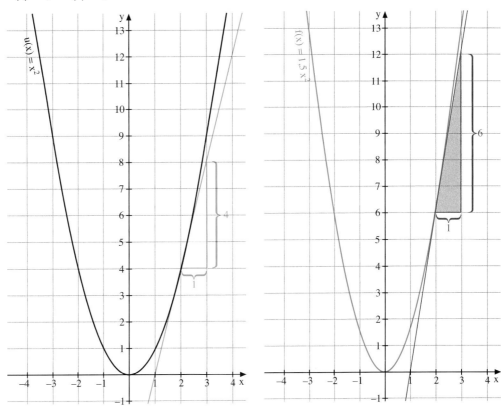

c) Wir bestimmen die Ableitung an einer Stelle x mit der h-Schreibweise. Dazu betrachten wir zunächst eine Sekante des Graphen zu g durch die Punkte $P(x \mid 1{,}5\,x^2)$ und $Q\big(x + h \mid 1{,}5\,(x + h)^2\big)$ mit $h \neq 0$. Diese Sekante hat die Steigung:

$$m = \frac{1{,}5\,(x + h)^2 - 1{,}5\,x^2}{h}$$

$$= \frac{1{,}5\,\big((x + h)^2 - x^2\big)}{h}$$

$$= \frac{1{,}5\,(x^2 + 2\,x\,h + h^2 - x^2)}{h}$$

$$= \frac{1{,}5\,(2\,x\,h + h^2)}{h}$$

$$= \frac{1{,}5\,h\,(2\,x + h)}{h} = 1{,}5\,(2\,x + h)$$

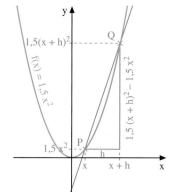

Nähert sich nun der zweite Schnittpunkt Q der Sekante auf dem Graphen immer mehr P an, so folgt:

$$\lim_{h \to 0} 1{,}5\,(2\,x + h) = 3\,x$$

Also hat die Tangente an der Stelle x die Steigung $f'(x) = 3\,x$.

Information

Satz: Faktorregel

Wenn die Funktion u die Ableitung u′ hat, dann hat die Funktion f mit $f(x) = k \cdot u(x)$ die Ableitung:

$f'(x) = k \cdot u'(x)$ mit $k \in \mathbb{R}$

Beispiele:

$f(x) = 3\,x^8$ $\qquad\qquad$ $f(x) = 5 \cdot \sin(x)$

$f'(x) = 3 \cdot 8\,x^7 = 24\,x^7$ $\qquad$ $f'(x) = 5 \cdot \cos(x)$

> *Ein konstanter Faktor bleibt beim Ableiten enthalten!*

Begründung:

Der Graph der Funktion f mit $f(x) = k \cdot u(x)$ geht aus dem der Funktion u durch Streckung mit dem Faktor k parallel zur y-Achse hervor. Dabei ist anschaulich klar, dass die Tangenten an dem Graphen von f durch Streckung aus den Tangenten an den Graphen von u entstehen.

Dies lässt sich auch mithilfe von Sekantensteigungen beweisen.

Wir betrachten eine Sekante des Graphen von f durch die Punkte $P^*\big(x \mid f(x)\big)$ und $Q^*\big(x + h \mid f(x + h)\big)$. Für deren Steigung gilt:

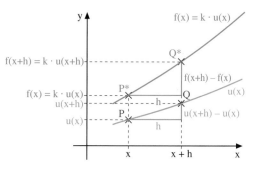

$$m = \frac{f(x + h) - f(x)}{h} = \frac{k \cdot u(x + h) - k \cdot u(x)}{h} = k \cdot \frac{u(x + h) - u(x)}{h}$$

Der Term $\frac{u(x + h) - u(x)}{h}$ gibt die Steigung der Sekante des Graphen von u durch die Punkte $P\big(x \mid u(x)\big)$ und $Q\big(x + h \mid u(x + h)\big)$ an. Je mehr sich $x + h$ der Stelle x annähert, desto mehr nähert sich diese Sekantensteigung der Tangentensteigung u′ an der Stelle x an:

$$\lim_{h \to 0} = \frac{u(x + h) - u(x)}{h} = u'(x)$$

Für die Ableitung der Funktion f an der Stelle x gilt daher: $\quad f'(x) = k \cdot u'(x)$

Übungsaufgaben **2** Betrachten Sie die Funktion, die für Kreise jedem Radius r den Flächeninhalt A(r) des entsprechenden Kreises zuordnet.

a) Bestimmen Sie die lokale Änderungsrate dieser Funktion. Deuten Sie das Ergebnis geometrisch.

b) Zeichnen Sie den Graphen der Funktion zu A(r) und den der lokalen Änderungsrate in zwei Koordinatensysteme untereinander. Beschreiben Sie beide Graphen.

3 Bestimmen Sie die Ableitung.

a) $f(x) = 3x^5$ **c)** $g(x) = \frac{1}{8}x^5$ **e)** $h(t) = \sqrt{2} \cdot t^4$ **g)** $f(s) = (-7) \cdot \frac{1}{8}$ **i)** $h(s) = -\frac{1}{6}s$

b) $f(x) = 7x^9$ **d)** $f(t) = \frac{1}{10}t^6$ **f)** $f(t) = \frac{3}{4}t^8$ **h)** $f(s) = \frac{1}{3}\sqrt{s}$ **j)** $g(r) = \frac{2}{3}r^3$

4 Wie könnte die zugehörige Funktion f lauten? Überprüfen Sie durch Ableiten.

a) $f'(x) = 4x^3$ **d)** $f'(s) = 7s^8$ **g)** $f'(x) = 0$ **j)** $f'(x) = \sin(x)$

b) $f'(x) = x^4$ **e)** $f'(x) = 4x^6$ **h)** $f'(x) = 5x$ **k)** $f'(x) = 3 \cdot \cos(x)$

c) $f'(x) = x^9$ **f)** $f'(x) = \frac{1}{x^2}$ **i)** $f'(x) = 7x^2$ **l)** $f'(t) = 2 \cdot \sin(t)$

5 Nehmen Sie an, dass der Querschnitt des Kraters durch eine gestreckte Parabel bestimmt werden kann.

Bestimmen Sie deren Gleichung. Ermitteln Sie damit die Tiefe des Kraters.

Marsmobil

Am 25.1.2004 landete das Marsmobil Opportunity auf dem Mars im Krater Eagle, der einen Durchmesser von 22 m aufweist. Am 24.3.2004 gelang es ihm im zweiten Anlauf, diesen Krater zu verlassen. Beim ersten Versuch, die 16 %ige Steigung zu nehmen, rutschte der Rover wieder ab und drohte sogar umzukippen.

Formelsammlung kann helfen

6 Führen Sie entsprechende Überlegungen wie in Übungsaufgabe 2 für die Funktion *Radius* → *Volumen* bei Kugeln durch.

7

a) Ermitteln Sie eine Formel für die Geschwindigkeit v(t) einer Schneelawine in Abhängigkeit von der Zeit t.

b) Zeichnen Sie den Graphen von v(t) für verschiedene Neigungswinkel α in ein gemeinsames Koordinatensystem.

c) Geben Sie Beispiele für den Neigungswinkel α und die Zeit t an, sodass die Lawinengeschwindigkeit $300\ \frac{km}{h}$ beträgt.

Tückische Gefahr für Winterurlauber

SCHNEELAWINEN

Lawinen können mehrere Ursachen haben:

| Vibrationen lockern den Schnee | Gewichtsbelastungen, Schwerkraft | Temperaturschwankungen machen Schnee instabil. |

Lawinen können den Berg mit der Geschwindigkeit eines Formel-I-Rennwagens hinunterdonnern: 300 km/h sind keine Seltenheit! Je steiler der Hang ist, und desto länger die Lawine schon rollt, desto schneller wird sie: Für den zurückgelegten Weg s(t) in Abhängigkeit von der Zeit t gilt: $s(t) = \frac{1}{2}$ g $\sin(\alpha) \cdot t^2$
Dabei ist g = 9,81 $\frac{m}{s^2}$ die Erdbeschleunigung und α der Neigungswinkel des Berges.

2.3.2 Summenregel

Aufgabe

1 Gegeben sind die Funktionen u mit $u(x) = x^3$ und v mit $v(x) = x^2$.

a) Zeichnen Sie in ein Koordinatensystem (z. B. mithilfe der Software *Graphix*):

die Graphen von $u(x)$, $v(x)$ und von $f(x) = u(x) + v(x)$.

Zeichnen sie an der Stelle $x = 0,5$ die Tangenten an die Graphen von $u(x)$ und $v(x)$ mit einem Steigungsdreieck ($\Delta x = 1$).

Skizzieren Sie die Tangente an der Stelle $x = 0,5$ an den Graphen der Funktion f. Was vermuten Sie?

b) Stellen Sie eine Vermutung auf, wie sich die Steigung der Tangente des Graphen von f allgemein (d. h. an beliebigen Stellen) berechnet.

Lösung

a)

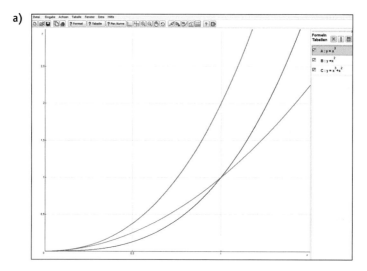

An der Stelle $x = 0,5$ hat die Tangente an den Graphen von $u(x) = x^3$ die Steigung $u'(0,5) = 3 \cdot 0,5^2 = 0,75$ und die Tangente an den Graphen von $v(x) = x^2$ die Steigung $v'(0,5) = 1$.

Es ist zu vermuten, dass die Tangente an den Graphen von f an der Stelle $x = 0,5$ dann die Steigung $f'(0,5) = 1,75$ hat.

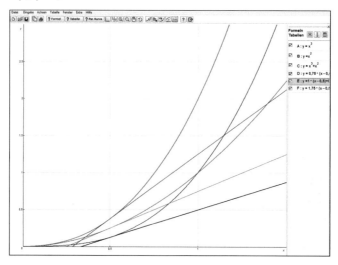

b) siehe Information Seite 180

Information

Die Überlegungen aus der obigen Aufgabe lassen sich auf beliebige Funktionen verallgemeinern.

Satz: Summenregel

Wenn die Funktion u die Ableitung $u'(x)$ und die Funktion v die Ableitung $v'(x)$ hat, dann hat die Funktion f mit $f(x) = u(x) + v(x)$ die Ableitung:

$$f'(x) = u'(x) + v'(x)$$

Beispiele:

$f(x) = x^4 + x^5$ $g(x) = \frac{1}{x} + \sin(x)$

$f'(x) = 4x^3 + 5x^4$ $g'(x) = -\frac{1}{x^2} + \cos(x)$

> *Eine Summe wird gliedweise abgeleitet!*

Begründung der Summenregel:

Wir betrachten die Sekante an den Graphen f durch die Punkte $P(x \,|\, f(x))$ und $Q(x + h \,|\, f(x + h))$. Für deren Steigung gilt:

$$m = \frac{f(x + h) - f(x)}{h}$$

$$= \frac{u(x + h) + v(x + h) - (u(x) + v(x))}{h}$$

$$= \frac{u(x + h) - u(x) + v(x + h) - v(x)}{h}$$

$$= \frac{u(x + h) - u(x)}{h} + \frac{v(x + h) - v(x)}{h}$$

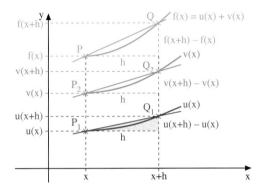

Der linke Bruchterm gibt die Steigung der Sekante des Graphen von u durch die Punkte $P_1(x \,|\, u(x))$ und $Q_1(x + h \,|\, u(x + h))$ an. Der rechte Bruchterm gibt die Steigung der Sekante des Graphen von v durch die Punkte $P_2(x \,|\, v(x))$ und $Q_2(x + h \,|\, v(x + h))$ an.

Je mehr sich x + h der Stelle x annähert, desto mehr nähern sich diese Sekantensteigungen den Tangentensteigungen $u'(x)$ und $v'(x)$ an der Stelle x an:

$$\lim_{h \to 0} \left(\frac{u(x + h) - u(x)}{h} + \frac{v(x + h) - v(x)}{h} \right) = u'(x) + v'(x)$$

Für die Ableitung der Funktion f gilt daher:

$$f'(x) = u'(x) + v'(x)$$

Weiterführende Aufgaben

2 Differenzregel

Beweisen Sie folgende Regel zum Ableiten einer Differenz.

Satz: Differenzregel

Wenn die Funktion u die Ableitung $u'(x)$ und die Funktion v die Ableitung $v'(x)$ hat, dann hat die Funktion f mit $f(x) = u(x) - v(x)$ die Ableitung:

$$f'(x) = u'(x) - v'(x)$$

Beispiele:

$f(x) = x^4 - x^5$ $g(x) = \frac{1}{x} - \sin(x)$

$f'(x) = 4x^3 - 5x^4$ $g'(x) = -\frac{1}{x^2} - \cos(x)$

> *Eine Differenz wird gliedweise abgeleitet!*

3 Ein konstanter Summand fällt beim Differenzieren weg

a) Der Graph der Funktion f wird um c parallel zur y-Achse verschoben. Wir erhalten den Graphen der Funktion g mit $g(x) = f(x) + c$. Begründen Sie geometrisch, dass beide Funktionen an der Stelle x dieselbe Steigung haben, dass also gilt:

$g'(x) = f'(x)$

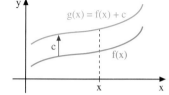

b) Das Ergebnis in Teilaufgabe a) kann man auch so formulieren:

> Ein konstanter Summand wird beim Differenzieren zu null.

Begründen Sie diese Regel auch mithilfe von Ableitungsregeln.

4 Werden Produkte und Quotienten gliedweise abgeleitet?

Zeigen Sie am Beispiel $f(x) = x^5$ und $g(x) = x^3$, dass im Allgemeinen gilt:

a) $\left(f(x) \cdot g(x)\right)' \neq f'(x) \cdot g'(x)$ **b)** $\left(\dfrac{f(x)}{g(x)}\right)' \neq \dfrac{f'(x)}{g'(x)}$

Information

Rückblick auf die Ableitungsregeln

Potenzregel, Faktorregel, Summenregel und Differenzregel sind in unterschiedlichem Sinne Ableitungsregeln:

Während die Potenzregel unmittelbar die Ableitung einer Potenzfunktion angibt, lassen sich die anderen drei Regeln nur anwenden, um die Ableitung einer Funktion auf schon bekannte Ableitungen zurückzuführen.

Übungsaufgaben **5** Ermitteln Sie die Ableitung der Funktion f mit $f(x) = x^2 + \frac{1}{x}$.

Formulieren Sie eine allgemeine Vermutung.

6 Leiten Sie die Funktion f ab.

a) $f(x) = x^5 + x^8$ **d)** $f(x) = x^5 - x^7$ **g)** $h(x) = x^{10} + 2x$ **j)** $f(x) = \frac{1}{x} - \sqrt{x}$

b) $f(x) = x^4 - x^3$ **e)** $g(x) = x^9 + x^5$ **h)** $f(s) = 2s^2 + 3s$ **k)** $f(x) = x^2 + \sqrt{x}$

c) $f(x) = x^3 + x^4$ **f)** $f(x) = 2x^4 - 3x^6$ **i)** $f(x) = x + \frac{1}{x}$ **l)** $h(t) = t^2 - \frac{1}{t^2}$

7 Bilden Sie die Ableitung der Funktion f.

a) $f(x) = \frac{1}{8}x^5 + \frac{1}{2}x^3 - 0{,}7x$ **d)** $h(x) = 9x^4 - \sqrt{3}\,x^3 + 5x - 7$

b) $f(x) = 2x^4 - 7x^2 + 5x$ **e)** $g(x) = 4x^6 + 2x^3 - 9x^2 - 18x + 2$

c) $f(x) = 8x^{12} - \sqrt[3]{17}\,x^2 + 5x$ **f)** $f(x) = 9x^4 - \frac{1}{3}x^3 + \frac{1}{2}x^2 - \sqrt[3]{2}\,x + 8$

8 Geben Sie die Ableitung an.

a) $f(x) = \frac{3}{x} + 2\sqrt{x}$ **d)** $h(x) = 4x^5 + \frac{3}{x} - \frac{1}{2}\sqrt{x}$ **g)** $h(x) = 2 \cdot \sin(x) - 3 \cdot \cos(x)$

b) $f(x) = \frac{1}{x} - x^2 - x^4$ **e)** $f(x) = ax^2 - \frac{b}{x} + \frac{\sqrt{x}}{5}$ **h)** $f(x) = a \cdot \cos(x) + c$

c) $g(x) = \frac{7}{x} + \frac{2}{3}x^2 + 5$ **f)** $f(x) = \frac{1}{x} + \cos(x)$ **i)** $f(x) = 4\sqrt{t} + 2 \cdot \cos(t)$

9 Gegeben ist die Ableitungsfunktion f'. Gesucht ist eine mögliche Ausgangsfunktion f.

a) $f'(x) = 3x^2 + 2x$ **d)** $f'(t) = t^6 + t^2$ **g)** $f'(t) = \sin(t) - \cos(t)$

b) $f'(x) = 4x^3 - 7x^6$ **e)** $f'(x) = x^4 - x^3$ **h)** $f'(x) = 2 \cdot \cos(x) - \frac{1}{2x^2}$

c) $f'(x) = 9x^8 - 6x^5 + 8$ **f)** $f'(x) = 2x^4 - 8x^3 + 2x^2$

10 Kontrollieren Sie durch Rechnung.

11 Leiten Sie folgende Funktion ab.

a) $f(x) = (x + 1)^2$

b) $f(x) = x^{-1} + x^{\frac{1}{2}}$

c) $f(x) = \frac{x^2 - 1}{x + 1}$

d) $f(x) = (7x - 4) \cdot (3x^2 + 7x + 4)$

e) $f(x) = (ax^2 + b) \cdot (cx + d)$

f) $g(x) = 3 \cdot (4 - x^2) \cdot (2 - x) + \frac{1}{2}(4 - x)$

g) $f(t) = t \cdot (t - 1) - t \cdot (t + 1)$

h) $f(s) = (s - 5)^2 + (s - 2)^2 - 3(s + 5)$

i) $f(p) = 2p(p - 4)^2 + 7p^2(p + 5)^2$

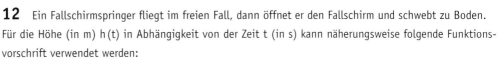

$$f(x) = x^2 \cdot \frac{1}{x} \qquad g(x) = \frac{\sqrt{x}}{x}$$
$$f'(x) = 2x \cdot \left(-\frac{1}{x^2}\right) = -\frac{2}{x} \qquad g'(x) = \frac{\frac{1}{2\sqrt{x}}}{1} = \frac{1}{2\sqrt{x}}$$

12 Ein Fallschirmspringer fliegt im freien Fall, dann öffnet er den Fallschirm und schwebt zu Boden. Für die Höhe (in m) $h(t)$ in Abhängigkeit von der Zeit t (in s) kann näherungsweise folgende Funktionsvorschrift verwendet werden:

$$h(t) = \begin{cases} 3\,000 - 4,1 \cdot t^2 & \text{für } 0 \leq t \leq 22 \\ -5 \cdot t + 1016 & \text{für } t > 22 \end{cases}$$

a) Zeichnen Sie den Graphen dieser Funktion – beispielsweise mit der Software Graphix (diese enthält die Option, den Definitionsbereich einzuschränken und so verschiedene Teilgraphen aneinander zusetzen).

b) Skizzieren Sie den Graphen der Geschwindigkeit-Zeit-Funktion zu der in Teilaufgabe a) gezeichneten Weg-Zeit-Funktion.

c) Geben Sie eine Funktionsvorschrift für die Geschwindigkeit-Zeit-Funktion an und zeichnen Sie den zugehörigen Graphen. Vergleichen Sie mit der Skizze in Teilaufgabe b).

d) Mit welchem Graphen kann man die folgenden Fragen beantworten: Mit welcher Geschwindigkeit kommt der Springer am Boden an? Wann hat er seine größte Geschwindigkeit? Was passiert unmittelbar danach?

13

Technische Meisterleistung

Um einen reibungslosen Schiffsverkehr im Hafenbecken zu ermöglichen, wurde in Duisburg eine bewegliche Fußgängerbrücke erdacht. Bei Bedarf kann sie sich unterschiedlich stark krümmen und sich zu einem Buckel formen. Die Pylone (Pfeiler der Hängebrücke) werden dabei von vier Hydraulikzylindern immer weiter nach außen gezogen. Dadurch spannen sich die beiden Tragseile und der damit verbundene Fußweg wird nach oben gezogen. Das Tragwerk und der Fußweg bilden dabei jeweils unterschiedlich gekrümmte Parabeln.

Wenn die Brücke in eine mittlere Stellung gezogen wird, liegt ihr Scheitelpunkt etwa 4,50 Meter über dem Normalniveau, in der höchsten Lage sind es 9 Meter und der Steigungswinkel α des Fußweges erreicht dabei fast 45°.

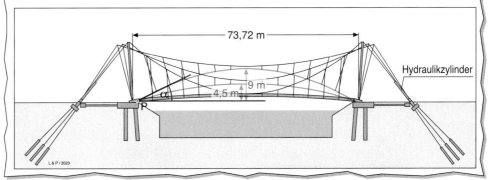

Überprüfen Sie die Aussage über den Steigungswinkel α im Zeitungstext durch eigene Berechnungen.

2.4 Differenzialrechnung in technischen Anwendungen

1 Die Parabelkirche in Gelsenkirchen wurde von dem Architekten Josef Franke in den Jahren 1927 bis 1929 erbaut. Beim Bau des Kirchenmittelschiffes (bei einer Breite b von 10 Metern und einer Höhe h von 15 Metern) wurden die in den Boden eingelassenen Stützpfeiler aus Fertigungsgründen als einfache Geradenstücke, nicht mehr als Parabelstücke angefertigt.

a) Wählen Sie ein Koordinatensystem und bestimme eine Parabelgleichung.

b) Berechnen Sie die Steigung eines in den Boden eingelassenen geraden Stützpfeilers.

c) Welchen Winkel schließen Pfeiler und Erdboden miteinander ein?

d) Ermitteln Sie Gleichungen für die Stützpfeiler.

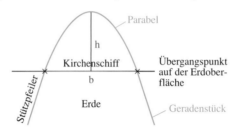

2 Eine Firma bietet Satellitenantennen mit verschiedenen Durchmessern an:

(1) d = 60 cm   (2) d = 80 cm   (3) d = 90 cm   (4) d = 120 cm

a) Alle Antennen haben eine Tiefe von 12 cm. Bestimmen Sie für jeden Antennentyp den Wert des Parameters a zur Funktionsgleichung $y = a \cdot x^2$ und geben Sie die Lage der Brennpunkte in einem geeigneten Koordinatensystem an.

b) Die Profilkurve einer Satellitenantenne verläuft – in einem geeigneten Koordinatensystem – durch den Punkt P (20|20). Bestimmen Sie die Gleichung der zugehörigen quadratischen Funktion.

c) Welches Antennenprofil hat den Brennpunkt F (0|20)?

d) Der Brennpunkt aller Antennen soll bei 30 cm liegen. Welche Tiefe ergibt sich dann?

3 Bei einem Kies- und Sandwerk kann man beobachten, dass die Höhe eines Sandberges nach einer gewissen Zeit kaum noch zu wachsen scheint, obwohl über den Trichter in regelmäßigen Zeitabschnitten gleichmäßig neuer Sand hinzugefügt wird. Der Sandberg hat die Form eines Kegels und wird deswegen auch in der Baubranche Schüttkegel genannt.

Wir betrachten sein Anwachsen.

Das Verhältnis $\frac{\text{Höhe h}}{\text{Radius r}}$ hängt von der Materialbeschaffenheit, insbesondere auch von der Feuchtigkeit des Sandes ab. Oft gilt $\frac{h}{r} = 1{,}5$.

Geben Sie den Term der Funktion an, die dem Volumen V des Sandkegels die Höhe h zuordnet. Erläutern Sie den Begriff „lokale Höhenrate" und berechnen Sie zu gegebenen Volumina diese lokale Höhenrate näherungsweise.

Erklären Sie damit die oben beschriebene Beobachtung.

4

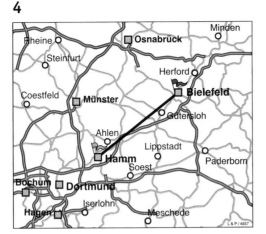

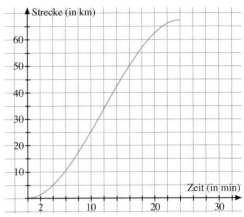

Ein ICE fährt die Strecke von Hamm/Westf. nach Bielefeld (67 km) in 24 Minuten (= 0,4 h). Die Fahrt kann durch den Graphen einer ganzrationalen Funktion 3. Grades modelliert werden.

a) Begründen Sie, warum typische Eigenschaften einer Fahrt von einem Bahnhof zum nächsten durch einen solchen Graphen beschrieben werden können.

b) Geben Sie charakteristische Eigenschaften des Graphen an, durch die der Funktionsterm der ganzrationalen Funktion bestimmt werden könnte.

c) Der abgebildete Graph hat die Funktionsgleichung $f(x) = -0,0097\,x^3 + 0,35\,x^2$.

   (1) Welche Strecke hat der Zug nach 10 minütiger Fahrzeit ungefähr zurückgelegt?

   (2) Welche Geschwindigkeit $\left(\text{in } \frac{km}{h}\right)$ hat der Zug zu diesem Zeitpunkt erreicht?

   (3) Zu welchem Zeitpunkt ist die Geschwindigkeit des Zuges am größten? Wie groß ist diese Höchstgeschwindigkeit? Vergleichen Sie diese mit der Durchschnittsgeschwindigkeit auf der Strecke.

   (4) Unterwegs fährt der Zug durch Gütersloh, das 17 km von Bielefeld entfernt ist. Nach welcher Fahrzeit ist dies ungefähr der Fall? Welche Geschwindigkeit hat der Zug dort gemäß der Modellierung?

5

Gezeitenkraftwerke

funktionieren nach dem Staudamm-Prinzip und werden an Meeresbuchten errichtet, die einen besonders hohen Tidenhub (Differenz zwischen Hoch- und Niedrigwasserstand) aufweisen. Dazu wird die entsprechende Bucht mit einem Deich abgedämmt. Im Deich befinden sich Wasserturbinen, die bei Flut vom einfließenden Wasser, bei Ebbe vom ausfließenden Wasser durchströmt werden.

Das erste und zur Zeit größte Gezeitenkraftwerk wurde von 1961 bis 1966 an der Atlantikküste in der Mündung der Rance bei Saint-Malo in Frankreich erbaut. Der Betondamm ist 750 Meter lang, wodurch ein Staubecken mit einer Oberfläche von 22 km² und einem Nutzinhalt von 184 Mio. m³ entsteht. Der Damm besitzt 24 Durchlässe, in denen jeweils eine Turbine mit einer Nennleistung von 10 MW installiert ist. Die gesamte Anlage hat somit eine Leistung von 240 MW und erzeugt jährlich rund 600 Millionen Kilowattstunden Strom.

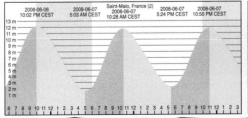

Modellieren Sie den Verlauf des Wasserstandes mithilfe einer Sinuskurve. Bestimmen Sie dann die Funktion, die die Steig- und Sinkgeschwindigkeit des Pegelstandes angibt. Welchen höchsten Wert hat sie?

6 An der Abbildung kann abgelesen werden, welche Regenmenge y in einem Zeitraum von 12 Stunden auf einer Fläche von einem Quadratmeter niedergegangen ist (Angaben in Liter). Der Graph kann näherungsweise mithilfe der ganzrationalen Funktion f mit $f(x) = \frac{1}{300}x^3 - \frac{1}{20}x^2 + \frac{13}{50}x$ modelliert werden.

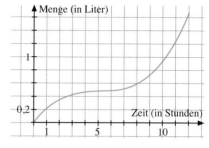

a) Beschreiben Sie mit Worten, wie sich das Wetter an diesem Regentag entwickelt hat. Zeigen Sie, dass drei Stunden nach Beginn der Messung insgesamt 0,42 Liter Regenwasser aufgefangen worden sind.

b) Welche mittlere Regenmenge pro Stunde ist bis zum Zeitpunkt x = 8 h aufgefangen worden?

c) Welche Regenmenge wäre nach 12 Stunden zu erwarten gewesen, wenn die Regenintensität so geblieben wäre, wie zum Zeitpunkt x = 2 h (zwei Stunden nach Beginn der Messung)?

7

Zehnjähriges Jubiläum

Vom 3. bis zum 17. September 2007 veranstaltete das Deutsche Zentrum für Luft- und Raumfahrt (DLR) zum zehnten Mal seine Parabelflüge mit dem Airbus A300 ZERO-G. Vom Köln Bonn Airport aus startet das größte fliegende Labor der Welt zu insgesamt fünf Forschungsflügen in die Schwerelosigkeit. Diese nutzen die Wissenschaftler für ihre Versuche in Biologie, Humanphysiologie, Physik und Materialforschung. Über dem Atlantik vollführt das Flugzeug etwa dreißig Mal immer wieder dasselbe Flugmanöver:

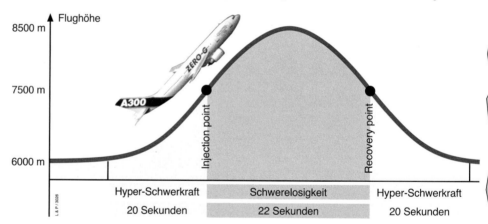

Die Maschine fliegt zunächst horizontal mit Höchstgeschwindigkeit. Sie geht dann mit einem Bahnneigungswinkel von 45° in einer 1. Phase in einen Steigflug über. Während dieser Phase herrscht in der Maschine ca. doppelte Erdbeschleunigung, also ca. 2g.
In der normalerweise ca. 5 Sekunden andauernden 2. Phase, der Transitionsphase, werden die Triebwerke gedrosselt, sodass der Schub nur den Luftwiderstand ausgleicht. In dieser Phase kann man eine deutliche Schwerkraftabnahme spüren (freier Fall).
In der 3. Phase, der eigentlichen Schwerelosigkeitsphase, die im englischen Sprachraum mit microgravity genauer beschrieben wird, steigt die Maschine weiter, indem sie einer Wurfparabel folgt. Sie erreicht am höchsten Punkt, abhängig vom Flugzeugtyp, etwa 8500 m. Die Zeitdauer der Schwerelosigkeit beträgt ca. 22 Sekunden.
Der Pilot steuert in der 4. Phase die Maschine so, dass sie einen Bahnneigungswinkel von ca. − 45° erreicht und leitet damit durch Starten der Triebwerke den Parabelflug aus. Hierbei herrschen wiederum ca. 2g. Dieser Vorgang dauert 20 Sekunden.
Nach ca. 2 Minuten kann dann der nächste Parabelflug beginnen.

Beschreiben Sie die Parabel, auf der sich das Flugzeug in der Phase der Schwerelosigkeit befindet, in einem geeigneten Koordinatensystem.

→ Die Begriffe Sekantensteigung, Tangentensteigung, Änderungsrate und lokale Änderungsrate erläutern können.

1

a) Betrachten Sie die Funktion f mit $f(x) = x^2 - 4x + 15$ im Punkt $P(1|f(1))$ und erläutern Sie die Begriffe Sekante bzw. Tangente durch P.

Bestimmen Sie auch die Funktionsgleichung einer Sekante durch P und der Tangente durch P.

b) Der Pegelstand eines Flusses gegenüber dem Normalniveau lässt sich über den Zeitraum der nächsten 10 Stunden mithilfe der Funktion f mit $f(t) = 0,01t^2 - 0,2t + 1$ (t in Stunden) modellieren.

Erläutern Sie für den Zeitpunkt t = 5 die Begriffe Änderungsrate und lokale Änderungsrate und ihre Bedeutung im Sachzusammenhang.

→ Bei einem gegebenen Graphen einer Funktion die Steigung und den Steigungswinkel der Tangente in einem Punkt näherungsweise ablesen können.

2 Bestimmen Sie näherungsweise die Steigung der Tangente an den abgebildeten Graphen an den Stellen x = 1, x = 3 und x = 6 sowie den Steigungswinkel.

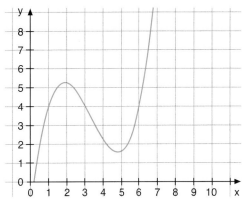

→ Bei einem gegebenen Graphen einer Funktion, mit der eine Anwendungssituation modelliert wird, näherungsweise Werte für die lokale Änderungsrate ablesen und im Sachzusammenhang interpretieren können.

3 Der Benzinverbrauch (in Litern) eines Testfahrzeuges kann auf einer Strecke von 6 km durch den abgebildeten Graphen einer Funktion modelliert werden.

Lesen Sie näherungsweise die lokale Änderungsrate nach 5 km ab und geben Sie die Bedeutung dieses Werts im Sachzusammenhang an.

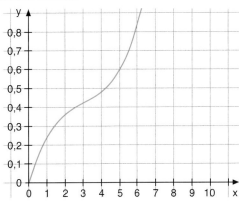

→ Den Differenzenquotienten einer Funktion in einem Punkt bilden können und erläutern können, was dieser Term mit dem Differenzialquotienten der Funktion in dem Punkt zu tun hat.

4 Bestimmen Sie den Differenzenquotienten der Funktion f mit $f(x) = x^3 - x^2$ für die Punkte $P(1|f(1))$ und $Q(1,1|f(1,1))$.

Welcher Zusammenhang besteht zwischen diesem Term und dem des Differenzialquotienten an der Stelle x = 1?

→ **An Beispielen die beiden Methoden der Grenzwertbildung bei einem Differenzenquotienten ($x \to x_0$, $h \to 0$) erläutern können.**

5 Erläutern Sie am Beispiel der Funktion f mit $f(x) = x^4 + x$ die Bestimmung des Differenzialquotienten an der Stelle $x_0 = -1$ nach der ($x \to x_0$)-Methode und nach der ($h \to 0$)-Methode.

→ **Entscheiden können, ob eine Funktion an einer Stelle a differenzierbar ist.**

6 Untersuchen Sie die Differenzierbarkeit der Funktion f mit $f(x) = |x^2 - 3x + 2|$ an den Stellen $x = -1$, $x = +1$ und $x = +2$.

→ **Den Graphen der Ableitungsfunktion zu dem Graphen einer differenzierbaren Funktion skizzieren können.**

7 Die Abbildung zeigt den Graphen einer ganzrationalen Funktion.

Skizzieren Sie den Graphen der zugehörigen Ableitungsfunktion.

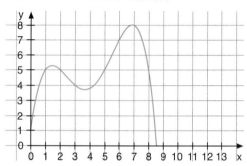

→ **Die Grundregeln zum Differenzieren von Funktionen (Potenz-, Faktor-, Summenregel) nennen und anwenden können.**

8 Bilden Sie die Ableitung der folgenden Funktionen und erläutern Sie die beim Differenzieren angewandten Ableitungsregeln.

(1) $f_1(x) = x^{-4} + 3x^2 + 1$

(2) $f_2(x) = 3x^3 - 2x^2 + 1x - 4$

(3) $f_3(x) = \frac{1}{x^2} + x^2$

(4) $f(x) = (x^2 + 1) \cdot (x - 1)$

→ **Sinus- und Kosinus-Funktion ableiten und Punkte mit besonderer Steigung bestimmen können.**

9

a) Berechnen Sie die Ableitungsfunktion f'. Skizzieren Sie den Graphen von f und von f'.

   (1) $f(x) = 2 \cdot \sin(x)$ (2) $f(x) = \frac{1}{2} \cdot \cos(x)$

b) Bestimmen Sie mindestens einen Punkt des Graphen von f aus Teilaufgabe a), in dem für die Steigung m gilt

   (1) $m = 0$ (2) $m = +1$ (3) $m = -1$

c) Bestimmen Sie die Gleichung der Tangente an den Graphen von f aus Teilaufgabe a) im Punkt $P(\pi | f(\pi))$.

d) Die Abbildung zeigt den Graphen der Funktion $f(x) = \sin(x) + \cos(x)$.

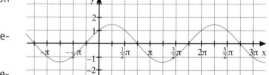

(1) Bestimmen Sie die Ableitungsfunktion f' gemäß den Ableitungsregeln.

(2) Der Graph könnte durch geeignetes Verschieben und Strecken auch aus dem Graphen der Sinus-Funktion gewonnen werden, d.h. man könnte den Funktionsterm $f(x)$ auch in der Form $f(x) = a \cdot \sin(x - b)$ notieren.

Entnehmen Sie dem Verlauf des Graphen, wie groß die Parameter a und b sein müssen.

3 Fortführung der Differenzialrechnung

Kraftstoffverbrauch von Autos

Aufgrund der Klima schädigenden Wirkung der Abgase von Verbrennungsmaschinen, der immer knapper werdenden Rohölreserven und der hohen Treibstoffkosten ist es beim Bau von Automotoren heute besonders wichtig, auf den Treibstoffverbrauch zu achten.

Dieser Verbrauch hängt von verschiedenen Faktoren ab: der Fahrweise des Fahrers, dem Gewicht und der Form des Fahrzeugs und vielem anderen mehr. Um diese Zusammenhänge besser untersuchen zu können, gibt man den Verbrauch eines Fahrzeugs in Liter pro 100 gefahrenen Kilometern an.

Manch einer meint, dass man trotz höheren Verbrauchs ruhig sehr schnell fahren könne, da man ja schneller ans Ziel komme und somit über eine kürzere Zeit Treibstoff verbrauche als wenn man langsam fahren würde.

Die folgende Grafik zeigt den Treibstoffverbrauch T(v) eines Autos umgerechnet auf eine Distanz von 100 km in Abhängigkeit von der Geschwindigkeit v. Dargestellt ist diese Funktion für einzelne Gänge.

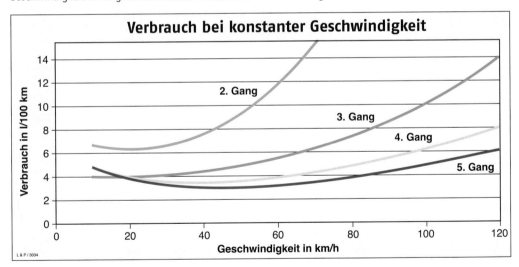

- Beschreiben Sie die Graphen.
- Bei welcher Geschwindigkeit ist der Treibstoffverbrauch minimal?
- Für welches Schaltverhalten des Fahrers ist der Treibstoffverbrauch gering, für welches hoch?

In diesem Kapitel:

- Lernen Sie Kriterien und Verfahren kennen, um Funktionen und ihre Graphen untersuchen und beschreiben zu können. Dazu bedienen wir uns der Mittel der Differenzialrechnung.

Lernfeld: Auf und ab, hin und her

Herrenschwander Berglauf

1 Seit 2005 findet in Todtnau-Herrenschwand in jedem Jahr in den Sommermonaten ein Berglauf über eine Distanz von acht Kilometern statt. Treffen Sie anhand des Höhenprofils Aussagen über

a) tiefste Punkte und höchste Punkte,

b) steilste Stellen.

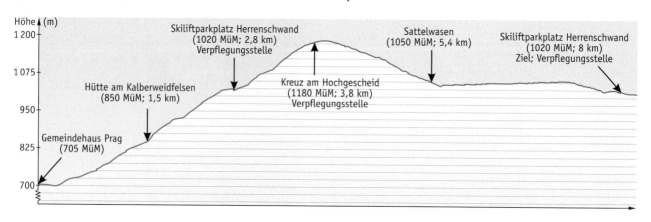

Von einer Kurve in die nächste

2

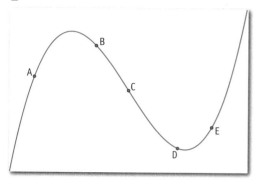

a) Zeichnen Sie mit Kreide eine Kurve wie oben links auf den Schulhof, groß genug, sodass man sie mit einem Fahrrad abfahren kann.

Ein Schüler fährt die Kurve von links nach rechts mit seinem Rad ab.

Beschreiben Sie seine jeweilige Lenkerstellung in den angegebenen Punkten.

Skizzieren Sie anschließend die Kurve als Funktionsgraph in Ihr Heft. Skizzieren Sie auch den dazugehörigen Graphen der Ableitungsfunktion. Vergleichen Sie den Ableitungsgraphen mit der von Ihnen beobachteten Lenkerstellung.

b) Wählen Sie auch andere Formen für den Funktionsgraphen und skizzieren Sie dessen Ableitungsgraphen. Vergleichen Sie wieder den Ableitungsgraphen mit der Lenkerstellung. Versuchen Sie, ein möglichst allgemeines Ergebnis zu formulieren.

Maximale Änderungsrate

3 In ICE-Zügen wird auf Displays, die man in jedem Wagen findet, die momentane Geschwindigkeit angezeigt.
Diese wird im 1-Sekunden-Takt aktualisiert.

• Ein Zug fährt von Köln in Richtung Frankfurt. Angela beobachtet die Geschwindigkeitsanzeige. Wie kann sie herausfinden, wann der Zug die größte Beschleunigung hat?

• Misst man den Geschwindigkeitsverlauf genau, so kann man einen Graphen für die Geschwindigkeiten in Abhängigkeit von der Zeit zeichnen:

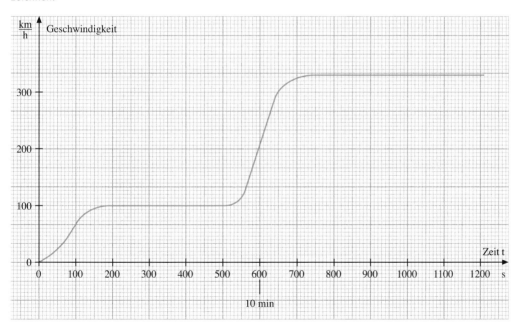

Beschreiben Sie eine Situation, die den Verlauf des Geschwindigkeitsgraphen erklärt.

• Wie kann man am Graphen erkennen, wann die größte Beschleunigung vorliegt?

• Jemand behauptet, dass die Beschleunigung beim Bremsen, vor allem bei Notbremsungen, viel größer ist als beim Anfahren. Recherchieren Sie, ob dies stimmt, und nehmen Sie dazu Stellung.

3.1 Änderungsverhalten von Funktionen

3.1.1 Extrema und Monotonie

Aufgabe

1 In einer Wetterstation in den Vorbergen des Schwarzwalds wurde an einem Frühlingstag über einen Zeitraum von 24 Stunden der Temperaturverlauf aufgezeichnet. Dieser kann als Graph einer Funktion f aufgefasst werden, die jedem Zeitpunkt x die Temperatur f(x) zuordnet.
Beschreiben Sie den Temperaturverlauf.

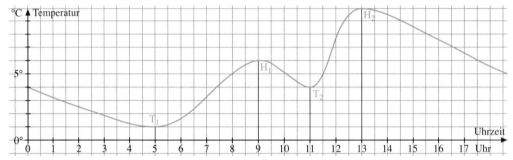

Lösung

Mit Beginn der Aufzeichnung um 0 Uhr fallen die Temperaturen bis um 5 Uhr. Zu diesem Zeitpunkt haben sie ihren Tiefpunkt erreicht. Ab 5 Uhr steigen die Temperaturen bis zu einem Hochpunkt um 9 Uhr. Danach fallen sie bis zu einem zweiten Tiefpunkt um 11 Uhr. Im Bereich zwischen 11 Uhr und 13 Uhr erfolgt ein erneuter Anstieg bis zu einem zweiten Hochpunkt. Ab 13 Uhr nehmen die Temperaturen ständig bis zum Ende der Aufzeichnung um 24 Uhr ab.

Die Bereiche, in denen die Temperaturen zu- und abnehmen, werden durch Hoch- oder Tiefpunkte voneinander getrennt. Wechselt man von einem Bereich fallender Temperaturen in einen Bereich steigender Temperaturen, so liegt dazwischen ein Tiefpunkt. Tiefpunkte liegen somit an den Stellen 5 und 11. Wenn man dagegen von einem Bereich mit steigenden Temperaturen in einen Bereich mit fallenden Temperaturen wechselt, so trennt ein Hochpunkt diese beiden Bereiche. Dies ist an den Stellen 9 und 13 der Fall.

Information

> **monoton (griech.):** eintönig, einförmig

(1) Streng monotone Funktionen

Bereits in früheren Jahrgangsstufen haben wir – anschaulich – den Begriff eines monoton steigenden oder fallenden Graphen verwendet. Um jetzt im Rahmen der Differenzialrechnung Kriterien für streng monotone Graphen formulieren zu können, benötigen wir eine präzise Definition des Begriffs.

Will man den Verlauf des Graphen einer Funktion f beschreiben, so fallen sehr schnell die Intervalle auf, in denen bei wachsenden x-Werten die Funktionswerte f(x) ständig zu- oder abnehmen.

Nehmen die Funktionswerte f(x) in einem Intervall ständig zu, wenn die x-Werte größer werden, so sagt man, die Funktion f ist in diesem Intervall *streng monoton wachsend*. Man versteht darunter, dass bei zwei beliebigen x-Werten aus diesem Intervall zum größeren x-Wert immer auch der größere Funktionswert gehört.

Entsprechend bezeichnet man eine Funktion als *streng monoton fallend*, wenn ihre Funktionswerte ständig abnehmen.

Definition: Strenge Monotonie

Eine Funktion f heißt in einem Intervall **streng monoton wachsend**, wenn für beliebige Stellen x_1, x_2 aus dem Intervall gilt:
Wenn $x_1 < x_2$, dann ist $f(x_1) < f(x_2)$.

Eine Funktion f heißt in einem Intervall **streng monoton fallend**, wenn für beliebige Stellen x_1, x_2 aus dem Intervall gilt:
Wenn $x_1 < x_2$, dann ist $f(x_1) > f(x_2)$.

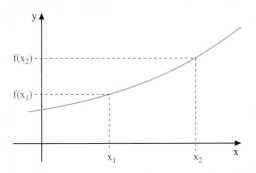

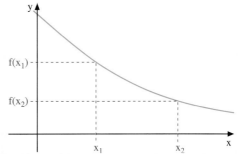

Gilt für $x_1 < x_2$ statt $f(x_1) < f(x_2)$ nur $f(x_1) \leq f(x_2)$, so heißt f *monoton wachsend*. Ist eine Funktion f auf dem Intervall monoton wachsend, so heißt dies, dass die Funktionswerte auf dem Intervall nicht abnehmen. Sie müssen aber nicht ständig zunehmen, sie können auch für verschiedene x-Werte aus dem Intervall denselben Funktionswert annehmen.

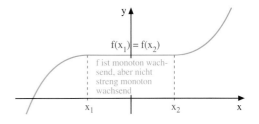

Definition: Monotonie

Eine Funktion heißt in einem Intervall **monoton wachsend**, wenn für beliebige Stellen x_1, x_2 aus dem Intervall gilt:
Wenn $x_1 < x_2$, dann ist $f(x_1) \leq f(x_2)$.

Eine Funktion heißt in einem Intervall **monoton fallend**, wenn für beliebige Stellen x_1, x_2 aus dem Intervall gilt:
Wenn $x_1 < x_2$, dann ist $f(x_1) \geq f(x_2)$.

(2) Extremstellen und Monotonieintervalle

Wechselt der Graph einer Funktion bei wachsenden x-Werten von einem Intervall, in dem f streng monoton wachsend ist, in ein Intervall, in dem f streng monoton fallend ist, so liegt zwischen den beiden Intervallen eine Stelle, an welcher der Funktionsgraph einen *Hochpunkt* hat.

Vergleicht man die Funktionswerte in der Nähe des Hochpunktes miteinander, so gibt es kurz vor und kurz nach dem Hochpunkt keinen Funktionswert, der größer ist als der Funktionswert des Hochpunktes.

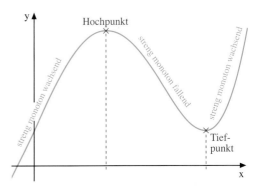

Wechselt man dagegen aus einem Intervall, in dem f streng monoton fallend ist, in ein Intervall, in dem f streng monoton wachsend ist, so liegt dazwischen eine Stelle mit einem *Tiefpunkt*.

Man bezeichnet solche Stellen als *Extremstellen*.

Definition

Gegeben ist eine Funktion f mit der Definitionsmenge $\mathbb{R}$.

Der Punkt $T\left(x_e \mid f(x_e)\right)$ heißt **Tiefpunkt** des Funktionsgraphen, falls man ein offenes Intervall um x_e angeben kann, sodass für alle x aus diesem Intervall gilt: $f(x) \geq f(x_e)$

Der Punkt $H\left(x_e \mid f(x_e)\right)$ heißt **Hochpunkt** des Funktionsgraphen, falls man ein offenes Intervall um x_e angeben kann, sodass für alle x aus diesem Intervall gilt: $f(x) \leq f(x_e)$

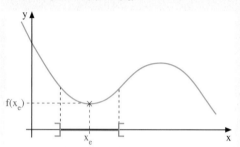
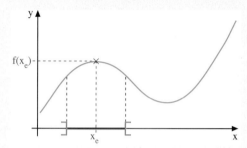

Ist $P\left(x_e \mid f(x_e)\right)$ ein **Extrempunkt** (Hoch- oder Tiefpunkt), dann heißt x_e **Extremstelle** der Funktion. Den Funktionswert $f(x_e)$ nennt man auch **Extremum**. Der Funktionswert eines Tiefpunkts wird als **Minimum**, der eines Hochpunkts als **Maximum** bezeichnet.

Weiterführende Aufgabe

2 Beweis der Monotonie mithilfe der Definition

Beweisen Sie, dass die Quadratfunktion f mit $f(x) = x^2$

a) für $x > 0$ streng monoton steigend ist;

b) für $x < 0$ streng monoton fallend ist.

Hinweis: Betrachten Sie die Skizze rechts. Berechnen Sie $f(x_2)$ und vergleichen Sie mit $f(x_1)$.

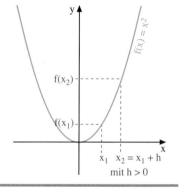

Übungsaufgaben **3**

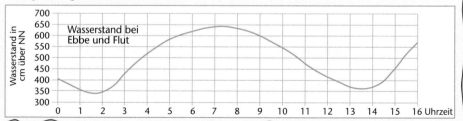

Ebbe und Flut

An der Nordseeküste steigt während der Flut der Wasserspiegel zweimal am Tag zwischen zwei und drei Meter an und überflutet das Watt. Genauso wie das Wasser während der Flut ansteigt, fällt es während der Ebbe wieder. Den Unterschied zwischen dem Scheitelpegel der Flut und dem niedrigsten Pegelstand bei Ebbe nennt man Tidenhub.

In der Grafik wurde der Pegelstand in einem Küstenort zwischen 0 Uhr und 16 Uhr als Graph einer Funktion f dargestellt, die jedem Zeitpunkt x seinen Pegelstand $f(x)$ zuordnet.

Beschreiben Sie den Verlauf des Pegelstandes an diesem Tag. Wie groß ist der Tidenhub?

4 Ermitteln Sie am Graphen von f die Intervalle, in denen f streng monoton wachsend bzw. streng monoton fallend ist und geben Sie die Koordinaten der Hoch- und Tiefpunkte an.

a) $f(x) = -3x^2 + 4x + 2$ **c)** $f(x) = \frac{1}{3}x^3 - \frac{1}{4}x^2 - 5x + 2$ **e)** $f(x) = \sin x$ für $0 \le x \le 2\pi$

b) $f(x) = \frac{1}{3}x^3 + 3x$ **d)** $f(x) = \frac{1}{4}x^4 - \frac{3}{2}x^2 + 2x - 2$ **f)** $f(x) = x^{-2}$

5

a) Skizzieren Sie den Graphen einer Funktion, die auf dem Intervall $[-2; 2]$ monoton fallend, aber nicht streng monoton fallend ist.

b) Kann eine Funktion, die auf einem Intervall $]a; b[$ streng monoton ist, in diesem Intervall einen Extrempunkt haben?

6 Rechts ist der Graph einer Funktion f im Intervall $[-4; 4]$ abgebildet. Geben Sie möglichst große Intervalle an, in denen f monoton [streng monoton] ist.

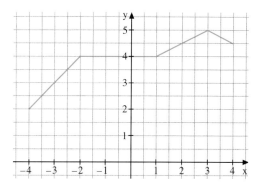

7 Untersuchen Sie das Monotonieverhalten von f. Wie geht der Graph von f aus dem Graphen der entsprechenden Potenzfunktion hervor?

a) $f(x) = \frac{1}{5}(x + 1)^3 - 2$ **b)** $f(x) = x^2 + 6x + 9$

8 Untersuchen Sie das Monotonieverhalten von f mithilfe der Definition. Begründen Sie am Funktionsterm.

a) $f(x) = -2x + 5$ **b)** $f(x) = x^4$ **c)** $f(x) = 2^x$

9 Begründen Sie anhand des Funktionsterms, dass der Graph von f genau einen Extrempunkt hat. Bestimmen Sie die Extremstelle und gib die Art des Extrempunktes an.

a) $f(x) = (x + 3)^2$ **b)** $f(x) = 4x - x^2$ **c)** $f(x) = \frac{1}{4}x^4 - 4$

 10 Beurteilen Sie Franks Begründung rechts.

11 Der Graph einer quadratischen Funktion f schneidet die x-Achse an den beiden Stellen -5 und 3.
Wo liegt die Extremstelle von f?
Beschreiben Sie das Monotonieverhalten von f.
Skizzieren Sie einen möglichen Graphen von f.

> Frank:
> Die Funktion f mit $f(x) = x^2 - x - 2$ ist monoton wachsend, denn
> $x_1 = 0 < x_2 = 2$, $f(0) = -2$, $f(2) = 0$,
> also: $f(x_1) < f(x_2)$

12 Der Graph der Funktion f soll an der Stelle x_0 einen Tiefpunkt haben. Was können Sie über die Stelle x_0 bei der Funktion g aussagen? Erläutern Sie jeweils, wie der Graph der Funktion g aus dem Graphen der Funktion f hervorgeht. Achten Sie, soweit notwendig, auf Fallunterscheidungen.

a) $g(x) = f(x) + c$ mit $c \in \mathbb{R}$ **b)** $g(x) = -f(x)$ **c)** $g(x) = a \cdot f(x)$ mit $a \in \mathbb{R} \setminus \{0\}$

13 Bestimmen Sie die Extrempunkte von f mithilfe eines Funktionsplotters.

a) $f(x) = x^3 - 3x^2 - 45x$ **b)** $f(x) = x^3 - 8x^2 - 1$ **c)** $f(x) = \frac{1}{4}x^3 + 5x^2 - 4x + \frac{2}{3}$

3.1.2 Untersuchung auf Monotonie und Extrema mithilfe der 1. Ableitung

Aufgabe

1 Grafisches Differenzieren von monotonen Funktionen

a) Skizzieren Sie zum vorgegebenen Graphen von f den Graphen von f'.
   Formulieren Sie einen Zusammenhang zwischen dem Monotonieverhalten des Graphen von f und dem Vorzeichen der Werte von f' als Wenn-dann-Aussage.

b) Formulieren Sie eine entsprechende Aussage für monoton fallende Funktionen.

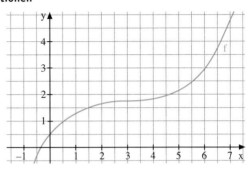

Lösung

a) Der Graph von f steigt von links nach rechts an, jedoch immer weniger bis hin zur Stelle 3, an der er eine waagerechte Tangente hat. Die Werte von f' sind stets positiv, nehmen aber bis zur Stelle 3 hin ab auf den Wert 0.

Rechts von der Stelle 3 steigt der Graph von f zunehmend stärker an. Entsprechend hat f' immer größer werdende positive Werte.

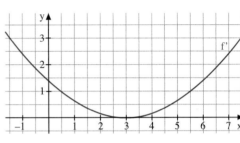

> Wenn eine Funktion f in einem Intervall streng monoton wächst, dann gilt für alle Stellen x aus diesem Intervall: $f'(x) \geq 0$.

b) Streng monoton fallende Funktionen steigen an keiner Stelle an. Also gilt:

> Wenn eine Funktion f in einem Intervall streng monoton fällt, dann gilt für alle Stellen x aus diesem Intervall: $f'(x) \leq 0$.

Aufgabe

2 Von der Ableitungsfunktion auf die Ausgangsfunktion schließen

Skizzieren Sie zum gegebenen Graphen einer Ableitungsfunktion f' einen möglichen Graphen der Funktion f durch den vorgegebenen Punkt. Begründen Sie ihr Vorgehen.

a) Der Graph von f verläuft durch O(0|0).

b) Der Graph von f verläuft durch P(0|−2).

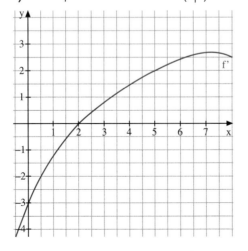

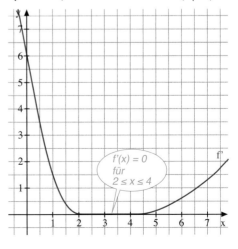

Lösung

a) Für x < 2 gilt f′(x) < 0. In diesem Bereich hat der Graph der Funktion f nur Tangenten mit negativer Steigung. Die Funktion f ist streng monoton fallend für x < 2.

Aus f′(2) = 0 folgt, dass der Graph von f an der Stelle 2 eine waagerechte Tangente hat.

Für x > 2 gilt f′(x) > 0. In diesem Bereich hat der Graph der Funktion f Tangenten mit positiven Steigungen. Die Funktion f ist monoton wachsend für x > 2.

b) Für 0 ≤ x < 2 ist f′(x) > 0. In diesem Bereich hat der Graph der Funktion f nur Tangenten mit positiver Steigung. Die Funktion f ist streng monoton wachsend. Für 2 ≤ x ≤ 4 gilt f′(x) = 0. In diesem Bereich verläuft der Graph von f parallel zur x-Achse, alle Funktionswerte sind gleich.

Für x > 4 ist f′(x) > 0 und der Graph von f ist streng monoton wachsend.

Die Funktion f ist für x ≥ 0 nicht streng monoton wachsend, sondern nur monoton wachsend.

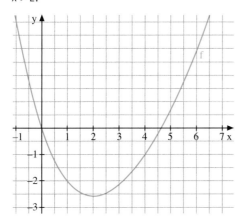

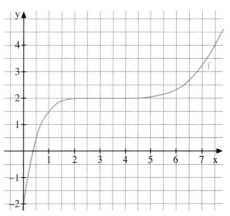

Information

Der in Aufgabe 2 beobachtete Zusammenhang gilt allgemein; der Beweis hierfür ist schwierig.

Satz: Monotoniesatz

Gegeben ist eine Funktion f in einem Intervall I.

(1) Wenn f′(x) > 0 für alle x aus einem Intervall I, dann ist die Funktion f im Intervall I streng monoton wachsend.

(2) Wenn f′(x) < 0 für alle x aus einem Intervall I, dann ist die Funktion f im Intervall I streng monoton fallend.

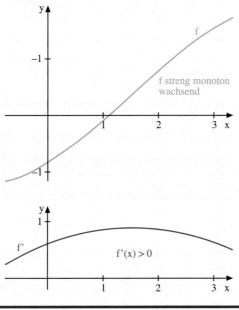

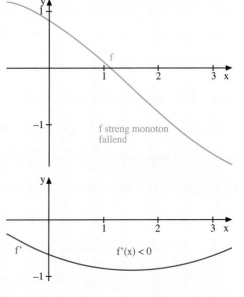

Aufgabe

3 Untersuchung auf Extrempunkte

Bestimmen Sie die Extrempunkte den Graphen der Funktion f mit $f(x) = \frac{1}{4}x^4 - \frac{7}{9}x^3$.

Lösung

Wir zeichnen zunächst den Graphen von f. Man erkennt, dass in der Nähe der Stelle 2 ein Tiefpunkt vorliegt. Dort hat der Graph von f eine waagerechte Tangente.

Zur Berechnung des Tiefpunktes bilden wir die Ableitung f′ und bestimmen deren Nullstellen:

$f'(x) = x^3 - \frac{7}{3}x^2 = x^2\left(x - \frac{7}{3}\right)$

Der Produktterm $x^2\left(x - \frac{7}{3}\right)$ wird null, wenn $x = 0$ oder wenn $x = \frac{7}{3}$.

An der Stelle 0 hat der Graph von f eine waagerechte Tangente, aber keinen Extrempunkt. Einziger Extrempunkt ist der Tiefpunkt an der Stelle $\frac{7}{3}$. Seine 2. Koordinate beträgt $f\left(\frac{7}{3}\right) = -\frac{2401}{972}$. Der Tiefpunkt hat die Koordinaten $T\left(\frac{7}{3} \mid -\frac{2401}{972}\right)$, näherungsweise $T(2,3 \mid -2,5)$.

Information

(1) Notwendiges Kriterium für Extremstellen

Anschaulich ist klar: Die Tangente an den Graphen in einem Hoch- oder Tiefpunkt verläuft waagerecht.

> **Satz: Kriterium für Extremstellen**
>
> Für eine Funktion f, die an der Stelle x_e differenzierbar ist, gilt:
>
> Wenn der Graph der Funktion f an der Stelle x_e einen Extrempunkt besitzt, dann ist $f'(x_e) = 0$.

Die Stelle 0 des Graphen der Funktion f in Aufgabe 3 zeigt, dass aber nicht jeder Punkt mit einer waagerechten Tangente ein Extrempunkt sein muss. Es kann auch ein *Sattelpunkt* vorliegen.

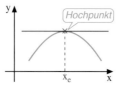
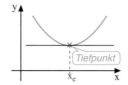
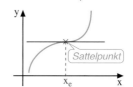
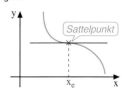

Andererseits muss aber an jeder Stelle, an der die Funktion differenzierbar ist und ihr Graph einen Extrempunkt hat, die Ableitung den Wert null haben. Man sagt auch: Die Bedingung $f'(x_e) = 0$ ist *notwendig* für das Vorliegen eines Extrempunktes an der Stelle x_e, aber *nicht hinreichend*.

(2) Vorzeichenwechsel-Kriterium als hinreichendes Kriterium für Extremstellen

Wir untersuchen am Beispiel der Funktion f aus Aufgabe 3, warum die Nullstelle der Ableitung bei 0 im Gegensatz zu der bei $\frac{7}{3}$ keine Extremstelle der Funktion f ist.

An der Stelle 0 gilt $f'(0) = 0$, und sowohl kurz vor als auch kurz nach dieser Stelle sind die Funktionswerte $f'(x)$ negativ. Das bedeutet: Der Graph von f fällt ab bis zur Stelle 0, hat dort eine waagerechte Tangente und fällt danach weiter ab. An dieser Stelle kann somit weder ein Hoch- noch ein Tiefpunkt vorliegen. An der Nullstelle $\frac{7}{3}$ der Ableitung wechselt diese ihr Vorzeichen. Kurz vor $\frac{7}{3}$ ist $f'(x)$ negativ, kurz danach positiv. Das bedeutet, dass der Graph der Funktion f bis zur Stelle $\frac{7}{3}$ abfällt und danach ansteigt, also einen Tiefpunkt hat.

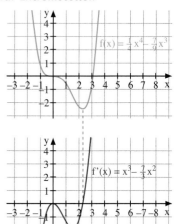

Satz: Vorzeichenwechsel-Kriterium für Extremstellen

Für eine Funktion f mit der Ableitung f′ in einem Intervall gilt:

Wenn die Ableitung f′ an der Stelle x_e eine Nullstelle mit Vorzeichenwechsel hat, dann hat der Graph der Funktion f an der Stelle x_e einen Extrempunkt.

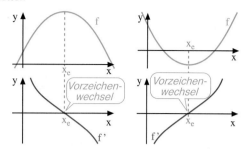

Weiterführende Aufgabe

4 Monotonieverhalten einer Funktion mit f′(x) = 0

Für eine Funktion f soll für alle Stellen x aus einem Intervall gelten: f′(x) = 0. Skizzieren Sie einen möglichen Graphen von f.

Untersuchen Sie das Monotonieverhalten von f.

Übungsaufgaben **5**

a) Skizzieren Sie zum Graphen der Funktion f jeweils den Graphen der Ableitungsfunktion f′.

In welchen Intervallen ist f streng monoton wachsend bzw. streng monoton fallend?

Formulieren Sie einen Zusammenhang zwischen dem Monotonieverhalten von f und dem Vorzeichen von f′ als Wenn-dann-Satz.

Welche Steigung hat der Graph in einem Extrempunkt?

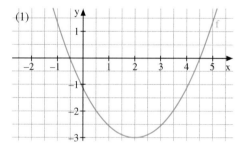
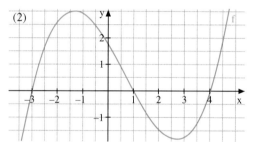

b) Gegeben ist der Graph einer Ableitungsfunktion f′.

Skizzieren Sie einen möglichen Graphen der Funktion f.

Formulieren Sie einen Zusammenhang zwischen dem Vorzeichen von f′ und dem Monotonieverhalten von f als Wenn-dann-Satz.

Welche Bedeutung haben die Stellen mit f′(x) = 0?

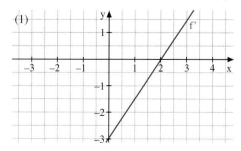
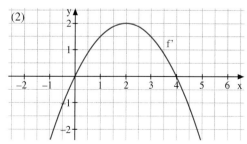

6 Gegeben ist der Graph einer Funktion f. Skizzieren Sie den Graphen der Ableitungsfunktion f'.

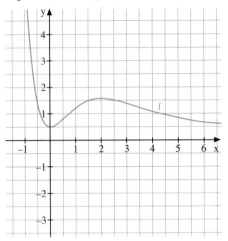 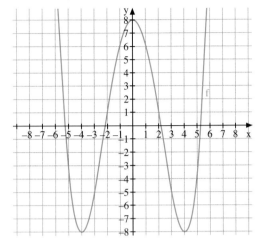

7 Betrachten Sie den nebenstehenden Graphen einer Funktion f. Untersuchen Sie, ob die folgenden Aussagen richtig oder falsch sind. Begründen Sie jeweils deine Entscheidung.

(1) Die Funktion f' ist im Intervall $[-1; 4]$ streng monoton wachsend.

(2) $f'(x) > 0$ für $0 < x < 4$

(3) Die Funktion f' ist für $x < 0$ streng monoton fallend, für $x > 0$ streng monoton wachsend.

(4) $f'(4) = 0$

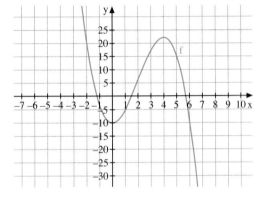

8 Gegeben ist der Graph einer Ableitungsfunktion f'. Skizzieren Sie einen möglichen Graphen von f.

a) 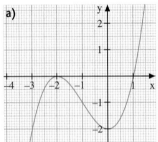   b) 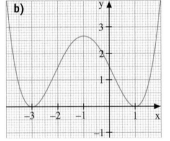   c)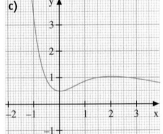

9 Überprüfen Sie die Richtigkeit der folgenden Aussage. Geben Sie, falls eine Aussage falsch ist, ein Gegenbeispiel an.

a) Jede Funktion mit $f'(x) \geq 0$ im Intervall I ist monoton wachsend, aber nicht streng monoton wachsend.

b) Ist die Funktion f streng monoton wachsend im Intervall I, so kann an keiner Stelle des Intervalls $f'(x) = 0$ sein.

10 Wo können Extremstellen von f liegen?

a) $f(x) = \frac{1}{2}x^2 + 2x + 3$

b) $f(x) = \frac{1}{3}x^3 + \frac{1}{2}x^2 - 6x - 4$

c) $f(x) = \frac{1}{4}x^3 - \frac{3}{2}x^2 + 3x$

d) $f(x) = \frac{1}{8}x^4 + \frac{1}{2}x^3 - x^2 - 3$

11 Zeigen Sie, dass die Funktion f keine Extremstellen besitzt.

a) $f(x) = \frac{1}{2}x - 4$ **b)** $f(x) = x^3 + 6x - 2$ **c)** $f(x) = \frac{1}{5}x^5 + \frac{11}{3}x^3 + 18x - 5$

12 Hat die Ableitung von f an den angegebenen Stellen einen Vorzeichenwechsel?

a) $f(x) = x^4$;   Stellen 0; 2 **d)** $f(x) = \sin(x)$;   Stellen 0; $\frac{\pi}{2}$; π

b) $f(x) = x^5$;   Stellen 0; – 1 **e)** $f(x) = 1 + \frac{1}{x}$;   Stellen 1; – 2

c) $f(x) = \frac{1}{4}x^4 + \frac{1}{3}x^3$;   Stellen 0; 1 **f)** $f(x) = x - 2\sqrt{x}$;   Stellen 1; 2

13 Von einer Funktion f ist die Ableitungsfunktion f′ gegeben.
Überprüfen Sie mithilfe eines Funktionsplotters, an welchen Stellen die Funktion f einen Extrempunkt hat.
Geben Sie jeweils an, ob es sich um einen Hochpunkt oder um einen Tiefpunkt handelt.

a) $f'(x) = x^2 - 7x + 12$ **b)** $f'(x) = x^3 - 2x^2 - x + 1$ **c)** $f'(x) = x^4 - 6x^2 + 8x - 3$

14 Überprüfen Sie Sofias Hausaufgabe rechts.

15 Eine Funktion f ist im Intervall $[-3; 5]$ streng monoton wachsend. An genau zwei Stellen in diesem Intervall gilt $f'(x) = 0$. Skizzieren Sie einen möglichen Graphen der Funktion f und ihrer Ableitungsfunktion f′.

16 Skizzieren Sie einen möglichen Graphen von f mit $f(-1) = 1$ und $f(5) = 7$; $f'(2) = 0$ sowie $f'(x) > 0$ für alle $x \neq 2$ im Intervall $I = [-1; 5]$.

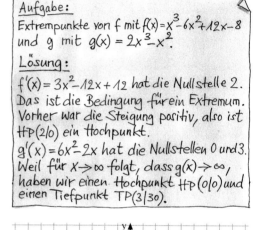

Aufgabe:
Extrempunkte von f mit $f(x) = x^3 - 6x^2 + 12x - 8$ und g mit $g(x) = 2x^3 - x^2$.

Lösung:
$f'(x) = 3x^2 - 12x + 12$ hat die Nullstelle 2. Das ist die Bedingung für ein Extremum. Vorher war die Steigung positiv, also ist HP(2|0) ein Hochpunkt.
$g'(x) = 6x^2 - 2x$ hat die Nullstellen 0 und 3. Weil für $x \to \infty$ folgt, dass $g(x) \to \infty$, haben wir einen Hochpunkt HP(0|0) und einen Tiefpunkt TP(3|30).

17 Die nebenstehende Abbildung zeigt den Graphen der Ableitungsfunktion f′ einer Funktion f. Entscheiden Sie, welche der folgenden Aussagen wahr, falsch oder unentscheidbar sind. Begründen Sie jeweils ihre Entscheidung.

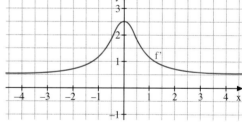

(1) Die Funktion f ist im Intervall $[-4; 4]$ streng monoton wachsend.

(2) Der Graph der Funktion f hat an der Stelle $x = 0$ einen Hochpunkt.

(3) Der Graph von f ist achsensymmetrisch zur y-Achse.

(4) Der Graph von f hat im Intervall $[-4; 4]$ zwei Tangenten, die parallel zur Geraden mit der Gleichung $y = x$ sind.

18 Der Graph einer ganzrationalen Funktion 4. Grades ist symmetrisch zur Geraden $x = 6$ und hat im Punkt $H(2|4)$ einen Hochpunkt. Was können Sie über die Existenz und die Lage weiterer Extrempunkte des Graphen aussagen? Skizzieren Sie einen möglichen Funktionsgraphen.

19 Der Graph einer ganzrationalen Funktion 5. Grades, der punktsymmetrisch zum Ursprung ist, hat die Hochpunkte $H_1(-2|-8)$ und $H_2(1|19)$. Gibt es weitere Extrempunkte? Bestimmen Sie gegebenenfalls ihre Art und gib ihre Koordinaten an. Skizzieren Sie einen möglichen Funktionsgraphen.

3.1.3 Das NEWTON-Verfahren zur Bestimmung von Nullstellen

(1) Eine Idee von NEWTON

ISAAC NEWTON
(1643 – 1727)

Noch bis Mitte der 1970er-Jahre waren Rechenschieber und Tafelwerk selbstverständliche Hilfsmittel im Mathematikunterricht bis zum Abitur. Heute benutzt man statt eines Rechenschiebers (grafikfähige) Taschenrechner oder Computer-Algebra-Systeme, um z. B. die dritte Wurzel aus einer Zahl zu ziehen oder um die Nullstellen einer Funktion zu bestimmen. Solche modernen Rechner benutzen dabei intern unterschiedliche mathematische Näherungsverfahren, von denen einige schon seit mehr als zweihundert Jahren bekannt sind. Die folgende Idee eines Näherungsverfahrens kann auf ISAAC NEWTON zurückgeführt werden.

Gegeben ist eine Funktion f und gesucht ist eine Nullstelle des Graphen von f.

Beispielsweise mithilfe einer Wertetabelle finden wir einen Näherungswert x_1 für die gesuchte Nullstelle. Die Tangente t_1 an den Graphen von f an der Stelle x_1 schneidet die x-Achse an einer Stelle x_2. Die Stelle x_2 ist also Nullstelle der Tangente t_1 durch $(x_1 | f(x_1))$.

Oft liegt die Stelle x_2 näher an der gesuchten Nullstelle als x_1, ist also ein besserer Näherungswert für die gesuchte Nullstelle von f.

Dabei gilt: Gleichung der Tangente t_1 durch

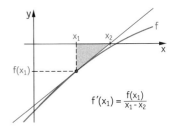

$(x_1 | f(x_1))$: $t(x) = f'(x_1) \cdot (x - x_1) + f(x_1)$

Bestimmung der Nullstelle x_2 der Tangente t_1:

$f'(x_1) \cdot (x_2 - x_1) + f(x_1) = 0$

Hieraus ergibt sich $x_2 = x_1 - \dfrac{f(x_1)}{f'(x_1)}$ oder allgemein $x_{n-1} = x_n - \dfrac{f(x_n)}{f'(x_n)}$

Hinweis: Den Zusammenhang zwischen x_1, x_2, $f(x_1)$ und $f'(x_1)$ kann man auch ohne Kenntnis der Tangentengleichung an der Grafik rechts ablesen: $f'(x_1) = \dfrac{0 - f(x_1)}{x_2 - x_1} = -\dfrac{f(x_1)}{x_2 - x_1}$

---

(2) Wiederholte Anwendung des Verfahrens

Von der Funktion f mit $f(x) = 0,1x^3 - 1,8x^2 + 7x - 6$ wurde durch Probieren $x_1 = 1$ als erste Näherung für eine Nullstelle von f gefunden.

Nutzt man die o.a. Idee, so ergibt sich aus der Steigung der Tangente $f'(x_1) = \dfrac{f(x_1)}{x_1 - x_2}$ durch Umformen

$$x_2 = x_1 - \frac{f(x_1)}{f'(x_1)} \text{ also } x_2 = 1 - \frac{-0,7}{3,7} \approx 1,1892.$$

Man kann nun das Verfahren mit x_2 wiederholen und erhält

$$x_3 = x_2 - \frac{f(x_2)}{f'(x_2)}, \text{ also } x_3 \approx 1,1892 - \frac{-0,053}{3,1431} \approx 1,2061.$$

Wiederholt man das Verfahren erneut, so ergibt sich

$$x_4 = x_3 - \frac{f(x_3)}{f'(x_3)}, \text{ also } x_4 \approx 1,2061 - \frac{-0,003}{3,0944} \approx 1,2062.$$

---

(3) Das NEWTON-Verfahren mit Tabellenkalkulation realisieren

Die Abbildung rechts zeigt, wie schnell das Verfahren zu einer Näherungslösung führt:

Der Startwert $x_1 = 1$ wurde in Zelle B5 eingegeben, dann in Zelle C5 der Wert von $f(x_1)$ berechnet, in Zelle D5 der von $f'(x_1)$.

Dann wurde in Zelle B6 der Wert von x_2 nach der Rekursionsvorschrift $x_2 = x_1 - \dfrac{f(x_1)}{f'(x_1)}$ berechnet und die zugehörigen Werte $f(x_2)$ und $f'(x_2)$ durch **drag & drop** aus den Zellen C5 bzw. D5. Das Verfahren konnte bei $x_4 = 1,206187$ abgebrochen werden, da für $f(x_4)$ der 6-stellige Wert 0,000000 angezeigt wurde.

	A	B	C	D
1	f(x) = 0,1x³ - 1,8x² + 7x - 6			
2	f'(x) = 0,3x² - 3,6x + 7			
3				
4	n	x	f(x)	f'(x)
5	1	1	-0,7	3,7
6	2	1,189189	-0,053012	3,143170
7	3	1,206055	-0,000410	3,094573
8	4	1,206187	0,000000	3,094192

(4) Nicht immer liefert das NEWTON-Verfahren einen besseren Näherungswert

Führt man das NEWTON-Verfahren für die Funktion f mit $f(x) = x^3 - 2x + 2$ mit dem Startwert 1 oder mit dem Startwert 0 durch, so erhält man keine besseren Näherungswerte. Auch Startwerte, die nahe bei 1 oder 0 liegen, führen zu keiner besseren Näherung.

Die Abbbildung macht deutlich, woran das liegt.

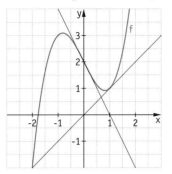

	A	B	C	D
1	f(x) = x³ - 2x + 2			
2	f'(x) = 3x² - 2			
3				
4	n	x	f(x)	f'(x)
5	1	1	1	1
6	2	0	2	-2
7	3	1	1	1
8	4	0	2	-2
9	5	1	1	1

n	x	f(x)	f'(x)
1	0,98	0,981192	0,8812
2	-0,133473	2,264567	-1,946555
3	1,029899	1,032608	1,182077
4	0,156345	1,691131	-1,926668
5	1,034094	1,037621	1,208052
6	0,175174	1,655028	-1,907943
7	1,042615	1,048140	1,261137

n	x	f(x)	f'(x)
1	-0,3	2,573	-1,73
2	1,187283	1,299077	2,228924
3	0,604456	1,011936	-0,903898
4	1,723981	3,675901	6,916333
5	1,192500	1,310802	2,266168
6	0,614078	1,003408	-0,868725
7	1,769113	3,998672	7,389278

(5) Lösen von Gleichungen mithilfe des NEWTON-Verfahrens

Auch Gleichungen können mithilfe des NEWTON-Verfahrens gelöst werden. Um beispielsweise die Schnittstellen der Graphen der Funktionen f und g mit $f(x) = x^3 - 5x^2 + 4x + 3$ und $g(x) = -x^3 + 4x^2 + x - 5$ zu bestimmen, muss man die Gleichung $x^3 - 5x^2 + 4x + 3 = -x^3 + 4x^2 + x - 5$ lösen.

Dies ist gleichbedeutend damit, dass man die Nullstellen der Differenzfunktion d sucht mit
$d(x) = f(x) - g(x) = 2x^3 - 9x^2 + 3x + 8$.

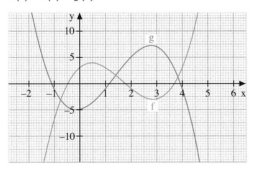
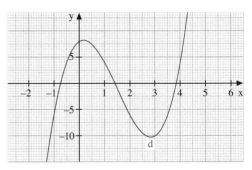

Aus der Grafik entnimmt man die Startwerte für das NEWTON-Verfahren: $x_1 = -0,7$ bzw. $x_1 = 1,4$ bzw. $x_1 = 3,8$ und erhält nach wenigen Schritten die genaueren Werte: $x = -0,742096$ bzw. $x = 1,404597$ bzw. $x = 3,837499$.

n	x	f(x)	f'(x)
1	-0,7	0,804	18,54
2	-0,743366	-0,024987	19,696138
3	-0,742097	-0,000022	19,661996
4	-0,742096	0,000000	19,661966

n	x	f(x)	f'(x)
1	1,4	0,048	-10,44
2	1,404598	-0,000012	-10,445390
3	1,404597	0,000000	-10,445389
4	1,404597	0,000000	-10,445389

n	x	f(x)	f'(x)
1	3,8	-0,816	21,24
2	3,838418	0,020481	22,309195
3	3,837500	0,000012	22,283438
4	3,837499	0,000000	22,283423

3.2 Linkskurve, Rechtskurve –
Wendepunkte – 2. Ableitung

Einführung

Anschauliche Erklärung des Begriffs Wendepunkt

Bei Motorradfahrern lässt sich beobachten, wie sie sich beim Übergang von einer Linkskurve in eine Rechtskurve „einen Moment" aus ihrer Schräglage aufrichten und sich dann zur anderen Seite neigen. Ein solcher Punkt, in dem eine Linkskurve in eine Rechtskurve bzw. eine Rechtskurve in eine Linkskurve übergeht, heißt *Wendepunkt*.

Krümmungsverhalten

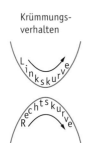

Der Graph rechts zeigt den idealisierten Verlauf eines Straßenstückes von oben gesehen, also aus der Vogelperspektive. Ein Motorradfahrer befährt dieses Straßenstück von links nach rechts. Anfangs befindet er sich in einer Linkskurve. Später, z. B. bei $x = 0$, ist die Straße rechts gekrümmt. Etwa an der Stelle $x = -0{,}5$ wechselt der Fahrer von der Linkskurve in eine Rechtskurve. Er muss also seine Lenkerstellung wechseln und sich dabei aufrichten, um von einer Schräglage nach links in eine

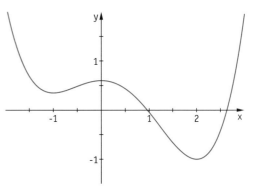

Schräglage nach rechts zu wechseln. Im weiteren Verlauf der Straße, z. B. bei $x = 2$, durchfährt der Fahrer wieder eine Linkskurve. Vorher, etwa bei $x = 1{,}2$, muss er jedoch erneut seine Lenkerstellung und seine Schräglage wechseln.

Aufgabe

1 Gegeben ist der Graph einer Funktion f.
Übertragen Sie den Graphen in Ihr Heft und skizzieren Sie darunter den Graphen der Ableitungsfunktion.
Welcher Zusammenhang zwischen dem Krümmungsverhalten der Kurve und dem Verlauf des Graphen der Ableitung lässt sich erkennen?
Formulieren Sie eine Vermutung.

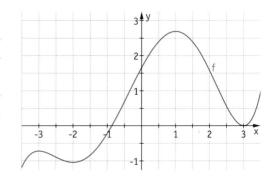

Lösung

Um den Graphen von f' skizzieren zu können, zeichnet man in ausgewählten Punkten Tangenten an den Graphen von f. Dabei gilt:

- An den Extremstellen von f haben die Tangenten die Steigung null; f' hat also an den Stellen $x_1 = -3$, $x_2 = -2$, $x_3 = 1$ und $x_4 = 3$ jeweils eine Nullstelle.
- In den Intervallen $]-3{,}5; -3]$, $[-2; 1]$ und $[3; 3{,}5[$ steigt der Graph von f. Die Steigung der Tangente ist dort also immer positiv; der Graph von f' verläuft in diesen Intervallen also oberhalb der x-Achse.

- In den Intervallen $[-3; -2]$ und $[1; 3]$ fällt der Graph von f. Die Steigung der Tangente ist dort also immer negativ; der Graph von f' verläuft in diesen Intervallen also unterhalb der x-Achse.

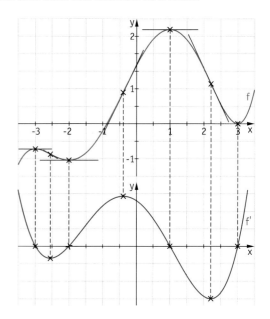

f' hat drei Extremstellen: $x_5 \approx -2,5$, $x_6 \approx -0,4$ und $x_7 \approx 2,2$. Zwischen diesen Stellen ist f' monoton.

In den Intervallen $[-2,5; -0,4]$ sowie $[2,2; 3,5[$ ist f' streng monoton wachsend; das bedeutet: die Steigung von f nimmt zu. Der Graph von f steigt immer mehr, ist also links gekrümmt.

In den Intervallen $]-3,5; -2,5]$ und $[-0,4; 2,2]$ dagegen ist f' streng monoton fallend, die Steigung von f nimmt also ab. Der Graph von f ist dort rechts gekrümmt.

Vermutung:

An den Stellen, an denen die Steigung des Graphen von f am größten oder am kleinsten ist, also an den Extremstellen von f', ändert der Graph von f die Art seiner Krümmung.

Information   **(1) Linkskurve und Rechtskurve**

Anschaulich haben wir gesehen, dass ein Wendepunkt eines Funktionsgraphen eine Linkskurve und eine Rechtskurve voneinander trennt. Um den Begriff Wendepunkt zu definieren, müssen wir zunächst präzisieren, was wir unter einer Links- bzw. Rechtskurve verstehen wollen.

Dazu durchlaufen wir die unten abgebildeten Graphen von links nach rechts und betrachten die zugehörige Ableitung.

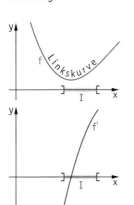

Der Graph von f beschreibt über dem Intervall I eine Linkskurve

Der Graph von f' wächst über dem Intervall I streng monoton

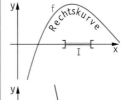

Der Graph von f beschreibt über dem Intervall I eine Rechtskurve

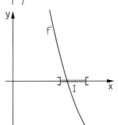

Der Graph von f' fällt über dem Intervall I streng monoton

Verhalten in einer Linkskurve:

In diesem Beispiel sind die Steigungen von f anfangs negativ, aber sie nehmen zu, bis sie den Wert null erreichen. Danach sind die Steigungen von f positiv und nehmen weiter zu.

Innerhalb einer Linkskurve von f nehmen die Werte von f' also zu.

Verhalten in einer Rechtskurve:

In diesem Beispiel sind die Steigungen von f anfangs positiv, aber sie nehmen ab, bis sie den Wert null erreichen. Danach sind die Steigungen von f negativ und nehmen weiter ab.

Innerhalb einer Rechtskurve von f nehmen die Werte von f' also ab.

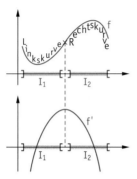 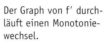 Der Graph von f wechselt von einer Linkskurve in eine Rechtskurve.

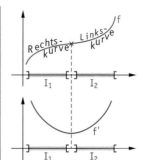 Der Graph von f wechselt von einer Rechtskurve in eine Linkskurve.

Der Graph von f′ durchläuft einen Monotoniewechsel.

Der Graph von f′ durchläuft einen Monotoniewechsel.

Die anschaulichen Überlegungen führen zu einer Definition der Links- bzw. Rechtskurve mithilfe der 1. Ableitung.

Definition

Die Funktion f soll in einem Intervall I an jeder Stelle eine Ableitung besitzen.

(1) Der Graph von f bildet im Intervall I eine **Linkskurve**, falls die Ableitungsfunktion f′ in Intervall I monoton steigt.

Man sagt auch: Der Graph von f ist **linksgekrümmt**.

(2) Der Graph von f bildet im Intervall I eine **Rechtskurve**, falls die Ableitungsfunktion f′ in Intervall I monoton fällt.

Man sagt auch: Der Graph von f ist **rechtsgekrümmt**.

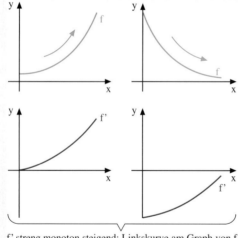

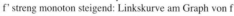

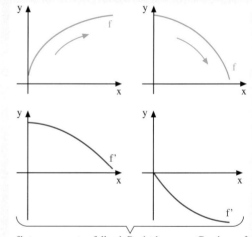

f′ streng monoton steigend: Linkskurve am Graph von f   f′ streng monoton fallend: Rechtskurve am Graph von f

---

(2) Wendepunkt

An einer Stelle, an der bei einem Funktionsgraphen ein Übergang von einer Linkskurve in eine Rechtskurve stattfindet, hat dieser eine maximale Steigung, da vor dieser Stelle die Ableitungswerte größer werden (monotones Steigen von f′) und nach dieser Stelle die Ableitungswerte kleiner werden (monotones Fallen von f′).

Entsprechend findet an einer Stelle mit minimaler Steigung ein Übergang von einer Rechtskurve in eine Linkskurve statt.

Die Stellen maximaler bzw. minimaler Steigung eines Graphen werden als Wendestellen bezeichnet.

Definition

Ein Punkt eines Funktionsgraphen, an dem ein Wechsel von einer Linkskurve in eine Rechtskurve oder umgekehrt von einer Rechts- in eine Linkskurve stattfindet, heißt **Wendepunkt** des Graphen der Funktion.

Die 1. Koordinate dieses Punktes nennt man auch **Wendestelle**.

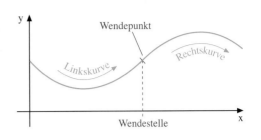

Aufgabe

2 Rechts ist der Graph der Funktion zu $f(x) = x^5 - x^4$ gezeichnet.

Untersuchen Sie den Graphen auf Wendepunkte. Führen Sie anschließend eine rechnerische Bestimmung durch.

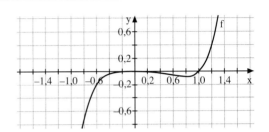

Lösung

Der Graph zeigt zunächst eine Rechtskurve und wechselt dann an einer Stelle in der Nähe von 0,5 in eine Linkskurve. An dieser Stelle liegt ein Wendepunkt vor.

Am Wendepunkt findet bei der Ableitungsfunktion f′ ein Wechsel vom monotonen Fallen zum monotonen Steigen statt; also liegt an dieser Stelle ein Tiefpunkt des Graphen f′ vor. Die genaue Lage dieses Tiefpunktes können wir bestimmen, indem wird die Ableitungsfunktion f′ noch einmal ableiten und die Nullstellen dieser *zweiten* Ableitung bestimmen.

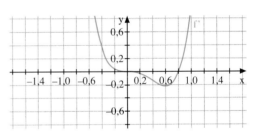

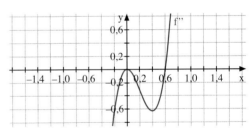

1. Ableitung: $\qquad f'(x) = 5x^4 - 4x^3$

Ableitung der Ableitung: $\qquad f''(x) = 20x^3 - 12x^2$

Nullstellen der 2. Ableitung: $\qquad 20x^3 - 12x^2 = 0$

$$4x^2(5x - 3) = 0$$

$$4x^2 = 0 \quad \text{oder} \quad 5x - 3 = 0$$

$$x = 0 \quad \text{oder} \quad x = \frac{3}{5} = 0,6$$

An der Stelle $x = 0$ liegt eine doppelte Nullstelle der 2. Ableitung vor.

An der Stelle 0 liegt aber kein Wendepunkt der Funktion vor, da an dieser Stelle die Ableitung f′ nicht ihr Monotonieverhalten ändert, also keinen Extrempunkt hat. Der einzige Wendepunkt des Funktionsgraphen liegt also an der Stelle 0,6.

Seine 2. Koordinate ist $f(0,6) = -0,05184$.

Folglich liegt der Wendepunkt bei $W(0,6 \mid -0,05184)$.

Information

(1) Zweite Ableitung einer Funktion

In Aufgabe 2 haben wir gesehen, dass man bei der Berechnung von Wendepunkten die Ableitung der Ableitung einer Funktion benötigt.

Definition

Hat auch die Ableitung f' einer Funktion f noch eine Ableitung, so bezeichnet man diese als **zweite Ableitung** der Funktion und nennt sie f''.

Beispiele:

$$f(x) = 2x + 4 \qquad g(x) = \sin(x)$$
$$f'(x) = 2 \qquad g'(x) = \cos(x)$$
$$f''(x) = 0 \qquad g''(x) = -\sin(x)$$

(2) Charakterisieren von Links- und Rechtskurve mit zweiten Ableitung

Die Monotonie einer Funktion f kann man mithilfe des Monotoniesatzes mit der Ableitung f' der Funktion untersuchen. Links- und Rechtskurve eines Funktionsgraphen erkennt man an der Monotonie der 1. Ableitung der Funktion. Diese kann man folglich mithilfe der 2. Ableitung untersuchen.

Daraus folgt:

Satz

Die Funktion f soll in einem Intervall I eine zweite Ableitung besitzen.

(1) Gilt für alle x aus dem Intervall f''(x) > 0, so hat der Graph von f in diesem Intervall eine Linkskurve.

(2) Gilt für alle x aus dem Intervall f''(x) < 0, so hat der Graph von f in diesem Intervall eine Rechtskurve.

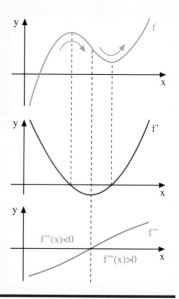

(3) Bestimmen von Wendepunkten

Da Wendestellen einer Funktion f die Extremstellen der Ableitung f' dieser Funktion sind, hat an den Wendestellen die 2. Ableitung f'' der Funktion Nullstellen.

Satz

Hat eine Funktion f an der Stelle x_w eine Wendestelle, so gilt für die zweite Ableitung:

$$f''(x_w) = 0.$$

Beachten Sie: Da nicht jede Nullstelle der 2. Ableitung zu einer Extremstelle der 1. Ableitung gehört, gibt es Nullstellen der 2. Ableitung, die keine Wendestellen der Funktion sind. Ein Beispiel dafür ist die Stelle 0 der Funktion f in Aufgabe 2.

Weiterführende Aufgabe

3 Sattelpunkt

Untersuchen Sie die Funktion zu $f(x) = x^3$ grafisch und rechnerisch auf Wendepunkte.

Beschreiben Sie, welcher besondere Fall vorliegt.

Information

Sattelpunkte als spezielle Wendepunkte

Bereits auf Seite 200 haben wir Sattelpunkte kennen gelernt als Punkte mit waagerechter Tangente, die weder Hoch- noch Tiefpunkte sind.

Jetzt können wir dies präzisieren:

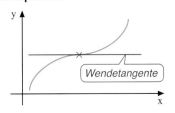
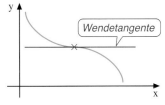

Definition

Ein **Sattelpunkt** ist ein Wendepunkt mit einer zur x-Achse parallelen Tangente.

Wenn wir also überprüfen wollen, ob an einer Stelle eine Sattelstelle vorliegt, untersuchen wir zunächst, ob dort eine Wendestelle vorliegt und bestimmen dann die Steigung an dieser Stelle.

Übungsaufgaben

4 Das Luftbild zeigt einen Ausschnitt der Rennstrecke von Silverstone. Dieser Ausschnitt ist mit einen Funktionsgraphen beschrieben.

Übertragen Sie den Funktionsgraphen in das Heft.

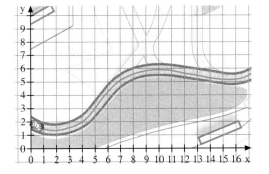

a) Stellen Sie sich vor, das Auto fährt den Graphen entlang. An welchen Stellen ist das Lenkrad nach links, an welchen Stellen nach rechts eingeschlagen?

b) Skizzieren Sie den Graphen der Ableitungsfunktion anhand besonderer Punkte.

c) Vergleichen Sie den Lenkradeinschlag mit dem Graphen der Ableitungsfunktion. Formulieren Sie eine Vermutung.

d) Prüfen Sie ihre Vermutung an einer anderen Funktion.

5 Ermitteln Sie die 2. Ableitung zur Funktion f.

a) $f(x) = x^3$
c) $f(x) = \sin(x)$
e) $f(x) = x$
g) $f(x) = x^2 - \cos(x)$

b) $f(x) = x^4 - 3x$
d) $f(x) = x^3 + \frac{1}{x}$
f) $f(x) = x^2$
h) $f(x) = 1$

6 Geben Sie verschiedene Funktionen an, die alle dieselbe zweite Ableitung besitzen:

a) $f''(x) = 6x^3$
c) $f''(x) = x^2 - x$
e) $f''(x) = x$
g) $f''(x) = 0$

b) $f''(x) = x^4$
d) $f''(x) = \sin(x)$
f) $f''(x) = 1$
h) $f''(x) = x^4 - x^3 + x^2 + x$

7 Bestimmen Sie Intervalle, in denen der Graph von f eine Linkskurve bzw. eine Rechtskurve hat.

a) $f(x) = \frac{1}{3}x^3 - x$
b) $f(x) = \frac{1}{4}x^4 - \frac{1}{2}x^2$
c) $f(x) = (x - 2)^3$
d) $f(x) = \sin(x)$

8 Bestimmen Sie die Wendepunkte des Graphen der Funktion f und geben Sie an, in welchen Intervallen eine Rechts- beziehungsweise Linkskurve beschrieben wird.

a) $f(x) = \frac{1}{3}x^3 - x$

b) $f(x) = -3 \cdot x^2 - 2 \cdot x + 1$

c) $f(x) = \frac{1}{4}x^4 - \frac{1}{2}x^2$

d) $f(x) = x^4 - 2 \cdot x$

e) $f(x) = -3 \cdot x + 4$

f) $f(x) = (x-1)^3$

9 Kontrollieren Sie die folgende Hausaufgabe. Erläutern Sie ihre Anmerkungen.

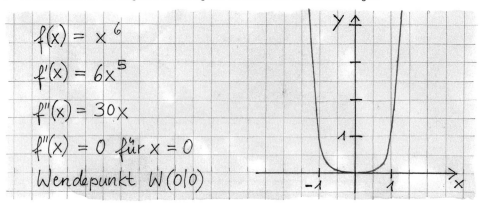

10 Untersuchen Sie die Funktion f zu $f(x) = x^4 - x$ auf Extrempunkte und Wendepunkte. Erläutern Sie insbesondere die Besonderheit an der Stelle 0.
Untersuchen Sie. Erläutern Sie.

11 In der nebenstehenden Abbildung ist der Graph der 1. Ableitung f′ einer Funktion dargestellt.

a) An welchen Stellen hat die Funktion f Extrempunkte bzw. Wendepunkte?

b) Der Graph der Ausgangsfunktion f verläuft durch den Koordinatenursprung.
Skizzieren Sie den Graphen von f.

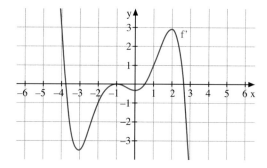

12 Von einer Funktion f ist die zweite Ableitung f″ bekannt. Was lässt sich über Wendepunkte und Extrempunkte von f aussagen?
Skizzieren Sie einen möglichen Verlauf des Funktionsgraphen.

a) $f''(x) = -x + 1$ **b)** $f''(x) = x^2 - 1$

13 Skizzieren Sie den Graphen einer Funktion, die genau folgende charakteristische Punkte besitzt:

a) einen Wendepunkt, keinen Extrempunkt

b) einen Wendepunkt, einen Hochpunkt und einen Tiefpunkt

c) einen Wendepunkt, einen Hochpunkt und keinen Tiefpunkt

d) drei [zwei] Wendepunkte, keinen Extrempunkt

e) zwei Tiefpunkte, einen Hochpunkt, zwei Wendepunkte

f) einen Tiefpunkt, keinen Hochpunkt, zwei Wendepunkte

g) einen Tiefpunkt, keinen Wendepunkt

3.3 Kriterien für Extrem- und Wendepunkte

3.3.1 Kriterien für Extremstellen

Aufgabe

1 Schlussfolgerungen aus dem Verhalten von f′ auf die Art der Punkte des Graphen von f

Gegeben ist die Funktion f mit $f(x) = \frac{1}{5}x^5 - x^4 + \frac{2}{3}x^3 + 2x^2 - 3x + 4$.

Zeichnen Sie die Graphen der Funktionen f und f′ in ein gemeinsames Koordinatensystem. Bestimmen Sie die Stellen, an denen der Graph von f eine waagerechte Tangente hat. Welches Verhalten zeigt der Graph von f′ in der Nähe dieser Stellen? Formulieren Sie ein allgemeines Ergebnis.

Lösung

(1) Um die Stellen zu bestimmen, an denen der Graph von f eine waagerechte Tangente (also die Steigung null) hat, suchen wir die Stellen von f′ mit $f′(x) = 0$.

Es gilt: $f′(x) = x^4 - 4x^3 + 2x^2 + 4x - 3$

Der Abb. rechts können wir entnehmen, dass f′ an den Stellen $x_1 = -1$, $x_2 = 1$ und $x_3 = 3$ eine Nullstelle besitzt. Der Graph von f hat also an diesen Stellen eine waagerechte Tangente.

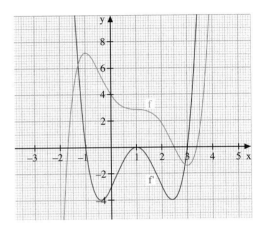

(2) Wir untersuchen das Verhalten von f′ auf folgenden vier Intervallen: links von x_1, zwischen den Nullstellen der Ableitung x_1 und x_2 bzw. zwischen den Stellen x_2 und x_3 sowie rechts von x_3. Da wir die Stellen bestimmt haben, in denen $f′(x) = 0$ ist, gilt auf den vier durch die Nullstellen von f′ entstandenen Intervallen entweder $f′(x) < 0$ oder $f′(x) > 0$. Welches Vorzeichen die Ableitungsfunktion auf einem Intervall hat, entnehmen wir dem Vorzeichen, das f′ an irgendeiner Stelle des Intervalls hat.

Am übersichtlichsten ist es, wenn wir dies in Form einer Tabelle zusammenstellen:

Intervall	Beispiel	$f′(x) = x^4 - 4x^3 + 2x^2 + 4x - 3$	Vorzeichen von f′
$x < -1$	$x = -2$	$(-2)^4 - 4 \cdot (-2)^3 + 2 \cdot (-2)^2 + 4 \cdot (-2) - 3 = 35$	+
$-1 < x < 1$	$x = 0$	$0^4 - 4 \cdot 0^3 + 2 \cdot 0^2 + 4 \cdot 0 - 3 = -3$	−
$1 < x < 3$	$x = 2$	$2^4 - 4 \cdot 2^3 + 2 \cdot 2^2 + 4 \cdot 2 - 3 = -3$	−
$x > 3$	$x = 4$	$4^4 - 4 \cdot 4^3 + 2 \cdot 4^2 + 4 \cdot 4 - 3 = 45$	+

Aus der Tabelle lesen wir ab:

- an der Stelle $x = -1$ hat f′ einen Vorzeichenwechsel von + nach −
- an der Stelle $x = 3$ hat f′ einen Vorzeichenwechsel von − nach +

An der Stelle $x = 1$ findet kein Vorzeichenwechsel von f′ statt.

(3) Am Graphen von f können wir erkennen, dass der Graph von f bei $x_1 = -1$ einen Hochpunkt, bei $x_3 = 3$ einen Tiefpunkt und bei $x_2 = 1$ vermutlich einen Sattelpunkt hat.

Der Vorzeichenwechsel von f′ an der Stelle x_1 bedeutet, dass f links von x_1 streng monoton wächst und rechts von x_1 streng monoton fällt, der Graph von f dort also einen Hochpunkt besitzt.

An der Stelle $x_2 = 1$ behält f′ sein negatives Vorzeichen bei, das Monotonieverhalten von f ändert sich dort also nicht. Daher liegt bei $x_2 = 1$ auch kein Extrempunkt, sondern ein Sattelpunkt.

An der Stelle $x_3 = 3$ hat f′ einen Vorzeichenwechsel von − nach +. Das bedeutet, dass f links von x_3 streng monoton fällt, rechts von x_3 streng monoton wächst; der Graph von f hat dort also einen Tiefpunkt.

(4) Wir fassen unsere Beobachtungen in einer Übersicht zusammen:

Stelle x_0 mit $f'(x_0) = 0$			
Vorzeichenwechsel von f' in einer Umgebung von x_0	+ nach −	− nach +	Vorzeichen wird beibehalten
Art des Punktes	Hochpunkt	Tiefpunkt	Sattelpunkt

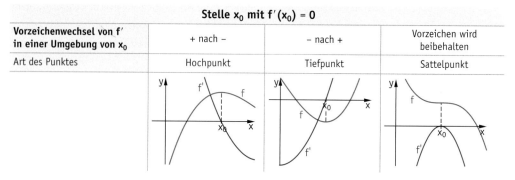

Damit erhalten wir den Satz:

Satz: Vorzeichenwechselkriterium

Für eine Funktion f mit der Ableitung f' und mit $f'(x_e) = 0$ gilt:

(1) Wenn das Vorzeichen von f' an der Stelle x_e

von + nach − wechselt,

dann hat der Graph von f an der Stelle x_e einen Hochpunkt.

(2) Wenn das Vorzeichen von f' an der Stelle x_e

von − nach + wechselt,

dann hat der Graph von f an der Stelle x_e einen Tiefpunkt.

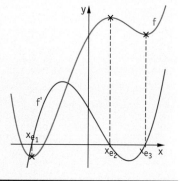

Information

Bei einer Aussage der Form: *Wenn A, dann B.* sagt man:
B ist eine notwendige Bedingung für A.
A ist eine hinreichende Bedingung für B.

(1) **Hinreichende und notwendige Bedingungen für Extremstellen**

Wir haben gesehen, dass Stellen x mit $f'(x) \neq 0$ keine Extremstellen sein können. Also kann f nur an den Stellen x_e mit $f'(x_e) = 0$ ein Extremum annehmen. Stellen x_e mit $f'(x_e) = 0$ können Extremstellen sein, müssen es aber nicht.

Man sagt deshalb, dass $f'(x_e) = 0$ eine *notwendige Bedingung* für die Existenz von Extremstellen ist. Jedoch muss nicht an jeder Stelle mit $f'(x_e) = 0$ ein Extremum vorliegen.

Die Bedingung $f'(x_e) = 0$ *und f hat einen Vorzeichenwechsel an der Stelle x_e* nennt man dagegen eine *hinreichende Bedingung* für die Existenz von Extremstellen.

Es reicht nämlich aus, diese Eigenschaft zu zeigen, um *tatsächlich* die Existenz einer Extremstelle nachzuweisen. Ist die hinreichende Bedingung nicht erfüllt, kann man keine Aussage darüber machen, ob eine Extremstelle vorliegt oder nicht (siehe Aufgabe 3 auf Seite 209).

(2) **Beweis des Vorzeichenwechselkriteriums**

Wesentlich für den Beweis des Vorzeichenwechselkriteriums ist der Monotoniesatz (vgl. Seite 199): Man betrachtet eine Umgebung um die Nullstelle x_e der Ableitungsfunktion f'. Aus dem Vorzeichen von f' links und rechts von der Nullstelle x_e von f' schließt man auf das Monotonieverhalten des Graphen der Funktion f vor und hinter dieser Nullstelle. Ändert sich das Monotonieverhalten, dann liegt an der Stelle x_e ein Maximum bzw. ein Minimum vor – sonst nicht.

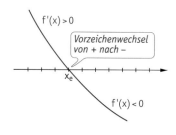

(3) Anwenden des Vorzeichenwechselkriteriums

Bei der Untersuchung, ob an der Stelle x_e ein Vorzeichenwechsel vorliegt, genügt es nicht, die Vorzeichen von f′ an einigen Stellen zu bestimmen. Der Satz besagt vielmehr, dass man jeweils ein ganzes Intervall finden muss, in dem f′ nur positive bzw. nur negative Werte annimmt.

Beispiel

Wie man vorgehen kann, soll am Beispiel der Funktion f mit $f(x) = \frac{2}{5}x^5 - \frac{1}{2}x^4 - \frac{4}{3}x^3 + 2$ gezeigt werden.

Es gilt: $f'(x) = 2x^4 - 2x^3 - 4x^2$.

Man bestimmt zunächst alle Nullstellen von f′ (vgl. Abbildung rechts). Durch Ausklammern lässt sich der Term von f′ umformen zu:

$f'(x) = 2x^2(x + 1)(x - 2)$.

Die Stellen $x_1 = -1$, $x_2 = 0$ und $x_3 = 2$ sind also Nullstellen von f′ und damit mögliche Extremstellen von f.

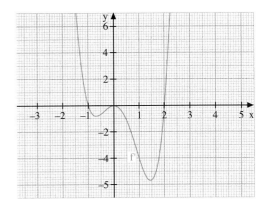

Da der Funktionsterm der Ableitungsfunktion f′ in Linearfaktorzerlegung vorliegt, vereinfacht sich die Anwendung des Vorzeichenwechselkriteriums. Wir notieren dabei die Linearfaktoren und deren Vorzeichen in der Reihenfolge der Nullstellen (von links nach rechts); ganz vorne steht das Vorzeichen des Vorfaktors 2:

Intervall	Beispiel	$f'(x) = 2 \cdot (x + 1) \cdot x^2 \cdot (x - 2)$	Vorzeichen von f′	Monotonie
$x < -1$	$x = -2$	$(+) \cdot (-) \quad \cdot (+) \cdot (-)$	+	streng monoton steigend
$-1 < x < 0$	$x = -0,5$	$(+) \cdot (+) \quad \cdot (+) \cdot (-)$	–	streng monoton fallend
$0 < x < 2$	$x = 1$	$(+) \cdot (+) \quad \cdot (+) \cdot (-)$	–	streng monoton fallend
$x > 2$	$x = 3$	$(+) \cdot (+) \quad \cdot (+) \cdot (+)$	+	streng monoton steigend

Aus der Tabelle entnehmen wir:

- $x_1 = -1$ ist also eine Nullstelle von f′ mit Vorzeichenwechsel von + nach –, also hat der Graph von f an der Stelle x_1 einen Hochpunkt.
- Da f′ vor und hinter $x_2 = 0$ ihr negatives Vorzeichen beibehält, liegt an der Stelle $x_2 = 0$ kein Extrempunkt, sondern ein Sattelpunkt.
- f′ wechselt das Vorzeichen an der Stelle $x_3 = 2$ also von – nach +. Damit ist gezeigt, dass der Graph von f an der Stelle $x_3 = 2$ einen Tiefpunkt hat.

Aufgabe

2 Schlüsse aus dem Verhalten von f″ und f′

Für eine Funktion f mit den Ableitungen f′ und f″ gilt:

$f'(x_0) = 0$ und $f''(x_0) < 0$.

a) Skizzieren Sie einen möglichen Verlauf des Graphen von f′ in einer Umgebung von x_0 mithilfe der Tangente an den Graphen von f′ an der Stelle x_0.

Welcher besondere Punkt auf dem Graphen von f liegt an der Stelle x_0 jeweils vor?

b) Formulieren Sie Ihre Beobachtung in der Form eines hinreichenden Kriteriums für Hoch- bzw. Tiefpunkte.

c) Bestimmen Sie mithilfe des in Teilaufgabe b) gefundenen Kriteriums die Extrempunkte des Graphen der Funktion f mit $f(x) = x + \frac{1}{x}$, $x \neq 0$.

Lösung

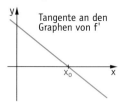

Tangente an den Graphen von f'

Achtung: Der Verlauf von f' ist in allen vier Fällen so nicht möglich, da die Gerade durch x_0 dann keine Tangente an f' wäre.

a) Da $f''(x_0) < 0$, ist die Steigung der Tangente an den Graphen von f' an der Stelle x_0 negativ, die Tangente fällt. Wegen $f'(x_0) = 0$ schneidet sie an der Stelle x_0 die x-Achse.

Falls f' an der Stelle x_0 *nicht* das Vorzeichen wechseln würde, könnte der Graph von f' dort wie folgt verlaufen:

(1) oberhalb der x-Achse oder zum Teil oder ganz auf der x-Achse

(2) unterhalb der x-Achse oder zum Teil oder ganz auf der x-Achse

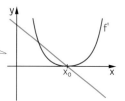 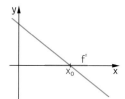 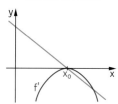 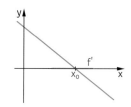

Dies kann aber nicht sein, denn in allen diesen Fällen wäre die Gerade keine Tangente an den Graphen von f'. Da sich die Tangente in der Umgebung von x_0 optimal dem Graphen von f' anschmiegt, muss der Graph von f' bei x_0 die x-Achse so schneiden, dass f' dort einen Vorzeichenwechsel von + nach − hat. Woraus folgt, dass der Graph von f an der Stelle x_0 einen Hochpunkt hat.

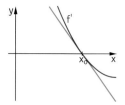 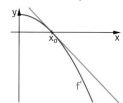 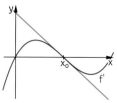

Entsprechend schließt man, wenn $f'(x_0) = 0$ und $f''(x_0) > 0$, auf einen Tiefpunkt des Graphen von f.

b) In der Teilaufgabe a) wurde deutlich, dass für eine Funktion f mit $f'(x_0) = 0$ und $f''(x_0) < 0$ bzw. $f''(x_0) > 0$ die Voraussetzungen des Vorzeichenwechselkriteriums erfüllt sind. Deshalb gilt:

> **Satz: Hinreichendes Kriterium für Extremstellen mithilfe der 2. Ableitung**
> Für eine Funktion f mit den Ableitungen f' und f'' gilt:
> (1) Wenn $f'(x_e) = 0$ und zugleich $f''(x_e) < 0$, dann gilt: der Graph von f hat an der Stelle x_e einen Hochpunkt.
> (2) Wenn $f'(x_e) = 0$ und zugleich $f''(x_e) > 0$, dann gilt: der Graph von f hat an der Stelle x_e einen Tiefpunkt.

c) **(1) Bestimmen möglicher Extremstellen**

Es ist $f'(x) = 1 - \frac{1}{x^2}$.

Die Gleichung $f'(x) = 0$, also $1 - \frac{1}{x^2} = 0$ hat die Lösungen $x_1 = -1$ und $x_2 = 1$.

(2) Prüfen, ob wirklich Extremstellen vorliegen

Es ist $f''(x) = \frac{2}{x^3}$.

$f''(x_1) = -2$, also $f''(x_1) < 0$: An der Stelle $x_1 = -1$ hat der Graph von f einen Hochpunkt.

$f''(x_2) = 2$, also $f''(x_2) > 0$: An der Stelle $x_2 = 1$ hat der Graph von f einen Tiefpunkt.

(3) Bestimmen der Koordinaten der Extrempunkte

$f(-1) = -2$, also $H(-1|-2)$; $f(1) = 2$, also $T(1|2)$.

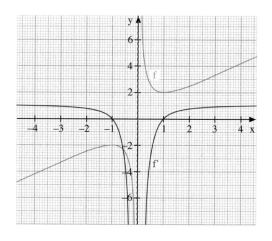

| Information | **Beweis des hinreichenden Kriteriums mithilfe der 2. Ableitung** |

Das hinreichende Kriterium lässt sich anschaulich wie folgt begründen:

Ein Tiefpunkt eines Graphen kann nur dann vorliegen, wenn der Graph in einer Umgebung um den Tiefpunkt linksgekrümmt ist. Wenn die 2. Ableitung an einer Stelle positiv ist, dann gilt dies – bei den Funktionstypen, die wir normalerweise in der Schule betrachten – auch in einer ganzen Umgebung um diese Stelle, d. h. es gibt ein Intervall, auf dem der Graph linksgekrümmt ist.

Analog überlegt man, dass Hochpunkte nur vorliegen können, wenn der Graph in einer Umgebung um den Hochpunkt rechtsgekrümmt ist.

Auf einen formalen Beweis des hinreichenden Kriteriums verzichten wir hier.

Weiterführende Aufgabe

3 Das hinreichende Kriterium mithilfe der zweiten Ableitung ist nicht notwendig für die Existenz von Extremstellen

a) Zeigen Sie am Beispiel der Funktion f mit $f(x) = x^4$, dass das hinreichende Kriterium mithilfe der zweiten Ableitung nicht notwendig für die Existenz einer Extremstelle ist.

b) Zeigen Sie, dass man bei der Funktion aus Teilaufgabe a) die Existenz der Extremstelle mithilfe des Vorzeichenwechselkriteriums nachweisen kann.

Übungsaufgaben

4 Skizzieren Sie die Graphen der Funktionen f mit $f(x) = \frac{1}{3}x^3 - x^2 - 3x + 3$ sowie von f' und f" in dasselbe Koordinatensystem. Welche Eigenschaften haben f' und f" an den Extremstellen des Graphen von f?

5 Bestimmen Sie die Hoch- und Tiefpunkte des Graphen der Funktion f. Berechnen Sie auch die Nullstellen von f und skizzieren Sie den Graphen der Funktion f. Überprüfen Sie Ihr Ergebnis mit dem GTR.

a) $f(x) = \frac{1}{3}x^3 - 4x$ **b)** $f(x) = x^3 - 6x^2 + 9x$ **c)** $f(x) = \frac{1}{20}x^5 - x^2$ **d)** $f(x) = \frac{1}{4}x^4 - 2x^2 + 2$

6 Von der Funktion f ist die Ableitungsfunktion f' gegeben. Überprüfen Sie, an welchen Stellen der Graph von f einen Extrempunkt hat. Bestimmen Sie auch die Art des Extremums.

a) $f'(x) = x^2 - 7x + 12$ **b)** $f'(x) = x^3 - 2x^2 - x + 1$ **c)** $f'(x) = x^4 - 6x^2 + 8x - 3$

7 Von einer Funktion ist der Graph der Ableitungsfunktion f' gegeben. Skizzieren Sie einen möglichen Graphen von f sowie den Graphen von f". Überprüfen Sie daran den Satz von Seite 216 (Hinreichendes Kriterium für Extremstellen mithilfe der 2. Ableitung).

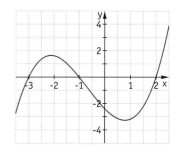

8 Von der Funktion f ist der Graph gegeben. Skizzieren Sie den Graphen von f' und f". Untersuchen Sie die folgenden Aussagen auf ihre Richtigkeit. Begründen Sie Ihre Antwort.

(1) $f'(x) > 0$ für alle $x \in [-2; 0]$.

(2) f' hat genau 3 Nullstellen.

(3) f' hat an der Stelle $x = -2$ einen Vorzeichenwechsel von + nach –.

(4) f" ist an der Stelle $x = 1$ positiv.

(5) f" hat in $[1; 2]$ eine Nullstelle.

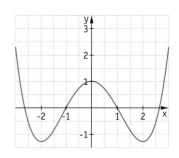

9   Skizzieren Sie einen möglichen Verlauf der Graphen von f und f', wenn die angegebenen Werte von f' bekannt sind und f'' durch die dargestellten Graphen gegeben ist.

a)   f'(1) = 0;   f'(4) = 0   **b)**   f'(−2) = 0;   f'(3) = 0   **c)**   f'(−2) = 0;   f'(3) = 0

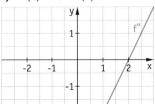 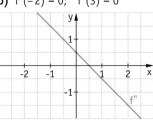 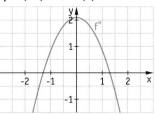

10   Gegeben sind die Graphen von f' und f''.

a)   Welcher Graph gehört zu f'? Begründen Sie Ihre Antwort.

b)   An welchen Stellen hat die Ausgangsfunktion f waagerechte Tangenten? Um welche besonderen Punkte handelt es sich dabei? Begründen Sie.

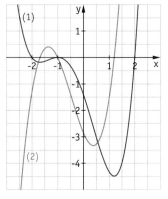

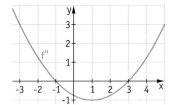

11   Links ist der Graph der zweiten Ableitung f'' einer Funktion f abgebildet.

Die Stellen   x = −3   und   x = 2   sind Nullstellen von f'.

Machen Sie Aussagen über Extremstellen von f.

12   Die Grafik stellt den Graphen der Ableitungsfunktion f' dar. Hat der Graph von f an der Stelle x_0 einen Extrempunkt? Begründen Sie.

a)   **b)**   **c)**

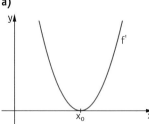 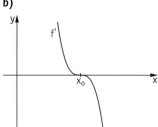 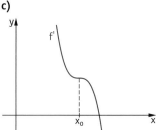

13

a)   Von der Ableitungsfunktion f' einer Funktion f ist bekannt: f'(0) = 0.

Außerdem gilt: f''(x) = (x + 1)(x − 2)   [f''(x) = (x − 2)^2;   f''(x) = x (x − 3)]

Welche Aussagen kann man über Extremstellen der Funktion f machen?

b)   Von einer Funktion f ist bekannt:

f(−2) = 3;   f'(−2) = 0;   f'(−1) = 0;   f'(0) = −1;   f'(2) = 0;   f'(3) = 4.

Skizzieren Sie den Graphen einer Funktion, die diese Angaben erfüllt und genau an den Stellen   x = −1   und   x = 2   lokale Extremstellen besitzt.

3.3.2 Kriterien für Wendestellen

Aufgabe

1 Auf Seite 206 wurde ein Teilstück einer Straße idealisiert durch einen Funktionsgraphen dargestellt. Der zugehörige Funktionsterm ist: $f(x) = \frac{1}{10}x^4 - \frac{2}{15}x^3 - \frac{2}{5}x^2 + \frac{2}{5}$ für $-2 \le x \le 3$

a) Bestimmen Sie die Wendepunkte dieses Teilstückes der Straße.

b) Formulieren Sie verschiedene Kriterien dafür, dass x_w eine Wendestelle der Funktion f ist.

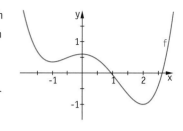

Lösung

a) An den Wendepunkten ändert der Graph der Funktion f sein Krümmungsverhalten.

Wir wissen:

Wenn der Graph von f über einem Intervall I linksgekrümmt ist, dann ist f' monoton wachsend über I, also $f''(x) \ge 0$ für alle $x \in I$.

Wenn der Graph von f über einem Intervall I rechtsgekrümmt ist, dann ist f' monoton fallend über I, also $f''(x) \le 0$ für alle $x \in I$.

Wir können schließen:

Wenn der Graph von f sein Krümmungsverhalten an der Stelle x_w ändert, dann gilt: $f''(x_w) = 0$.

Um die Wendepunkte von Graph f zu bestimmen, berechnen wir deshalb zunächst die Nullstellen von f''. Die Gleichung $f''(x) = 0$, also $\frac{1}{5}(6x^2 - 4x - 4) = 0$ hat die Lösungen

$x_1 = \frac{1}{3}(1 - \sqrt{7}) \approx -0,55$ und $x_2 = \frac{1}{3}(1 + \sqrt{7}) \approx 1,22$.

Da der Graph von f'' eine Parabel ist, ändert f'' an ihren beiden Nullstellen ihr Vorzeichen. f' ändert also an diesen Stellen ihr Monotonieverhalten. Damit ändert der Graph von f an diesen Stellen sein Krümmungsverhalten.

Die Wendepunkte des idealisierten Straßenstücks sind somit angenähert $W_1(-0,55 \mid 0,31)$ und $W_2(1,22211 \mid -0,21)$.

b) Da Wendestellen einer Funktion f die Extremstellen der Ableitung f' dieser Funktion sind, hat an den Wendestellen die 2. Ableitung f'' der Funktion Nullstellen.

> **Satz: Notwendiges Kriterium für Wendestellen**
>
> Für eine Funktion f, die an der Stelle x_w differenzierbar ist, gilt:
>
> Hat eine Funktion f an der Stelle x_w eine Wendestelle, so gilt für die zweite Ableitung: $f''(x_w) = 0$.

Da aber nicht jede Nullstelle der 2. Ableitung auch gleichzeitig Extremstelle der 1. Ableitung ist, gibt es Nullstellen der 2. Ableitung, die keine Wendestellen des Graphen der Funktion sind. Ein Beispiel hierfür ist der Graph der Potenzfunktion 4. Grades mit $f(x) = x^4$ an der Stelle $x = 0$.

Aus dem Vorzeichenwechsel-Kriterium für Extremstellen ergibt sich das entsprechende Kriterium für Wendestellen.

> **Satz: Hinreichendes Kriterium für Wendestellen**
>
> Für eine Funktion f mit den Ableitungen f' und f'' in einem Intervall gilt:
>
> Hat die 2. Ableitung f'' an der Stelle x_w eine Nullstelle mit Vorzeichenwechsel, so hat der Graph von f an der Stelle x_w einen Wendepunkt.

Weiterführende
Aufgabe

2 Wendestellen mithilfe der 3. Ableitung nachweisen

Die Ableitung der 2. Ableitungsfunktion wird als 3. Ableitung bezeichnet und als f''' notiert.

Begründen Sie das folgende Kriterium.

Wenn $f''(x_w) = 0$ und zugleich $f'''(x_w) \neq 0$ gilt, dann ist x_w Wendestelle von f.

Übungsaufgaben **3** Skizzieren Sie die Graphen der Funktionen f, f' und f'' für $f(x) = \frac{1}{8}x \cdot (x - 6)^2$.

Bestimmen Sie die Wendestelle x_w von f. Welche Eigenschaften hat f'' an dieser Stelle?

4 Bestimmen Sie die Wendepunkte des Graphen der Funktion f. Geben Sie an, ob ein Minimum oder Maximum der Steigung von f vorliegt.

a) $f(x) = x^2 + 3x - 4$ **b)** $f(x) = x^4 - 3x^3 - 2x^2$ **c)** $f(x) = x^3 - 2x^2 - 4x + 8$ **d)** $f(x) = x^6 + x^4 + 2x + 1$

5 Untersuchen Sie den Graphen der Funktion f mit $f(x) = x^4 - 4x$ auf Extrempunkte und Wendepunkte. Begründen Sie, warum der Graph von f an der Stelle $x = 0$ trotz $f''(0) = 0$ keinen Wendepunkt hat.

6 Bestimmen Sie die Wendepunkte des Graphen der Funktion f. Geben Sie an, ob ein Minimum oder ein Maximum der Steigung vorliegt. Prüfen Sie auch, ob Sattelpunkte vorliegen.

a) $f(x) = x^2 - 3x - 4$ **b)** $f(x) = x^3 - 3x^2 - 2x$ **c)** $f(x) = x^4 + 3x$ **d)** $f(x) = x^4 + 2x^3 + 4x^2 + 8x - 7$

7 Skizzieren Sie den möglichen Verlauf einer Funktion f für die gilt:

a) f'' hat an der Stelle $x_0 = 1$ eine Nullstelle mit Vorzeichenwechsel von + nach –.

b) f'' hat an der Stelle $x_0 = -2$ eine Nullstelle ohne Vorzeichenwechsel.

8 Entscheiden Sie, ob die Aussagen richtig oder falsch sind. Begründen Sie Ihre Entscheidung.

(1) Bei einer ganzrationalen Funktion liegt zwischen zwei Extremstellen mindestens eine Wendestelle.

(2) Jede Extremstelle von f' ist Wendestelle von f.

(3) Gilt $f''(x_0) = 0$ und $f'''(x_0) = 0$, so ist x_0 keine Wendestelle.

(4) Zwischen zwei Wendestellen einer ganzrationalen Funktion liegt eine Extremstelle.

(5) Bei x_0 hat der Graph von f einen Sattelpunkt, wenn gilt: $f''(x_0) = 0$ und $f'''(x_0) = 0$.

9 Skizzieren Sie den Graphen einer Funktion, der genau die folgenden charakteristischen Punkte besitzt:

a) einen Wendepunkt und keinen Extrempunkt

b) zwei [drei] Wendepunkte und keinen Extrempunkt

c) einen Wendepunkt und einen Tiefpunkt

d) zwei Wendepunkte und einen Hochpunkt

e) drei Wendepunkte, einen Hochpunkt und einen Tiefpunkt

10

a) Zeigen Sie, dass der Graph einer ganzrationalen Funktion vom Grad drei genau einen Wendepunkt hat.

b) Kann eine ganzrationale Funktion vom Grad vier genau eine Wendestelle haben?

Vermischte Übungen

11

a) Der Graph einer ganzrationalen Funktion f hat den Punkt P(−3|−0,5) als Tiefpunkt und den Punkt Q(4|2) als Hochpunkt. Außerdem ist R(0|0) Sattelpunkt.
Skizzieren Sie einen möglichen Funktionsgraphen.

b) Skizzieren Sie den Graphen einer ganzrationalen Funktion f, der R(0|0) als Sattelpunkt, P(−3|−0,5) als Hochpunkt und Q(4|2) als Tiefpunkt hat. Welchen Grad muss f mindestens haben?

12 Skizzieren Sie den Graphen einer Funktion f, zu der der abgebildete Graph der 1. Ableitung f′ passt.

a) 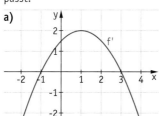 **b)** 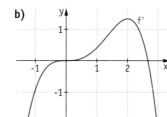 **c)**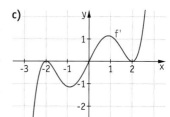

13 Die Abbildungen zeigen die Graphen von Ableitungsfunktionen f′ in einem Intervall [a,b]. Machen Sie möglichst viele Aussagen über die zugehörige Ausgangsfunktion f. Begründen Sie Ihre Aussagen.

(1) 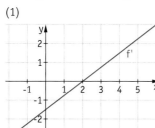 **(2)** 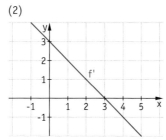 **(3)**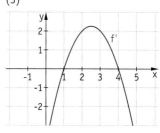

(4) 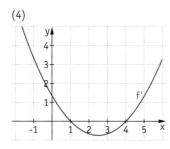 **(5)** 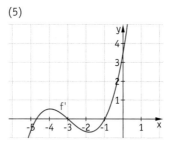 **(6)**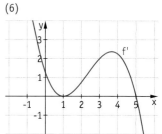

14 Gegeben ist der Graph der Ableitung f′ der Funktion f.
Entscheiden Sie, ob die folgenden Aussagen richtig, falsch oder nicht entscheidbar sind.

(1) f hat im Intervall [−2,5; 5,5] genau drei Extremstellen.

(2) f besitzt mindestens drei Wendestellen.

(3) An der Stelle $x = 0$ ist der Graph von f steiler als die Winkelhalbierende im 1. Quadranten.

(4) f nimmt für −2 < x < 5 negative Werte an.

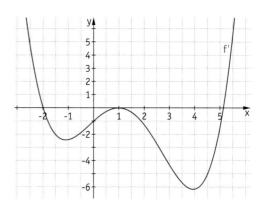

15 Bestimmen Sie die Wendepunkte des Graphen von f. Prüfen Sie auch, ob Sattelpunkte vorliegen. Überprüfen Sie das Ergebnis mithilfe eines Funktionsplotters.

a) $f(x) = x^3 - 4x^2 + 5x - 7$

b) $f(x) = x^4 - 4x^3 + 8$

c) $f(x) = x^4 + 2x^3 - 12x^2 + 24x + 24$

d) $f(x) = x^3 - 6x^2$

e) $f(x) = 3x^5 - 10x^4 + 60x - 12$

f) $f(x) = x^2 - \frac{1}{x}$

16 Gegeben ist die Funktion f mit $f(x) = x^5 - 10^4 + 40x^3 - 80x^2$.

Zeigen Sie, dass gilt: $f''(2) = 0$ und $f'''(2) = 0$.

Kann man hieraus folgern, dass f an der Stelle 2 keinen Wendepunkt besitzt? Nehmen Sie Stellung.

17 In der Grafik ist der Graph von f' dargestellt.

a) Geben Sie an, an welchen Stellen die Funktion f Extrem- bzw. Wendestellen hat.

b) Der Graph von f verläuft durch den Ursprung. Skizzieren Sie den Graphen von f.

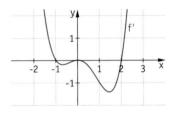

18 Entscheiden Sie, ob die folgenden Aussagen richtig oder falsch sind.

Begründen Sie Ihre Entscheidung.

(1) Bei ganzrationalen Funktionen liegt zwischen zwei Extremstellen immer mindestens eine Wendestelle.

(2) Jede Extremstelle von f' ist Wendestelle von f.

(3) Jede Wendestelle von f ist Extremstelle von f'.

(4) Gilt $f''(x_0) = 0$ und $f'''(x_0) = 0$, so ist x_0 keine Wendestelle von f.

(5) Zwischen zwei Wendestellen einer ganzrationalen Funktion liegt wenigstens eine Extremstelle.

(6) Bei x_0 hat der Graph von f einen Sattelpunkt, falls $f'(x_0) = 0$ und $f''(x_0) = 0$.

(7) Jede ganzrationale Funktion dritten Grades hat eine Wendestelle.

(8) Eine ganzrationale Funktion mit 5 Nullstellen hat höchstens 4 Extremstellen.

19 Die Abbildungen (1), (2), (3) und (4) zeigen die Graphen von vier Funktionen, die Abbildungen (A), (B), (C) und (D) zeigen die zugehörigen Graphen der 2. Ableitung. Ordnen Sie die Graphen einander zu. Begründen Sie Ihre Zuordnung.

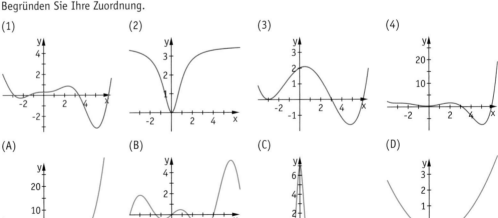

3.3.3 Anwenden der Kriterien zur Untersuchung von Funktionen

1 **Untersuchen der Eigenschaften eines Funktionsgraphen**

Bestimmen Sie charakteristische Eigenschaften des
Graphen der Funktion f mit $f(x) = x^4 - 7x^3 + 12x^2$:

(1) Globalverlauf

(2) Nullstellen

(3) Monotonie, Hoch- und Tiefpunkte

(4) Krümmung und Wendepunkte

(5) Wertebereich der Funktion

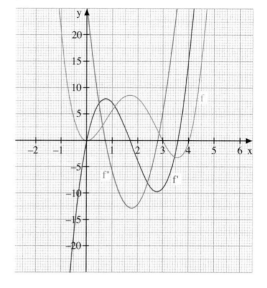

Lösung

Die Ableitungen von f sind:

$f'(x) = 4x^3 - 21x^2 + 24x$

$f''(x) = 12x^2 - 42x + 24$

Mithilfe eines Funktionsplotters wurden der Graph
von f sowie der beiden Ableitungsfunktionen gezeichnet, um die Untersuchung der Eigenschaften
zu erleichtern (vgl. Abbildung rechts).

(1) Globalverlauf

Da es sich um den Graphen einer ganzrationalen Funktion 4. Grades handelt und das Vorzeichen der höchsten im Funktionsterm auftretenden Potenz von x (also von x^4) positiv ist, gilt:

$$\lim_{x \to -\infty} f(x) = +\infty \quad \text{und} \quad \lim_{x \to +\infty} f(x) = +\infty$$

Der Graph von f muss also mindestens einen Tiefpunkt haben, durch den die Wertemenge der Funktion
nach unten bestimmt wird.

(2) Nullstellen

Am Graphen der Funktion f erkennt man, dass er drei Nullstellen hat: $x_1 = 0$ (doppelt), $x_2 = 3$, $x_3 = 4$

Dies kann man auch ohne Kenntnis des Graphen durch algebraische Umformung herleiten:

Aus den Summanden des Funktionsterms kann man zunächst x^2 ausklammern und dann den quadratischen
Klammerterm noch einmal in Linearfaktoren zerlegen:

$f(x) = x^2 \cdot (x^2 - 7x + 12) = x^2 \cdot (x - 3) \cdot (x - 4)$

Der Funktionsterm $x^2 \cdot (x - 3) \cdot (x - 4)$ ist gleich null, wenn mindestens einer der Faktoren gleich null ist.
Der Graph von f hat also drei Nullstellen: $x_1 = 0$ (doppelt), $x_2 = 3$, $x_3 = 4$.

(3) Monotonie, Hoch- und Tiefpunkte

Aus der Grafik entnehmen wir, dass der Graph zwei Tiefpunkte und einen Hochpunkt hat.

(a) Untersuchung der notwendigen Bedingung

Die zugehörigen Stellen finden wir mithilfe der notwendigen Bedingung $f'(x) = 0$. Dem Graphen von f'
entnehmen wir, dass tatsächlich drei Nullstellen der 1. Ableitung existieren.

Aus den Summanden des Funktionsterms von $f'(x)$ kann man den Faktor $4x$ ausklammern:

$f'(x) = 4x \cdot \left(x^2 - \frac{21}{4}x + 6\right)$

Die notwendige Bedingung $f'(x) = 0$ ist erfüllt für $x_{e1} = 0$ oder wenn $x^2 - \frac{21}{4}x + 6 = 0$

Diese quadratische Gleichung hat die Lösungen:

$x_{e2} = \frac{21 - \sqrt{57}}{8} \approx 1,68$ und $x_{e3} = \frac{21 + \sqrt{57}}{8} \approx 3,57$

Zum Nachweis, dass tatsächlich an den Stellen x_{e1}, x_{e2} und x_{e3} Hoch- bzw. Tiefpunkte vorliegen, muss überprüft werden, ob eine hinreichende Bedingung erfüllt ist:

(b) Untersuchung des Monotonieverhaltens (Alternative 1)

Intervall	Beispiel	$f'(x) = 4x^3 - 21x^2 + 24x$	Vorzeichen von f'	Monotonie
$x < 0$	$x = -1$	$4 \cdot (-1)^3 - 21 \cdot (-1)^2 + 24 \cdot (-1) = -49$	–	streng monoton fallend
$0 < x < 1{,}68$	$x = 1$	$4 \cdot 1^3 - 21 \cdot 1^2 + 24 \cdot 1 = 7$	+	streng monoton steigend
$1{,}68 < x < 3{,}57$	$x = 2$	$4 \cdot 2^3 - 21 \cdot 2^2 + 24 \cdot 2 = -4$	–	streng monoton fallend
$x > 3{,}57$	$x = 4$	$4 \cdot 4^3 - 21 \cdot 4^2 + 24 \cdot 4 = 16$	+	streng monoton steigend

Da an den Stellen x_{e1} und x_{e3} jeweils ein Vorzeichenwechsel von $f'(x)$ von – nach + (also eine Änderung des Monotonieverhaltens von *fallend* zu *steigend*) vorliegt, hat der Graph von f an den beiden Stellen einen Tiefpunkt.

Da an der Stelle x_{e2} ein Vorzeichenwechsel von $f'(x)$ von + nach – (also eine Änderung des Monotonieverhaltens von *steigend* zu *fallend*) vorliegt, hat der Graph von f an dieser Stelle einen Hochpunkt.

(c) Untersuchung des Krümmungsverhaltens an den Nullstellen der 1. Ableitung (Alternative 2)

Es gilt: $f''(x) = 12x^2 - 42x + 24$

Da $f''(0) = 24$, also größer als null, ist der Graph von f in einer Umgebung von $x_{e1} = 0$ rechtsgekrümmt; deshalb liegt bei $x_{e1} = 0$ ein Tiefpunkt.

Da $f''(1{,}68) \approx -12{,}69$, also kleiner als null, ist der Graph von in einer Umgebung von $x_{e2} \approx 1{,}68$ linksgekrümmt; deshalb liegt bei $x_{e2} \approx 1{,}68$ ein Hochpunkt.

Da $f''(3{,}57) \approx 27$, also größer als null, ist der Graph von f in einer Umgebung von $x_{e3} \approx 3{,}57$ rechtsgekrümmt; deshalb liegt bei $x_{e3} \approx 3{,}57$ ein Tiefpunkt.

(d) Bestimmung der Funktionswerte der Extrempunkte

Es gilt $f(0) = 0$, also ist $T_1(0\,|\,0)$ ein Tiefpunkt des Graphen.

Um die Funktionswerte der beiden anderen Extrempunkte zu bestimmen, benutzen wir die in (2) bestimmte Linearfaktorzerlegung:

$f(x) = x^2 \cdot (x - 3) \cdot (x - 4)$

$f(1{,}68) = 1{,}68^2 \cdot (-1{,}32) \cdot (-2{,}32) \approx 8{,}64$, also ist $H(1{,}68\,|\,8{,}64)$ ein Hochpunkt des Graphen.

$f(3{,}57) = 3{,}57^2 \cdot 0{,}57 \cdot (-0{,}43) \approx -3{,}12$, also ist $T_2(3{,}57\,|\,-3{,}12)$ ein Tiefpunkt des Graphen.

(4) Krümmung und Wendepunkte

Aus der Grafik entnehmen wir, dass der Graph zwei Wendepunkte hat.

(a) Untersuchung der notwendigen Bedingung

Die zugehörigen Stellen finden wir mithilfe der notwendigen Bedingung $f''(x) = 0$. Dem Graphen von f'' entnehmen wir, dass tatsächlich zwei Nullstellen der 2. Ableitung existieren.

Es gilt:

$f''(x) = 12x^2 - 42x + 24 = 12 \cdot (x^2 - 3{,}5x + 2)$

Die notwendige Bedingung $f'(x) = 0$ ist erfüllt, wenn $x^2 - \frac{7}{2}x + 2 = 0$

Die Lösung der quadratischen Gleichung erfolgt mit den Zwischenschritten:

$x^2 - \frac{7}{2}x + \left(\frac{7}{4}\right)^2 = \frac{49}{16} - 2$

also $\left(x - \frac{7}{4}\right)^2 = \frac{17}{16}$ und schließlich:

$x_{w1} = \frac{7 - \sqrt{17}}{4} \approx 0{,}72$ und $x_{w2} = \frac{7 + \sqrt{17}}{4} \approx 2{,}78$

Zum Nachweis, dass tatsächlich an den Stellen x_{w1} und x_{w2} Wendepunkte vorliegen, muss überprüft werden, ob eine hinreichende Bedingung erfüllt ist:

(b) Untersuchung des Krümmungsverhaltens (Alternative 1)

Intervall	Beispiel	$f'(x) = 12x^2 - 42x + 24$	Vorzeichen von f'	Krümmung
$x < 0{,}72$	$x = -1$	$12 \cdot (-1)^2 - 42 \cdot (-1) + 24 = 78$	$+$	linksgekrümmt
$0{,}72 < x < 2{,}78$	$x = 1$	$12 \cdot 1^2 - 42 \cdot 1 + 24 = -6$	$-$	rechtsgekrümmt
$x > 2{,}78$	$x = 3$	$12 \cdot 3^2 - 42 \cdot 3 + 24 = 6$	$+$	linksgekrümmt

Da an der Stelle x_{w1} ein Vorzeichenwechsel von $f''(x)$ von $+$ nach $-$ (also eine Änderung des Krümmungsverhaltens von *links-* zu *rechtsgekrümmt*) vorliegt, hat der Graph von f an der Stelle einen Wendepunkt.

Da an der Stelle x_{w2} ein Vorzeichenwechsel von $f''(x)$ von $-$ nach $+$ (also eine Änderung des Krümmungsverhaltens von *rechts-* zu *linksgekrümmt*) vorliegt, hat der Graph von f an dieser Stelle einen Wendepunkt.

(c) Untersuchung der Werte der 3. Ableitung an den Nullstellen der 2. Ableitung (Alternative 2)

Es gilt: $f'''(x) = 24x - 42$

Da $f'''(0{,}72) \approx -24{,}72$, also ungleich null, liegt bei $x_{w1} \approx 0{,}72$ ein Wendepunkt.

Da $f'''(2{,}78) \approx 24{,}72$, also ungleich null, liegt bei $x_{w2} \approx 2{,}78$ ein Wendepunkt.

(d) Bestimmung der Funktionswerte der Wendepunkte

Um die Funktionswerte der Wendepunkte zu bestimmen, benutzen wir die in (2) bestimmte Linearfaktorzerlegung: $f(x) = x^2 \cdot (x - 3) \cdot (x - 4)$

$f(0{,}72) = 0{,}72^2 \cdot (-2{,}28) \cdot (-3{,}28) \approx 3{,}88$, also ist $W_1(0{,}72 \mid 3{,}88)$ ein Wendepunkt des Graphen.

$f(2{,}78) = 2{,}78^2 \cdot (-0{,}22) \cdot (-1{,}22) \approx 2{,}07$, also ist $W_2(2{,}78 \mid 2{,}07)$ ein weiterer Wendepunkt des Graphen.

(5) Wertebereich

Wegen des Globalverlaufs genügt es die y-Koordinaten der beiden Tiefpunkte miteinander zu vergleichen. Da $T_2(3{,}57 \mid -3{,}12)$ unterhalb des Tiefpunkts $T_1(0 \mid 0)$ liegt, ergibt sich als Wertebereich von f:

$W_f = \{y \mid y \geq -3{,}12\}$

Zusammenfassung

(1) Eigenschaften des Graphen einer Funktion mithilfe der Ableitungsfunktionen untersuchen

	Eigenschaft der Funktion	Eigenschaft der 1. Ableitung	Eigenschaft der 2. Ableitung	Eigenschaft der 3. Ableitung
Nullstelle x_0	$f(x_0) = 0$			
Hochpunkt an der Stelle x_e		**Alternative 1** notwendig: $f'(x_e) = 0$ hinreichend: $f'(x)$ hat bei x_e einen Vorzeichenwechsel von $+$ nach $-$	**Alternative 2** notwendig: $f'(x_e) = 0$ hinreichend: $f''(x_e) < 0$	
Tiefpunkt an der Stelle x_e		**Alternative 1** notwendig: $f'(x_e) = 0$ hinreichend: $f'(x)$ hat bei x_e einen Vorzeichenwechsel von $-$ nach $+$	**Alternative 2** notwendig: $f'(x_e) = 0$ hinreichend: $f''(x_e) > 0$	
Wendestelle x_w			**Alternative 1** notwendig: $f''(x_w) = 0$ hinreichend: $f''(x)$ hat bei x_w einen Vorzeichenwechsel	**Alternative 2** notwendig: $f''(x_w) = 0$ hinreichend: $f'''(x_w) \neq 0$
Sattelstelle x_s		notwendig: $f'(x_s) = 0$	**Alternative 1** notwendig: $f''(x_s) = 0$ hinreichend: $f''(x)$ hat bei x_s einen Vorzeichenwechsel	**Alternative 2** notwendig: $f''(x_s) = 0$ hinreichend: $f'''(x_s) \neq 0$

Ein Kriterium gemäß Alternative 1 lässt sich immer anwenden; die Überprüfung ist aber in der Regel aufwändiger als die Überprüfung der Alternative 2. Eine Eigenschaft kann auch dann vorliegen, wenn die hinreichende Bedingung gemäß Alternative 2 nicht erfüllt ist; der Nachweis mithilfe eines Kriteriums gemäß Alternative 1 gelingt immer.

(2) Maximalzahl der Nullstellen, Extremstellen und Wendestellen bei ganzrationalen Funktionen

Für eine ganzrationale Funktion f mit dem Grad n, $n \in \mathbb{N}$ und $n \geq 2$ gilt:

Die Ableitungsfunktion f' ist eine ganzrationale Funktion vom Grad n − 1, die 2. Ableitungsfunktion f'' ist eine ganzrationale Funktion vom Grad n − 2. Weiter gilt:

Nullstellen: Die Funktion f hat höchstens n Nullstellen.

Ist n eine ungerade Zahl, so hat f mindestens eine Nullstelle.

Extremstellen: Die Funktion f hat höchstens n − 1 Extremstellen.

Ist n eine gerade Zahl, so hat f mindestens eine Extremstelle. Zwischen zwei Nullstellen liegt stets mindestens eine Extremstelle.

Wendestellen: Die Funktion f hat höchstens n − 2 Wendestellen.

Ist n eine ungerade Zahl, so hat f mindestens eine Wendestelle. Zwischen zwei Extremstellen liegt stets mindestens eine Wendestelle.

Übungsaufgaben   **2** Bestimmen Sie charakteristische Eigenschaften des Graphen der Funktion f mit

$f(x) = x^3 - 2x^2 - x - 2$.

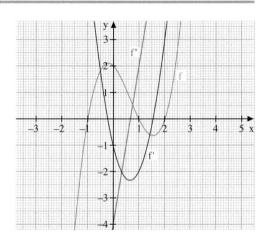

3 Untersuchen Sie den Graphen der Funktion f.

a) $f(x) = x^3 + 3x^2 - 9x$ **d)** $f(x) = -2x^3 + 3x^2 + 12x - 13$

b) $f(x) = 2x^3 - 5x$ **e)** $f(x) = x^4 - 2x^2$

c) $f(x) = x^3 + 4x^2$ **f)** $f(x) = \frac{1}{4}x^4 - \frac{1}{3}x^3 - \frac{1}{2}x^2 + x$

4 Untersuchen Sie den Graphen der Funktion f.

a) $f(x) = x(x - 4)^2$ **d)** $f(x) = \frac{1}{3}(x^2 - 1)(x^2 - 4)$

b) $f(x) = (x - 1)(x + 2)(x + 3)$ **e)** $f(x) = x^3(1 - x^2)$

c) $f(x) = x^2(x - 2)^2$ **f)** $f(x) = (x^3 - 1)(x^3 + 1)$

5 Untersuchen Sie für a > 0 den Graphen der Funktion f.

a) $f(x) = x^2 \cdot (x - a)$ **d)** $f(x) = x^3 \cdot (x - a)$

b) $f(x) = (x + a) \cdot x^2$ **e)** $f(x) = (x + a) \cdot x^3$

c) $f(x) = x^2 \cdot (x - a)$ **f)** $f(x) = (x^2 - a^2)^2$

3.4   Extremwertaufgaben

Die Behandlung von Minimum- und Maximumproblemen war schon immer ein zentraler Gegenstand der Mathematik und hat die Entwicklung der Differenzialrechnung wesentlich mitgeprägt. Auch in anderen Bereichen ist das Bestimmen von Extrema von Bedeutung. Hierbei findet die Differenzialrechnung eine ihrer Anwendungen.

Die Strategie zur Lösung derartiger Extremwertprobleme wird hier an einem Beispiel entwickelt.

Einführung

Aus einer quadratischen Pappe der Seitenlänge 20 cm soll durch Aussparen von Quadraten an allen vier Ecken eine möglichst große, oben offene Schachtel gefaltet werden.

(1) Vorüberlegung mit Probierwerten

Wir suchen unter den angegebenen Bedingungen das maximale Volumen. Für eine Seitenlänge der Grundfläche der Schachtel von z. B. 12 cm beträgt die Höhe 4 cm, da 12 cm + 2 · 4 cm = 20 cm. Das Volumen beträgt dann 12 cm · 12 cm · 4 cm = 576 cm^3.

Für eine Seitenlänge von 14 cm ergibt sich entsprechend für das Volumen ein größerer Wert:
14 cm · 14 cm · 3 cm = 588 cm^3.

Eine Seitenlänge von 16 cm dagegen liefert einen kleineren Wert: 16 cm · 16 cm · 2 cm = 512 cm^3.

Das Volumen verändert sich also mit der Seitenlänge und wird bei einer Seitenlänge von 14 cm ziemlich groß.

Es liegt also eine Funktion *Seitenlänge ↦ Volumen* vor.

Um die genaue Seitenlänge für das maximale Volumen bestimmen zu können, müssen wir einen Funktionsterm für das Volumen aufstellen.

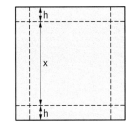

(2) Erstellen einer Funktionsgleichung für das Volumen

Für das Volumen der Schachtel mit der Seitenlänge x der quadratischen Grundfläche und der Höhe h gilt

Extremalbedingung — $V = x \cdot x \cdot h = x^2 h$. V soll maximal werden.

In dieser Gleichung hängt das Volumen noch von zwei Variablen ab.

Wenn man die Seitenlänge x gewählt hat, liegt damit aber auch bereits der Wert der Höhe h fest; es muss gelten: h + x + h = 20, also 2h = 20 − x, d. h.

Nebenbedingung — $h = 10 - \frac{1}{2}x$.

Setzen wir diesen Term für h in die Gleichung für das Volumen ein, so erhalten wir den gesuchten Funktionsterm:

$$V(x) = x^2\left(10 - \frac{1}{2}x\right)$$

Aus der Sachsituation ist klar, dass die Seitenlänge x positiv und kleiner als 20 sein muss, damit die Höhe der Schachtel positiv sein kann. Der Definitionsbereich der Funktion V ist also das Intervall]0; 20[.

Am Graphen der Funktion V können wir ablesen, dass das Volumen zunächst zunimmt, bis die Seitenlänge x der Schachtel ungefähr 13,5 cm beträgt; danach nimmt das Volumen wieder ab.

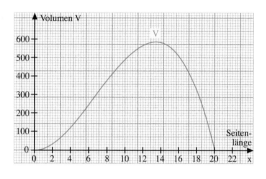

(3) Algebraische Bestimmung des Maximums

An der Stelle x_e des Maximums hat der Funktionsgraph eine waagerechte Tangente; es gilt dort also:
$V'(x) = 0$.

Daher bilden wir die Ableitung der Funktion V und bestimmen deren Nullstellen.

$V(x) = x^2\left(10 - \frac{1}{2}x\right) = 10x^2 - \frac{1}{2}x^3$

$V'(x) = 20x - \frac{3}{2}x^2$

Die Nullstellen von V' lassen sich leicht berechnen:

$20x - \frac{3}{2}x^2 = x\left(20 - \frac{3}{2}x\right) = 0,$

also $x = 0$ oder $20 - \frac{3}{2}x = 0$.

Damit ergeben sich die möglichen Extremstellen mit

$x_1 = 0$ und $x_2 = \frac{40}{3} = 13\frac{1}{3}$.

Nur die Stelle x_2 liegt im Definitionsbereich und da die ganzrationale Funktion V an den Rändern des Definitionsbereichs bei $x = 0$ und $x = 20$ den Wert null annimmt, liegt bei x_2 ein Maximum vor.

Wir können hier darauf verzichten zu untersuchen, ob eine der hinreichenden Bedingungen erfüllt ist, da sich aus dem Sachverhalt ergibt, dass an der Stelle mit Steigung null ein Maximum vorliegt.

(4) Verallgemeinerung des Problems

Die algebraische Lösung des Problems gibt Anlass zu einer allgemeinen Vermutung:

Faltet man eine solche Schachtel aus einer quadratischen Pappe der Seitenlänge a, so erhält man die mit dem größten Volumen, wenn man als Seitenlänge der Schachtel $\frac{2}{3}$ der Seitenlänge a wählt.

Dies lässt sich durch Verallgemeinerung der obigen Überlegungen nachweisen.

$V = x^2 h$ mit $h + x + h = a$, also $h = \frac{1}{2}(a - x)$

$V(x) = x^2 \cdot \frac{1}{2}(a - x) = \frac{1}{2}ax^2 - \frac{1}{2}x^3$ mit $0 < x < a$.

Diese Funktion hat die Ableitung:

$V'(x) = ax - \frac{3}{2}x^2$

Für deren Nullstellen ergibt sich:

$ax - \frac{3}{2}x^2 = x\left(a - \frac{3}{2}x\right) = 0,$

also $x = 0$ oder $a - \frac{3}{2}x = 0$.

Damit ergeben sich die möglichen Extremstellen

$x_1 = 0$ und $x_2 = \frac{2}{3}a$.

Die Stelle x_1 liegt wieder außerhalb des Definitionsbereiches und die zweite Stelle x_2 bestätigt die Vermutung. Hier liegt ein Maximum vor, da die ganzrationale Funktion V an den Rändern des Definitionsbereiches bei $x = 0$ und $x = a$ den Wert 0 annimmt.

Aufgabe

1 Von einer wertvollen Glas-Tischplatte mit den Abmessungen 64 cm mal 144 cm ist eine Ecke abgestoßen. Die Bruchkante kann als parabelförmig mit der Gleichung $y = -\frac{1}{16}x^2 + 64$ modelliert werden, wobei x und y in cm angegeben werden. Aus dem Rest soll eine möglichst große rechteckige Platte herausgeschnitten werden.

Bestimmen Sie deren Abmessungen. Verwenden Sie dabei die Differenzialrechnung als Hilfsmittel.

Lösung

(1) Erstellen eines Funktionsterms für die Größe der neuen Platte

Für den Flächeninhalt der neuen rechteckigen Platte gilt:

$A = (64 - x)(144 - y)$

Ersetzt man hier y durch den Term für die Parabel, so erhält man

$A(x) = (64 - x)\left(144 - \left(-\frac{1}{16}x^2 + 64\right)\right) = -\frac{1}{16}x^3 + 4x^2 - 80x + 5\,120$

Der Definitionsbereich dieser Funktion ergibt sich aus x ≥ 0 und der

Bedingung, dass x kleinergleich der positiven Nullstelle der Parabel sein muss, um eine möglichst große Restplatte zu erhalten. Diese Nullstelle ergibt sich aus der Gleichung $-\frac{1}{16}x^2 + 64 = 0$ mit x = 32.

Der Definitionsbereich ist also das Intervall [0; 32].

Die beiden Abbildungen zeigen links den Verlauf des Graphen im positiven Bereich und rechts die Einschränkung auf den Definitionsbereich [0; 32].

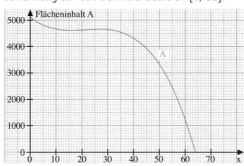

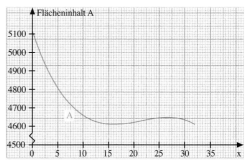

(2) Bestimmen der Extremstellen der Funktion

Zunächst bilden wir die Ableitung der Funktion A und bestimmen deren Nullstellen

$A'(x) = -\frac{3}{16}x^2 + 8x - 80 = 0$

Die notwendige Bedingung $A'(x) = 0$ führt auf die quadratische Gleichung $x^2 - \frac{128}{3}x + \frac{1280}{3} = 0$

Umgeformt ergibt sich $x^2 - \frac{128}{3}x + \left(\frac{64}{3}\right)^2 = \frac{4096}{9} - \frac{1280}{3}$ und weiter $\left(x - \frac{64}{3}\right)^2 = \frac{256}{9}$

also $x_1 = \frac{48}{3} = 16$ und $x_2 = \frac{80}{3}$

Beide Stellen liegen im Definitionsbereich der Funktion A. Um herauszufinden, welche Stelle zu einem Maximum führt, zeichnen wir den Graphen der Funktion A.

An der Stelle 16 liegt ein Tiefpunkt vor, an der Stelle $26\frac{2}{3}$ ein Hochpunkt. Aber auch dieser liefert nicht die Abmessungen der gesuchten maximal großen Platte, da die Funktion A am Rand des Definitionsbereiches an der Stelle 0 den allergrößten Wert im Definitionsbereich aufweist, nämlich 5 120.

(3) Ergebnis

Man erhält die größtmögliche Platte, wenn man oberhalb des Parabelscheitelpunkts schneidet. Sie hat die Seitenlängen 80 cm und 64 cm und ist 5 120 cm² groß.

Information

Vorgehen beim Lösen von Extremwertproblemen

Um ein Extremwertproblem zu lösen, sollten folgende Schritte abgearbeitet werden.

(1) Erstellen einer Funktionsgleichung für die zu optimierende Größe

   (a) Bezeichnen aller wichtigen Größen mit Variablen, häufig an einer Skizze

   (b) Gleichung für die zu optimierende Größe angeben, die in der Regel noch von mehreren Variablen abhängt (**Extremalbedingung**)

   (c) Gleichung für den Zusammenhang zwischen diesen Variablen aufstellen (**Nebenbedingung**)

   (d) Variable in der Extremalbedingung durch Einsetzen der Nebenbedingung eliminieren, sodass die Funktionsgleichung mit nur *einer* Variablen entsteht (**Zielfunktion**)

   (e) Definitionsbereich der Zielfunktion ermitteln

(2) Ermitteln der Extremstellen der Zielfunktion

   (a) Falls nur Näherungswerte genügen, können diese an einem Graphen abgelesen werden.

   (b) Für exakte Werte oder allgemeine Aussagen bestimmt man die Nullstellen der Ableitung der Zielfunktion.

   (c) Stets ist zu prüfen, ob am Rand des Definitionsbereiches größere oder kleinere Funktionswerte (**Randextrema**) vorliegen als an den Extremstellen.

> *Treten die globalen Extrema an den Rändern eines Definitonsbereichs auf, so heißen sie Randextrema.*

(3) Formulieren des Ergebnisses

   (a) Zur Lösung gehört nicht nur die Bestimmung des gesuchten Werts der Variablen der Zielfunktion, sondern aller im Sachzusammenhang aufgetretenen Variablen.

   (b) An der Realität wird geprüft, ob das Ergebnis sinnvoll ist.

Übungsaufgaben

Extremwertaufgaben mit Figuren und Körpern

 3 Eine Streichholzschachtel hat die Maße:

Länge $l = 5{,}5$ cm; Breite $b = 1{,}8$ cm; Höhe $h = 1{,}8$ cm.

Für Werbezwecke soll die Fläche mit der Werbeaufschrift doppelt so groß werden wie bei dieser Schachtel.

Ist dann der Materialverbrauch bei gleicher Länge und gleichbleibendem Volumen minimal?

4 Ein Draht der Länge 20 cm soll ein Rechteck mit möglichst großem Flächeninhalt umrahmen.

5 Aus einem Stück Draht der Länge 1 m soll das Kantenmodell einer quadratischen Säule hergestellt werden. Wie müssen die Kantenlängen gewählt werden, damit das Volumen des Quaders möglichst groß ist?

6 In einem historischen Gebäude sollen wieder Fenster in der ursprünglichen Form eingesetzt werden. Diese hatten die Form eines Rechteckes mit oben aufgesetztem Halbkreis. Nach alten Unterlagen betrug der Umfang eines Fensters 6 m, für die beiden Fensterteile wurden verschiedene Glassorten verwendet. Man stellt fest, dass das Glas, das im rechteckigen Fensterteil verwendet worden war, 10 % des Lichtes, das Glas im Halbkreis dagegen 35 % absorbiert. Wie könnten die Maße des Fensters gewählt werden, damit ein möglichst großer Lichteinfall erreicht werden kann?

7 Modellieren Sie ein Reagenzglas mithilfe einfacher Körper. Es soll ein Fassungsvermögen von 40 cm³ aufweisen.
Bestimmen Sie, bei welchen Abmessungen sich ein minimaler Materialverbrauch ergibt. Bewerten Sie das erhaltene Ergebnis.

8 Gegeben ist ein gleichschenkliges Dreieck mit der Basis $a = 4\,cm$ und der Höhe $h = 6\,cm$. Dem Dreieck soll ein Rechteck so einbeschrieben werden, dass eine Rechteckseite auf der Basis liegt und die anderen Eckpunkte des Rechteckes auf den Schenkeln des Dreiecks liegen.
Bestimmen Sie das Rechteck, das den größten Flächeninhalt hat.

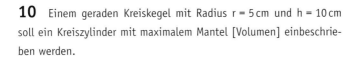

9 Einem Kreis mit Radius $r = 10\,cm$ soll ein Rechteck so einbeschrieben werden, dass der Flächeninhalt [der Umfang] maximal ist.

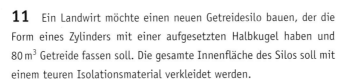

10 Einem geraden Kreiskegel mit Radius $r = 5\,cm$ und $h = 10\,cm$ soll ein Kreiszylinder mit maximalem Mantel [Volumen] einbeschrieben werden.

11 Ein Landwirt möchte einen neuen Getreidesilo bauen, der die Form eines Zylinders mit einer aufgesetzten Halbkugel haben und 80 m³ Getreide fassen soll. Die gesamte Innenfläche des Silos soll mit einem teuren Isolationsmaterial verkleidet werden.
Untersuchen Sie, ob es Maße für die geplante Form gibt, bei denen die Kosten für die Isolation möglichst gering sind.

12
a) Aus einem Kreis mit Radius $r = 10\,cm$ soll ein Sektor so herausgeschnitten werden, dass sich aus ihm ein Kreiskegel mit maximalem Volumen herstellen lässt.
b) Aus dem ergänzenden Sektor soll ebenfalls ein Kreiskegel hergestellt werden. Wie sind die Sektoren zu wählen, damit die Summe der Volumina maximal ist?

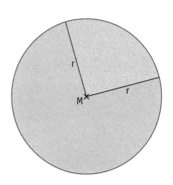

13 Einer Kugel mit Radius r soll ein Kreiskegel mit möglichst großem Volumen einbeschrieben werden.

14 Die Tragfähigkeit eines Balkens mit rechteckiger Querschnittsfläche ist proportional zur Breite b und dem Quadrat der Höhe h.
Ein Balken wird aus einem 30 cm dicken Stamm angefertigt. Wie sind die Maße zu wählen, damit seine Tragfähigkeit möglichst groß ist?

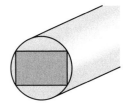

15

a) Viele Lebensmittel werden in einer Konservendose mit einem Volumen von $425\,\text{cm}^3$ verkauft. Dabei beträgt die Höhe $10,8\,\text{cm}$ und der Durchmesser $7,4\,\text{cm}$.

Für die Herstellung der Dose mit diesem Volumen soll möglichst wenig Material verwendet werden. Sind die angegebenen Maße optimal?

b) Der Mantel und die beiden Böden der Dose sind jeweils in einem Falz miteinander verbunden.

Die nebenstehende Abbildung zeigt, wie ein solcher Falz entsteht. Nach Angaben des Herstellers muss zur Herstellung des Falzes zur Höhe der Dose ein Zuschlag von $1,4\,\text{cm}$ (je $7\,\text{mm}$ oben und unten) zugegeben werden. Für Boden und Deckel ist ein Zuschlag von je $1,8\,\text{cm}$ erforderlich.

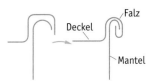

Geben Sie eine Formel an, die für eine zylindrische Dose mit der Höhe h und dem Durchmesser d den Materialverbrauch zur Herstellung der Dose angibt.

Wie sind nun die Maße einer Dose mit $425\,\text{cm}^3$ Inhalt, wenn der Materialverbrauch minimal ist?

Extremwertaufgaben bei Funktionsgraphen

16 Welcher Punkt der Parabel mit $y = x^2$ hat den kleinsten Abstand zum Punkt $P(1|\,2)$?

17 Gegeben ist die Funktion f mit $f(x) = \frac{1}{6}x^3 - \frac{3}{2}x$.

Der Punkt P liegt im 2. Quadranten auf dem Graphen von f. Die Gerade OP, die x-Achse sowie die Parallele zur y-Achse durch P begrenzen ein Dreieck.

Untersuchen Sie, ob es eine Lage des Punktes P gibt, für die der Flächeninhalt dieses Dreiecks einen extremalen Wert annimmt und bestimmen Sie gegebenenfalls die Art des Extremums.

18 Die Funktion f ist gegeben durch $f(x) = -\frac{1}{4}x^3 + 3x$.

Die Geraden mit den Gleichungen $x = u$ ($u > 0$) bzw. $x = u + 1$ ($u + 1 < \sqrt{12}$) schneiden die x-Achse und den Graphen von f. Die Schnittpunkte bilden die Ecken eines Trapezes mit dem Flächeninhalt $A(u)$. Bestimmen Sie den Term für $A(u)$.

Für welchen Wert u wird der Flächeninhalt des Trapezes möglichst groß?

19 Gegeben sind die Funktionen f und g mit $f(x) = \frac{1}{2}x^2 - 4x + 8$ und $g(x) = -\frac{1}{2}x^2 + 8$. Die Graphen von f und g umschließen im 1. Quadranten eine Fläche, durch die eine Parallele p zur y-Achse gelegt wird. Diese Parallele schneidet den Graphen von f in P und den Graphen von g in Q.

Bestimmen Sie die Lage der Parallelen p so, dass die Länge von $\overline{PQ}$ maximal wird.

20 Gegeben ist die Funktion f mit $f(x) = \frac{1}{6}x^2 \cdot (6 - x)$.

Der Punkt $P(u|v)$ mit $0 < u < 6$ liegt auf dem Graphen von f. Die Koordinatenachsen und die Parallelen zu den Achsen durch P bilden ein Rechteck.

Bestimmen Sie u so, dass der Flächeninhalt des Rechteckes maximal ist. Ist für diesen Wert von u der Umfang ebenfalls maximal?

3.5 Weitere technische Anwendungen der Differenzialrechnung

1 Die Grafik zeigt die Körpertemperatur von Maus und Eidechse im Verlauf eines Tages.

a) Beschreiben Sie den Verlauf des Graphen für die beiden Tiere. Überlegen Sie, welche Auswirkungen diese Verläufe auf die Tiere haben.

b) Entnehmen Sie der Grafik den Zeitpunkt, zu dem die Eidechse die höchste Körpertemperatur hat. Wie hoch ist diese?
Bestimmen Sie weitere charakteristische Punkte des Graphen.

c) Stellen Sie Bedingungen auf, durch welche die Graphen beschrieben werden können. Ermitteln Sie jeweils die Funktionsgleichung einer geeigneten ganzrationalen Funktion, durch welche die Körpertemperatur der Maus und der Eidechse modelliert werden können.

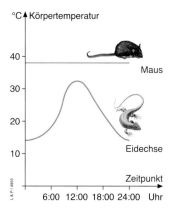

2 Die Bewegung eines Fahrzeuges lässt sich mithilfe des folgenden Weg-Zeit-Gesetzes modellieren:
$s(t) = \frac{1}{36} \cdot (t^3 - 18t^2 + 108t)$ $\left(t \geq 0,\ t \text{ in Minuten},\ s(t) \text{ in km}\right)$.

a) Bestimmen Sie die Momentangeschwindigkeit zu Beginn der Beobachtung.

b) Zeigen Sie, dass das Fahrzeug zunächst seine Geschwindigkeit verringert.

c) Von welchem Zeitpunkt an beschleunigt das Fahrzeug?

3 Aus einem Behälter wird eine Flüssigkeit abgepumpt. Dieser Vorgang kann in Abhängigkeit von der Zeit t modelliert werden mithilfe der Funktion f mit
$f(t) = -0,5t^3 + 9t^2 - 54t + 350$,
wobei t in Minuten, f(t) Restmenge im Behälter in Litern.

a) Wie viel Liter Flüssigkeit befinden sich ursprünglich im Behälter?

b) Zeigen Sie, dass der Graph von f streng monoton fallend ist.

c) Zu welchem Zeitpunkt ist die Geschwindigkeit, mit der abgepumpt wird, am geringsten?

4 Die Geschwindigkeit eines Fahrzeugs lässt sich in einem bestimmten Zeitraum mithilfe folgender Funktion modellieren:
$v(t) = -0,25t^3 + 1,5t^2 + 9t + 10$, wobei $0 \leq t \leq 10$, t in Minuten, $v(t)$ in $\frac{km}{h}$.

a) Bestimmen Sie die Zeiträume, in denen das Fahrzeug beschleunigt bzw. abbremst.

b) Auf der Strecke gibt es eine Geschwindigkeitsbegrenzung von 80 $\frac{km}{h}$.
Weisen Sie nach, dass das Fahrzeug zu keinem Zeitpunkt diesen Wert überschreitet.

c) Bestimmen Sie den Wendepunkt der Funktion und deuten Sie ihn im Sachzusammenhang.

5 Das Höhenprofil eines Radweges lässt sich mithilfe einer Funktion h modellieren mit
$h(x) = -0,375x^4 + 7x^3 - 42x^2 + 96x + 200$, wobei x in km, h(x) in m, $0 \leq x \leq 10$.

a) Auf welcher Höhe befindet sich der Start?

b) Welche maximale Höhe wird auf diesem Radweg erreicht?

c) Weisen Sie nach, dass die maximale Steigung am Start vorliegt. Bestimmen Sie diese.

6 Der Graph rechts stellt die Entwicklung des Cholesterinspiegels einer Person dar, die zu einer bestimmten Margarine gewechselt ist. Der Hersteller wirbt in Anzeigen damit.

a) Übertragen Sie den Graphen in ein Koordinatensystem und skizzieren Sie den Graphen der zugehörigen Ableitungsfunktion in dasselbe Koordinatensystem.

b) Welche Bedeutung hat die waagerechte und die senkrechte Achse in diesem Koordinatensystem?

c) Welche Bedeutung hat die Ableitungsfunktion f′ bezogen auf den Inhalt der Werbeanzeige? Was bedeuten hier negative bzw. positive Werte von f′?

d) Passt die Grafik zu den Angaben zu dem folgenden Text der Anzeige?

> Wissenschaftlich belegt: Täglich 20 – 25 g Zela im Rahmen einer gesunden Ernährung können den LDL-Cholesterin-Wert in wenigen Wochen um 10 – 15 % senken

e) Skizzieren Sie den Graphen von f″ in dasselbe Koordinatensystem wie in Teilaufgabe a). Welche Bedeutung hat die zweite Ableitungsfunktion f″ bezogen auf den Inhalt der Werbeanzeige? Was bedeuten hier negative bzw. positive Werte von f″?

7 Ein Landwirt kontrolliert häufig die Wassergräben entlang seiner Äcker. Er muss nicht unbedingt zum Grabenrand gehen, um bis auf den Grabenboden schauen zu können; es genügt ein Abstand a, um den tiefsten Punkt des Grabens zu sehen.

Die Berandung des Wassergrabens lässt sich näherungsweise modellieren durch die Funktion f mit

$f(x) = -\frac{1}{4} \cdot x^4 + 2 \cdot x^2 - 4$

Vereinfachend soll angenommen werden, dass die Augenhöhe bei 2 m liegt.

a) Beschreiben Sie die in der Skizze dargestellte Situation unter Verwendung geeigneter mathematischer Begriffe.

b) Zeichnen Sie den Graphen der Funktion f und lösen Sie das Problem zunächst graphisch.

c) Stellen Sie Bedingungen auf, um den Sachverhalt zu beschreiben. Bestimmen Sie mithilfe der Methoden der Differenzialrechnung den Abstand a.

d) Wenn der Landwirt vom Grabenrand eine Entfernung b hat, dann kann er die gegenüberliegende Wand des Grabens nur bis zu einer bestimmten Tiefe t sehen. Bestimmen Sie, wie man vorgehen muss, um die zu b gehörende Tiefe t zu ermitteln.

8 Der Wasserstand eines Flusses unterliegt im Jahresverlauf gewissen Schwankungen. Er lässt sich näherungsweise beschreiben durch die Funktion h mit

$h(t) = 0{,}01\,t^3 - 0{,}18\,t^2 + 0{,}72\,t + 8$, wobei t in Monaten, $h(t)$ in Metern.

Dabei gibt beispielsweise h(3) den Wasserstand Ende März an.

a) Bestimmen Sie die Zeiträume, in denen der Wasserstand steigt bzw. fällt.

b) Die Hochwasserschutzwände schützen bis zu einem Pegelstand von 9,50 m. Zeigen Sie, dass dieser Wert zu keinem Zeitpunkt erreicht wird.

c) Welche inhaltliche Bedeutung hat hier der Wendepunkt der Funktion?

9 Die Abbildung rechts zeigt das Profil eines Deiches am Meer. Das Wasser befindet sich auf der linken, flacher zulaufenden Seite, rechts ist die Landseite. Die Randfunktion f kann im Intervall von $0 \leq x \leq 3$ mit Hilfe der Funktionsgleichung

$$f(x) = -\frac{1}{3} \cdot x^3 + x^2$$

beschrieben werden (Angaben in 10 m).

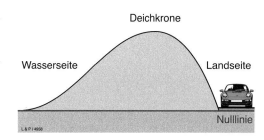

a) Bestimmen Sie die Lage der Deichkrone (in dem gewählten lokalen Koordinatensystem).

b) An welcher Stelle verläuft das Deichprofil am steilsten (1) auf der Wasserseite (2) auf der Landseite?

c) Ein Gartenbaubetrieb hat den Auftrag bekommen, einen Weg auf der Deichkrone anzulegen. Die Deichkrone soll dazu so abgeplattet werden, dass der Weg 12 m über Normalnull liegt.

    (1) Wie breit ist der so entstandene Weg? Lösen Sie die Aufgabenstellung zeichnerisch.

    (2) Wie steil fällt die Böschung dann nach beiden Seiten ab? Bestimmen Sie jeweils den zugehörigen Steigungswinkel der Böschung an diesem Weg.

    (3) Der Weg auf dem Deich soll nur 3 m breit sein. An welcher Stelle x muss dann mit dem Abplattarbeiten begonnen werden?

10 Die Abbildung rechts zeigt den Entwurf eines Kühlergrills. Um in die Massenproduktion gehen zu können, muss dieser Kühlergrill eingemessen werden. Dazu werden Funktionsgraphen so an den Kühlergrill gelegt, das diese in bestimmten Bereichen zu Randfunktionen werden. Der Kühlergrill wird dann ausgeblendet und übrig bleiben nur die Randfunktionen, mit denen weitergearbeitet wird. Grundlage sollen hierbei quadratische Funktionen vom Typ $p(x) = a \cdot x^2 + b \cdot x + c$ sein.

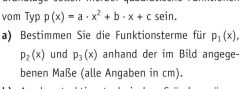

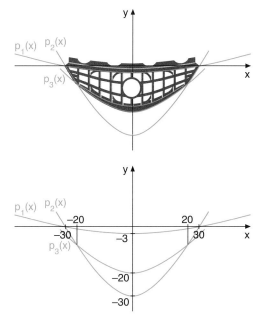

a) Bestimmen Sie die Funktionsterme für $p_1(x)$, $p_2(x)$ und $p_3(x)$ anhand der im Bild angegebenen Maße (alle Angaben in cm).

b) Aus konstruktionstechnischen Gründen müssen die Steigungen in den Schnittpunkten der Graphen von $p_1(x)$ und $p_2(x)$ sowie in dem von $p_2(x)$ und $p_3(x)$ ermittelt werden.

11 Eine Straße verbindet die Orte A und B miteinander; deren Lage lässt sich in einem örtlichen Koordinatensystem durch $A(2|65)$ und $B(8|119)$ beschreiben. Den Verlauf der Straße kann man modellieren mithilfe der Funktion f mit

$f(x) = x^3 - 122x^2 + 45x + 15$ (Einheiten in km bzgl. des örtlichen Koordinatensystems).

a) Prüfen Sie nach, ob die Orte tatsächlich an der Straße liegen.

b) Beschreiben Sie die Kurven, die ein Fahrzeug durchfahren muss, wenn es von A nach B fährt. An welcher Stelle wechselt die Kurve ihr Krümmungsverhalten?

12

Die große Fontäne in den Herrenhäuser Gärten von Hannover wurde um 1700 erbaut; mit heute deutlich verbesserter Technik kann der Strahl bei Windstille eine Höhe von 80 Metern erreichen. Das Wasser wird durch eine 4 mm breite, kreisförmige Öffnung gepresst – mit einer Geschwindigkeit von bis zu $140 \frac{km}{h}$. Der Wasserverbrauch beträgt pro Stunde nur 500 m^3, da der Wasserstrahl hohl ist.

Beim senkrechten Wurf lässt sich die Höhe, in der sich ein Körper zur Zeit t befindet, mithilfe der Gleichung $h(t) = -\frac{g}{2} \cdot t^2 + v_0 \cdot t + s_0$ berechnen. Dabei ist $g \approx 10 \frac{m}{s^2}$ die Erdbeschleunigung, v_0 die Anfangsgeschwindigkeit und s_0 die Anfangshöhe, aus der abgeworfen wurde. Die Flugbahn eines Wassertröpfchens lässt sich (sofern Windstille herrscht und man den Luftwiderstand vernachlässigt) als senkrechten Wurf auffassen.

a) Bestätigen Sie durch Rechnung, dass gilt:

Die erste Ableitung h′(t) der Funktion h beschreibt die Geschwindigkeit, die 2. Ableitung h″(t) die Beschleunigung.

b) Nach welcher Zeit t hat ein einzelner Wassertropfen den höchsten Punkt erreicht?

Wann trifft er wieder auf die Wasseroberfläche auf (Höhe der Austrittsdüse)?

c) Bestätigen Sie durch Rechnung die heutige maximal erreichbare Höhe.

d) Stellen Sie den Sachverhalt der großen Fontäne in den Herrenhäuser Gärten in einem h-t-Diagramm dar.

13   In der Beleuchtungstechnik unterscheidet man Leuchten mit symmetrischer und mit asymmetrischer Lichtverteilung. Die aus der Leuchtstofflampe austretenden Lichtstrahlen werden in beiden Fällen an einem Reflektor (gebogenes silberfarbenes Blech) reflektiert.

(1) Für eine symmetrische Lichtverteilung ist eine mittige (symmetrische) Anordnung der Leuchtstofflampe unter dem Reflektor notwendig (siehe Abb. rechts).

Der Reflektor kann modelliert werden mit Hilfe der Randfunktion $s(x) = -\frac{1}{2\,000} \cdot x^6 + 12$ (alle Angaben in cm). Die als punktförmig angesehene Lichtquelle liegt in dem verwendeten Koordinatensystem in $L(0\,|\,3)$.

(2) Für eine asymmetrische Lichtverteilung muss die Lage der Leuchtstoffröhre und des reflektierenden Bleches verändert werden. Hier kann der Reflektor im Intervall mithilfe der Randfunktion

$a(x) = -\frac{1}{10} \cdot x^3 + x^2$ modelliert werden. Die als punktförmig angesehene Lichtquelle liegt in dem verwendeten Koordinatensystem in $L(8\,|\,2)$.

a) Zeichnen Sie jeweils den Graphen von s(x) und a(x) in ein geeignetes Koordinatensystem und tragen Sie gemäß dem Reflexionsgesetz einige Lichtstrahlen ein, die vom Punkt L ausgehen.

b) Bestimmen Sie zu den in Teilaufgabe a) gewählten Lichtstrahlen jeweils die zugehörige Geradengleichung sowie die Schnittpunkte der Geraden mit dem Graphen von s bzw. a (Reflexionspunkte).

Ermitteln Sie mithilfe der Differenzialrechnung die Gleichung des reflektierten Lichtstrahls.

c) Überlegen Sie, wo in der Realität symmetrische Leuchten, wo asymmetrische Leuchten zum Einsatz kommen.

Reflexionsgesetz:
Wird ein Lichtstrahl an einer Fläche reflektiert, dann sind Einfallswinkel und Ausfallswinkel gleich groß.

14

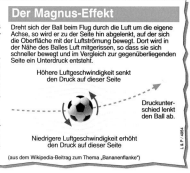

Bananenflanke

Als **Bananenflanke** bezeichnet man im Sprachgebrauch des Fußballsports einen Querpass vor das gegnerische Tor (Flanke) mit stark gekrümmter Flugbahn. Dafür wird der Ball aus dem Spiel heraus mit Effet getreten.

Ausgeführt wird die Bananenflanke durch den so genannten Innenspannstoß. Dabei „wischt" der ausführende Fuß mit seiner Innenseite am Ball vorbei und sorgt für eine seitliche Rotation des Balles. Der Ball wird dabei ungefähr mit dem Großzehenknochen getroffen. Der Fuß schwingt nach dem Treffen des Balles nach, er „führt" den Ball quasi noch ein Stück. Dies trägt zusätzlich zur Rotation bei.

Die gekrümmte Flugbahn, die der Ball bei der Bananenflanke beschreibt, entsteht durch die Rotation des Balls. Dabei reißt er Luft mit sich, und zwar in die Richtung, in die er sich dreht (Magnus-Effekt). Der Ball wird vom Spieler auf etwa 100 km/h beschleunigt und dreht sich etwa achtmal pro Sekunde um die eigene Achse.

Der Magnus-Effekt

Dreht sich der Ball beim Flug durch die Luft um die eigene Achse, so wird er zu der Seite hin abgelenkt, auf der sich die Oberfläche mit der Luftströmung bewegt. Dort wird in der Nähe des Balles Luft mitgerissen, so dass sie sich schneller bewegt und im Vergleich zur gegenüberliegenden Seite ein Unterdruck entsteht.

Höhere Luftgeschwindigkeit senkt den Druck auf dieser Seite

Druckunterschied lenkt den Ball ab.

Niedrigere Luftgeschwindigkeit erhöht den Druck auf dieser Seite

(aus dem Wikipedia-Beitrag zum Thema „Bananenflanke")

Bei der in der Grafik dargestellten Flugbahn eines Balles nach einem Freistoß hat der ausführende Spieler den Ball „mit Effet getreten", d.h. ihn so in Rotation versetzt, dass die Flugbahn – ähnlich wie bei der Bananenflanke – nicht parabelförmig ist. Vielmehr ergibt sich eine Flugbahn, die für einen seitlich sitzenden Zuschauer mithilfe des Graphen der Funktion f modelliert werden kann mit

$f(x) = \frac{1}{300} \cdot x^3 + \frac{1}{15} \cdot x^2$, wobei x und f(x) in m.

a) Welche maximale Höhe erreicht der Ball und wie weit fliegt er?

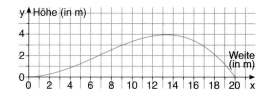

b) In einer Entfernung von 9,15 m (Abstandregel Freistoßpunkt zur Mauer) steht die Abwehrmauer; die Körpergröße der Spieler soll mit 1,80 m angenommen werden.

Fliegt der Ball über die Spieler hinweg oder können sie den Ball abwehren?

Überprüfen Sie, ob eine Ballabwehr möglich ist, wenn die verteidigenden Spieler hochspringen.

c) Angenommen, der Ball überschreitet in einer Höhe von etwa 2,10 m die Torlinie. In welcher Entfernung von der Torlinie wurde dann der Freistoß ausgeführt?

15 Die Abbildung zeigt den ungefähren Verlauf einer Hochspannungsleitung, die bergabwärts geführt wird. Im Bereich von $-120 \leq x \leq 60$ (in Metern) kann der Verlauf näherungsweise mithilfe der Funktionsgleichung

$p(x) = \frac{1}{250} \cdot x^2 - \frac{1}{25} \cdot x + 60$ dargestellt werden. Der Berghang lässt sich mit der Funktionsgleichung $h(x) = \frac{1}{200\,000} \cdot x^3 + \frac{1}{10\,000} \cdot x^2 - \frac{1}{2} \cdot x + 24$ modellieren.

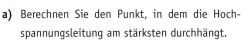
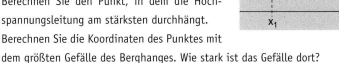

a) Berechnen Sie den Punkt, in dem die Hochspannungsleitung am stärksten durchhängt.

b) Berechnen Sie die Koordinaten des Punktes mit dem größten Gefälle des Berghanges. Wie stark ist das Gefälle dort?

c) Untersuchen Sie, ob in dem angegebenen Bereich ein Sicherheitsabstand zwischen Hochspannungsleitung und Berghang von 25m eingehalten wird.

Bestimmen Sie dazu, an welcher Stelle x der senkrechte Abstand zwischen Bergprofil und Hochspannungsleitung am geringsten ist und ermitteln Sie den minimalen Abstand. Wird der Sicherheitsabstand hier eingehalten?

16 Das Profil einer Schornsteinabdeckung aus Blech kann näherungsweise mithilfe einer Funktion f mit

$$f(r) = \frac{3}{16} \cdot r^4 - \frac{3}{2} \cdot r^2 + 3$$

beschrieben werden; dabei ist r der seitliche Abstand in dm.

Durch Bohrungen im Blech lassen sich – senkrecht zum Blech – Abstandhalter hindurchführen und befestigen (siehe Abbildung rechts). Diese haben eine Länge von 2 dm. Der aufsteigende Rauch kann so ungehindert weggeführt werden und der Schornstein ist gegen Regen geschützt.

Berechnen Sie, welche Schornsteinöffnung zu verschiedenen möglichen Lagen der Bohrungen passt.

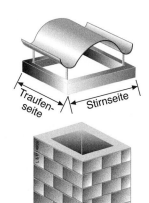

17

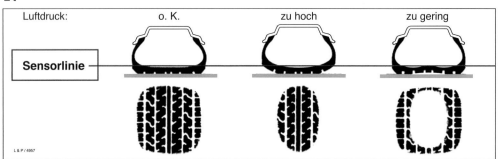

Die Abbildungen zeigen Querschnitte des Reifens bei normalem, zu hohem und zu geringem Luftdruck. Darunter ist jeweils das Abrollprofil des Reifens zu sehen.

Zu geringer Luftdruck führt zu einer starken Erwärmung des Reifens und daraus folgen Reifenschäden, schlechte Fahrstabilität, hoher Reifenverschleiß und hoher Kraftstoffverbrauch.

Ist der Luftdruck zu hoch, berührt der Reifen nur mit der Mitte der Lauffläche die Fahrbahn. Dadurch verlängert sich der Bremsweg, die Kurvenstabilität wird schlechter und die Lebensdauer verringert sich.

Wie oben erkennbar ist, unterscheiden sich die Randlinien im Innern des Reifens durch ihre Form.

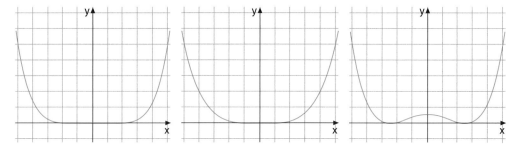

a) Beschreiben Sie die Graphen mit eigenen Worten. Gehen Sie auch auf die Abrollbilder ein.

b) Geben Sie geeignete ganzrationale Funktionen f_1, f_2, f_3 an, deren Graph die abgebildete Form haben und jeweils durch die Punkte $(-1 \mid 1)$ sowie $(1 \mid 1)$ des hier gewählten Koordinatensystems verlaufen.

c) Ein Ingenieur hat die Idee, mithilfe eines Sensors an einem geeigneten Punkt im Innern des Reifens die Steigung der inneren Randlinie zu messen und auf diese Weise den Reifenzustand zu überprüfen. Überlegen Sie, welcher Punkt $(x \mid f(x))$ für eine solche Messung in Frage käme. Begründen Sie Ihren Vorschlag.

18 Der Kartenausschnitt zeigt den Kanalabzweig Hildesheim bei Sehnde. Hier können Binnenschiffe, die aus der Schleuse kommen, nach Osten in Richtung Wolfsburg abbiegen.

Für eine erste Modellierung des Sachverhalts soll angenommen werden, dass der Kanal rechtwinklig in Richtung Wolfsburg abknickt und dass die seitlichen Begrenzungen (Spuntwände) des Kanals gerade verlaufen.

Das Binnenschiff soll idealisiert als gerade Strecke angenommen werden. Die Schifffahrtsbreite des Mittellandkanals nach der Schleuse soll $b = 28$ m und die in Richtung Wolfsburg $a = 21$ m betragen.

Untersucht werden soll die maximale Länge eines Binnenschiffes, das dieses Kanalstück passieren kann. Können beispielsweise Europaschiffe, deren Länge 85 m beträgt, diese T-Kreuzung passieren?

Die nebenstehende Skizze gibt Hinweise zur Lösung des Problems.

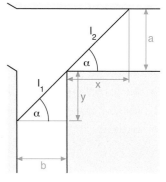

a) Erläutern Sie die folgenden Schritte zur Bestimmung eines Funktionsterms für die Länge $l(x)$ eines Schiffes:

(1) $l(x) = l_1(x) + l_2(x)$

(2) $l_1^2(x) = b^2 + y^2$ und $l_2^2(x) = a^2 + x^2$

(3) $\dfrac{y}{b} = \dfrac{a}{x}$, also $y = \dfrac{a \cdot b}{x}$

(4) $\dfrac{l_1}{b} = \dfrac{l_2}{x}$, also $l_2 = \dfrac{x}{b} \cdot l_1$

(5) $l^2(x) = l_1^2(x) + 2 \cdot l_1(x) \cdot l_2(x) + l_2^2(x) = l_1^2(x) + \dfrac{2x}{b} \cdot l_1^2(x) + l_2^2(x)$

$\qquad = \left(1 + \dfrac{2x}{b}\right) \cdot \left(b^2 + \dfrac{a^2 b^2}{x^2}\right) + (a^2 + x^2)$

also $\quad l^2(x) = \left(1 + \dfrac{2x}{b}\right) \cdot \left(b^2 + \dfrac{a^2 b^2}{x^2}\right) + (a^2 + x^2) = x^2 + 2bx + \dfrac{2a^2 b}{x} + \dfrac{a^2 b^2}{x^2} + (a^2 + b^2)$

b) Begründen Sie, warum das Minimum der Funktion $l(x)$ gesucht wird.

c) Begründen Sie, warum das Minimum der Funktion $l(x)$ an derselben Stelle auftreten muss wie das Minimum der Funktion $f(x) = l^2(x)$.

d) Bestimmen Sie die Ableitungsfunktion der Funktion f und deren Nullstelle.
Welche Bedeutung hat das Ergebnis für die Sachsituation?

e) Nehmen Sie kritisch Stellung zu der gewählten Modellierung.

f) Dreht man den obigen Kartenausschnitt in der rechts abgebildeten Weise, dann kann man den gekrümmten Abschnitt der Abbiegung von der Schleuse nach Wolfsburg mithilfe einer quadratischen Parabel modellieren.

Übertragen Sie die Daten aus der abgebildeten Karte in ein Koordinatensystem und versuchen sie so an dieser Zeichnung herauszufinden, welche Länge ein Schiff maximal haben darf.

→ Die Begriffe *streng monoton steigend* bzw. *streng monoton fallend* definieren und Monotonieintervalle mithilfe des Monotoniesatzes bestimmen können.

1 Bestimmen Sie die Intervalle, auf denen der Graph der Funktion f streng monoton steigend bzw. fallend verläuft und erläutern Sie, was dies bedeutet.

a) $f_1(x) = 0,25x^3 - 0,75x^2 - 2,25x + 3,75$

b) $f_2(x) = -4x^4 - 8x^3 + 12x^2 + 16x - 8$

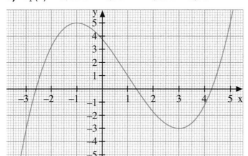
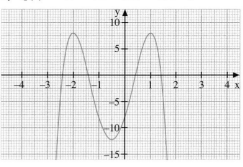

→ Die Begriffe *Hoch-* und *Tiefpunkt* definieren sowie das notwendige Kriterium für das Vorliegen eines Hoch- oder Tiefpunktes anwenden können und erläutern können, wie man überprüfen kann, ob tatsächlich ein Hoch- oder Tiefpunkt
vorliegt.

2 Bestimmen Sie Stellen, an denen möglicherweise ein Hoch- oder Tiefpunkt des Graphen der Funktion f_3 bzw. f_4 vorliegt. Erläutern Sie, *wie* der Nachweis erfolgen kann, dass es sich tatsächlich um Hoch- bzw. Tiefpunkte handelt.

a) $f_3(x) = x^3 - 1,5x^2 - 6x + 4,5$

b) $f_4(x) = 0,75x^4 - x^3 - 3x^2 + 8$

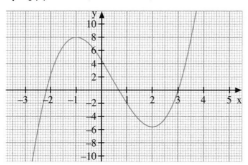
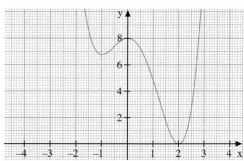

→ Mithilfe des Vorzeichenwechselkriteriums für die 1. Ableitung nachweisen können, dass an einer Stelle ein Hoch- bzw.
Tiefpunkt vorliegt.

3 Weisen Sie mithilfe der 1. Ableitung nach, dass der Graph der Funktion

a) f_1 mit $f_1(x) = 0,25x^3 - 0,75x^2 - 2,25x + 3,75$ an der Stelle $x = 3$ ein Minimum und an der Stelle $x = -1$ ein Maximum hat. Bestimmen Sie jeweils die y-Koordinaten;

b) f_4 mit $f_4(x) = 0,75x^4 - x^3 - 3x^2 + 8$ an der Stelle $x = -1$ und an der Stelle $x = 2$ ein Minimum und an der Stelle $x = 0$ ein Maximum hat. Bestimmen Sie jeweils die y-Koordinaten.

→ Das hinreichende Kriterium der 2. Ableitung für das Vorliegen eines Hoch- oder Tiefpunkts kennen und anwenden können.

4 Weisen Sie mithilfe der 2. Ableitung nach, dass der Graph der Funktion f_3 aus Aufgabe 2 an der Stelle $x = 2$ ein Minimum und an der Stelle $x = -1$ ein Maximum hat. Bestimmen Sie jeweils die y-Koordinaten.

→ **Die Begriffe** *linksgekrümmt* **bzw.** *rechtsgekrümmt* **definieren und Krümmungsintervalle bestimmen können.**

5 Bestimmen Sie die Intervalle, auf denen der Graph der Funktion f mit $f_5(x) = \frac{1}{96}x^4 - \frac{1}{24}x^3 - \frac{1}{2}x^2 + 5$ links- bzw. rechtsgekrümmt ist und erläutern Sie, was dies bedeutet.

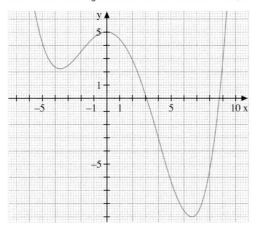

→ **Das notwendige Kriterium für das Vorliegen eines Wendepunktes anwenden können und erläutern können, wie man überprüfen kann, ob tatsächlich ein Wendepunkt vorliegt.**

6 Bestimmen Sie Stellen, an denen möglicherweise ein Wendepunkt des Graphen der Funktion f_6 mit $f_6(x) = 0,6x^4 + 0,8x^3 - 1,2x^2 - 2,4x + 1$ vorliegt.

Erläutern Sie, *wie* der Nachweis erfolgen kann, dass es sich tatsächlich um einen Wendepunkt handelt.

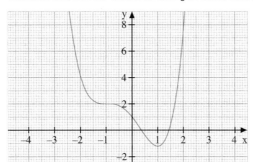

→ **Mithilfe des Vorzeichenwechselkriteriums für die 2. Ableitung nachweisen können, dass an einer Stelle ein Wendepunkt vorliegt.**

7 Weisen Sie mithilfe der 2. Ableitung nach, dass der Graph der Funktion f_7 mit $f_7(x) = 0,1x^4 - 0,6x^3 + 3,2x$ an der Stelle $x = 0$ und an der Stelle $x = 3$ einen Wendepunkt hat.

Bestimmen Sie jeweils die y-Koordinaten.

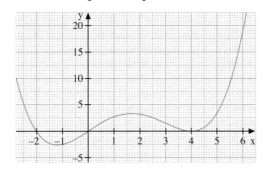

→ **Das hinreichende Kriterium der 3. Ableitung für das Vorliegen eines Wendepunkts kennen und anwenden können.**

8 Bestimmen Sie die Stellen, an den möglicherweise Wendepunkte des Graphen der Funktion f_8 mit $f_8(x) = 0{,}6x^5 + 4x^4 + 6x^3 - 16{,}2$ liegen und weisen Sie mithilfe der 3. Ableitung nach, dass dies tatsächlich Wendepunkte sind. Bestimmen Sie jeweils die y-Koordinaten.

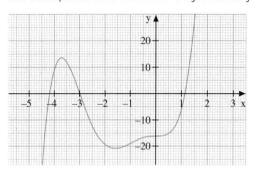

→ **Den Begriff *Sattelpunkt* kennen und das Vorliegen eines Sattelpunkts nachweisen können.**

9 Weisen Sie nach, dass die Graphen der Funktionen f_6 aus Aufgabe 6, Seite XXX, und f_8 aus Aufgabe 8 einen Sattelpunkt besitzen.

→ **Die Begriffe *notwendige Bedingung* und *hinreichende Bedingung* unterscheiden und im Zusammenhang mit der Untersuchung der Eigenschaften von Graphen anwenden können.**

10

a) Untersuchen Sie, ob der Graph der Potenzfunktion f mit $f(x) = x^5$ einen Extrempunkt hat.
Erläutern Sie in diesem Zusammenhang die Begriffe *notwendig* und *hinreichend*.
Skizzieren Sie auch den Graphen der Potenzfunktion.

b) Untersuchen Sie, ob der Graph der Potenzfunktion f mit $f(x) = x^6$ einen Wendepunkt hat.
Erläutern Sie in diesem Zusammenhang die Begriffe *notwendig* und *hinreichend*.
Skizzieren Sie auch den Graphen der Potenzfunktion.

→ **Die Vorgehensweise beim Lösen eines Extremwertproblems erläutern können.**

11 Ein oben offener zylinderförmiger Abfallbehälter mit einem Volumen V = 10 Liter soll mit möglichst geringem Materialverbrauch aus Blech hergestellt werden.
Welche Form (Radius r der Grundfläche, Höhe h des Zylinders) wird dieser Abfallbehälter haben?

Lösungen zu Kapitel 1 (Seiten 130 bis 132)

1 $D_{f_1} = \mathbb{R}$; $\quad W_{f_1} = \{y \mid y \geq -17\} = [-17; +\infty[$

$D_{f_2} = \mathbb{R}$; $\quad W_{f_2} = \mathbb{R}$

$D_{f_3} = \mathbb{R}$; $\quad W_{f_3} = \{y \mid y \geq -10\} = [-10; +\infty[$

$D_{f_4} = \mathbb{R} \setminus \{0\}$; $\quad W_{f_4} \approx \mathbb{R} \setminus \{0\}$

$D_{f_5} = \mathbb{R}$; $\quad W_{f_5} \approx \mathbb{R}^+_0 = [0; +\infty]$

$D_{f_6} = \mathbb{R}$; $\quad W_{f_6} = \{y \mid y > 1\}$

$D_{f_7} = \{x \mid x > -1\} =]-1; +\infty[$; $\quad W_{f_7} = \mathbb{R}$

$D_{f_8} = \{x \mid x \geq -3\} = [-3; +\infty[$; $\quad W_{f_8} = \mathbb{R}^+_0 = [0; +\infty[$

$D_{f_9} = \{x \mid x^2 + 3x - 4 \geq 0\} =]-\infty; -4] \cup [1; +\infty[$; $\quad W_{f_9} = \mathbb{R}^+_0 = [0; +\infty[$

2 $f_1(-1) = -13$ $\qquad f_4(-2) = \frac{1}{8}$ $\qquad f_7(3) = 2$

$f_2(3) = 14{,}9$ $\qquad f_5(-1) = -1$ $\qquad f_8(1) = 2$

$f_3(10) = 290$ $\qquad f_6(-1) = 1{,}75$ $\qquad f_9(-8) = 6$

3 (1) $y = -\frac{8}{3}x + \frac{31}{3}$

(2) $y = -2 \cdot (x + 3) - 1 = -2x - 7$

(3) $y = 2 \cdot (x - 5) + 1 = 2x - 9$

(4) $A = \frac{1}{2} \cdot x \cdot \frac{3}{2}x = 12$, also $x = 4$

4 a) $f_1(x) = 0$: $x = \frac{1}{4}$; $\quad f_2(x) = 0$: $x = -16$; $\quad f_3(x) = 0$: $x = -\frac{16}{9}$

b) $f_1(x) = f_2(x)$ gilt für $x = \frac{18}{7}$, also $S\left(\frac{18}{7} \mid \frac{65}{14}\right)$

$f_1(x) = f_3(x)$ gilt für $x = \frac{22}{15}$, also $S\left(\frac{22}{15} \mid \frac{73}{30}\right)$

$f_2(x) = f_3(x)$ gilt für $x = \frac{16}{3}$, also $S\left(\frac{16}{3} \mid \frac{16}{3}\right)$

5 $K_A(x) = 180 + 0{,}041x$; $\quad K_B(x) = 160 + 0{,}045x$

$K_A(x) < K_B(x)$ gilt für $x > 5\,000$ kWh

6 Durch die Tabellenkalkulation wird eine Gerade bestimmt, für die gilt, dass die Summe der quadratischen Abweichungen der y-Werte der Punkte der Punktwolke von den zugehörigen Punkte der Geraden minimal ist. Die Tabellenkalkulation bestimmt als Regressionsgerade (Trendlinie) die lineare Funktion mit $y = 0{,}115x + 9{,}63$ für $x = 4, 5, 6, \ldots$ (Jahreszahlen nach 2000). Für das Jahr 2012 ergibt sich so der Schätzwert von 11,01 Mrd. Fahrgästen. Problematisch könnte es sein, eine Prognose über einen zu langen Zeitraum vorzunehmen.

7 $f_1(x) = 0$ für $x_1 = 2$; $\quad x_2 = 4$; $\quad T(3 \mid -1)$ ist Tiefpunkt

$f_2(x) = 0$ für $x_1 = -1$; $\quad x_2 = 3$; $\quad H(1 \mid 4)$ ist Hochpunkt

$f_3(x) = 0$ für $x_1 = -5$; $\quad x_2 = -1$; $\quad T(-3 \mid -4)$ ist Tiefpunkt

$f_4(x) = 0$ ist nicht erfüllbar (f_4 hat keine Nullstellen); der Tiefpunkt $T(1 \mid 1)$ liegt oberhalb der x-Achse

8 (1) Ansatz $f(x) = k(x + 2)(x - 4) = k \cdot (x^2 - 2x - 8)$

Aus $f(0) = -4$ folgt: $k = \frac{1}{2}$,

also ist $f(x) = \frac{1}{2}x^2 - x - 4$

(2) Für $y = ax^2 + bx + c$ muss das Gleichungssystem erfüllt sein

$\begin{vmatrix} 4a - 2b + c = 2 \\ a + b + c = 1 \\ 4a + 2b + c = 10 \end{vmatrix}$.

Lösung: $a = \frac{8}{3}$; $\quad b = 2$; $\quad c = -\frac{10}{3}$

also $f(x) = \frac{8}{3}x^2 + 2x - \frac{10}{3}$

9 (1) $y = (3(x + 3) + 4) + 2 = 3x + 15$

(2) $y = ((x + 3)^2 - 2(x + 3) + 3) + 2 = x^2 + 4x + 8$

(3) $y = \frac{1}{2}(x + 4)(x + 1) + 2 = \frac{1}{2}x^2 + \frac{5}{2}x + 4$

(4) $y = ((x + 3)^3 + (x + 3)^2 - (x + 3) + 1) + 2$

$\quad = x^3 + 10x^2 + 32x + 36$

(5) $y = 3^{-(x + 3)} + 2 = 3^{-x} \cdot 3^{-3} + 2 = \frac{1}{27} \cdot 3^{-x} + 2$

(6) $y = \sin(2(x + 3)) + 2$

10 a) (1) $f(-x) = (-x)^3 - 5(-x) = -x^3 + 5x = -f(x)$

(2) $f(-x) = (-x)^4 + 3(-x) + 4 = x^4 - 3x + 4 \neq f(x)$; $-f(x)$

(3) $f(-x) = (-x)^5 - (-x)^3 + 1 = -x^5 + x^3 + 1 \neq f(x)$; $-f(x)$

(4) $f(-x) = |(-x)^2 - 4| = |x^2 - 4| = -f(x)$

(5) $f(x) = -\sin(x)$; $f(-x) = \sin(-x + \pi) = \sin(x) = f(x)$

(6) $f(x) = -\cos(x)$; $f(-x) = \sin\left(-x - \frac{1}{2}\pi\right) = -\cos(x) = f(x)$

b) (1) Verschieben des Graphen von f um 1 nach rechts:

$g(x) = f(x - 1) = (x - 1)^4 + 4(x - 1)^3 +$
$\qquad 3(x - 1)^2 - 2(x - 1) + 3 = x^4 - 3x^2 + 5$

Der Funktionsterm enthält nur Potenzen von x mit geradem Exponenten; daher ist der Graph von g achsensymmetrisch zur y-Achse (und f achsensymmetrisch zu $x = 1$).

(2) Verschieben des Graphen um 2 nach links und 2 nach oben:

$g(x) = (x + 2)^3 - 6(x + 2)^2 + 8(x + 2) - 2 + 2 = x^3 - 4x$

11 (1) Der Graph unterscheidet sich global gesehen nur wenig von dem Graphen von $g(x) = x^3$, denn

$f(x) = x^3 \cdot \left(1 - \frac{3}{x} + \frac{4}{x^2} - \frac{5}{x^3}\right)$,

also $\lim\limits_{x \to -\infty} f(x) = -\infty$; $\quad \lim\limits_{x \to +\infty} f(x) = +\infty$

(2) Der Graph unterscheidet sich global gesehen nur wenig von den Graphen von $g(x) = -x^4$, denn

$f(x) = -x^4 \cdot \left(1 - \frac{1}{x} + \frac{1}{x^2} - \frac{5}{x^3}\right)$

(3) Den Graphen der Funktion f erhält man aus dem Graphen der Potenzfunktion g mit $g(x) = x^{-2} = \frac{1}{x^2}$ durch Spiegelung an der x-Achse, d.h.

es gilt: $\lim\limits_{x \to -\infty} f(x) = 0$ und $\lim\limits_{x \to +\infty} f(x) = 0$

und an der Polstelle $x = 0$ gilt $\lim\limits_{x \to 0} f(x) = -\infty$ für $x < 0$ und für $x > 0$.

(4) Da $f(x) = 4^{-x} = \left(\frac{1}{4}\right)^x$, handelt es sich um den Graphen einer monoton fallenden Exponentialfunktion, die im Punkt $(0 \mid 1)$ die y-Achse schneidet und nur im positiven Bereich verläuft. Es gilt:

$\lim\limits_{x \to -\infty} f(x) = +\infty$ und $\lim\limits_{x \to +\infty} f(x) = 0$

(5) Es handelt sich um den Graphen einer monoton steigenden Logarithmusfunktion, die im Punkt $(1 \mid 0)$ die x-Achse schneidet. Es gilt:

$\lim\limits_{x \to 0} f(x) = -\infty$ für $x > 0$ sowie $\lim\limits_{x \to +\infty} f(x) = +\infty$

(6) Es handelt sich um den Graphen einer monoton fallenden Logarithmusfunktion, die im Punkt $(1 \mid 0)$ die x-Achse schneidet. Es gilt:

$\lim\limits_{x \to 0} f(x) = +\infty$ für $x > 0$ sowie $\lim\limits_{x \to +\infty} f(x) = -\infty$

12 (1) einfache Nullstellen bei $x_1 = -2$; $x_2 = 1$; $x_3 = 5$
Verlauf: monoton steigend von $-\infty$ bis zu einem Hochpunkt zwischen $x_1 = -2$ und $x_2 = +1$, dann monoton fallend bis zu einem Tiefpunkt zwischen $x_2 = +1$ und $x_3 = +5$, danach monoton steigend nach $+\infty$.

(2) doppelte Nullstelle bei $x_1 = 2$; einfache Nullstelle bei $x_2 = -1$
Verlauf: monoton steigend von $-\infty$ bis zu einem Hochpunkt zwischen $x_2 = -1$ und $x_1 = +2$, dann monoton fallend bis zum Tiefpunkt bei $x_1 = +2$, danach monoton steigend nach $+\infty$.

(3) einfache Nullstellen bei $x_1 = -4$ und $x_2 = +1$, doppelte Nullstelle bei $x_3 = 0$
Verlauf: monoton fallend von $+\infty$ bis zu einem Tiefpunkt zwischen $x_1 = -4$ und $x_3 = 0$, dann monoton steigend bis zum Hochpunkt bei $x_3 = 0$, dann monoton fallend bis zu einem Tiefpunkt zwischen $x_3 = 0$ und $x_2 = +1$, danach monoton steigend nach $+\infty$.

(4) doppelte Nullstellen bei $x_1 = -1$ und bei $x_2 = +2$
Verlauf: monoton steigend von $-\infty$ bis zum Hochpunkt bei $x_1 = -1$, dann monoton fallend bis zu einem Tiefpunkt zwischen $x_1 = -1$ und $x_2 = +2$, dann monoton steigend bis zum Hochpunkt bei $x_2 = +2$, danach monoton fallend nach $-\infty$.

(5) einfache Nullstellen bei $x_1 = -4$ und bei $x_2 = 0$, doppelte Nullstelle bei $x_3 = +3$
Verlauf: monoton fallend von $+\infty$ bis zu einem Tiefpunkt zwischen $x_1 = -4$ und $x_2 = 0$, dann monoton steigend bis zu einem Hochpunkt zwischen $x_2 = 0$ und $x_3 = +3$, dann monoton fallend bis zum Tiefpunkt bei $x_3 = +3$; danach monoton steigend nach $+\infty$.

(6) dreifache Nullstelle bei $x_1 = -1$, einfache Nullstelle bei $x_2 = +2$
Verlauf: monoton fallend von $+\infty$ bis zur dreifachen Nullstelle, dann weiter bis zu einem Tiefpunkt zwischen $x_1 = -1$ und $x_2 = +2$, danach monoton steigend nach $+\infty$.

13 Aus dem Koordinaten der gegebenen Punkte ergibt sich das Gleichungssystem

(1) $\left|\begin{array}{l} a \cdot b^0 = 2 \\ a \cdot b^3 = 1 \end{array}\right|$ also $a = 2$; $b = \sqrt[3]{\frac{1}{2}} \approx 0{,}794$; d.h. $y \approx 2 \cdot 0{,}794^x$

(2) $\left|\begin{array}{l} a \cdot b = 2 \\ a \cdot b^4 = 3 \end{array}\right|$ also $a = 1{,}747$; $b = \sqrt[3]{\frac{3}{2}} \approx 1{,}145$; d.h. $y \approx 1{,}747 \cdot 1{,}145^x$

(3) $\left|\begin{array}{l} a\, b^{-2} = 1 \\ a\, b^3 = 4 \end{array}\right|$ also $a = 1{,}741$; $b = \sqrt[5]{4} \approx 1{,}320$; d.h. $y \approx 1{,}741 \cdot 1{,}320^x$

bzw.

(1) $\left|\begin{array}{l} a \cdot 2^0 = 2 \\ a \cdot 2^{3k} = 1 \end{array}\right|$ also $a = 2$ und $2 \cdot 2^{3k} = 2^{3k+1} = 1 = 2^0$; d.h. $k = -\frac{1}{3}$ und $y \approx 2 \cdot 2^{-0{,}333\,x}$

(2) $\left|\begin{array}{l} a \cdot 2^{1k} = 2 \\ a \cdot 2^{4k} = 3 \end{array}\right|$ also $2^{3k} = \frac{3}{2}$; d.h. $k = \frac{1}{3} \log_2 1{,}5 \approx 0{,}195$; $a \approx 1{,}747$ und $y \approx 1{,}747 \cdot 2^{0{,}195\,x}$

(3) $\left|\begin{array}{l} a \cdot 2^{-2k} = 1 \\ a \cdot 2^{3k} = 4 \end{array}\right|$ also $2^{5k} = 4$; d.h. $k = \frac{1}{5} \log_2 4 = 0{,}4$; $a \approx 1{,}741$ und $y \approx 1{,}741 \cdot 2^{0{,}4\,x}$

14 a) (1) $x = 5$ (4) $x = \log_3 2 = \frac{\ln 2}{\ln 3} \approx 0{,}631$

(2) $x = 2$ (5) $x = \log_3 4 = \frac{\ln 4}{\ln 3} \approx 1{,}262$

(3) $x = -2$ (6) $x = \log_2\left(\frac{5}{3}\right) \approx 1{,}465$

b) Ansatz: $y = m \cdot 0{,}9^x$ mit m Anfangsmasse, x Zeit in Wochen, y Masse nach x Wochen
Gesucht: x mit $\frac{1}{2}m = m \cdot 0{,}9^x$ also $0{,}9^x = 0{,}5$
Lösung: $x = \log_{0{,}9} 0{,}5 = \frac{\ln 0{,}5}{\ln 0{,}9} \approx 6{,}58$ ($\approx$ 6 Wochen 4 Tage)

c) Ansatz: $K(t) = K(0) \cdot 1{,}062^t$, t in Jahren
Gesucht: t mit $K(t) = 2 \cdot K(0) = K(0) \cdot 1{,}062^t$, also $1{,}062^t = 2$
Lösung: $t = \log_{1{,}062} 2 = \frac{\ln 2}{\ln 1{,}062} \approx 11{,}52$

15 a) $K(n) = 10\,000 \cdot 1{,}042^n$ jährliche Verzinsung, Anzahl n der Jahre
$K(n) = 10\,000 \cdot 1{,}021^{2n}$ halbjährliche Verzinsung,
$K(n) = 10\,000 \cdot 1{,}0105^{4n}$ vierteljährliche Verzinsung.

b) $1{,}042^n = 2$ ist erfüllt für $n \approx 16{,}85$ (16 Jahre, 10 Monate)
$1{,}021^{2n} = 2$ ist erfüllt für $n \approx 16{,}68$ (16 Jahre, 8 Monate)
$1{,}0105^{4n} = 2$ ist erfüllt für $n \approx 16{,}59$ (16 Jahre, 7 Monate)

16 Gibt man die Jahreszahlen als $x = 2$ (für 1992), $x = 6$ (für 1996) usw. ein, dann erhält man die Regressionsgerade mit $y = 6{,}2425x + 149{,}915$ ($r = 0{,}993$). Für 2012 ergibt sich als Prognose $y = 287{,}25$.

17 a) (1) Der Graph hat die Periodenlänge $p = \pi$ und die Amplitude 2; er ist gegenüber der Standard-Sinusfunktion um 2 Einheiten nach oben und um $\frac{\pi}{2}$ nach links verschoben. Der Graph ist achsensymmetrisch zu allen Parallelen zur y-Achse mit $x = \frac{\pi}{4} \pm k \cdot \frac{\pi}{2}$, $k \in \mathbb{Z}$, und punktsymmetrisch zu allen Punkten $P\left(k \cdot \frac{\pi}{2} \mid 0\right)$.

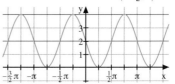

(2) Der Graph hat die Periodenlänge $p = 4\pi$ und die Amplitude 0,5; er ist gegenüber der Standard-Sinusfunktion um 0,5 Einheiten nach unten und um $\frac{\pi}{4}$ nach rechts verschoben. Der Graph ist achsensymmetrisch zu allen Parallelen zur y-Achse mit $x = \frac{3\pi}{4} \pm k \cdot \pi$, $k \in \mathbb{Z}$, und punktsymmetrisch zu allen Punkten $P\left(-\frac{\pi}{4} + k \cdot 2\pi \mid 0\right)$.

b) (1) $f(x) = 1{,}5 \cdot \sin\left(4 \cdot \left(x - \frac{\pi}{3}\right)\right)$

(2) $f(x) = 0{,}5 \cdot \sin\left(\frac{2}{3} \cdot \left(x + \frac{\pi}{4}\right)\right)$

c) (1) $\frac{1}{4} \cdot \sin\left(2 \cdot \left(x + \frac{3\pi}{2}\right)\right) + \frac{1}{4} = 0$ bedeutet: $\sin\left(2 \cdot \left(x + \frac{3\pi}{2}\right)\right) = -1$.
Die Standard-Sinusfunktion nimmt den Funktionswert $y = -1$ ein, für $x = \frac{3}{2}\pi$. Die Gleichung $\left(2 \cdot \left(x + \frac{3\pi}{2}\right)\right) = \frac{3}{2}\pi$ kann umgeformt werden zu $x + \frac{3\pi}{2} = \frac{3}{4}\pi$, also $x = -\frac{3}{4}\pi$. Da der Graph die Periodenlänge $p = \pi$ hat, tritt der Funktionswert $y = 0$ auch auf bei $x = \frac{3}{4}\pi$, $x = \frac{7}{4}\pi$, ... und für $x = -\frac{5}{4}\pi$, $x = -\frac{9}{4}$ usw.

(2) $\frac{1}{4} \cdot \sin\left(2 \cdot \left(x + \frac{3\pi}{2}\right)\right) + \frac{1}{4} = \frac{1}{4}$ bedeutet: $\sin\left(2 \cdot \left(x + \frac{3\pi}{2}\right)\right) = 0$. Die Standard-Sinusfunktion nimmt den Funktionswert y = 0 ein, für x = k · π.

Die Gleichung $\left(2 \cdot \left(x + \frac{3\pi}{2}\right)\right) = k \cdot \pi$ kann umgeformt werden zu $x + \frac{3}{2}\pi = \frac{1}{2}k\pi$, also $x = \left(\frac{1}{2}k - \frac{3}{2}\right) \cdot \pi$, d. h. der Funktionswert $y = \frac{1}{4}$ tritt auf bei $x = -\frac{3}{2}\pi$, $x = -\pi$, $x = -\frac{1}{2}\pi$, $x = 0$, $x = \frac{1}{2}\pi$ usw.

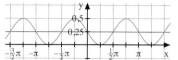

d) Die Graphen der Funktionen $f_1, \ldots, f_4$ sind gegenüber dem Graphen der Standard-Sinusfunktion nur nach rechts bzw. links verschoben – die Periodenlänge p = 2π bleibt unverändert. Die Graphen von

$f_1(x) = \sin\left(x + \frac{\pi}{2}\right)$ und von $f_3(x) = \sin\left(x - \frac{3\pi}{2}\right)$ stimmen überein (blau) sowie von $f_2(x) = \sin\left(x - \frac{\pi}{2}\right)$ und von $f_4(x) = \sin\left(x + \frac{3\pi}{2}\right)$ (rot).

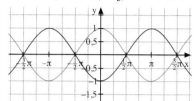

Lösungen zu Kapitel 2 (Seiten 181 bis 182)

1 a) Die Tangente berührt den Graphen im Punkt P (1|12); sie hat die Steigung f′(1) = −2. Damit ergibt sich die Tangentengleichung t(x) = −2 · (x − 1) + 12 = −2x + 14. Sekanten verlaufen durch den Punkt P und einen weiteren Punkt des Graphen, z. B. durch Q(2|11). Die Steigung dieser Sekante ist $m = \frac{11-12}{2-1} = -1$; daher lautet die zugehörige Sekantengleichung: s(x) = −1 · (x − 1) + 12 = −x + 13.

b) Der Pegelstand zum Zeitpunkt t = 5 wird durch f(5) = 0,25 angegeben. Die lokale Änderungsrate gibt die aktuelle Veränderung des Pegelstandes an; sie beträgt $f'(5) = -0,1 \left(\frac{m}{h}\right)$. Die Änderungsrate bezieht sich auf ein Intervall, z. B. auf das Intervall [4; 5]. Die Steigung der Sekante durch (5|0,25) und (4|0,36) ist $m = \frac{0,25 - 0,36}{5-4} = -0,11$. Der Quotient gibt die mittlere Änderung des Pegelstandes im Zeitraum zwischen 4 h und 5 h an; sie beträgt $-0,11 \frac{m}{h}$.

2 Dargestellt ist der Graph der Funktion f mit
$f(x) = 0,3x^3 - 3x^2 + 8,1x - 1,4$.
Die Steigung der Tangente ist: m(1) = 3; m(3) = −1,8; m(6) = 4,5.
Die Steigungswinkel sind: α(1) ≈ 71,6°; α(3) ≈ −60,9°; α(6) ≈ 77,5°

3 Dargestellt ist der Graph der Funktion f mit
$f(x) = 0,01x^3 - 0,09x^2 + 0,32x$.
Die lokale Änderungsrate (Steigung der Tangente), an der Stelle x = 5 (nach 5 km Fahrt) beträgt $0,17 \frac{l}{km}$ (aktueller Benzinverbrauch).

4 Der Differenzenquotient der Funktion f für die Punkte P und Q gibt die Steigung der Sekante durch P(1|0) und Q(1,1|0,121) an; sie beträgt $m = \frac{0,121 - 0}{1,1 - 1} = 1,21$. Der Differenzialquotient an der Stelle x = 1 ist der Grenzwert des Differenzenquotienten, wenn der Punkt Q auf P zuläuft, d. h.

$$\lim_{h \to 0} \frac{f(1+h) - f(1)}{(1+h) - 1} = \lim_{h \to 0} \frac{(1+h)^3 - (1+h)^2 - 0}{h}$$

$$= \lim_{h \to 0} \frac{h + 2h^2 + h^3}{h} = \lim_{h \to 0} (1 + 2h + h^2) = 1$$

5 Es gilt: f(−1) = 0; der Grenzwert des Differenzenquotienten an der Stelle $x_0 = -1$ berechnet sich wie folgt:

$$\lim_{x \to -1} \frac{f(x) - f(-1)}{x - (-1)} = \lim_{x \to -1} \frac{(x^4 + x) - 0}{x + 1}$$

$$= \lim_{x \to -1} (x^3 - x^2 + x) = (-1)^3 - (-1)^2 + (-1) = -3$$

wobei der Quotient $(x^4 + x) : (x + 1) = x^3 - x^2 + x$ durch Termdivision vereinfacht wurde.

$$\lim_{h \to 0} \frac{f(-1+h) - f(-1)}{(-1+h) - (-1)} = \lim_{h \to 0} \frac{[(-1) + h^4 + (-1+h)] - 0}{h}$$

$$= \lim_{h \to 0} \frac{[(-1)^4 + 4 \cdot (-1)^3 \cdot h + 6 \cdot (-1)^2 \cdot h^2 + 4 \cdot (-1) \cdot h^3 + h^4] + [-1 + h]}{h}$$

$$= \lim_{h \to 0} \frac{1 - 4h + 6h^2 - 4h^3 + h^4 - 1 + h}{h} = \lim_{h \to 0} \frac{-3h + 6h^2 - 4h^3 + h^4}{h}$$

$$= \lim_{h \to 0} (-3 + 6h + 4h^2 + h^3) = -3$$

6 Da die Nullstellen des Terms $x^2 - 3x + 2$ bei x = 1 und bei x = 2 liegen und der Term für x < 1 und für x > 2 positive Werte annimmt sowie für 1 < x < 2 negative Werte, gilt:
$f(x) = x^2 - 3x + 2$ für x ≤ 1 und für x ≥ 2
sowie $f(x) = -(x^2 - 3x + 2)$ für 1 ≤ x ≤ 2

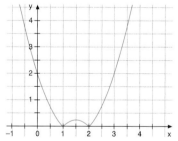

Die Funktion ist auf den Intervallen] −∞ ; + 1 [,] + 1; + 2 [und] + 2; +∞ [, also insbesondere an den Stellen x = − 1 und x = +3 differenzierbar, da der Differenzialquotient existiert.
Für x < +1 und für x > +2 gilt:
f′(x) = 2x − 3; für +1 < x < +2 gilt: f′(x) = −2x + 3.
An den Stellen x = +1 und x = +2 ist f nicht differenzierbar, denn:

$$\lim_{x \to +1} \frac{f(x) - f(1)}{x - 1} = 2 \cdot 1 - 3 = -1, \text{ falls man sich von links der Stelle}$$

x = +1 nähert, aber

$$\lim_{x \to +1} \frac{f(x) - f(1)}{x - 1} = -2 \cdot 1 + 3 = +1, \text{ falls man sich von rechts der Stelle}$$

x = +1 nähert.
Das umgekehrte gilt an der Stelle x = +2.

7 Es handelt sich um den Graphen der Funktion f mit
$f(x) = -0,05x^4 + 0,8x^3 - 4,05x^2 + 7,3x + 1$.

Aufgrund der Stellen mit horizontalen Tangenten sowie den Steigungen in den Wendepunkten kann der Graph der Ableitungsfunktion wie folgt skizziert werden:

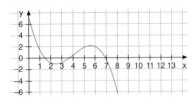

8 $f_1'(x) = (-4) \cdot x^{-5} + 6x$

$f_2'(x) = 9x^2 - 4x + 1$

$f_3'(x) = (-2) \cdot x^{-3} + 2x$, da $f_3(x) = x^{-2} + x^2$

$f_4'(x) = 3x^2 - 2x + 1$, da $f_4(x) = x^3 - x^2 + x - 1$

Angewandt wurde

– die allgemeine Potenzregel, d.h. $(x^n)' = n \cdot x^{n-1}$ für $n \in Z$,

– die Faktorregel, d.h. $(k \cdot f)' = k \cdot f'$

– die Summenregel, d.h. $(f + g)' = f' + g'$.

9 a) (1) $f(x) = 2 \cdot \sin(x) \Rightarrow f'(x) = 2 \cdot \cos(x)$ nach Faktorregel

Graph von f:

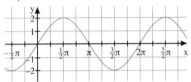

Graph von f':

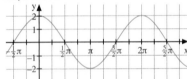

(2) $f(x) = \frac{1}{2} \cdot \cos(x) \Rightarrow f'(x) = -\frac{1}{2} \cdot \sin(x)$

Graph von f:

Graph von f':

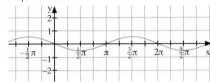

b) (1) Gesucht ist mindestens ein $x \in \mathbb{R}$, für das gilt $f'(x) = 2 \cdot \cos(x) = 0$. Dies trifft beispielsweise für $x = 0$ zu.

(2) $f'(x) = 2 \cdot \cos(x) = +1$, d.h. $\cos(x) = \frac{1}{2}$. Mithilfe eines TR finden wir heraus: z.B. $x \approx 1{,}047$

(3/1) $f'(x) = 2 \cdot \cos(x) = -1$, d.h. $\cos(x) = -\frac{1}{2}$: z.B. $x \approx 2{,}094$

(3/2) $f'(x) = -\frac{1}{2} \cdot \sin(x) = 0$, z.B. $x = 0$; $f'(x) = -\frac{1}{2} \cdot \sin(x) = +1$, also $\sin(x) = -2$: Diese Bedingung ist für kein $x \in \mathbb{R}$ erfüllt; $f'(x) = -\frac{1}{2} \cdot \sin(x) = -1$, also $\sin(x) = 2$: auch diese Bedingung ist nicht erfüllbar

c) Es gilt: (1) $f(\pi) = 0$; $f'(\pi) = 2 \cdot \cos(\pi) = -2$, also $t(x) = -2 \cdot (x - \pi) + 0 = -2x + 2\pi$

(2) $f(\pi) = -\frac{1}{2}$; $f'(\pi) = -\frac{1}{2} \sin(\pi) = 0$, also $t(x) = 0 \cdot (x - \pi) + \frac{1}{2} = \frac{1}{2}$

d) (1) $f'(x) = \cos(x) - \sin(x)$ gemäß Summenregel

(2) Verschiebt man den Graphen der (Standard-) Sinus-Funktion um $\frac{1}{4}\pi$ nach links und streckt sie mit dem Faktor $\sqrt{2}$, dann erhält man den abgebildeten Graphen von $f(x) = \sin(x) + \cos(x)$. Es gilt also auch: $f(x) = \sqrt{2} \cdot \sin\left(x + \frac{\pi}{4}\right)$.

Lösungen zu Kapitel 3 (Seiten 232 bis 234)

1 An den Graphen der Funktionen kann man ablesen:

a) Der Graph von f_1 ist streng monoton steigend auf $]-\infty; -1]$, streng monoton fallend auf $[-1; +3]$ und streng monoton steigend auf $[+3; +\infty[$.

b) Der Graph von f_2 ist streng monoton steigend auf $]-\infty; -2]$, streng monoton fallend auf $[-2; -0{,}5]$, streng monoton steigend auf $[-0{,}5; +1]$ und streng monoton fallend auf $[+1; +\infty[$.

Strenge Monotonie bedeutet gemäß Definition: Betrachtet man zwei Stellen x_1, x_2, wobei x_1 links von x_2 liegt; dann folgt für die Funktionswerte an diesen Stellen: $f(x_1) < f(x_2)$ bzw. $f(x_1) > f(x_2)$.

2 Notwendige Bedingung für das Vorliegen eines Hoch- bzw. Tiefpunktes ist, dass die Tangente in diesen Punkten horizontal ist.

Für die Ableitungen gilt:

$f_3'(x) = 3x^2 - 3x - 6$ und $f_4'(x) = 3x^3 - 3x^2 - 6x$

a) Bestimmung der Nullstellen der Ableitungsfunktion:

$3x^2 - 3x - 6 = 0$ bedeutet: $x^2 - x - 2 = 0$.

Aus der Linearfaktorzerlegung $(x + 1)(x - 2) = 0$ folgt $x = -1$ oder $x = +2$.

b) Im Term von $f_4'(x)$ kann man $3x$ ausklammern, sodass sich folgende Linearfaktorzerlegung ergibt:

$3x^3 - 3x^2 - 6x = 3x \cdot (x^2 - x - 2) = 3x(x + 1)(x - 2)$

Daher gilt: $f_4'(x) = 0$ für $x = -1$, $x = 0$ oder $x = +2$.

Ob tatsächlich ein Hoch- oder Tiefpunkt vorliegt, lässt sich durch Untersuchung des Monotonieverhaltens, also des Vorzeichens der Ableitungsfunktion links und rechts von diesen Stellen entscheiden.

3 a) Die notwendige Bedingung $f_1'(x) = 0{,}75x^2 - 1{,}5x - 2{,}25 = 0$ ist erfüllt, falls $x^2 - 2x - 3 = (x + 1)(x - 3) = 0$, also für $x_1 = -1$ und für $x_2 = +3$. (Statt der Umformung des Funktionsterms von $f_1'(x)$ genügt hier zu zeigen: $f_1'(-1) = 0$ und $f_1'(3) = 0$.)

Zur Untersuchung des Monotonieverhaltens betrachten wir das Vorzeichen der Ableitungsfunktion links und rechts von x_1 bzw. x_2:

Intervall	Beispiel	$f_1'(x) =$ $0{,}75 \cdot (x + 1)(x - 3)$	Vorzeichen von f_1'	Monotonie- verhalten
$x < -1$	$x = -2$	$(+) \cdot (-) \cdot (-)$	$+$	streng monoton steigend
$-1 < x < 3$	$x = 0$	$(+) \cdot (+) \cdot (-)$	$-$	streng monoton fallend
$x > 3$	$x = 4$	$(+) \cdot (+) \cdot (+)$	$+$	streng monoton steigend

Es gilt: $f_1(-1) = -0{,}25 - 0{,}75 + 2{,}25 + 3{,}75 = 5$
Da an der Stelle $x_1 = -1$ ein VZW von $f_1'(x)$ von $+$ nach $-$ vorliegt, ist $H(-1|5)$ ein Hochpunkt des Graphen.
Es gilt: $f_1(3) = 6{,}75 - 6{,}75 - 6{,}75 + 3{,}75 = -3$
Da an der Stelle $x_2 = 3$ ein VZW von $f_1'(x)$ von $-$ nach $+$ vorliegt, ist $T(3|-3)$ ein Tiefpunkt des Graphen.

b) Die notwendige Bedingung $f_4'(x) = 3x^3 - 3x^2 - 6x = 0$ ist erfüllt, falls $3x \cdot (x^2 - x - 2) = 3x \cdot (x + 1)(x - 2) = 0$, also für $x_1 = -1$, für $x_2 = 0$ und für $x_3 = +2$. (Statt der Umformung des Funktionsterms von $f_4'(x)$ genügt hier zu zeigen: $f_4'(-1) = 0$, $f_4'(0) = 0$ und $f_4'(2) = 0$.)
Zur Untersuchung des Monotonieverhaltens betrachten wir das Vorzeichen der Ableitungsfunktion links und rechts von x_1 bzw. x_2 bzw. x_3:

Intervall	Beispiel	$f_4'(x) =$ $3 \cdot (x + 1) \cdot x \cdot (x - 3)$	Vor- zei- chen von f_1'	Monotonie- verhalten
$x < -1$	$x = -2$	$(+) \cdot (-) \cdot (-) \cdot (-)$	$-$	streng monoton fallend
$-1 < x < 0$	$x = -0{,}5$	$(+) \cdot (+) \cdot (-) \cdot (-)$	$+$	streng monoton steigend
$0 < x < 2$	$x = 1$	$(+) \cdot (+) \cdot (+) \cdot (-)$	$-$	streng monoton fallend
$x > 2$	$x = 3$	$(+) \cdot (+) \cdot (+) \cdot (+)$	$+$	streng monoton steigend

Es gilt: $f_4(-1) = 0{,}75 + 1 - 3 + 8 = 6{,}75$
Da an der Stelle $x_1 = -1$ ein VZW von $f_1'(x)$ von $-$ nach $+$ vorliegt, ist $T_1(-1|6{,}75)$ ein Tiefpunkt des Graphen.
Es gilt: $f_4(0) = 8$
Da an der Stelle $x_2 = 0$ ein VZW von $f_4'(x)$ von $+$ nach $-$ vorliegt, ist $H(0|8)$ ein Hochpunkt des Graphen.
Es gilt: $f_4(2) = 12 - 8 - 12 + 8 = 0$
Da an der Stelle $x_3 = 2$ ein VZW von $f_4'(x)$ von $-$ nach $+$ vorliegt, ist $T_2(2|0)$ ein Tiefpunkt des Graphen.

4 Für die Ableitungen gilt: $f_3'(x) = 3x^2 - 3x - 6$ und $f_3''(x) = 6x - 3$.
Notwendige Bedingung: $f_3'(x) = 0$. Dies ist erfüllt für $x_1 = -1$ und für $x_2 = 2$.
Hinreichende Bedingung: An diesen Stellen gilt: $f_3''(-1) = -9 < 0$ bzw. $f_3''(2) = +9 > 0$.
Für die Funktionswerte gilt: $f_3(-1) = -1 - 1{,}5 + 6 + 4{,}5 = 8$ und $f_3(2) = 8 - 6 - 12 + 4{,}5 = -5{,}5$.
Daher ist $H(-1|8)$ ein Hochpunkt des Graphen und $T(2|-5{,}5)$ ein Tiefpunkt.

5 Am Graphen der Funktion kann man ablesen, dass der Graph auf dem Intervall $]-\infty; -2]$ linksgekrümmt, auf dem Intervall $[-2; +4]$ rechtsgekrümmt und auf dem Intervall $[4; \infty[$ wieder linksgekrümmt ist.
Links- und Rechtskrümmung sind durch das Monotonieverhalten der Ableitungsfunktion definiert: Ist der Graph der Ableitungsfunktion f_5' streng monoton steigend, dann ist der Graph der Funktion f_5 selbst linksgekrümmt. Ist der Graph der Ableitungsfunktion f_5' streng monoton fallend, dann ist der Graph der Funktion f_5 selbst rechtsgekrümmt.
Der Nachweis, dass die am Graphen abgelesenen Krümmungsintervalle richtig sind, erfolgt also mithilfe der 2. Ableitungsfunktion:
$f_5'(x) = \frac{1}{24}x^3 - \frac{1}{8}x^2$ und $f_5''(x) = \frac{1}{8}x^2 - \frac{1}{4}x - 1$
Die Nullstellen von f_5'' ergeben sich aus der Linearfaktorzerlegung $\frac{1}{8} \cdot (x^2 - 2x - 8) = \frac{1}{8} \cdot (x + 2)(x - 4) = 0$. Das Krümmungsverhalten lesen wir an der folgenden Tabelle ab

Intervall	Beispiel	$f_5''(x)$ $= \frac{1}{8} \cdot (x + 2)(x - 4)$	Vorzeichen von f_5''	Krümmungs- verhalten
$x < -2$	$x = -3$	$(+) \cdot (-) \cdot (-)$	$+$	linksge- krümmt
$-2 < x < 4$	$x = 0$	$(+) \cdot (+) \cdot (-)$	$-$	rechtsge- krümmt
$x > 4$	$x = 5$	$(+) \cdot (+) \cdot (+)$	$+$	linksge- krümmt

6 Notwendige Bedingung für das Vorliegen eines Wendepunktes ist, dass die 2. Ableitungsfunktion an diesen Stellen eine Nullstelle hat.
Für die Ableitungen gilt: $f_6'(x) = 2{,}4x^3 + 2{,}4x^2 - 2{,}4x - 2{,}4$ und $f_6''(x) = 7{,}2x^2 + 4{,}8x - 2{,}4 = 7{,}2 \cdot \left(x^2 + \frac{2}{3}x - \frac{1}{3}\right) = 7{,}2 \cdot (x + 1) \cdot \left(x - \frac{1}{3}\right)$
Bestimmung der Nullstellen der 2. Ableitung: $f_6''(x) = 0$ ist erfüllt für $x_1 = -1$ und für $x_2 = \frac{1}{3}$
Ob tatsächlich ein Wendepunkt vorliegt, lässt sich durch Untersuchung des Krümmungsverhaltens, also des Vorzeichens der 2. Ableitungsfunktion, links und rechts von diesen Stellen entscheiden.

7 Für die Ableitungen gilt: $f_7'(x) = 0{,}4x^3 - 1{,}8x^2 + 3{,}2x$ und $f_7''(x) = 1{,}2x^2 - 3{,}6x = 1{,}2x \cdot (x - 3)$
Die notwendige Bedingung $f_7''(x) = 0$ ist erfüllt für $x_1 = 0$ und für $x_2 = +3$. (Statt der Umformung des Funktionsterms von $f_7'(x)$ genügt hier zu zeigen: $f_7''(0) = 0$ und $f_7''(3) = 0$.)
Zur Untersuchung des Krümmungsverhaltens betrachten wir das Vorzeichen der 2. Ableitungsfunktion links und rechts von x_1 bzw. x_2:

Intervall	Beispiel	$f_7''(x)$ $= 1{,}2 \cdot x \cdot (x - 3)$	Vorzeichen von f_7''	Krümmungs- verhalten
$x < 0$	$x = -1$	$(+) \cdot (-) \cdot (-)$	$+$	linksge- krümmt
$0 < x < 3$	$x = 1$	$(+) \cdot (+) \cdot (-)$	$-$	rechtsge- krümmt
$x > 3$	$x = 4$	$(+) \cdot (+) \cdot (+)$	$+$	linksge- krümmt

Es gilt: $f_7(0) = 0$.
Da an der Stelle $x_1 = 0$ ein VZW von $f_7''(x)$ von $+$ nach $-$ vorliegt, ist $W_1(0|0)$ ein Wendepunkt des Graphen.
Es gilt: $f_7(3) = 8{,}1 - 16{,}2 + 9{,}6 = 1{,}5$
Da an der Stelle $x_2 = 3$ ein VZW von $f_7''(x)$ von $-$ nach $+$ vorliegt, ist $W_2(3|1{,}5)$ ein weiterer Wendepunkt des Graphen.

8 Ableitungen: $f_8'(x) = 3x^4 + 16x^3 + 18x^2$; $f_8''(x) = 12x^3 + 48x^2 + 36x = 12x \cdot (x^2 + 4x + 3) = 12x \cdot (x + 3)(x + 1)$;
$f_8'''(x) = 36x^2 + 96x + 36$
Notwendige Bedingung: $f_8''(x) = 0$. Dies ist erfüllt für $x_1 = -3$; $x_2 = -1$ und $x_3 = 0$
Hinreichende Bedingung: $f_8'''(-3) = 324 - 288 + 36 > 0$; $f_8'''(-1) = 36 - 96 + 36 < 0$; $f_8'''(0) = 36 > 0$
Funktionswerte: $f_8(-3) = 0$; $f_8(-1) = -18,8$; $f_8(0) = -16,2$
Daher sind die Punkte $W_1(-3\,|\,0)$, $W_2(-1\,|\,-18,8)$ und $W_3(0\,|\,-16,2)$ Wendepunkte des Graphen.

9 Sattelpunkte sind Wendepunkte mit horizontaler Tangente
In Testaufgabe 6 wurde gezeigt: $f_6''(-1) = 0$. Weiter gilt:
$f_6'''(x) = 14,4x + 4,8$, also $f_6'''(-1) = -14,4 + 4,8 < 0$
und $f_6'(-1) = -2,4 + 2,4 + 2,4 - 2,4 = 0$. Damit ist gezeigt, dass der Graph von f_6 an der Stelle $x = -1$ eine Sattelstelle hat.
In Testaufgabe 8 wurde gezeigt, dass der Graph von f_8 im Punkt $(0\,|\,-16,2)$ einen Wendepunkt hat. Da außerdem gilt, dass $f_8'(0) = 0$ ist, folgt die Behauptung.

10 **a)** Der Graph von f mit $f(x) = x^5$ (blau) hat an der Stelle $x = 0$ keinen Extrempunkt. Zwar ist die notwendige Bedingung für das Vorliegen einer Extremstelle erfüllt, denn es gilt: $f'(x) = 5x^4$ und somit $f'(0) = 0$, aber f' hat an der Stelle $x = 0$ keinen VZW. Wegen des geraden Exponenten gilt sowohl für negative wie auch für positive x-Werte, dass $f'(x) > 0$. Die hinreichende Bedingung eines Vorzeichenwechsels von f' ist also nicht erfüllt.

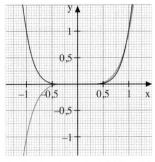

b) Der Graph von f mit $f(x) = x^6$ (rot) hat an der Stelle $x = 0$ einen Tiefpunkt. Die notwendige Bedingung für das Vorliegen einer Extremstelle ist erfüllt, denn es gilt: $f'(x) = 6x^5$ und somit $f'(0) = 0$ und außerdem hat f' hat an der Stelle $x = 0$ einen VZW. Wegen des ungeraden Exponenten gilt für negative x-Werte $f'(x) < 0$ und für positive x-Werte, dass $f'(x) > 0$. Die hinreichende Bedingung eines Vorzeichenwechsels von − nach + für das Vorliegen eines Tiefpunkts des Graphen von f' ist demnach erfüllt.

11 Die Zielfunktion ergibt sich aus der Vorgabe, dass der Materialverbrauch für den offenen Zylinder möglichst gering sein sein soll:
$O = 2\pi r \cdot h + \pi r^2 = \pi r \cdot (2h + r)$
Die Nebenbedingung wird durch das vorgegebene Volumen des offenen Zylinders definiert:
$V = \pi \cdot r^2 \cdot h = 10$ (dm³)
Am einfachsten ist es, die Nebenbedingung nach der Variablen h aufzulösen:
$h = \dfrac{10}{\pi \cdot r^2}$
Die Zielfunktion O lässt sich daher als Funktion mit der Variablen r darstellen durch
$O(r) = \pi \cdot r \cdot \left(\dfrac{20}{\pi \cdot r^2} + r\right) = \dfrac{20}{r} + \pi \cdot r^2$
Der Definitionsbereich der Zielfunktion wird aus Sachgründen auf $\mathbb{R}^+$ eingeschränkt.

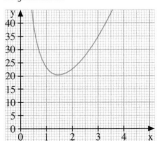

Aus dem Graphen der Zielfunktion können wir ablesen, dass die Oberfläche des Abfallbehälters bei einem Radius von $r \approx 1,5$ dm = 15 cm minimal ist.
Mithilfe der Ableitungsfunktion ergibt sich:
$O'(r) = \dfrac{20}{r^2} + 2\pi \cdot r$
Die notwendige Bedingung $O'(r) = 0$ ist erfüllt, falls $r^3 = \dfrac{20}{2\pi} = \dfrac{10}{\pi}$
also $r = \sqrt[3]{\dfrac{10}{\pi}} \approx 1,471$. Aus dem Sachverhalt und dem Verlauf des Graphen entnehmen wir, dass es sich um das Minimum handelt.
Einsetzen von $r_{opt} \approx 1,471$ dm in die Nebenbedingung ergibt:
$h_{opt} \approx 1,471$ dm = r_{opt} und für die Oberfläche $O_{opt} \approx 20,39$ dm² $\approx 0,20$ m²
Der Abfallbehälter mit minimalem Materialverbrauch und Volumen 10 Liter hat einen Durchmesser, der doppelt so groß ist wie die Höhe. Für die Herstellung wird ca. 0,2 m² Blech benötigt.

Stichwortverzeichnis

Mathematische Symbole

Mengen, Zahlen

$\mathbb{N}$	Menge der natürlichen Zahlen
$\mathbb{Z}$	Menge der ganzen Zahlen
$\mathbb{Q}$	Menge der rationalen Zahlen
$\mathbb{R}_+$	Menge der positiven reellen Zahlen einschließlich Null
$\mathbb{R}_+^*$	Menge der positiven reellen Zahlen ohne Null
$x \in M$	x ist Element von M
$x \notin M$	x ist nicht Element von M
$\{x \in M \mid \ldots\}$	Menge aller x aus M, für die gilt …
$\{a, b, c, d\}$	Menge mit den Elementen a, b, c, d
$\{\ \}$	leere Menge
$[a; b]$	abgeschlossenes Intervall, $\{x \in \mathbb{R} \mid a \leq x \leq b\}$
$]a; b[$	offenes Intervall, $\{x \in \mathbb{R} \mid a < x < b\}$
$a < b$	a kleiner b
$a \leq b$	a kleiner oder gleich b
$|x|$	Betrag von x
$\sqrt{x}$	Quadratwurzel aus x
$\sqrt[n]{x}$	n-te Wurzel aus x
b^x	b hoch x
$\log_b x$	Logarithmus x zur Basis b
$\sin x$	Sinus x
$\cos x$	Kosinus x
$\tan x$	Tangens x

Funktionen

$y = \operatorname{sgn} x$	Signumfunktion
$y = H(x)$	HEAVISIDE-Funktion
$y = e^x$	e-Funktion
$y = a \cdot b^x$	allgemeine Exponentialfunktion
$y = \log_b x$	Logarithmusfunktion zur Basis b
$y = \sin x$	Sinusfunktion
$y = \cos x$	Kosinusfunktion
D_f	Definitionsbereich von f
W_f	Wertebereich von f
f'	Ableitungsfunktion von f
$f'(a)$	Ableitung von f an der Stelle a
$\lim\limits_{x \to a} f(x)$	Grenzwert der Funktion f an der Stelle a

Geometrie

$P(x \mid y)$	Punkt mit den Koordinaten x und y
AB	Gerade durch A und B
$\overline{AB}$	Strecke mit den Endpunkten A und B
$\overrightarrow{AB}$	Strahl mit Anfangspunkt A durch B
$|AB|$	Länge der Strecke $\overline{AB}$
ABC	Dreieck mit den Eckpunkten A, B und C
$g \parallel h$	g parallel zu h
$g \perp h$	g orthogonal zu h

Bildquellenverzeichnis

Umschlagfoto: iStockphoto, Calgary; 7.1: AISA, Berlin; 8.1: Picture-Alliance, Frankfurt (dpa-Infografik); 8.2: Picture-Alliance, Frankfurt (dpa-Infografik); 9.1: Picture-Alliance, Frankfurt (dpa-Infografik); 10.1: Volkswagen, Wolfsburg; 16.1: Picture-Alliance, Frankfurt (dpa-Infografik); 17.1: Okapia, Frankfurt (Reinhard); 19.1: Bosch Thermotechnik, Wetzlar; 22.1: Langner & Partner, Hemmingen-Arnum; 23.1: Corbis, Düsseldorf (Walter Hodges/Brand X); 23.2: Intro, Berlin (Stefan Kiefer); 31.1: Picture-Alliance, Frankfurt (dpa/Iris Hensel); 31.2: DFL Deutsche Fußball Liga, Frankfurt; 32.1: Stadt Solingen; 45.1: mauritiusimages, Mittenwald (imagebroker/Olaf Döring); 46.1: akg-images, Berlin; 47.1: Michael Fabian, Hannover; 50.1: Picture-Alliance, Frankfurt (epa/Scanpix Lise Aserud); 50.2: Corbis, Düsseldorf (Steve Parish Publishing); 50.3: mauritiusimages, Mittenwald (Martin Ley); 75.1: Joker, Bonn (Paul Eckenroth); 76.1: varioimages, Bonn; 79.1: mauritiusimages, Mittenwald (Torino); 81.1: mauritiusimages, Mittenwald (Rainer Waldkirch); 81.2: mauritiusimages, Mittenwald (Fiona Fergusson); 82.1: Picture-Alliance, Frankfurt (dpa/Rolf Stang); 97.1: Blickwinkel, Witten (K. Wothe); 100.1: Naturbildportal, Hannover (Manfred Ruckszio); 101.1: Joker, Bonn (Walter G. Allgoewer); 102.1: Saba Laudanna, Berlin; 104.1: Langner & Partner, Hemmingen-Arnum; 105.1: mauritiusimages, Mittenwald (Rosenfeld); 108.1: Michael Fabian, Hannover; 109.1: mauritiusimages, Mittenwald (Rosenfeld); 110.1: Michael Fabian, Hannover; 126.1: mauritiusimages, Mittenwald (Karl-Heinz Hänel); 133.1: Picture-Alliance, Frankfurt (dpa/Eric Lalmand); 134.1: Langner & Partner, Hemmingen-Arnum; 134.2: Langner & Partner, Hemmingen-Arnum; 139.1: Druwe&Polastri, Cremlingen/Weddel; 140.1: F1online, Frankfurt (Michael Lebed); 144.1: godigitalpro!, Wietze (Gottschalk); 144.2: F1online, Frankfurt (Tips Images); 144.3: NASA, Houston/Texas; 145.1: mauritiusimages, Mittenwald (Stock4B); 145.2: Michael Fabian, Hannover; 152.1: Haag & Kropp GbR, Heidelberg; 152.2: Picture-Alliance, Frankfurt (dpa); 156.1: mauritiusimages, Mittenwald (Photo Researchers); 158.1: akg-images, Berlin; 160.1, 160.2: Michael Fabian, Hannover; 167.2: fotolia.com, New York (creativestudio); 167.3: fotolia.com, New York (Birgit Reitz-Hofmann); 167.4: fotolia.com, New York (blende40); 167.5: Bildagentur Peter Widmann, Tutzing; 167.6: Jahreszeiten Verlag, Hamburg (Kumicak + Namslau); 167.7: fotolia.com, New York (ExQuisine); 167.8: Honda Deutschland, Offenbach; 173.1: Astrofoto, Sörth (NASA/Bernd Koch); 177.1: Getty Images, München (Steve Fitchett); 178.1: Cornelia Fischer, Gelsenkirchen; 178.2: Dr. Andreas Gundlach, Edemissen; 179.1, 183.1: Langner & Partner, Hemmingen-Arnum; 184.1: Michael Fabian, Hannover; 185.1: Wolfgang Deuter, Germering; 185.2: Picture-Alliance, Frankfurt (Roland Holschneider); 186.1: mauritiusimages, Mittenwald (Ludwig Mallaun); 196.1: Michael Fabian, Hannover; 196.2: akg-images, Berlin; 198.1: mauritiusimages, Mittenwald (fact); 219.1-3, 222.1: Hans Tegen, Hambühren; 222.2: A1PIX – Your Photo Today, Taufkirchen; 223.1: Michael Fabian, Hannover; 223.2: mauritiusimages, Mittenwald (SST); 224.1: mauritiusimages, Mittenwald (M. Rock); 227.1: imagosportfotodienst GmbH, Berlin (Rust); 234.1: imagosportfotodienst GmbH, Berlin (Steinach).

Es war nicht in allen Fällen möglich, den Inhaber der Bildrechte ausfindig zu machen und um Abdruckgenehmigung zu bitten. Berechtigte Ansprüche werden selbstverständlich im Rahmen der üblichen Konditionen abgegolten.